"十四五"职业教育国家规划教材

计算机网络技术

(第三版)

新世纪高职高专教材编审委员会　组　编

谢树新　主　编

刘志成　主　审

JISUANJI WANGLUO JISHU

大连理工大学出版社

图书在版编目(CIP)数据

计算机网络技术 / 谢树新主编. -- 3 版. -- 大连：大连理工大学出版社，2022.1(2025.7 重印)
新世纪高职高专计算机网络技术专业系列规划教材
ISBN 978-7-5685-3691-2

Ⅰ．①计… Ⅱ．①谢… Ⅲ．①计算机网络－高等职业教育－教材 Ⅳ．①TP393

中国版本图书馆 CIP 数据核字（2022）第 022261 号

大连理工大学出版社出版

地址：大连市软件园路 80 号　邮政编码：116023
营销中心：0411-84707410　84708842　邮购及零售：0411-84706041
E-mail：dutp@dutp.cn　URL：https://www.dutp.cn
大连天骄彩色印刷有限公司印刷　　大连理工大学出版社发行

幅面尺寸：185mm×260mm　　印张：20　　字数：486 千字
2014 年 9 月第 1 版　　　　　　　　　　2022 年 1 月第 3 版
2025 年 7 月第 9 次印刷

责任编辑：马　双　　　　　　　　　　　责任校对：李　红
　　　　　　　　　　封面设计：对岸书影

ISBN 978-7-5685-3691-2　　　　　　　　定价：55.00 元

本书如有印装质量问题，请与我社营销中心联系更换。

前言

《计算机网络技术》(第三版)是"十四五"职业教育国家规划教材、"十三五"职业教育国家规划教材、"十二五"职业教育国家规划教材,也是新世纪高职高专教材编审委员会组编的计算机网络技术专业系列规划教材之一。

党的二十大报告中指出,我国要加快推进"科技自立自强",建设"网络强国,数字中国"。网络强国就是要在网络技术上领先和创新,建立强大的网络系统,安全可靠运营网络系统,计算机网络技术课程以学习组建、管理、运营计算机网络知识和技能为重点,是培养网络技能型人才的基础课程。

在信息技术飞速发展的时代,随着互联网的普及和延伸,人们的学习、生活、工作都越来越离不开计算机网络。人们可以通过互联网进行网上购物、远程教育、远程医疗、电子商务,可以和任意地方的陌生人聊天,可以查找和搜索各种信息。计算机网络的重要性已被越来越多的人所认识,计算机网络技术已经成为各行各业人士,各学科、各专业学生学习的必修课程。

本教材第三版在修订时根据计算机网络技术领域和职业岗位(群)的任职要求,根据全国计算机软件与技术水平考试中网络管理员级别的实际需求,参照相关的职业资格标准,以"教、学、做、评"为主线,按照"项目真实、结构合理、内容全面、步骤翔实、考核完整、资源丰富"的原则,进一步筛选和优化了由企业专家提供的与职业标准衔接的真实项目,调整了教材结构,更新了教学内容,细化了项目实施步骤,完善了考核评价方法,是为高职院校学生学习知识和提高技能量身定做的教材。

一、教材内容

教材内容按照从简单到复杂、从点到面、从单一到综合的认知规律整合为8个项目:认知计算机网络、认知数据通信、认知计算机网络体系结构、组建与维护局域网、Internet技术及其应用、配置与管理网络服务、认知网络管理和维护计算机网络安全。每个项目充分考虑教学组织需求,设置了"情境描述→任务分析→知识储备→任务实施→拓展训练→总结提高"6个完整的环节;共安排了融"教、学、做、评"为一体的教学任务97个,课堂实践任务

29个，课外拓展任务25个，课后知识拓展144题。

二、教材特点

本教材第三版在充分汲取国内外网络管理与网络应用精华和丰富实践经验的基础上，结合国内外信息产业发展趋势和计算机网络技术的特点，遵循"项目驱动＋案例教学＋教、学、做、评一体化"的教学模式，遵循学生的认知规律和不同学生的个性特点。

1. 本教材集项目教学与技能训练于一体，将原有符合教学需求的项目进行归纳整理，精选8个完全符合职业岗位能力标准、对接企业用人需求的项目。

2. 针对专业培养目标，从大量的项目中筛选与职业标准衔接度高、在教材中能得到充分实现的优势项目，同时在保证项目可操作性的同时，进一步细化项目实施方法和步骤，确保每个学生都能按照教材所提供的任务案例熟练掌握各项技能。

3. 在教材中提供项目考核评价方案，在每一个项目后都设置了一份项目考核评价表，同时将职业素质和态度融入其中。

4. 所有技能训练项目都源于作者的工作实践和教学经验，操作步骤详细，语言叙述通俗，过程设计完整，有助于讲练结合、现场示范、互教互练的教学过程的实施。

5. 本教材以立德树人为根本，充分发挥教材承载的思政教育功能，将课程思政教学内容有机融入每个项目的情境描述、知识储备和任务实施等相关环节，并结合职业特点，潜移默化地培养学生的职业精神和道德素养。

三、其他

本教材由湖南铁道职业技术学院谢树新任主编，湖南铁道职业技术学院吴献文、王昱煜、张浩波、言海燕，湖南永旭信息技术有限公司彭泳群参与了教材的编写。具体编写分工如下：谢树新负责总体规划、统稿，编写项目2、项目4、项目6，吴献文负责编写项目1，王昱煜负责编写项目3，张浩波负责编写项目5，言海燕负责编写项目7，彭泳群负责编写项目8。湖南铁道职业技术学院刘志成教授对教材进行了审核。

本教材既可以作为高职院校计算机网络技术、计算机应用技术等相关专业的计算机网络基础、计算机网络技术课程教材，也可作为各类网络培训班的培训资料或者广大网络爱好者自学网络管理技术的参考书。

由于作者水平有限，书中难免存在一些疏漏与错误，恳请广大读者批评指正。读者对书中内容如有疑问，或者在实际教学中遇到了什么问题，都可以发E-mail至xesuxn@163.com获得技术支持与帮助。

编　者

所有意见和建议请发往：dutpgz@163.com
欢迎访问职教数字化服务平台：https://www.dutp.cn/sve/
联系电话：0411—84706671　84707492

目录

项目1 认知计算机网络 1
  1.1 情境描述 2
  1.2 任务分析 3
  1.3 知识储备 3
    1.3.1 计算机网络概述 3
    1.3.2 计算机网络的分类 7
    1.3.3 计算机网络的拓扑结构 10
    1.3.4 计算机网络领域的新技术 13
  1.4 任务实施 18
    1.4.1 认知网络设备和网络设备图元 18
    1.4.2 绘制网络拓扑结构图 19
    1.4.3 保存网络拓扑结构图 23
    1.4.4 使用计算机网络软件 24
  1.5 拓展训练 28
    1.5.1 课堂实践 28
    1.5.2 课外拓展 30
  1.6 总结提高 31

项目2 认知数据通信 33
  2.1 情境描述 34
  2.2 任务分析 35
  2.3 知识储备 35
    2.3.1 数据通信系统 35
    2.3.2 数据通信方式 37
    2.3.3 数据传输技术 39
    2.3.4 数据编码技术 40
    2.3.5 多路复用技术 43
    2.3.6 常见的传输介质 45
  2.4 任务实施 49
    2.4.1 绘制曼彻斯特码和差分曼彻斯特码 49
    2.4.2 制作RJ-45双绞线与信息模块 50

  2.5 拓展训练 ·············· 57
    2.5.1 课堂实践 ·············· 57
    2.5.2 课外拓展 ·············· 58
  2.6 总结提高 ·············· 59
项目3 认知计算机网络体系结构 ·············· 60
  3.1 情境描述 ·············· 61
  3.2 任务分析 ·············· 62
  3.3 知识储备 ·············· 62
    3.3.1 计算机网络体系结构 ·············· 62
    3.3.2 OSI参考模型 ·············· 65
    3.3.3 TCP/IP参考模型 ·············· 70
    3.3.4 IP地址与子网技术 ·············· 75
    3.3.5 下一代网际协议IPv6 ·············· 78
  3.4 任务实施 ·············· 80
    3.4.1 配置TCP/IP协议 ·············· 80
    3.4.2 划分子网 ·············· 84
    3.4.3 计算IP地址 ·············· 85
    3.4.4 封装分析数据包 ·············· 86
  3.5 拓展训练 ·············· 89
    3.5.1 课堂实践 ·············· 89
    3.5.2 课外拓展 ·············· 90
  3.6 总结提高 ·············· 91
项目4 组建与维护局域网 ·············· 93
  4.1 情境描述 ·············· 94
  4.2 任务分析 ·············· 95
  4.3 知识储备 ·············· 95
    4.3.1 局域网概述 ·············· 95
    4.3.2 局域网的基本组成 ·············· 98
    4.3.3 局域网参考模型与协议标准 ·············· 102
    4.3.4 局域网介质访问控制方式 ·············· 104
    4.3.5 高速局域网 ·············· 107
    4.3.6 虚拟局域网 ·············· 110
    4.3.7 无线局域网 ·············· 112
  4.4 任务实施 ·············· 116
    4.4.1 制作RJ-45双绞线与信息模块 ·············· 116
    4.4.2 组建与维护家庭局域网 ·············· 116
    4.4.3 组建与维护办公局域网 ·············· 124
    4.4.4 组建与维护小型无线局域网 ·············· 135

4.5　拓展训练 …………………………………………………………… 142
　　　　4.5.1　课堂实践 …………………………………………………… 142
　　　　4.5.2　课外拓展 …………………………………………………… 144
　　4.6　总结提高 …………………………………………………………… 145

项目5　Internet 技术及其应用 …………………………………………… 147
　　5.1　情境描述 …………………………………………………………… 148
　　5.2　任务分析 …………………………………………………………… 149
　　5.3　知识储备 …………………………………………………………… 149
　　　　5.3.1　Internet 概述 ………………………………………………… 149
　　　　5.3.2　Internet 的主要信息服务 …………………………………… 153
　　　　5.3.3　Internet 的物理结构与工作模式 …………………………… 154
　　　　5.3.4　Internet 的管理机构 ………………………………………… 155
　　　　5.3.5　Internet 接入技术 …………………………………………… 157
　　5.4　任务实施 …………………………………………………………… 159
　　　　5.4.1　使用 Microsoft Edge 浏览器 ………………………………… 159
　　　　5.4.2　在 Internet 上实施信息检索 ………………………………… 162
　　　　5.4.3　申请与使用网盘 ……………………………………………… 164
　　　　5.4.4　申请与使用电子邮箱 ………………………………………… 167
　　5.5　拓展训练 …………………………………………………………… 171
　　　　5.5.1　课堂实践 …………………………………………………… 171
　　　　5.5.2　课外拓展 …………………………………………………… 172
　　5.6　总结提高 …………………………………………………………… 173

项目6　配置与管理网络服务 ……………………………………………… 175
　　6.1　情境描述 …………………………………………………………… 176
　　6.2　任务分析 …………………………………………………………… 177
　　6.3　知识储备 …………………………………………………………… 177
　　　　6.3.1　典型网络操作系统 …………………………………………… 177
　　　　6.3.2　网络服务概述 ………………………………………………… 179
　　　　6.3.3　DNS 概述 …………………………………………………… 180
　　　　6.3.4　WWW 概述 ………………………………………………… 184
　　　　6.3.5　FTP 概述 …………………………………………………… 185
　　6.4　任务实施 …………………………………………………………… 186
　　　　6.4.1　安装 Windows Server 2019 ………………………………… 186
　　　　6.4.2　配置与管理 DNS 服务 ……………………………………… 191
　　　　6.4.3　配置与管理 WWW 服务 …………………………………… 204
　　　　6.4.4　配置与管理 FTP 服务 ……………………………………… 212
　　6.5　拓展训练 …………………………………………………………… 217
　　　　6.5.1　课堂训练 …………………………………………………… 217
　　　　6.5.2　课外拓展 …………………………………………………… 220

6.6 总结提高 ……………………………………………………………………………… 221

项目 7 认知网络管理 ……………………………………………………………… 223

7.1 情境描述 ……………………………………………………………………………… 224
7.2 任务分析 ……………………………………………………………………………… 225
7.3 知识储备 ……………………………………………………………………………… 225
　　7.3.1 网络管理概述 ……………………………………………………………… 225
　　7.3.2 网络管理协议 ……………………………………………………………… 229
　　7.3.3 网络管理系统 ……………………………………………………………… 231
　　7.3.4 网络故障概述 ……………………………………………………………… 234
7.4 任务实施 ……………………………………………………………………………… 237
　　7.4.1 使用性能监视器 …………………………………………………………… 237
　　7.4.2 使用资源监视器 …………………………………………………………… 239
　　7.4.3 使用远程桌面管理工具 …………………………………………………… 243
　　7.4.4 使用 Sniffer 软件 …………………………………………………………… 245
　　7.4.5 网络故障测试命令的使用 ………………………………………………… 248
7.5 拓展训练 ……………………………………………………………………………… 263
　　7.5.1 课堂实践 …………………………………………………………………… 263
　　7.5.2 课外拓展 …………………………………………………………………… 264
7.6 总结提高 ……………………………………………………………………………… 265

项目 8 维护计算机网络安全 ……………………………………………………… 267

8.1 情境描述 ……………………………………………………………………………… 268
8.2 任务分析 ……………………………………………………………………………… 269
8.3 知识储备 ……………………………………………………………………………… 269
　　8.3.1 计算机网络安全概述 ……………………………………………………… 269
　　8.3.2 加密技术 …………………………………………………………………… 274
　　8.3.3 身份认证技术 ……………………………………………………………… 277
　　8.3.4 防火墙概述 ………………………………………………………………… 278
8.4 任务实施 ……………………………………………………………………………… 281
　　8.4.1 设置系统安全环境 ………………………………………………………… 281
　　8.4.2 备份与恢复系统 …………………………………………………………… 291
　　8.4.3 安装和配置杀毒软件 ……………………………………………………… 297
　　8.4.4 配置与管理 Microsoft Defender 防火墙 ………………………………… 299
　　8.4.5 加密、解密电子邮件 ……………………………………………………… 303
8.5 拓展训练 ……………………………………………………………………………… 307
　　8.5.1 课堂训练 …………………………………………………………………… 307
　　8.5.2 课外拓展 …………………………………………………………………… 307
8.6 总结提高 ……………………………………………………………………………… 309

本书微课视频表

序号	微课名称	页码
1	计算机网络系统组成	5
2	数据通信系统模型	35
3	并行通信和串行通信	38
4	数据通信模式：单工、半双工和全双工	38
5	曼彻斯特码	42
6	差分曼彻斯特码	42
7	同步时分多路复用	44
8	异步时分多路复用	44
9	双绞线的制作与测试	50
10	OSI 七层模型	65
11	数据传输过程	69
12	ARP 协议的工作原理	73
13	TCP 报文的传输过程	74
14	IP 数据报格式	75
15	子网技术	77
16	路由器的工作原理	101

序号	微课名称	页码
17	介质访问控制方法—CSMA/CD 技术	105
18	三种以太网的区别	107
19	VLAN 的分类	111
20	DNS 概念	180
21	DNS 域名解析过程	182
22	WWW 概念	184
23	WWW 工作原理	184
24	安装 DNS 服务组件	191
25	创建 DNS 正向查找区域	193
26	使用默认 Web 站点发布网站	208
27	安装 IIS 组件	212
28	建立新的 FTP 站点	213
29	加密技术-1　认识 PKI(公钥基础结构)	274
30	加密技术-2　对称密钥加密技术(传统加密技术)	274
31	加密技术-3　非对称密钥加密技术(公钥加密技术)	274
32	加密技术-4　证书及证书颁发机构(CA)	274

项目1　认知计算机网络

内容提要

计算机网络是通信技术和计算机技术相结合的产物，它是信息社会最重要的基础设施，将构筑成人类社会的信息高速公路。计算机网络技术的迅速发展和Internet的迅速普及，使人们更深刻地领会了计算机网络的重要性。目前人们的生活、工作和学习都与计算机网络息息相关。

本项目将引导大家熟悉计算机网络的概念、分类、拓扑结构及计算机网络新技术等，并通过真实的任务训练大家手绘网络中心或机房拓扑图、认知网络设备及设备图元、绘制并保存网络拓扑结构图、使用Wireshark进行简易的抓包分析、使用Packet Tracer构建简单的网络拓扑等技能。

知识目标

◎ 了解计算机网络的发展、基本概念、组成和功能
◎ 了解计算机网络的分类
◎ 熟悉计算机网络的拓扑结构
◎ 了解计算机网络领域的新技术

技能目标

◎ 能手绘网络中心或机房的简易拓扑图
◎ 能识别计算机网络设备和设备图元
◎ 会使用Visio 2016或LAN MapShot
◎ 能完成计算机网络拓扑结构的绘制
◎ 会使用协议抓包分析软件Wireshark和模拟仿真软件Packet Tracer

素质目标

◎ 培养诚信、敬业、科学、严谨的工作态度和工作作风
◎ 养成刻苦、勤奋、好问、独立思考和细心检查的学习习惯
◎ 具有一定自学能力,分析问题、解决问题能力和创新的能力
◎ 具备民族自豪感和爱国热情

参考学时

◎ 10 学时(含实践教学 4 学时)

1.1 情境描述

湖南易通网络技术有限公司是一家以互联网信息技术为核心,集电子商务、电子政务、软件开发应用、网站开发、网络推广、网络工程、计算机组装与维护为一体的高新技术企业。

计算机硬件与外设专业毕业的李恒被分配到湖南易通网络技术有限公司从事计算机组装与维护工作。在实习期间,李恒在工作中努力、刻苦和勤奋,赢得了领导和同事的好评。公司网络业务发展迅速,李恒转正后,经理决定让他到网络工程部工作,为帮助李恒尽快熟悉网络工程方面的知识与技能,网络工程部主管汤标为他安排了一系列的学习与实践任务。

首先,汤标带李恒参观了公司的网络中心,如图 1-0 所示。在网络中心汤标看到了很多的机柜,在机柜中安装了很多的设备,这些设备通过不同的线缆进行连接,实现相互间的通信。在墙面上粘贴着公司的网络拓扑结构图、楼层信息点分布平面图和机柜配线架信息点分布图等。

图 1-0 项目情境

李恒平时虽然经常使用网络,对计算机网络也非常关注,但并没有具体学习过计算机网络方面的课程。通过参观,他发现自己既不精通计算机网络的基本原理,也不了解网络设备及其工作原理,对网络的拓扑结构也不是很清楚,而且对综合布线和数据通信也知之甚少。为此,汤标应为李恒安排哪些学习与实践任务呢?

1.2 任务分析

根据李恒目前的基础,在本项目中,汤标为他安排了以下几项任务:
(1)认知计算机网络的基本组成;
(2)分析计算机网络的类别;
(3)认知大数据、云计算、物联网和移动互联网等网络领域的新技术;
(4)认知计算机网络中所使用的各类设备、线缆和相关图元;
(5)分析网络拓扑,绘制并保存网络拓扑结构图;
(6)使用协议抓包分析软件Wireshark、模拟仿真软件Packet Tracer。

1.3 知识储备

1.3.1 计算机网络概述

在信息高速公路上,计算机网络是一个载体,在全球信息化的浪潮中,计算机网络将成为时代的主宰。计算机网络的广泛使用,逐渐改变着人们的工作、生活和学习方式,不断引起世界范围内产业结构的变化,在各国的经济、文化、科研、军事、政治、教育和社会生活等领域发挥着越来越重要的作用。

1.计算机网络的发展

世界上公认的、最成功的远程计算机网络是在1969年由美国国防部高级研究计划局(Advanced Research Projects Agency,ARPA)组织研制成功的ARPANet,它就是现在Internet的前身。计算机网络的发展大致可划分为4个阶段。

第一阶段:计算机通信网络阶段

早期计算机技术与通信技术并没有直接的联系,但随着工业、商业与军事部门使用计算机的深化,人们迫切需要将分散在不同地方的数据进行集中处理。为此,在1954年,人们制造了一种被称为收发器的终端设备,这种终端设备能够利用电话线路将穿孔卡片上的数据发送到远地的计算机。此后,电传打字机也作为远程终端与计算机相连,这种"终端—通信线路—计算机"系统,就是计算机网络的雏形,被称为第一代计算机网络。

第二阶段:计算机互联网络阶段

20世纪60年代中期,英国国家物理实验室(NPL)的戴维斯(Davies)提出了分组(Packet)的概念,从而使计算机网络的通信方式由终端与计算机的通信发展到计算机与计算机的直接通信。从此,计算机网络的发展进入一个崭新时代。

这一阶段研究的典型代表是美国国防部高级研究计划局(Advanced Research Projects Agency,ARPA)1969年12月投入运行的ARPANet,该网络是一个典型的以实现资源共享为目的的具有通信功能的多级系统。它为计算机网络的发展奠定了基础,其核心技术是分组交换技术。

ARPANet的试验成功使计算机网络的概念发生了根本变化。计算机网络要完成数据处理与数据通信两大基本功能,在结构上必然分成两个部分:负责数据处理的计算机与终端和负责数据通信处理的通信控制处理机与通信线路。

第三阶段:计算机网络互联标准化阶段

计算机网络互联标准化是指具有统一的网络体系结构并遵循国际标准的开放式和标准化的网络。ARPANet兴起后,计算机网络发展迅猛,各大计算机公司相继推出自己的网络体系结构及实现这些结构的软、硬件产品。

为了实现不同厂商生产的计算机系统以及不同网络之间的数据通信,1974年美国的IBM公司公布了世界上第一个计算机网络体系结构SNA(System Network Architecture),凡是遵循SNA的网络设备都可以很方便地进行互连。

ARPA于1977年到1979年推出TCP/IP体系结构和协议。到20世纪90年代初期,Internet逐渐流行开来,并得到了广泛的支持和应用。TCP/IP是目前异种网络通信使用的唯一协议体系,适用于连接多种机型、多种操作系统,既可用于局域网,又可用于广域网,许多厂商的计算机操作系统和网络操作系统产品都采用或含有TCP/IP协议。

国际标准化组织ISO通过对各类计算机网络体系结构进行研究,于1981年正式公布了一个网络体系结构模型OSI/RM作为国际标准,被称为开放系统互连参考模型(Open System Interconnection Reference Model,OSI/RM)。

第四阶段:计算机网络互联与高速网络阶段

20世纪90年代以来,世界经济已经进入了一个全新发展的阶段,计算机技术、通信技术以及建立在互联网技术基础之上的计算机网络技术得到了迅速的发展。

在计算机网络领域最引人注目的就是起源于美国的Internet的飞速发展。Internet是覆盖全球的信息基础设施之一,对于用户来说,它像一个庞大的远程计算机网络,用户可以利用Internet实现全球范围的收发电子邮件、电子传输、信息查询、语音与图像通信服务等功能。

在Internet发展的同时,高速网络与智能网络的发展也引起了人们越来越多的关注。高速网络技术发展表现在宽带综合业务数据网(B-ISDN)、帧中继、异步传输模式(ATM)、高速局域网、交换局域网与虚拟网络的采用上。随着网络规模的增大与网络服务功能的增多,各国正在开展智能网络(Intelligent Network,IN)的研究。

在宽带化方向上发展的"蓝牙"(Bluetooth)技术,是一种新兴技术,目的是要在移动电话和其他手持式设备之间实现低成本、短距离的无线连接。这种技术的主要优势是可以在不同种类的设备之间提供连续不断的无线连接。

下一代互联网具有与现在的互联网同样的发展规律和技术特点,具有比现在的互联网更大、更快、更安全、更及时和更方便的特征,IPv6技术是实现这些特征的主要技术之一。

2. 计算机网络的基本概念

根据网络发展时期不同,计算机网络的定义也有所不同。因此,计算机网络定义的版本很多,我们采用的是基于发展成熟的网络的特点,从网络使用目的出发来定义计算机网络。

所谓计算机网络就是利用通信线路和通信设备,把地理上分散的并具有独立功能的多台计算机互相连接起来,按照网络协议进行数据通信,用功能完善的网络软件实现资源共享的计算机系统的集合。这是目前概括比较全面的计算机网络定义,在这个定义中,包含了以下几个方面的内容:

- "独立功能"是指每台计算机的工作是独立的,任何一台计算机都不能干预其他计算机的工作,任意两台计算机之间都没有主从关系。
- 通信设备是指完成网络连接所需要的交换设备,如交换机、路由器等。
- 通信线路包括双绞线、同轴电缆、光纤、通信卫星、红外线等不同传输介质。
- 网络软件是指网络通信协议和实现协议的网络操作系统等。
- 网络协议是区别计算机网络与一般计算机互联系统的标志。

3. 计算机网络的组成

在 ARPANet 中,计算机网络主要由两个部分组成:一是负责数据存储和数据处理的计算机和终端设备及信息资源;二是负责通信控制的报文处理机和通信线路。

随着计算机网络结构的不断完善,人们又从逻辑上把数据处理功能和数据通信功能分开,将数据处理部分称为资源子网(Resources Subnet),而将通信功能部分称为通信子网(Communication Subnet),一般来讲计算机网络的组成如图 1-1 所示。

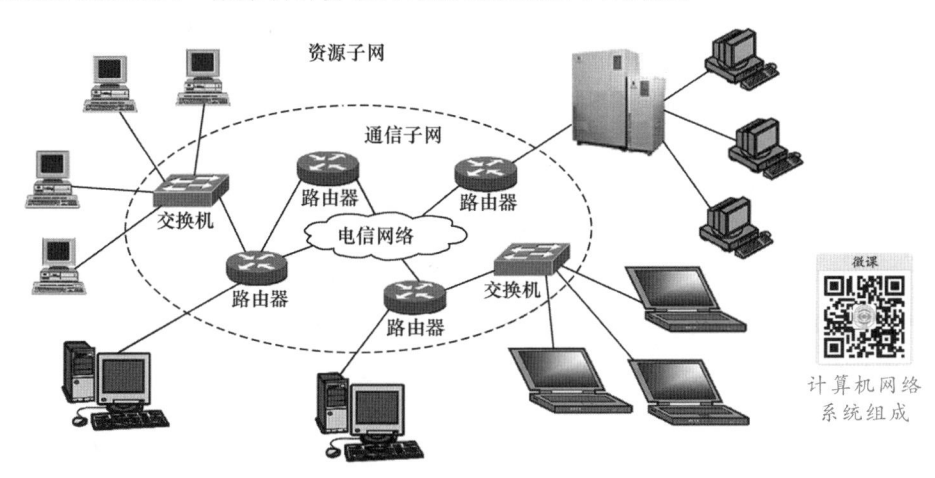

图 1-1 计算机网络的组成

(1) 资源子网中包括各种服务器、工作站、共享的打印机等硬件资源、软件资源及信息资源。

- 服务器:服务器是计算机网络中核心的设备之一,它既是网络服务的提供者,又是数据的集散地。按应用分类,服务器可以分为数据库服务器、Web 服务器、邮件服务器、视频点播(VoD)服务器、文件服务器等;按硬件性能分类,服务器可以分为 PC 服务器、工作站服务器、小型机服务器和大型机服务器等。

- 工作站：工作站是连接到计算机网络的具有独立工作能力的计算机（如 PC）。它既可以有自己的操作系统独立工作，也可以通过运行工作站网络软件访问服务器所提供的资源，并与其他工作站实现通信。
- 网络协议：为实现网络中的数据交换而建立的规则、标准或约定；是网络相互间对话的语言。如常使用的 TCP/IP、SPX/IPX、NETBEUI 协议等。
- 网络操作系统：网络操作系统是网络的核心，其主要功能包括控制管理网络运行、资源管理、文件管理、用户管理和系统管理等。目前，常用的网络操作系统有 UNIX 族、Windows NT/2000/2003/2012/2019、Netware、Linux 等。

（2）通信子网包括通信控制设备、通信传输设备、交换机、路由器及通信线路等。

- 网络传输介质：用于连接网络中服务器、工作站及网络设备的一组线缆。如：同轴电缆、双绞线、光纤、无线通信微波、通信卫星等。
- 网络互联设备：为了实现网络之间相互访问，需要使用网络互联设备。目前常用的网络互联设备主要有集线器、网桥、交换机、路由器、网关等。

最简单的计算机网络就是两台计算机互联，形成简单双机互联网络，如图1-2所示。双机互联网络一般出现在家庭环境中，实现资源共享。

最复杂的计算机网络就是因特网。它由非常多的计算机网络通过许多路由器互联而成。因此，因特网也被称为"网络的网络"（Network of Networks）。

图1-2 最简单的计算机网络

4.计算机网络的功能

从计算机网络的定义可以发现，网络不受地理位置的限制，可以将分散的用户连成一个整体，高速、可靠地实现信息交换和资源共享，在经济、教育、军事等领域发挥越来越大的作用，其主要作用如下。

（1）资源共享

资源共享就是不管用户处于什么位置，资源在哪个位置，都可以通过网络来共享。共享的资源形式多种多样，可以是数据、信息、软件、硬件等。如为了节省投资，可以将一些应用软件只安装在网络服务器上，而网络上的工作站通过网络共享服务器上的文件、数据；还有一些昂贵的外设如绘图仪、打印机、巨型计算机等，都可以通过网络共享，既减少了投资，又提高了昂贵设备的利用率；软件资源如网络操作系统、数据库管理系统、网络管理系统、应用软件、服务器软件等，都可以通过网络共享。

（2）信息交换

网络上的用户可以快速可靠地传递数据、程序、文件等。如：E-mail 方式克服了传统邮递时间长的缺陷，不管距离多远，几乎能实时通信；QQ 方式能实时地进行信息交换、传递文件等；还有视频会议、视频电话等，为用户进行快速有效的通信提供了有力的工具。

（3）提高系统可靠性和安全性

计算机网络可减少计算机系统出现故障的概率，提高系统的可靠性。计算系统可将重要的资源分布在不同地方的不同计算机上,即使某个地方的某台计算机出现故障或受到攻击,用户仍然可以通过其他路径来访问其他计算机上的资源,或者让其他计算机代替出故障计算机的工作,整个系统不受影响。

(4)分布式处理和负载平衡

当综合的大型任务或网络中某台计算机任务过重时,可以采用合适的算法,将任务分散到网络中不同的计算机上进行分布式处理。均衡使用网络资源,既可以处理大型任务,又不会使某台计算机负荷过重,提高了计算机的工作效率,同时也提高了网络性能。如进行人口普查或售火车票这样综合性的大型作业时,可通过一定的算法将作业分解并交给多台计算机进行分布式处理,起到负载均衡的作用,这样能提高处理速度,充分提高设备的工作效率。

1.3.2 计算机网络的分类

计算机网络的分类方法有多种,其中最主要的分类方法有三种:根据网络所使用的传输技术进行分类、根据网络的覆盖范围与规模进行分类和根据计算机网络的应用与管理范围进行分类。

1. 按网络传输技术分类

在通信技术中,通信信道的类型有广播通信信道与点对点通信信道两类。网络要通过通信信道完成数据传输任务,所采用的传输技术也只可能有两类:广播方式与点对点方式。因此,相应的计算机网络也可以分为广播式网络与点对点式网络。

(1)广播式网络(Broadcast Network)

在广播式网络中仅使用一条通信信道,该信道由网络上的所有节点共享,如图 1-3 所示。在传输信息时,任何一个节点都可以发送数据分组,传到每台机器上,被其他节点接收。这些机器根据数据包中的目的地址进行判断,如果是发给自己的,则接收,否则便丢弃。

主要的广播式网络:在局域网上,以同轴电缆连接起来的总线网、星型网和树型网;在广域网上,以微波、卫星通信方式传播的广播型网。

(2)点对点式网络(Point to Point Network)

与广播式网络不同,点对点式网络由许多互相连接的节点构成,在每对机器之间都有一条专用的通信信道。因此,在点对点式网络中,不存在信道共享与复用的情况,如图 1-4 所示。

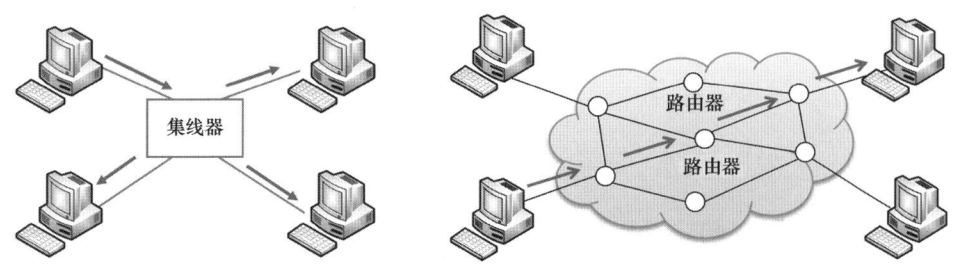

图 1-3 广播式网络　　　　图 1-4 点对点式网络

当一台计算机发送数据分组后,它会根据目的地址,经过一系列的中间设备的转发,直至到达目的节点,这种传输技术称为点对点式传输技术,采用这种技术的网络称为点对点式网络。

一般来讲，小的、地理上处于本地的网络采用广播方式，而大的网络则采用点对点方式。

2. 按网络覆盖范围与规模分类

按网络覆盖的地理范围分类是最常用的分类方法，可以把计算机网络划分为局域网、城域网、广域网和个人区域网四种类型。

(1) 局域网(Local Area Network，LAN)

局域网是将有限范围内(最大不超过 10 km，如一个办公室、一栋大楼、一所校园)的各种计算机、终端与外部设备通过高速通信线路相连接形成的计算机网络，如图 1-5 所示。局域网可以实现文件管理、应用软件共享、打印机共享、扫描仪共享、工作组内的日程安排、电子邮件和传真通信服务等功能。

局域网由网络硬件(包括网络服务器、网络工作站、网络打印机、网卡、网络互联设备等)、网络传输介质以及网络软件组成。

局域网具有地理范围较小、数据传输速率高(10 Mbit/s～10 Gbit/s)、通信延迟时间短、可靠性较高和支持多种传输介质等特点。

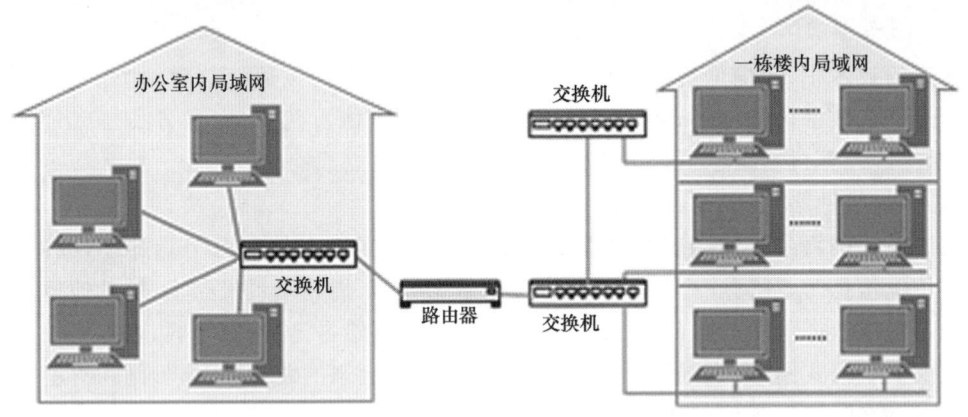

图 1-5 局域网

(2) 城域网(Metropolitan Area Network，MAN)

城市地区网络常简称为城域网。城域网是介于广域网与局域网的一种高速网络。城域网设计的目标是要满足几十千米范围内的大量企业、机关、公司的多个局域网互联的需求，以实现大量用户之间的数据、语音、图形与视频等多种信息的传输功能，如图 1-6 所示。

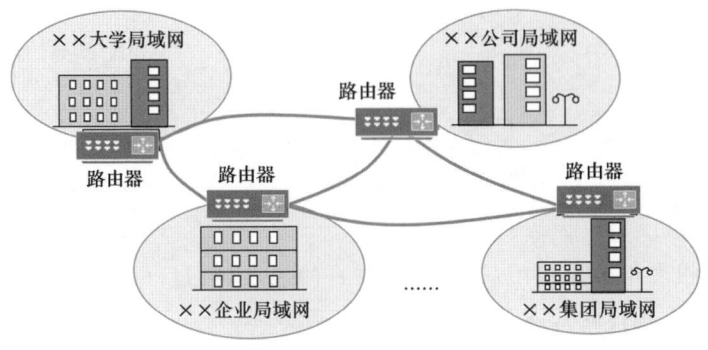

图 1-6 城域网

城域网覆盖范围一般在 10 km～60 km，最大不超过 100 km，数据传输速率为 50 kbit/s～2.5 Gbit/s，工作站数量大于 500，传输介质主要是光纤。

(3)广域网(Wide Area Network，WAN)

广域网也被称为远程网。它所覆盖的地理范围一般跨度超过 100 km。广域网可以覆盖一个国家、地区，或横跨几个洲，形成国际性的远程网络，如图 1-7 所示。

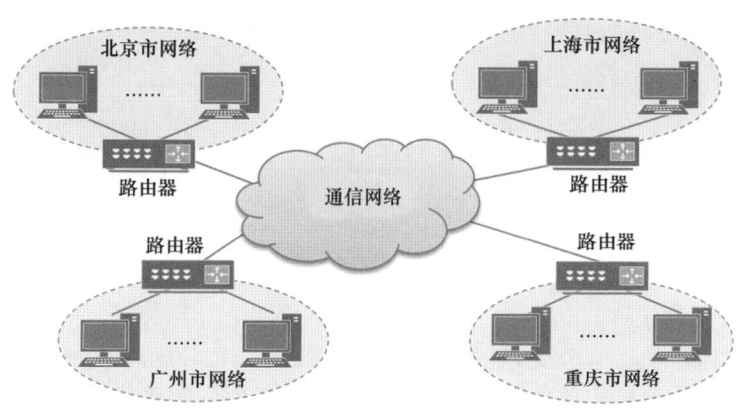

图 1-7　广域网

广域网的通信子网主要使用分组交换技术。广域网的通信子网可以利用公用分组交换网、卫星通信网和无线分组网将分布在不同地区的计算机互联起来，达到资源共享的目的。

广域网的覆盖范围一般在几十千米到几千千米，数据传输速率差别较大，为 9.6 kbit/s～22.5 Gbit/s，采用不规则的网状拓扑结构。

(4)个人区域网(Personal Area Network，PAN)

个人区域网就是在个人工作地方把属于个人使用的电子设备(如便携式电脑)用无线技术连接起来的网络。因此，也常被称为无线个人区域网 WPAN(Wireless PAN)，其覆盖范围大约在 10 m 以内。

3.按网络应用与管理范围分类

目前，按照计算机网络的应用与管理范围进行分类，有因特网(Internet)、内联网(Intranet)和外联网(Extranet)。

(1)因特网(Internet)

因特网是世界上发展最快和应用最广泛的网络。Internet 的中文名称为"因特网"，是使用公共语言进行通信的全球计算机网络。它类似于国际电话系统，本身以大型网络的工作方式相互连接，但整个系统却不为任何人或组织所拥有或控制；它其实并不是一种具体的物理网络技术，而是将使用不同物理技术的网络，通过路由器等网络互联设备，按TCP/IP 协议统一起来的一种世界范围的网络。

(2)内联网(Intranet)

内联网因在局域网内部网中采用了 Internet 技术而得名。Intranet 的中文名称为"企业内部互联网"，简称企业内联网。它是利用 Internet 技术开发的开放式计算机信息网络，使用了统一的、基于 WWW 的浏览器/服务器(B/S)技术去开发客户端软件；它能够为用户提供方便、友好、统一的用户浏览信息的界面，与 Internet 类似，文件格式具有一致性，有利于系统间的交换；此外，它还具有安全防范措施。

9

（3）外联网（Extranet）

Extranet 来源于 Extra 和 Network，这两个单词组合之后的中文名称为"外联网"。由于 Extranet 的本质是对 Intranet 的延伸和扩展，因此目前普遍使用"企业外联网"或"企业外部网"来命名 Extranet。它是一种使企业与客户，企业与企业互联而成的、为了完成共同目标的合作网络。它将企业的 Intranet 进一步扩展到合作伙伴，从而形成了企业之间相关信息共享、信息交流和相互通信的介于 Internet 与 Intranet 的网络。

1.3.3 计算机网络的拓扑结构

计算机与网络设备要实现互联，就必须使用一定的组织结构进行连接，这种组织结构叫作"拓扑结构"。

1. 网络拓扑的定义

在计算机网络中，以计算机作为节点、通信线路作为连线，可构成不同的几何图形，即网络的拓扑结构（Topology）。

拓扑学是几何学的一个分支，是从图论演变而来的。拓扑学首先把实体抽象成与其大小、形状无关的点，将连接实体的线路抽象成点、线、面之间的关系。计算机网络的拓扑结构通过网中节点与通信线路的几何关系表示网络结构，反映出网络中各实体的结构关系。

2. 网络拓扑的分类

计算机网络的拓扑结构主要是指通信子网的拓扑结构。网络拓扑可以根据通信子网中的通信信道类型分为两类：广播信道通信子网的拓扑结构，点对点线路通信子网的拓扑结构。

在采用广播信道的通信子网中，一个公共的通信信道被多个网络节点共享，任一时间内只允许一个节点使用公共通信信道，当一个节点利用公共通信信道"发送"数据时，其他节点只能"收听"正在发送的数据。采用广播信道通信子网的基本拓扑构型主要有四种：总线型、树型、环型、无线与卫星通信型。

在采用点对点线路的通信子网中，每条通信线路连接一对节点。采用点对点线路的通信子网的基本拓扑构型主要有四种：星型、环型、树型与网状型。

3. 常见的网络拓扑结构

计算机网络通常有以下几种拓扑结构，如图 1-8 所示。

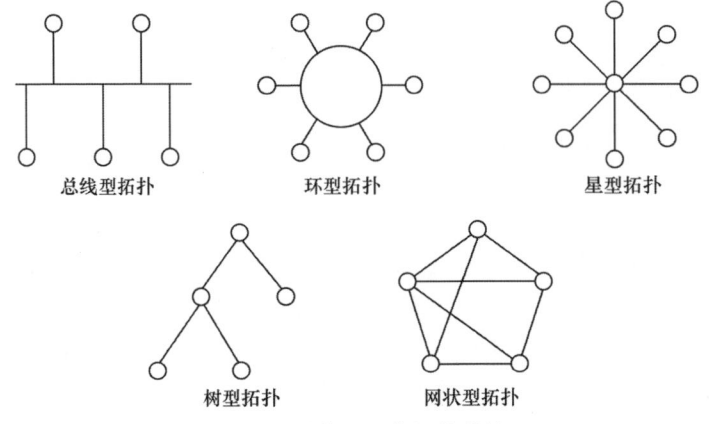

图 1-8 计算机网络拓扑结构

(1) 总线型结构

总线型拓扑采用单根传输线作为传输介质,将所有入网的计算机通过相应的硬件接口直接接到一条通信线上。为防止信号反射,一般在总线两端有终结器匹配线路阻抗。总线上各节点计算机地位相等,无中心节点,属于分布式控制。典型的总线型拓扑结构如图 1-9 所示。

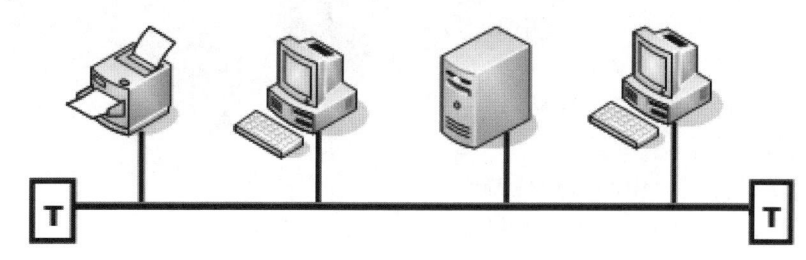

图 1-9　总线型拓扑结构

由于总线型网络内的信息可向四周传播,类似于广播电台,因此总线型网络也被称为广播式网络。

总线型拓扑具有结构简单、扩充容易、易于安装和维护、价格相对便宜等优点。其缺点是同一时刻只能有两个网络节点相互通信,网络延伸距离有限,网络容纳的节点数有限;由于所有节点都直接连接到总线上,任何一处故障都会导致整个网络的瘫痪。

(2) 环型结构

环型结构是各个网络节点通过环接口连在一条首尾相接的闭合环型通信线路中,如图 1-10 所示。每个节点设备只能与它相邻的一个或两个节点设备直接通信,如果要与网络中的其他节点通信,数据需要依次经过两个通信节点之间的每个设备。环型网络既可以是单向的,也可以是双向的。

单向环型网络中的数据绕着环向一个方向发送,数据所到达的环中的每个设备都将数据接收、再生放大后将其转发出去,直到数据到达目标节点为止。

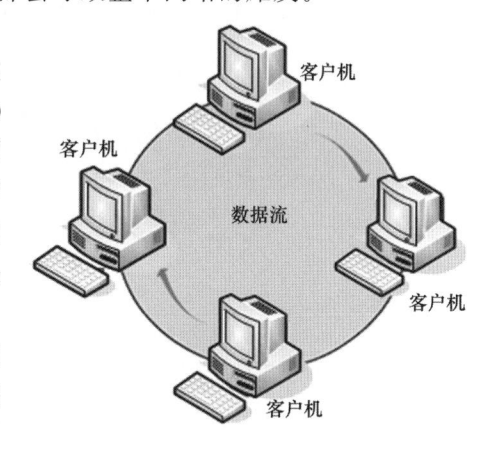

图 1-10　环型拓扑结构

双向环型网络中的数据能在两个方向上进行传输,因此设备可以和两个邻近节点直接通信。如果一个方向的环中断了,数据还可以在相反方向的环中传输,最后到达其目标节点。

环型结构有两种类型,即单环结构和双环结构。令牌环(Token Ring)是单环结构的典型代表,光纤分布式数据接口(FDDI)是双环结构的典型代表。

环型拓扑的优点是路径选择简单(环内信息流向固定)、控制软件简单。其缺点是不容易扩充、节点多、响应时间长等。

(3) 星型结构

星型结构的每个节点都由一条点对点链路与中心节点(公用中心交换设备,如交换机、集线器等)相连,如图 1-11 所示。星型网络中的一个节点如果向另一个节点发送数据,首先将数据发送到中央设备,然后由中央设备将数据转发到目标节点。信息的传输是通过中心

11

节点的存储转发技术实现的,并且只能通过中心节点与其他节点通信。星型网络是局域网中最常用的拓扑结构。

星型拓扑的优点是系统的可靠性较高,健壮性很好,除中心节点外,其他节点的故障不扩散;若是以交换机作为中心节点,网络中可以有多对用户同时完成数据交换,属于点对点式网络;扩充容易,增删节点不影响其他节点。

图 1-11 以集线器作为中心节点的星型拓扑结构

星型拓扑的缺点是对中心节点依赖性高,如果中心节点出现故障,则整个网络瘫痪;电缆长度长,布线困难。

(4)树型结构

树型结构是一种层次结构,由最上层的根节点和多个分支组成,各节点按层次进行连接。网络中的节点设备都连接到一个中央设备(如交换机)上,但并不是所有的节点都直接连接到中央设备,大多数的节点首先连接到一个次级设备,次级设备再与中央设备连接。树型拓扑结构如图 1-12 所示。

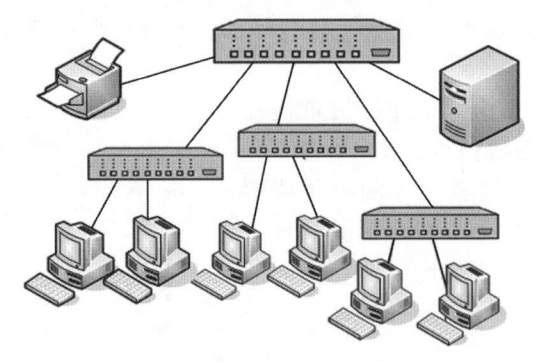

图 1-12 树型拓扑结构

树型拓扑的优点是易于扩展和故障隔离。其缺点是对根的依赖性太大,如果根发生故障,则全网不能正常工作,此外对根的可靠性要求也很高。

(5)网状型结构与混合型结构

网状型结构是指将各个网络节点与通信线路连接成不规则的形状,每个节点至少与其他两个节点相连,或者说每个节点至少有两条链路与其他节点相连,因此,其中个别节点发生故障对整个网络影响不大,如图 1-13 所示。

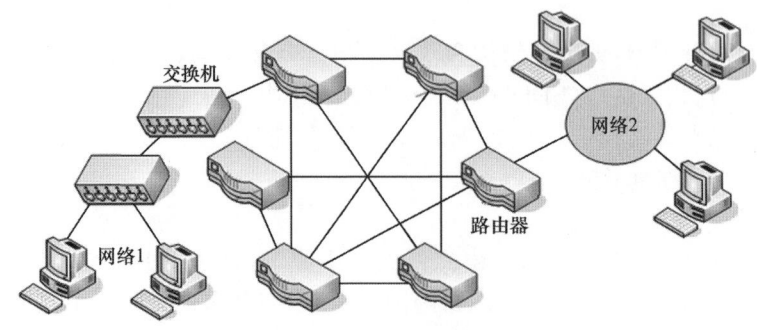

图 1-13 网状型拓扑结构

网状型拓扑的优点是节点间路径多,碰撞和阻塞可大大减少,局部故障不会影响整个网络的正常工作,可靠性高;网络扩充和主机入网比较灵活、简单。其缺点是关系复杂,组网和网络控制机制复杂。

混合型结构是由以上几种拓扑结构混合而成的,如环星型结构,它是令牌环网和 FDDI 网常用的结构,再如总线型和星型的混合结构等。

1.3.4 计算机网络领域的新技术

过去几十年里,计算机网络技术已经深入各个领域,包括通信行业、科研事业、教育行业和企业生产等,在未来的计算机网络技术发展中,将会有更多的新技术应用到我们的工作、学习和生活之中。

1.物联网技术

物联网是新一代信息技术的重要组成部分,其英文名称是"The Internet of Things"。顾名思义,物联网就是物物相连的互联网。物联网技术的核心和基础仍然是"互联网技术",是在互联网技术基础上延伸和扩展的一种网络技术。

(1)物联网的定义

通过射频识别(RFID)、红外感应器、全球定位系统、激光扫描器等信息传感设备,按约定的协议,将任何物品与互联网相连接,进行信息交换和通信,以实现智能化识别、定位、追踪、监控和管理的一种网络技术。

(2)物联网的关键技术

在物联网系统中,主要包括传感器、RFID 标签和嵌入式系统三项关键技术。

- 传感器技术:这也是计算机应用中的关键技术。到目前为止,绝大部分计算机处理的都是数字信号。自从有计算机以来,就需要传感器把模拟信号转换成数字信号,计算机才能处理。
- RFID 标签技术:是一种传感器技术。RFID 标签技术是融合了无线射频技术和嵌入式技术为一体的综合技术,在自动识别、物品物流管理方面有着广阔的应用前景。
- 嵌入式系统技术:是综合了计算机软硬件、传感器技术、集成电路技术、电子应用技术为一体的复杂技术。

(3)物联网的体系结构

目前,物联网还没有一个被广泛认同的体系结构,但是,我们可以根据物联网对信息感知、传输、处理的过程将其划分为三层结构,即感知层、网络层和应用层,如图 1-14 所示。

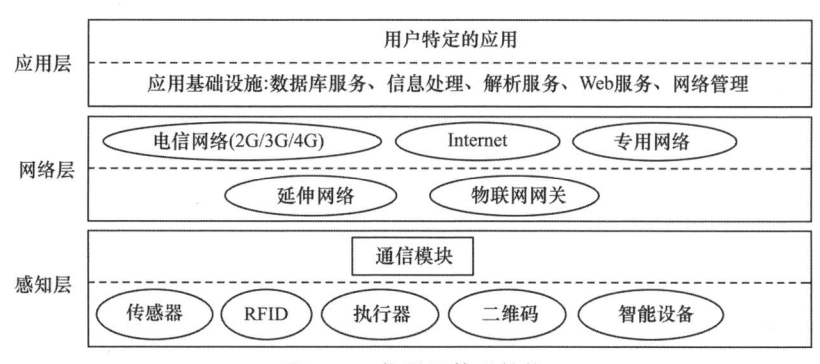

图 1-14 物联网体系结构

- 感知层:利用 RFID、传感器、二维码等随时随地获取物体的信息。
- 网络层:通过各种电信网络与互联网的融合,将物体的信息实时准确地传递出去。
- 应用层:把从感知层得到的信息进行处理,实现智能化识别、定位、跟踪、监控和管理等实际应用。

(4)物联网的用途

物联网的用途广泛,遍及智能交通、环境保护、政府工作、公共安全、平安家居、智能消防、工业监测、环境监测、路灯照明管控、景观照明管控、楼宇照明管控、广场照明管控、老人护理、个人健康、花卉栽培、水系监测、食品溯源、敌情侦察和情报搜集等多个领域。

2.云计算技术

云计算(Cloud Computing)是基于互联网的相关服务的增加、使用和交付模式,通常涉及通过互联网来提供动态易扩展且经常是虚拟化的资源。云计算是并行计算、分布式计算和网格计算的发展,或者说是这些计算科学概念的商业实现。

(1)云计算的定义

对于云计算的说法有多种,到底什么是云计算,至少可以找到 100 种解释。下面给出了两种典型的定义。

美国国家标准与技术研究院(NIST)给出的定义:云计算是一种按使用量付费的模式,这种模式提供可用的、便捷的、按需的网络访问,进入可配置的计算资源共享池(资源包括网络、服务器、存储、应用软件、服务),这些资源能够被快速提供,只需要投入很少的管理工作,或与服务供应商进行很少的交互。

中国云计算专家给出的定义:云计算是通过网络提供可伸缩的、廉价的分布式计算能力。

(2)云计算的关键技术

- 虚拟化技术:云计算的虚拟化技术不同于传统的单一虚拟化,它涵盖整个 IT 架构,包括资源、网络、应用和桌面在内的全系统虚拟化,它的优势在于能够把所有硬件设备、软件应用和数据隔离开来,打破硬件配置、软件部署和数据分布的界限,实现 IT 架构的动态化,实现资源集中管理。
- 分布式资源管理技术:信息系统、仿真系统在大多数情况下会处在多节点并发执行环境中,要保证系统状态的正确性,必须保证分布数据的一致性,云计算中的分布式资源管理技术圆满地解决了这一问题,其中 Google 公司的 Chubby 是最著名的分布式资源管理系统。
- 并行编程技术:云计算采用并行编程模式。在并行编程模式下,并发处理、容错、数据分布、负载均衡等细节都被抽象到一个函数库中,通过统一接口,用户大尺度的计算任务被自动并发和分布执行,即将一个任务自动分成多个子任务,并行地处理海量数据。

(3)云计算的体系结构

从技术的角度来看,业界通常认为云计算体系分为三个层次:Infrastructure as a Service,基础设施即服务(IaaS);Platform as a Service,平台即服务(PaaS);Software as a Service,软件即服务(SaaS)。云计算的体系结构如图 1-15 所示。

- IaaS 层:这一层的作用是将各个底层的计算和存储等资源作为服务提供给用户。用户能够部署和运行任意软件,包括操作系统和应用程序。用户不能管理或控制任何云计算基础设施,但能控制操作系统的选择、储存空间、部署的应用,也有可能获得有限制的网络组件的控制。

项目1　认知计算机网络

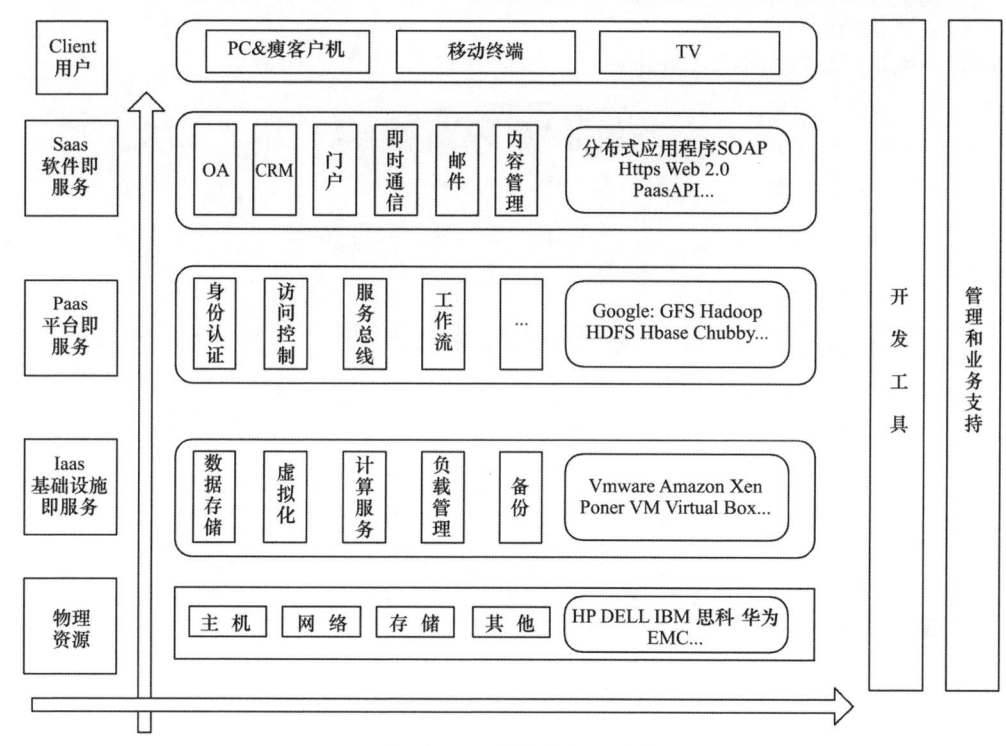

图1-15　云计算的体系结构

● PaaS层：简单地说，PaaS平台就是指云环境中的应用基础设施服务，也可以说是中间件即服务。PaaS是服务提供商提供给用户的一个平台，用户可以在这个平台上利用各种编程语言和工具（如Java、Python、.NET等）开发自己的软件或者产品，并且部署应用和应用的环境，而不用关心其底层的设施、网络、操作系统等。

● SaaS层：SaaS提供商为用户搭建了信息化所需要的所有网络基础设施及软件、硬件运作平台，并负责所有前期的实施、后期的维护等一系列服务。用户只需要通过终端，以Web访问的形式来使用、访问、配置各种服务，而不用管理任何云计算上的服务。

3. 移动互联网

移动互联网是指互联网的技术、平台、商业模式和应用与移动通信技术结合并实践的活动的总称。其工作原理是用户端通过移动终端对互联网上的信息进行访问，并获取一些所需要的信息，可以享受一系列的信息服务带来的便利。

（1）移动互联网的概念

目前，移动互联网已成为学术界和业界共同关注的热点，对它的定义有很多种。移动互联网是基于移动通信技术、广域网、局域网及各种移动终端并按照一定的通信协议组成的互联网络。广义上讲，手持移动终端通过各种无线网络进行通信，与互联网结合就产生了移动互联网。简单说，能让用户通过移动设备（如手机、平板电脑等移动终端）随时随地访问Internet、获取信息，进行商务、娱乐等各种活动，就是典型的移动互联网。可以认为移动互联网是互联网的延伸，亦可认为移动互联网是互联网的发展方向。

（2）移动互联网的架构

移动互联网包括移动终端、移动网络和应用服务三个要素，移动互联网的架构包括业务体系和技术体系。

①移动互联网的业务体系

目前来说,移动互联网的业务体系主要包括三大类,如图1-16所示。

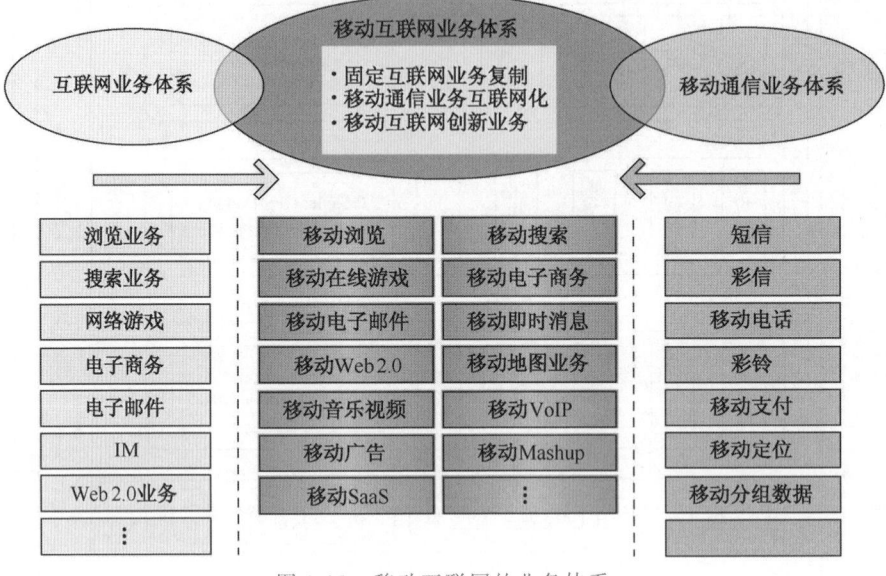

图1-16　移动互联网的业务体系

- 桌面互联网的业务向移动终端复制,从而实现移动互联网与固定互联网相似的业务体验,这是移动互联网业务的基础。
- 移动通信业务互联网化,打造移动虚拟运营商,应用互联网的人工智能、数据分析与挖掘等技术,升级传统移动通信业务。
- 结合移动通信与互联网功能而进行有别于固定互联网的业务创新,这是移动互联网业务的发展方向。移动互联网的业务创新关键是如何将移动通信的网络能力与互联网的网络与应用能力进行聚合,从而创新移动互联网业务。

②移动互联网的技术体系

移动互联网作为当前的热点融合发展领域,与广泛的技术和产业相关联。移动互联网的技术体系主要涵盖六个技术领域,如图1-17所示。

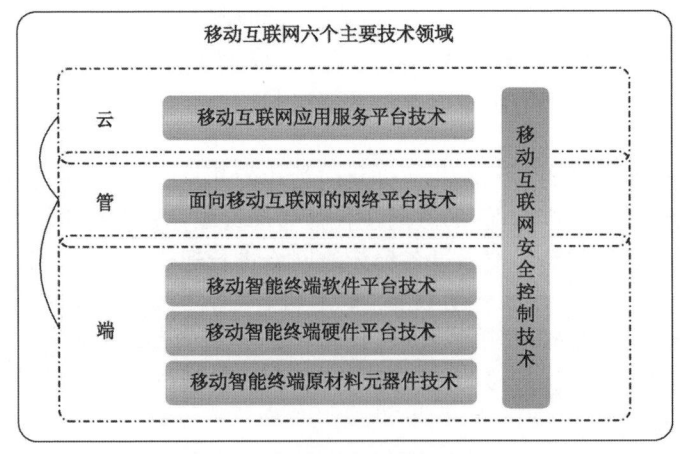

图1-17　移动互联网的技术体系

4.人工智能

人工智能(Artificial Intelligence),英文缩写为 AI。它是研究、开发用于模拟、延伸和扩展人的智能的理论、方法、技术及应用系统的一门新的技术科学。

(1)人工智能的定义

作为前沿的交叉学科,大家对于人工智能的定义有着不同的理解,因此,也就产生了不同的定义。

①《人工智能——一种现代方法》一书中将已有的人工智能分为四类:像人一样思考的系统、像人一样行动的系统、理性思考的系统、理性行动的系统。

②维基百科中的定义:"人工智能就是机器展现出来的智能,所以只要机器有智能的特征和表现,就应该将其视为人工智能。"百度百科中的定义:"人工智能是研究、开发用于模拟、延伸和扩展人的智能的理论、方法、技术和应用系统的一门新的技术科学。"并认为人工智能是计算机科学的一个分支。现阶段,比较热门的研究方向包括机器人、语音识别、图像识别、自然语言处理等几个方面。

③我国《人工智能标准化白皮书(2018 年)》中也给出了人工智能的定义:"人工智能是利用数字计算机或者由数字计算机控制的机器,模拟、延伸和扩展人类的智能,感知环境、获取知识并使用知识获得最佳结果的理论、方法、技术和应用系统。"

除此之外,还有近 10 种其他类型的定义。围绕人工智能的各种定义可知,人工智能的核心思想在于构造智能的人工系统。

(2)人工智能的研究价值

人工智能的快速发展和广泛应用,给社会带来了翻天覆地的变化,改变了人类以往的劳动、生活、交往和思考等方式,能够从根本上给人类的生活带来便利。人工智能的研究价值主要体现在以下 4 个方面。

①在行为方式方面,人工智能将从劳动方式、生活方式、交往方式和思维方式等四个方面改变人们的行为方式。

②在社会层次结构方面,人工智能将从社会结构、社会治理水平和社交环境等三个方面改变社会的层次结构。

③在产业结构方面,人工智能将推动传统产业的发展、创造新的市场需求、产生新的行业和业务,从而推动经济的迅猛发展。

④在企业管理方面,人工智能将降低企业的绩效管理成本、生产成本和人工成本,从而提高企业生产效率。

5.工业互联网

当前,互联网创新发展与第四次工业革命正处于历史交会期,互联网正从人与人连接的时代进入万物互联的时代,从信息互联网向价值互联网转变,从消费互联网向工业互联网转变。可以肯定地说,工业互联网必将导致未来工业发展产生全方位、深层次、革命性的变革,对社会生产力、人类历史发展产生深远影响。

(1)工业互联网简介

工业互联网(Industrial Internet)是新一代信息通信技术与工业经济深度融合的新型基础设施、应用模式和工业生态,通过对人、机、物、系统等的全面连接,构建起覆盖全产业链、全价值链的全新制造和服务体系,为工业乃至产业数字化、网络化、智能化发展提供了实现途径,是第四次工业革命的重要基石。

工业互联网以网络为基础、平台为中枢、数据为要素、安全为保障,既是工业数字化、网络化、智能化转型的基础设施,也是互联网、大数据、人工智能与实体经济深度融合的应用模式,同时也是一种新业态、新产业,将重塑企业形态、供应链和产业链。

(2)工业互联网关键技术

工业互联网技术体系由制造技术、信息技术以及由这两大技术交织形成的融合性技术组成。其中,制造技术构建了专业领域技术和知识基础体系,是工业数字化应用优化闭环的起点和终点。以5G、TSN、边缘计算为代表的信息技术,支撑工业互联网的通信、计算、安全基础设施。以人工智能、数据孪生、区块链、VR/AR等为代表的融合性技术,构建符合工业特点的数据采集、处理、分析体系。

- 5G技术:作为移动通信技术的典型代表,具有大带宽、低延时、高可靠的特性。5G技术弥补了通用网络技术难以完全满足工业生产要求的技术短板,并通过灵活部署,帮助工业企业加快工厂生产内网的网络化改造。

- TSN技术(Time-Sensitive Network,TSN):用以太网物理接口实现工业有线连接,并基于电气和电子工程师协会协议(IEEE802.1)实现工业以太网数据链路层传输。TSN技术遵循标准以太网协议体系要求,打破原有封闭协议模式,提高了工业设备的连接性和通用性,具有良好的互联互通能力。

- 边缘计算技术:是指通过靠近物或数据源头,实现计算、网络、存储等多维度资源的统一协同调度及全局优化。通过云计算、网络协同联动,边缘计算技术打通云、边、网、端等关键环节,实现了工业互联网数据的纵向集成,可满足工业在敏捷连接、实时业务、数据聚合、应用智能等方面的关键需求。

- 工业智能技术(亦称工业人工智能):是人工智能技术与工业融合发展形成的,贯穿于设计、生产、管理、服务等工业领域的各个环节,实现了模仿甚至超越人类感知、分析、决策等能力的技术、方法、产品及应用系统。工业智能技术包括专家系统、机器学习、知识图谱、深度学习等,已在工业系统各层级、各环节广泛应用。

- 区块链技术:区块链是由多种技术集成创新而成的分布式网络数据管理技术。该技术利用密码学技术和分布式共识协议,保证了网络传输与访问安全,实现了数据多方维护、交叉验证、全网一致和不易篡改。

- VR/AR技术:VR技术是指以计算机、电子、信息和仿真技术为核心,利用各种现代科技手段来生成包括视觉、听觉、触觉、嗅觉和味觉在内的一体化的虚拟环境。AR技术是将真实世界和虚拟世界的信息综合在一起,为用户提供特定感官体验的人机接口的技术。

(3)工业互联网平台体系架构

工业互联网平台是面向制造业数字化、网络化、智能化需求,构建基于海量数据采集、汇聚、分析的服务体系,支撑制造资源泛在连接、弹性供给、高效配置的工业云平台。其核心由基础设施层(IaaS)、平台层(PaaS)、应用层(SaaS)组成,再加上端层、边缘层,共同组成工业互联网平台的基本架构,如图1-18所示。

- 边缘层对生产现场的各种物联网型工业设备所产生的工业数据进行采集,并对不同来源的工业数据进行协议解析和边缘处理。它兼容OPC/OPC UA、Mod-Bus等各类工业通信协议,把采集数据进行格式转换和统一,再通过光纤、以太网等链路,将相关数据以有线或无线方式(如5G、NB-IoT等)远程传输到工业互联网平台。

- 基础设施层(IaaS)主要提供云基础设施,如计算资源、网络资源、存储资源等,支撑工业互联网平台的整体运行。其核心是虚拟化技术,利用分布式存储、并发式计算、高负载调度等新技术,实现资源服务设施的动态管理,提升资源服务有效利用率,确保资源服务的安全。

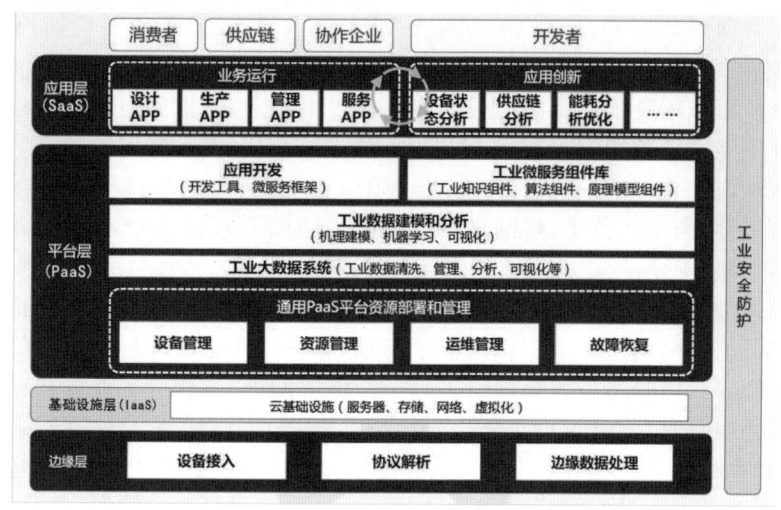

图 1-18 工业互联网平台体系架构

● 平台层(PaaS)是整个工业互联网平台的核心,它由云计算技术构建,不仅能接收存储数据,还能提供强大的计算环境,对工业数据进行云处理或云控制。它的根本是在 IaaS 平台上构建了一个扩展性强的支持系统,也为工业应用或软件的开发提供了良好的基础平台。

● 应用层(SaaS)是工业互联网平台的关键,它是对外服务的关口,与用户直接对接,体现了工业数据最终的应用价值。SaaS 层基于 PaaS 层平台上丰富的工业微服务功能模块,以高效、便捷、多端适配等方式实现传统信息系统的云改造,为平台用户提供各类工业 APP 等数字化解决方案,发展大数据分析等综合应用,实现资源集中化、服务精准化、知识复用化。

6.5G 网络

移动通信自 20 世纪 80 年代诞生以来,每十年一代技术,历经了 1G、2G、3G、4G、5G 的发展。每一次代际跃迁、每一次技术进步,都极大地促进了产业升级和经济社会发展。第五代移动通信(5G)以全新的移动通信系统架构,提供数十倍于 4G 的峰值速率、毫秒级的传输时延和千亿级的连接能力,实现网络性能的大幅跃升。

(1)5G 网络简介

5G 网络(5GNetwork)是第五代移动通信网络。5G 网络的数据传输速率最高可达 10 Gbit/s,比当前的有线互联网还要快,比以前的 4G LTE 蜂窝网络快 100 倍。而且 5G 网络具有较低的网络延迟(更快的响应时间),低于 1 毫秒,而 4G 为 30~70 毫秒。

5G 作为一种新型移动通信网络,不仅要解决人与人通信,为用户提供增强现实、虚拟现实、超高清(3D)视频等更加身临其境的极致业务体验,更要解决人与物、物与物通信问题,满足移动医疗、车联网、智能家居、工业控制、环境监测等物联网应用需求。

(2)5G 网络的关键技术

5G 网络技术主要分为核心网、回传和前传网络、无线接入网等三类。核心网关键技术主要包括超密集组网、软件定义网络、网络功能虚拟化、网络切片和多接入边缘计算等。

● 超密集组网(Ultra-Dense Network,UDN):随着 5G 带来的物联网等新应用产品落地,流量需求大增。传统的增加带宽和提高频谱利用率远远不能满足 5G 带来的流量需求。

通过采用超密集网络部署,可显著提高频谱效率,提升系统容量。

超密集网络由大量的小基站构成,小基站是低功率的无线接入点,工作在授权的步谱,覆盖范围一般为 10~200 m,相比之下,宏基站的覆盖范围可达数千米。

- 软件定义网路(Software Defined Network,SDN):SDN 是由美国斯坦福大学 Clean Slate 研究组提出的一种新型网络创新架构,可通过软件编程的形式定义和控制网络,其控制平面和转发平面分离及开放性可编程的特点,被认为是网络领域的一场革命,为新型互联网体系结构研究提供了新的实验途径,也极大地推动了下一代互联网的发展。
- 网络功能虚拟化(Network Functions Virtualization,NFV):网络功能虚拟化是一种网络架构概念,利用虚拟化技术,将网络节点阶层的功能分割成几个功能区块,分别以软件方式实现,不再局限于硬件架构。
- 网络切片(Network Slicing):是一种虚拟化技术,它允许在一个共享的物理网络基础架构上运行多个逻辑网络。每个逻辑网络之间是隔离的,并且能够提供定制的网络特性,如带宽、延时、容量等。同时每个逻辑网络里除了网络资源外,还包含了计算和存储资源。
- 多接入边缘计算(Multi-Access Edge Computing,MEC):就是位于网络边缘的、基于云的 IT 计算和存储环境。它使数据存储和计算能力部署于更靠近用户的边缘,从而降低了网络时延,可更好地提供低时延、高宽带应用。

(3)5G 网络架构

5G 网络为了能够给产业侧垂直行业和消费者提供 ROADS(Real-time,On-Demand,All online,DIY,Social)的体验,使用了诸如网络功能虚拟化(NFV)、用户面和控制面隔离(CUPS)、网络切片(NS)、软件定义网络(SDN)和移动/多接入边缘计算(MEC)之类的技术,构建了端到端能够协同的云化架构,这一架构为在各个环节实现敏捷、自动化和智能化提供了可能。5G 架构由资源和功能层、网络层和服务层构成。如图 1-19 所示。

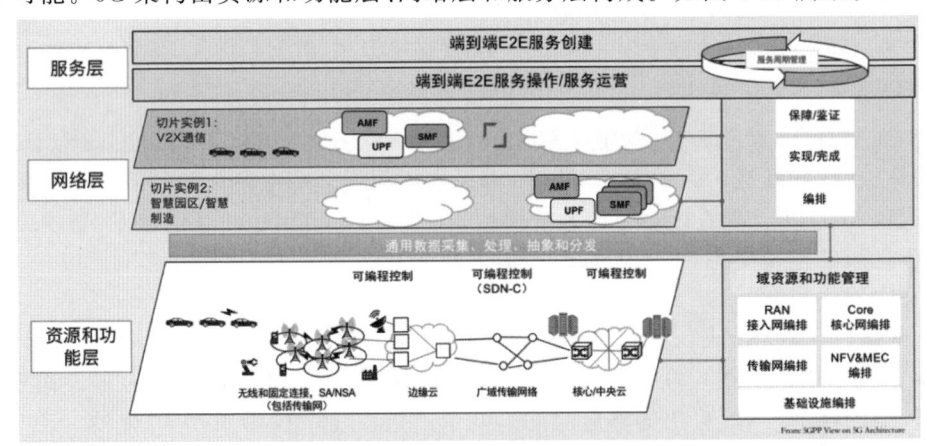

图 1-19 5G 架构

- 资源和功能层:在 SDN、NFV 等技术支撑下,基于物理基础设施实现接入网 RAN、传输网络、MEC 边缘以及核心网络的云化和可编程化。资源和功能层的另一重要能力是可编程控制,由 SDN 控制器以及底层的转发节点组成。

5G 通过 SDN 架构实现端到端网络和业务的协同,提升业务的自动开通部署和智能运维能力,同时需要面向高质量的垂直行业客户需求,提供网络资源的隔离以及层次化的网络保障机制,实现时延控制及分段的故障定位功能。

- 网络层:关键功能是跨接入网 CloudRAN(华为"利用云重构无线接入网络")、MEC

和核心网的端到端网络切片。利用 SDN、NFV 等技术可以在通用网络基础结构之上,将单个物理网络划分为多个虚拟网络,实现灵活且可扩展的网络切片。网络切片在逻辑上是隔离的,这种结构可以实现面向服务的网络视图,以服务化的方式为不同类型的客户群提供可定制化的服务支持,同时很好地满足独立运维的需求。

- 服务层:主要实现为不同的垂直行业提供端到端的服务创建和服务管理能力,同时,按需将网络能力开放给高质量或有特殊业务要求的客户。

(4)5G 网络应用

5G 作为万物互联的基础信息网络,被称为"网络的网络"和"系统的系统",支持"高速泛在"和"智慧交互"的全场景化融合创新应用。5G 主要有三大应用场景:eMBB(增强移动宽带)、uRLLC(低时延高可靠)、mMTC(海量大连接)。

- 增强移动宽带:主要满足对高数据速率的业务需求,支持高清视频、VR 等新业态,广泛应用于文体娱乐、教育等行业;还用于安防监控、产品检测等方面。我们现在很多晚会直播都是用了 5G 的技术。

- 低时延高可靠:低时延高可靠通信广泛应用于医疗、交通、电力等行业,随着 5G 通信技术的不断发展,外科医生的手臂都可以延伸到千里之外,远程为患者进行手术。

- 海量大连接:5G 中面向物联网业务的能力,对网络感知实时性要求较低,但对终端密集程度要求高,广泛应用于公用事业、工业、农业、交通运输和电力等行业。

5G 从移动互联网扩展到移动物联网领域,服务对象从人与人通信拓展到人与物、物与物通信,将与经济社会各领域深度融合,引发生产生活方式的深刻变革。

1.4 任务实施

为了锻炼李恒在计算机网络方面的技能,主管汤标又给他安排了认知网络设备和网络设备图元、绘制网络拓扑结构图、保存网络拓扑结构图以及使用计算机网络软件等技能训练项目。

1.4.1 认知网络设备和网络设备图元

参观企业、学校或其他单位的有线广播系统、内部电话系统或计算机网络系统,完成相关技能训练任务。

任务 1-1

参观相关系统,认知系统中设备的名称,掌握设备的作用,了解技术参数,熟悉它们的连接方式;填写设备登记表,徒手绘制网络拓扑图。

【STEP|01】填写设备登记表

参考企业、学校或相关单位的计算机网络系统,认知系统中的设备,并将设备的有关信息填写在设备登记表 1-1 中。

表 1-1　　　　　　　　　　　　　设备登记表

序号	设备名称	设备主要参数	设备用途	备注
1				
2				

(续表)

序号	设备名称	设备主要参数	设备用途	备注
3				
…				

【STEP|02】对照图 1-20 熟知主要的网络设备图元。
【STEP|03】熟知网络布线情况和信息点分布情况,并进行记载。
【STEP|04】观察连接线缆和设备的连接接口,并分析接入方式。
【STEP|05】徒手绘制网络拓扑图。
【STEP|06】撰写总结。

接入交换机　二层堆叠交换机　三层堆叠交换机　核心交换机　中低端路由器　高端路由器　无线交换机

无线网桥　笔记本电脑+无线网卡　IDS入侵检测系统　防火墙　USG统一安全网关　磁盘阵列　FC光纤交换机

服务器　数据服务器　认证客户端　数据库　台式计算机　笔记本电脑　Internet

图 1-20　主要网络设备图元

1.4.2　绘制网络拓扑结构图

对于小型、简单的网络,涉及的网络设备不是很多,也不会要求图元外观完全符合相应产品型号,使用简单的画图软件即可轻松实现。但对于一些大型、复杂网络拓扑结构图则通常需要采用一些非常专业的绘图软件来制作,如 Visio、LAN Map Shot 和亿图图示专家等。

在这些专业的绘图软件中,不仅会有许多外观漂亮、型号多样的产品外观图,而且提供了圆滑的曲线、斜向文字标注,以及各种特殊的箭头和线条绘制工具。Visio 系列软件是微软公司开发的高级绘图软件,属于 Office 系列,可以绘制流程图、网络拓扑图、组织结构图、机械工程图、流程图等。

任务 1-2

下载并安装 Microsoft Visio 2016(以后简称为 Visio 2016)软件,然后根据"任务 1-1"中的手绘网络拓扑图使用 Visio 绘制网络拓扑结构图。

【STEP|01】上网搜索下载 Visio 2016,然后正确安装 Visio 2016。
【STEP|02】启动 Visio 2016。单击"开始"→"所有程序"→"Visio 2016"启动 Visio 2016,如图 1-21 所示。

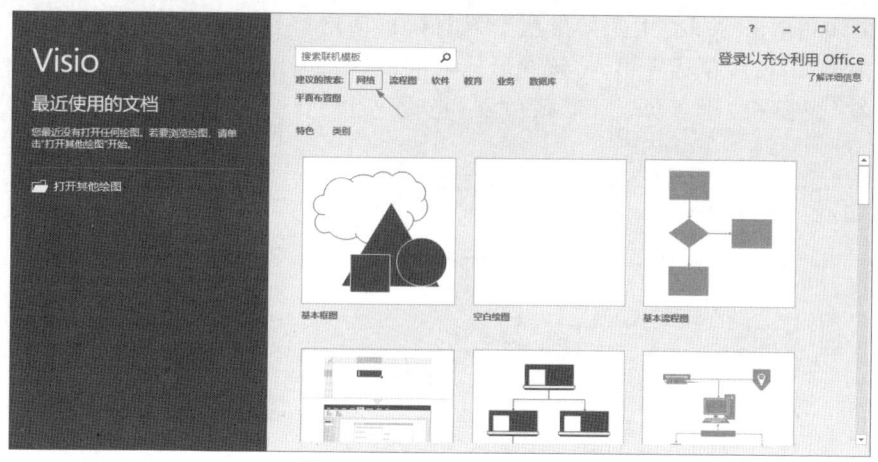

图 1-21　Visio 2016 主界面

【STEP|03】在主界面中选择"网络"选项,显示如图 1-22 所示窗口。或者在 Visio 2016 的主界面的菜单中执行"新建"→"网络"→"详细网络图"直接进入第 5 步。

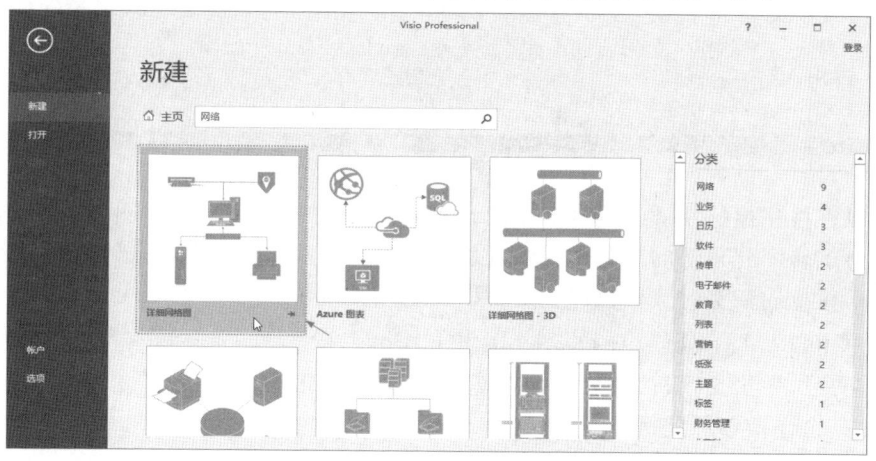

图 1-22　"网络"界面

【STEP|04】选择一个模板。如果是简单的小型网络,可选择"基本网络图",本例中我们选择"详细网络图"模板,启动绘图界面,如图 1-23 所示。

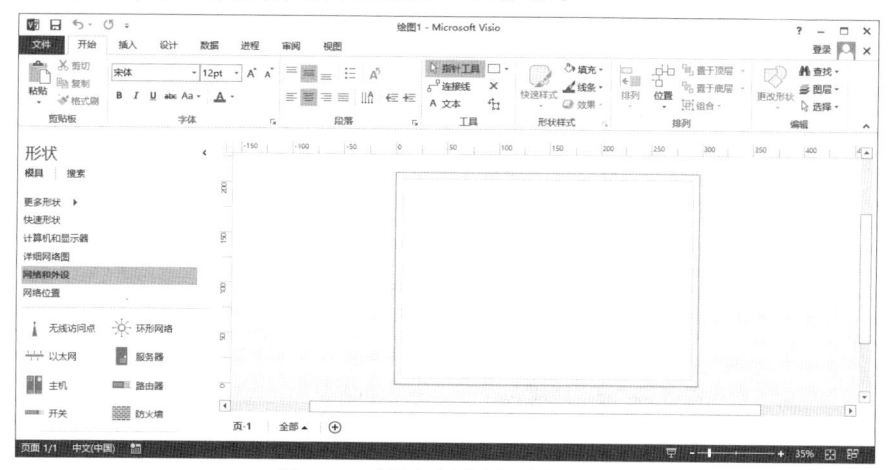

图 1-23　"详细网络图"绘图界面

23

【STEP|05】单击"形状"中的某形状卡,如单击"网络符号",显示该形状卡的所有形状,在其中选中网关,按住鼠标左键,将该图形拖入绘图区,松开左键,该设备即被添加,再将其他网络设备(交换机、服务器、宽带路由器、链路等)的图元用同样的方法添加进来,如图1-24所示。

图1-24 添加网络元素

还可以在按住鼠标左键的同时拖动图元四周的绿色方格来调整图元大小,按住鼠标左键的同时旋转图元顶部的绿色小圆圈,以改变图元的摆放方向,再把鼠标放在图元上,然后在出现4个方向箭头时按住鼠标左键可以调整图元的位置。

【STEP|06】单击工具栏中的绘图工具按钮,显示绘图工具框,选择需要的连接线,如直线,单击交换机,按住鼠标左键拖动到计算机,松开鼠标左键,就将两台设备连接起来了,其余连接参照此例实现,如图1-25所示。

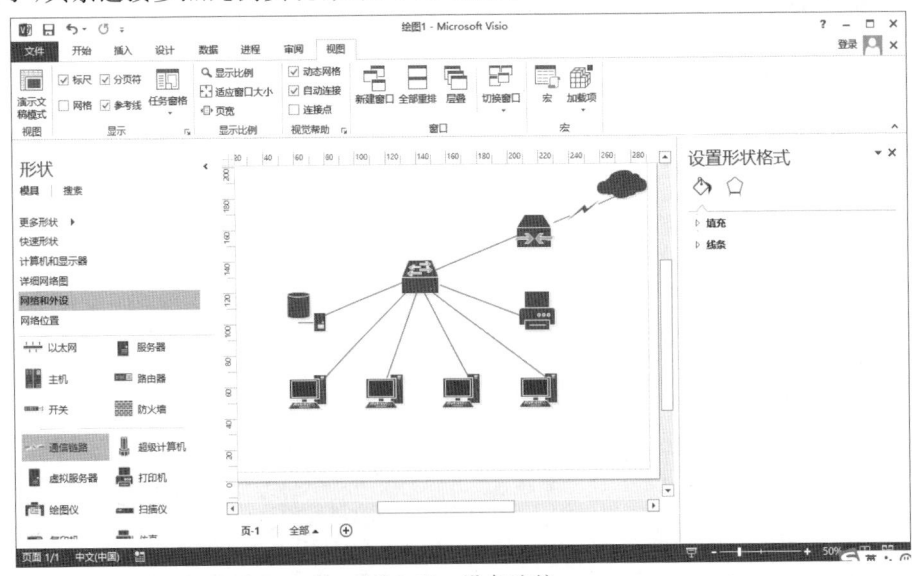

图1-25 设备连接

使用工具栏中的连接线工具进行连接也可以。在选择了该工具后,单击要连接的两个图元之一,此时会有一个红色的方框,移动鼠标选择相应的位置,当出现紫色星状点时按住鼠标左键,把连接线拖到另一图元,注意此时如果出现一个大的红方框则表示不宜选择此连接点,当出现小的红色星状点时即可松开鼠标,连接成功。

要删除连接线,只需先选取相应连接线,然后再按"Delete"键即可。

【STEP|07】标注设备。要为设备标注型号,可单击工具栏中的 A 按钮,在图元下方显示一个小的文本框,此时可以输入设备型号或其他标注,如图 1-26 所示。输入完成后在空白处单击鼠标即可完成输入。

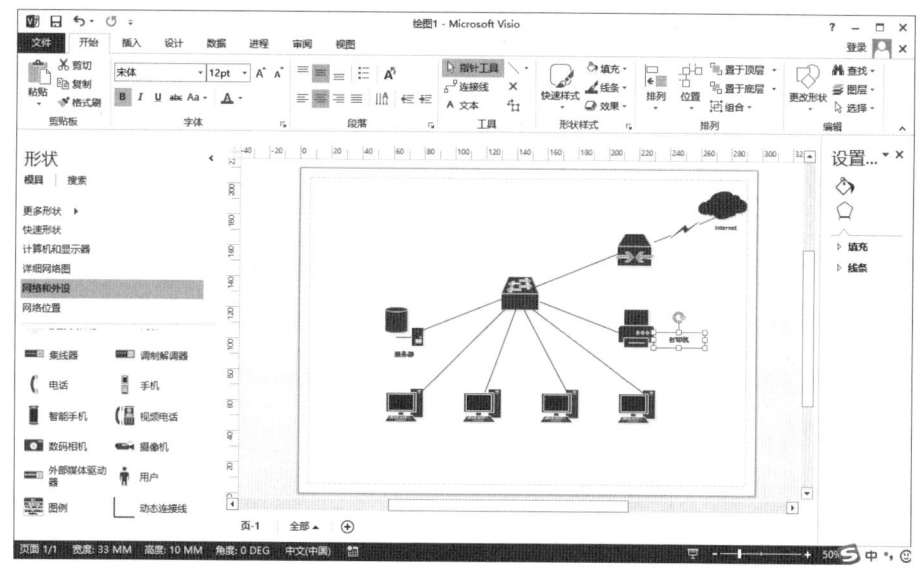

图 1-26 给图元输入标注

标注文本的字体、字号和格式等都可以通过工具栏中的来调整,如果要使调整适用于所有标注,则可在图元上单击鼠标右键,在打开的快捷菜单中选择"格式"下的"文本"菜单项,打开"文本"对话框,在此可以进行详细的配置。标注的输入文本框位置也可通过按住鼠标左键移动。

1.4.3 保存网络拓扑结构图

任务 1-3

先将绘制的网络拓扑结构图存放到 Word 文档中;再将绘制的网络拓扑结构图保存为图片。

【STEP|01】将绘制的网络拓扑结构图存放到 Word 文档中。

1.用鼠标框选或者选择菜单栏中"编辑"→"全选"命令,或者按 Ctrl+A 复合键,选中拓扑结构图(包括全部的绘图形状)。

2.再复制选中的拓扑结构图,或在 Visio 的菜单中选择"编辑"→"复制",然后粘贴到 Word 中即可。

> **提示**　为了保证全部绘图形状位置和大小不发生改变，建议选中所绘制的全部绘图形状后，将之组合为一个图形。用鼠标右击所选择的图形，选择"形状"→"组合"命令，则整个图形无论怎么移动都不会发生变化。

【STEP|02】将绘制的网络拓扑结构图保存为图片。

绘制完成后，选择"文件"→"另存为"命令，在"另存为"对话框中选择"浏览"，出现如图 1-27 所示的"另存为"对话框，选择相应的存储位置，给出合适的文件命名，如果要保存为"图片"，则在"保存类型"中选择"JPEG 文件交换格式（*.jpg）"即可，如果要保存为 *.vsd 文件就不要选择，单击"保存"按钮即可，下次可双击该图标打开文件。

图 1-27　保存文档

1.4.4　使用计算机网络软件

在计算机网络的学习过程中，有两个比较典型的工具可以帮助大家了解计算机网络的工作原理，完成网络设备的仿真配置。它们就是协议抓包分析软件 Wireshark 和模拟仿真软件 Packet Tracer。

1. Wireshark 的使用

Wireshark 是一款非常棒的 UNIX 和 Windows 上的开源网络协议分析器。它可以实时检测网络通信数据，也可以检测其抓取的网络通信数据快照文件。可以通过图形界面浏览这些数据，可以查看网络通信数据包中每一层的详细内容。

任务 1-4

在 Windows 11 系统中，下载并安装 Wireshark，然后完成相关设置，在此基础上，熟悉 Wireshark 的工作界面，最后使用 Wireshark 进行简单的抓包分析。

【STEP|01】下载并安装 Wireshark。

上网搜索并下载 Wireshark 3.6.3，双击下载的 Wireshark 进行安装，按照 Wireshark 安装向导的提示一步一步完成 Wireshark 的安装。

项目1 认知计算机网络

【STEP|02】启动 Wireshark。

Wireshark 安装完成后，启动 Wireshark，其主界面如图 1-28 所示。在图的上方包括菜单栏、工具栏、应用显示过滤器，在"网卡列表区"中显示了接口列表和数据包的信息。

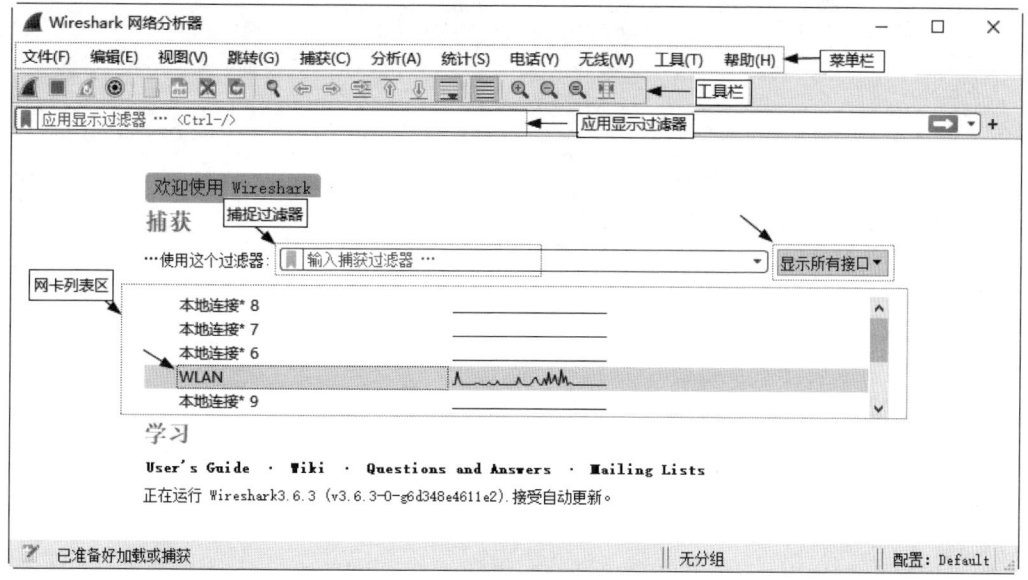

图 1-28　Wireshark 主界面

【STEP|03】开启抓包。

选择抓包的接口(如：WLAN)，双击该接口便启动了抓包功能；也可单击工具栏中最左侧的抓包按钮，再选择抓包接口，然后单击"开始"进行抓包。开启抓包后，运行一些网络应用便会把经过网卡接口的数据包捕获下来。

【STEP|04】停止抓包。

如果要停止抓包，单击工具栏中的"停止正在运行的抓包"(红色的小方块)按钮即可停止抓包。如果不停止，会一直不断地抓取数据包，这可能导致内存吃紧。

停止抓包后，Wireshark 通过颜色让各种流量的报文一目了然。比如默认绿色是 TCP 报文，深蓝色是 DNS 报文，浅蓝是 UDP 报文，黑色标识出有问题的 TCP 报文(比如乱序报文)，如图 1-29 所示。

【STEP|05】熟悉 Wireshark 的工作窗口。

从图 1-29 可以看出，抓取的数据主要包括数据包列表区、数据包封装详细信息区(协议树)和十六进制数据区等三个区。抓取的每一个数据罗列在数据包列表区，单击列表区的一条数据，其详细信息显示在数据包封装详细信息区，显示的是数据包的组成结构，数据包的数据显示在十六进制数据区。

● 在数据包列表区中：第一列是编号(No)，第二列是截取时间(Time)，第三列是源地址(Source)，第四列是目的地址(Destination)，第五列是这个包使用的协议(Protocol)，后面是一些其他的信息，包括源端口号和目的端口号。

● 在数据包封装详细信息区可以得到被截获数据包的更多信息，如主机的 MAC 地址(Ethernet II)、IP 地址(Internet Protocol)、UDP 端口号(User Datagram Protocol)以及 UDP 协议的具体内容。

27

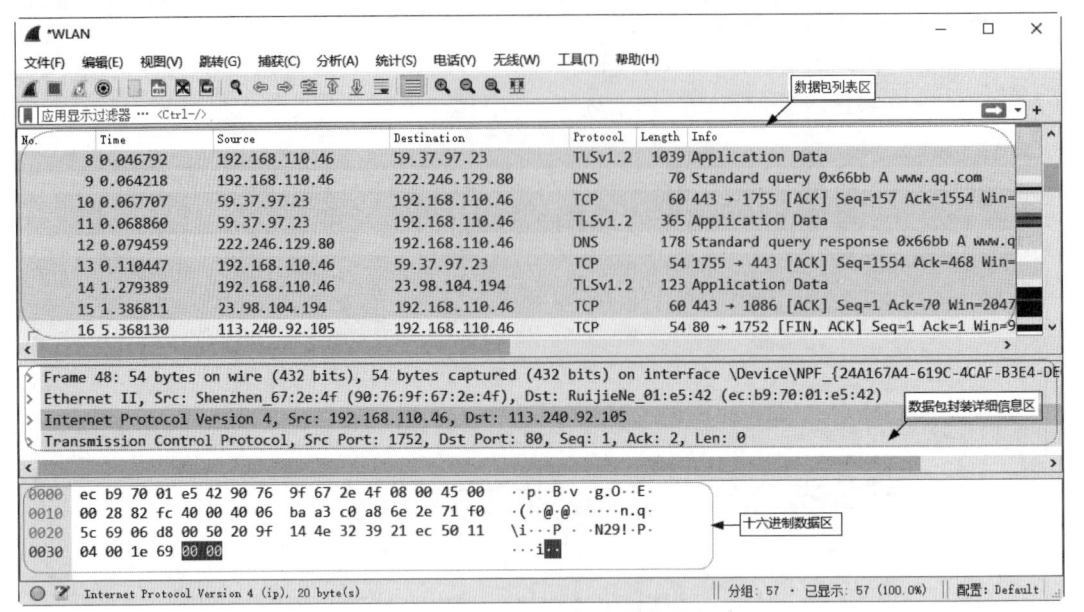

图 1-29 Wireshark 抓取的数据包

【STEP|06】筛选数据。

如果抓取的数据包过多,可以采用过滤的方式筛选出想要的数据,在"应用显示过滤器"框中输入过滤的字段,单击 ➡ 便可实现数据包的过滤。例如,输入"dns"就会只看到 DNS 报文,如图 1-30 所示,在数据包封装详细信息区可以看到数据包的详细信息。

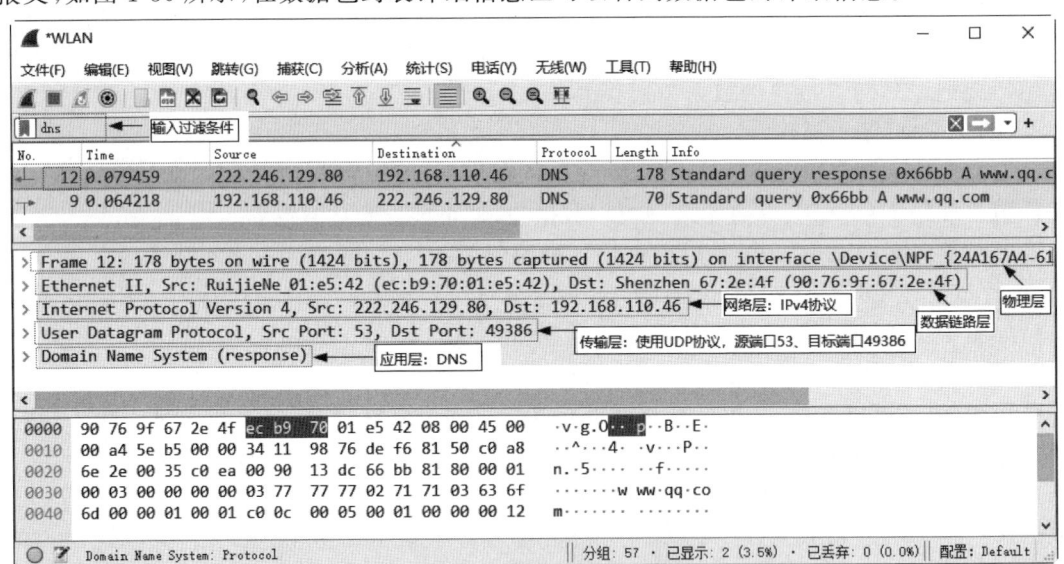

图 1-30 数据包的过滤

(1) Frame:物理层的数据帧概况。

(2) Ethernet II:数据链路层以太网帧头部信息。

(3) Internet Protocol Version 4:网络层 IP 包头部信息。

(4) User Datagram Protocol:传输层的数据段头部信息,此处是 UDP。

(5) Domain Name Syatem:应用层的信息,此处是 DNS 协议。

项目 1　认知计算机网络

2.Packet Tracer 的使用

Packet Tracer 是由 Cisco 公司发布的一款辅助学习工具,为学习思科网络课程的初学者设计、配置、排除网络故障提供了网络模拟环境。用户可以在软件的图形用户界面上直接使用拖曳方法建立网络拓扑,并可提供数据包在网络中行进的详细处理过程,观察网络实时运行情况。

任务 1-5

在 Windows 11 系统中,下载并安装 Packet Tracer,熟悉 Packet Tracer 的工作界面,使用 Packet Tracer 搭建简单的网络拓扑。

【STEP|01】认识 Packet Tracer 的基本界面。上网下载并安装 Packet Tracer 8.0,双击桌面图标,打开 Packet Tracer,如图 1-31 所示。可以看到 Packet Tracer 的基本界面包括菜单栏、主工具栏、常用工具栏、逻辑/物理工作区转换栏、工作区、实时/模拟转换栏、网络设备库和用户数据包窗口等部分。

【STEP|02】搭建一个简单的局域网。首先我们在设备类型库中选择交换机,在特定设备库中单击"2960"交换机,然后在工作区中单击一下就可以把交换机添加到工作区中了。选择"终端设备(End Devices)"库,用同样的方式再添加 4 台主机,如图 1-32 所示。注意,我们可以按住 Ctrl 键再单击相应设备以连续添加设备。

图 1-31　Packet Tracer 基本界面　　　　图 1-32　在工作区中添加设备

【STEP|03】接下来选取合适的线型将设备连接起来,根据设备间的不同接口选择特定的线型来连接,如果只是想快速地建立网络拓扑而不考虑线型选择时可以选择"自动连线",如图 1-33"特定设备库"中第一个闪电形状的图标。

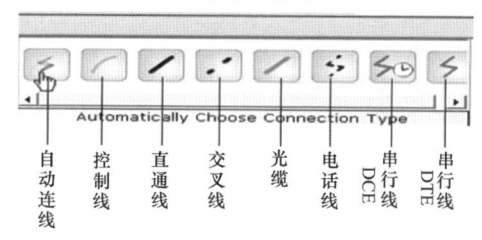

图 1-33　线型选择

【STEP|04】在选取线型后,分别单击主机和交换机可实现设备的连接,如图 1-34 所示。

分别单击 PC0、PC1、PC2、PC3，在打开的窗口中选中"Desktop"选项卡，再单击"IP Configuration"按钮，在 PC0、PC1、PC2、PC3 的"IPv4 Address"栏中分别填写 192.168.0.1～192.168.0.4 的地址，然后单击"Subnet Mask"栏可自动补齐相应数值，如图 1-35 所示，这样主机就配置完成了，单击"关闭"按钮关闭配置窗口。

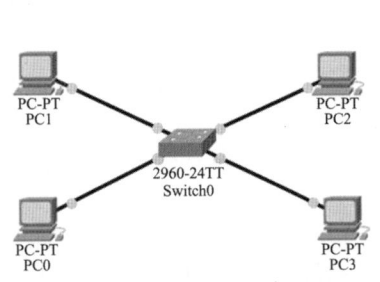

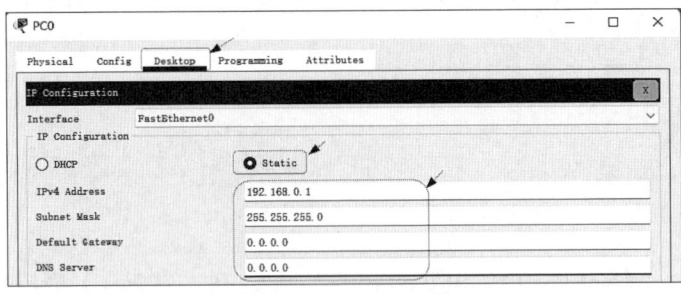

图 1-34　连接完成结构　　　　　　　　图 1-35　IP 地址配置

【STEP|05】接下来，回到主窗口中，单击"常用工具栏"中的"Add Simple PDU"按钮，再分别单击 PC0 和 PC3 主机，这相当于从 PC0 发送了一个数据包到 PC3 的过程。发送完成后，在"用户数据包窗口"即可看到发送成功的信息，如图 1-36 所示。

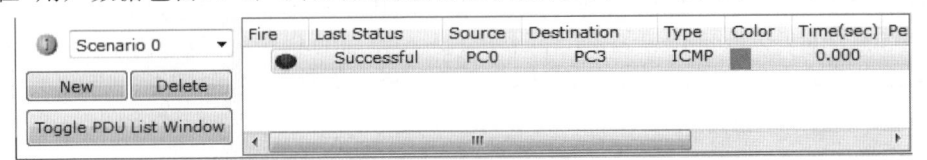

图 1-36　发送成功的信息

1.5　拓展训练

1.5.1　课堂实践

1.熟知实验室局域网

在实验室局域网中，完成以下任务。

课堂实践 1-1

观察实验室局域网，认知实验室局域网中设备的名称，掌握设备的作用，了解技术参数，熟悉它们的连接方式；填写表 1-2 设备登记表，绘制网络拓扑结构图。

【STEP|01】填写设备登记表。

表 1-2　　　　　　　　　　　　　　设备登记表

序号	设备名称	设备主要参数	设备用途	设备图元
1				
2				
3				
…				

【STEP|02】完成实验室局域网网络拓扑结构图的绘制，并将实验室局域网网络拓扑结

项目 1　认知计算机网络

构图保存为 JPEG 格式的图片。

2.分析并绘制企业网络拓扑结构图

参考"任务 1-3",上网查阅资料,熟悉网络拓扑结构分层的概念,然后完成如下任务。

课堂实践 1-2

分析图 1-37 所示的拓扑结构图,熟悉图中的连接设备、连接端口、连接线缆。然后按样图绘制拓扑结构图,标明设备名称和所处层次,并熟知设备图元。

【STEP|01】绘制典型的企业网网络拓扑结构图。

【STEP|02】通过上网查阅资料,熟知典型的企业网网络拓扑结构的类型、层次、主要设备和技术要点。

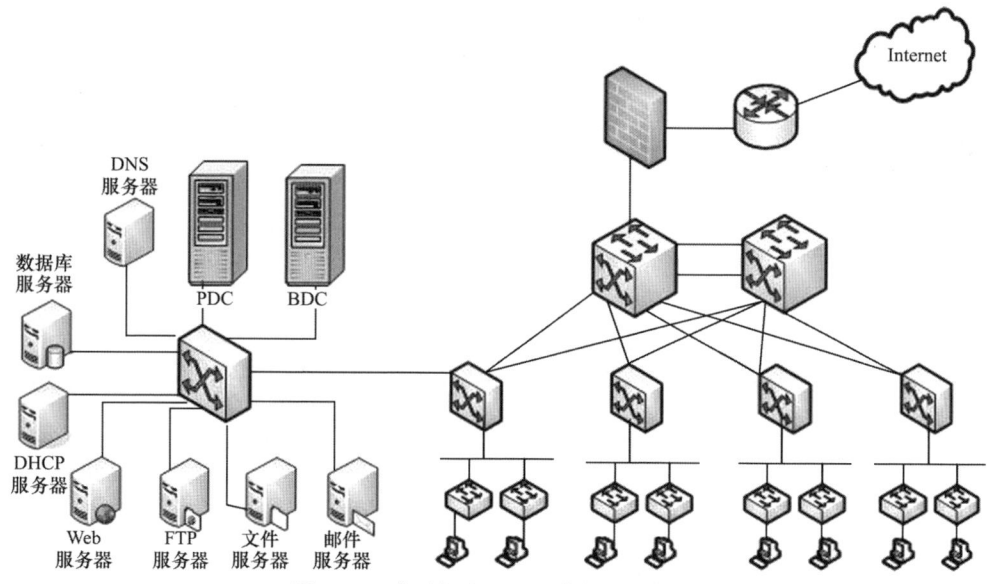

图 1-37　典型的企业网网络拓扑结构图

3.熟知 Packet Tracer

参考"任务 1-5",熟知 Packet Tracer 的界面及使用方法和技巧,具体任务如下。

课堂实践 1-3

进一步认识 Packet Tracer 的基本界面,并完成简单网络的搭建,配置设备的相关参数,测试设备的连通性。

【STEP|01】认识 Packet Tracer 的基本界面。

打开 Packet Tracer,进一步认识菜单栏、主工具栏、常用工具栏、逻辑/物理工作区转换栏、工作区、实时/模拟转换栏、网络设备库、设备类型库、特定设备库和用户数据包窗口。

【STEP|02】绘制网络拓扑。

选择交换机、路由器、服务器和计算机等设备,再选用合适的线型连接设备,完成简单网络的搭建,如图 1-38 所示。

31

图 1-38 简单网络拓扑

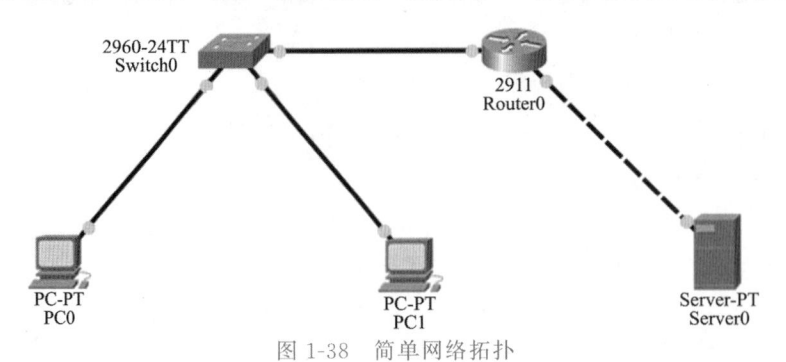

【STEP|03】配置 PC0 的相关参数。

单击 PC0 打开配置窗口,选中"Desktop"选项卡,单击"IP Configuration"按钮,在此配置好 PC0 的 IP 地址(192.168.1.1)、子网掩码(255.255.255.0)和默认网关(192.168.1.3)。

【STEP|04】配置 PC1 的相关参数。

用相同的方法配置 PC1 的 IP 地址(192.168.1.2)、子网掩码(255.255.255.0)和默认网关(192.168.1.3)。

【STEP|05】配置 Router0 的相关参数。

单击 Router0,选择左边列表"Interface"下的 GabitEthernet 0/0,设置 IP 地址(192.168.1.3)、子网掩码(255.255.255.0),再选择 GabitEthernet 0/1,设置 IP 地址(192.168.2.1)、子网掩码(255.255.255.0),设置完成后,进入接口配置模式,使用 no shutdown 命令激活对应的端口。

【STEP|06】配置 Server0 的相关参数。

单击 Server0,选中"Desktop"选项卡,单击"IP Configuration"按钮,在此配置好 Server0 的 IP 地址(192.168.2.2)、子网掩码(255.255.255.0)和默认网关(192.168.2.1)。

【STEP|07】测试设备的连通性。

在 Realtime 模式下添加一个从 PC1 到 PC0 的简单数据包,查看 Last Status 的状态,如果是 Successful,说明 PC1 到 PC0 的链路是通的,结果如图 1-39 所示。

图 1-39 设备连通状态

1.5.2 课外拓展

一、知识拓展

【拓展 1-1】选择题

1.世界上第一个计算机网络是_____。
A. ARPANet   B. CHINANet   C. 因特网   D. CERNet

2.计算机网络最基本的功能之一是_____。
A.资源共享   B.计算机通信   C.电子商务   D.电子邮件

3.计算机网络拓扑结构主要取决于它的_____。
A.资源子网   B.FDDI 网   C.通信子网   D.城域网

4.Internet 最基本、最重要且使用最广的服务是_____。

A.Telnet　　　　　　B.E-mail　　　　　　C.FTP　　　　　　D.BBS

5.通常情况下,广域网的拓扑结构是_____。

A. 不规则型　　　B. 星型　　　C. 环型　　　D. 总线型

6.按网络覆盖范围,计算机网络可以分为三类,它们是_____。

A. Internet、Intranet、Extranet　　　　B. 广播式网络、移动网络、点对点式网络

C. X.25、ATM、B-ISDN　　　　　　　D. LAN、MAN、WAN

【拓展 1-2】填空题

1.计算机网络技术是计算机技术和_____技术结合的产物。

2.计算机网络通常根据网络的覆盖范围和计算机之间互联的距离分为_____、_____、_____和_____四类。

3.按网络拓扑结构可将计算机网络分为_____、_____、_____、_____和_____等五种类型。

4.计算机网络的功能主要表现在_____、_____和用户间信息交换三个方面。

5.计算机通信网络在逻辑上可分为_____和_____两大部分。

6.根据物联网对信息感知、传输、处理的过程将其划分为三层结构,即_____、_____和_____。

7.世界上公认的、最成功的第一个远程计算机网络是在 1969 年,由 ARPA 组织研制成功的,该网络被称为_____,它就是现在_____的前身。

8.从技术的角度来看,业界通常认为云计算体系分为三个层次,分别是_____、_____和_____。

二、技能拓展

1.上网搜索校园网的典型网络拓扑结构,分析图中所使用的设备、传输介质,并采用 Visio 绘制出该网络拓扑结构图。

2.参观学校的计算机实验室网络,分析实验室网络中所使用的拓扑结构、网络设备、传输介质,采用 Visio 绘制出该实验室局域网拓扑结构图。

3.利用 Wireshark 分析 HTTP 协议,在连接互联网的计算机上,打开 Wireshark 进行抓包,然后打开浏览器登录 http://www.baidu.com,等待片刻,停止抓包。在抓包结果中可以看到,最前面有两个 DNS 分组:第一个分组是将域名 www.baidu.com 转换为对应的 IP 地址的请求,第二个分组包含了转换的结果。随着转换的完成,Web 浏览器与 Web 服务器建立一个 TCP 连接。最后,Web 浏览器使用已建立好的 TCP 连接来发送请求"GET/HTTP/1.1"。

1.6　总结提高

本项目引导大家了解了计算机网络的概念、分类、拓扑结构及计算机网络领域的新技术等,并通过真实的任务训练使大家掌握手绘网络中心或机房的拓扑图,认识局域网中的网络设备及设备图元,掌握协议抓包分析软件 Wireshark 和模拟仿真软件 Packet Tracer 的使用,学会绘制并保存网络拓扑结构图。通过本项目的学习,你的收获怎样？请认真填写表1-3,并及时反馈给任课教师,谢谢！

表 1-3　　　　　　　　　　　　　　学习情况小结

序号	知识与技能	重要指数	自我评价 A B C D E	小组评价 A B C D E	教师评价 A B C D E
1	了解计算机网络的组成	★★★☆			
2	熟悉计算机网络的分类	★★★★			
3	熟悉计算机网络的拓扑结构	★★★★☆			
4	了解云计算、移动互联和人工智能	★★★☆			
5	能识别网络设备和设备图元	★★★★			
6	能设计并绘制简单网络拓扑结构图	★★★★☆			
7	会使用协议抓包分析软件 Wireshark 和模拟仿真软件 Packet Tracer	★★★★☆			
8	具有较强的独立操作能力,同时具备较好的合作意识	★★★☆			

注:评价等级分为 A、B、C、D、E 五等,其中:对知识与技能掌握很好为 A 等;掌握了绝大部分为 B 等;大部分内容掌握较好为 C 等;基本掌握为 D 等;大部分内容不够清楚为 E 等。

项目 2　认知数据通信

内容提要

计算机网络是由通信子网和资源子网两部分组成的,通过通信子网的支持可以实现网上的各种服务。随着通信技术的发展,各种灵活方便的通信手段的实现,使得人们在计算机网络上传输信息已近乎随心所欲,不再受到距离的限制。如何进行计算机系统中的信号传输,这是数据通信技术要解决的问题。

本项目将引导大家熟悉数据通信的基本概念、数据通信的主要技术指标、数据通信方式、数据通信技术、数据编码技术、多路复用技术和数据交换技术等,并通过真实的任务训练使大家辨别单工通信、半双工通信和全双工通信,绘制曼彻斯特码、绘制差分曼彻斯特码,制作 RJ-45 双绞线与信息模块等技能。

知识目标

◎ 熟悉数据通信系统的基本概念
◎ 掌握数据通信系统的主要技术指标
◎ 了解数据通信系统的通信方式
◎ 了解数据传输技术、数据交换技术和差错控制技术

技能目标

◎ 能认知数据通信的主要技术指标
◎ 能辨别单工通信、半双工通信和全双工通信
◎ 能分析数据传输技术、数据交换技术和数据编码技术
◎ 会绘制曼彻斯特码和差分曼彻斯特码
◎ 会制作 RJ-45 双绞线与信息模块

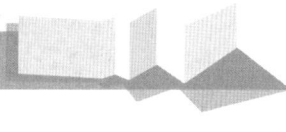

素质目标

◎ 培养诚信、敬业、科学、严谨的工作态度和工作作风
◎ 养成刻苦、勤奋、好问、独立思考和细心检查的学习习惯
◎ 具有一定自学能力及分析问题、解决问题的能力
◎ 具有精益求精的工匠精神和不怕困难、勇于探索的创新精神

参考学时

◎ 10学时(含实践教学4学时)

2.1 情境描述

　　计算机之间的通信是资源共享的基础,计算机通信网络的核心是数据通信设施。网络中的信息交换和共享意味着一个计算机系统中的信号通过网络传输到另一个计算机系统中去处理和使用。如何传输不同计算机系统中的信号,是数据通信技术要解决的问题。

　　李恒在网络中心参观时看到了很多机柜,在机柜中安装了很多设备,这些设备通过不同的线缆进行连接,实现相互间的通信。在实际应用中,大多数信息传输与交换都是在计算机之间或计算机与外部设备之间进行的。数据通信就是在不同计算机之间传送表示数字、文字、语音、图形或图像的二进制代码信号的过程(图2-0)。

图2-0　项目情境

在项目 1 中,李恒参观了公司的网络中心,熟悉了计算机网络的基本概念,掌握了计算机网络的基本组成,也熟悉了网络拓扑结构,但对计算机之间的通信过程一点也不了解。为此,李恒应从哪些方面入手,才能更好地熟悉并掌握数据通信方面的知识和技能呢?

2.2 任务分析

根据李恒目前的基础,在本项目中,汤标为他安排了以下几项任务:
(1)认知数据通信系统模型,了解数据通信的主要技术指标;
(2)熟悉并行通信和串行通信;
(3)了解单工通信、半双工通信和全双工通信;
(4)了解基带传输、频带传输和宽带传输;
(5)能用图形方式表示模拟信号和数字信号;
(6)能绘制曼彻斯特码和差分曼彻斯特码;
(7)完成 RJ-45 双绞线与信息模块的制作。

2.3 知识储备

2.3.1 数据通信系统

数据通信(Data Communication)系统是指以计算机为核心,用通信线路连接分布在各地的数据终端设备而完成数据通信功能的复合系统。

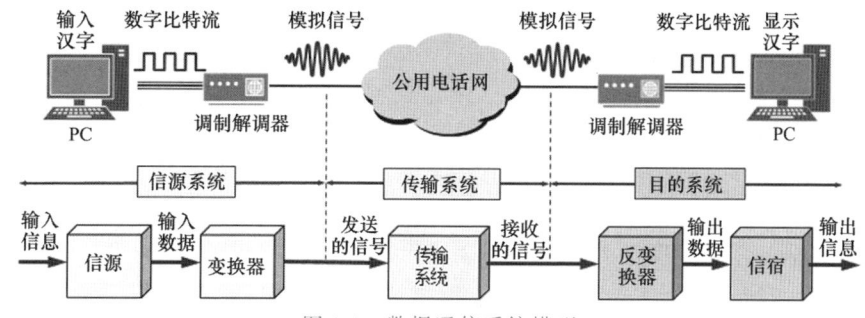

1. 数据通信系统模型

数据通信系统的基本组成有三部分要素:信源和信宿、信号变换器和反变换器、信道。如图 2-1 所示是一个简单的数据通信系统模型。

图 2-1 数据通信系统模型

(1)信源和信宿

信源就是信息的发送端,是指发送信息一端的人或设备。信宿就是信息的接收端,是指接收信息一端的人或设备。数据发送端、数据接收端设备称为数据终端设备,简写为 DTE

(Data Terminal Equipment)。

(2)信号变换器与反变换器

信号变换器的作用是将信源发出的信息变换成适合在信道上传输的信号,根据不同的信源和信道信号,变换器有不同组成和变换功能。发送端的信号变换器可以是编码器或者是调制器,接收端的反信号变换器相对应的就是译码器或者是解调器。编码器的功能是对输入的二进制数字序列进行相应的变换,变换成能够在接收端正确识别的信号形式;译码器是在接收端完成编码的反过程。编码器和译码器的主要作用就是降低信号在传输过程中可能出现差错的概率。调制器是把信源或编码器输出的二进制信号变换成模拟信号,以便在模拟信道上进行远距离传输;解调器的作用是反调制,即把接收端接收的模拟信号还原为二进制数字信号。

(3)信道

信道是传输信息的通道,是由通信线路及其通信设备(如收发设备)组成的。主要功能有两个;其一为信息传输提供通信手段;其二为数据传输提供通信服务。通信设备也称为数据电路终端设备,简写为DCE(Data Communication Equipment)。

信道按传输信号类型又可分为数字信道和模拟信道。直接传输二进制信号或经过编码的二进制数据的信道称为数字信道。传输连续变化的信号或二进制数据经过调制后得到的模拟信号的信道称为模拟信道。

由于网络中绝大多数信息都是双向传输的,所以在大多数情况下,信源也作为信宿,信宿也作为信源;编码器与译码器合并,称为编码译码器;调制器与解调器合并,称为调制解调器。

2. 数据通信的基本概念

(1)信息(Information)

信息的载体是数字、文字、图形、声音、图像及动画等。计算机及其外部设备产生和交换的信息都是由二进制代码表示的字母、数字或控制符号的组合。为了传送信息,必须对信息中所包含的每一个字符进行编码。

(2)数据(Data)

数据是由数字、字母、字符和符号等组成的信息载体,是网络上信息传输的单元,没有实际含义。从某种意义上来说,计算机网络中传送的信息全都是数据。

数据又可分为模拟数据和数字数据两类。模拟数据是按照一定规律变化的、连续的、不间断的数据。模拟数据取连续值,如表示声音、图像、电压、电流等的数据;数字数据是不连续的、间断离散变化的数据。如自然数、字符文本等的取值都是离散的。

(3)信号(Signal)

信号是数据在传输过程中的具体物理表示形式,具有确定的物理描述。如电压、磁场强度等。在电路中,信号就具体表示数据的电编码或电磁编码。电磁信号一般有模拟信号和数字信号两种形式,如图 2-2 所示。随时间连续变化的信号叫模拟信号,如正弦波信号等;随时间离散变化的信号是数字信号,它可以用有限个数位来表示连续变化的物理量,如脉冲信号、阶梯信号等。

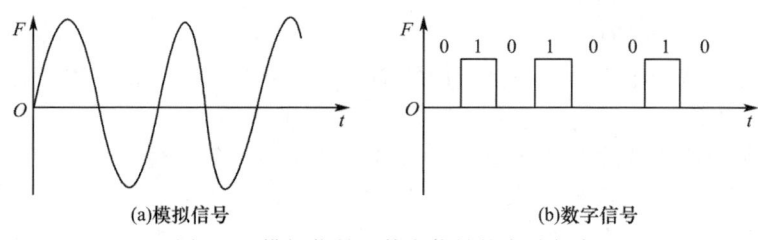

图 2-2　模拟信号和数字信号的表示方式

3.数据通信的主要技术指标

数据通信的主要技术指标是数据传输的有效性和可靠性,有效性主要由数据传输速率、调制速率、传输延迟、信道带宽和信道容量等指标来衡量。可靠性一般用数据传输的误码率指标来衡量。

(1)信道带宽

通信系统中传输信息的信道占有一定的频率范围(频带宽度)。模拟信道的带宽 $W = f_2 - f_1$,其中 f_1 是信道能够通过的最低频率,f_2 是信道能够通过的最高频率。数字信道是一种离散信道,它只能传送离散值的数字信号,数字信道的带宽为信道能够达到的最大数据传输速率,例如以太网的带宽为 10 bit/s 或 100 bit/s。

(2)信道容量

信道容量是信道的一个参数,反映了信道所能传输的最大信息量,其大小与信源无关。对不同的输入概率分布,互信息一定存在最大值。我们将这个最大值定义为信道的容量。信道容量有时也表示为单位时间内可传输的二进制位的位数(称信道的数据传输速率,位速率),以位/秒(bit/s)形式予以表示,简记为 b/s。

(3)数据传输速率

数据传输速率是指单位时间内信道上所能传输的数据量。可用"比特率"来表示。数据传输速率在数值上,等于每秒钟传输构成数据代码的二进制信息位数,单位为比特/秒,也记作 bit/s。常用的数据传输速率单位有:kbit/s、Mbit/s、Gbit/s 与 Tbit/s,目前最快的以太局域网理论传输速率为 10 Gbit/s。

※低速:300～9 600 bit/s,主要用于电话、微机、视频终端、传真机等。

※中速:9 600 bit/s～256 kbit/s,主要用于用户租用的专用线路。

※高速:256 kbit/s 以上,一般用于微波、光纤、卫星通信。

(4)调制速率

调制速率又叫波特率或码元速率,它是数字信号经过调制后的传输速率,表示每秒传输的电信号单元(码元)数,即调制后模拟电信号每秒钟的变化次数,它等于调制周期(时间间隔)的倒数,单位为波特(Baud)。

(5)误码率

误码率用来表示传输二进制位时出现差错的概率。误码率近似等于被传错的二进制位数与所传送的二进制总位数的比值。在计算机网络通信系统中,要求误码率低于 10^{-9}。

2.3.2　数据通信方式

在计算机网络中,从不同的角度看有多种不同的通信方式,常见的方式有如下几种:

1. 并行通信和串行通信

数据通信方式按照数据传输与需要的信道数可划分为并行通信和串行通信两种方式。

数据有多少位则需要多少条信道,每次传输数据时,一条信道只传输字节中一位,一次传输一个字节,这种传输方法称为并行通信,如图 2-3 所示。

如果数据传输时只需要一条信道,数据字节有多少位则需要传输多少次才能传输完一个字节,这种方法称为串行通信,如图 2-4 所示。

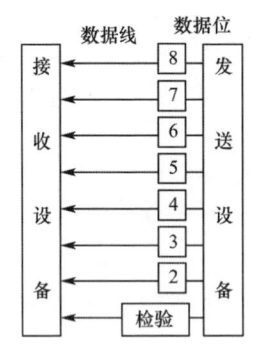

图 2-3 并行数据传输

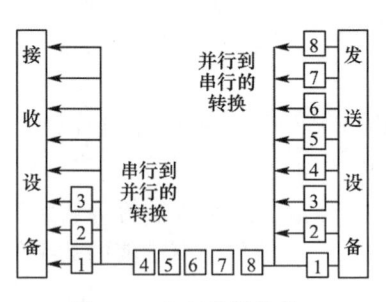

图 2-4 串行数据传输

2. 单工通信、半双工通信和全双工通信

数据在通信线路上传输是有方向的。根据数据在线路上传输的方向和特点,通信方式分为单工(Simplex)通信、半双工(Half-Duplex)通信和全双工(Full-Duplex)通信三种通信方式。

(1)单工通信

在通信线路上,数据只可按一个固定的方向传送而不能进行相反方向传送的通信方式称为单工通信,如图 2-5 所示。其中 A 端只能作为发射端发送信息,B 端只能作为接收端接收信息。为使双方能单工通信,还需一根线路用于控制。比如:广播、收音机、电视机和打印机等都是单工通信。

图 2-5 单工通信

(2)半双工通信

数据可以双向传输,但不能同时进行,采用分时间段传输,任一时刻只允许在一个方向上传输信息,这种通信方式称为半双工通信,如图 2-6 所示,其中 A 端和 B 端都具有发送和接收装置,但传输线路只有一条,若想改变信息的传送方向,需由开关进行切换。比如:对讲机为半双工通信。

图 2-6 半双工通信

(3)全双工通信

可同时双向传输数据的通信方式称为全双工通信。它相当于两个方向相反的单工通信组合在一起，通信的一方在发送信息的同时也能接收信息，全双工通信一般采用接收信道与发送信道分开制，按各个传输方向分开设置发送信道和接收信道，因此一般采用四线制，如图2-7所示。比如：计算机、电话和手机等为全双工通信。

图 2-7　全双工通信

2.3.3　数据传输技术

前面我们提到过数据可以有数字数据和模拟数据两种，信道同样也有数字信道和模拟信道两种。数据从发送方发送到被接收方接收的过程就是传输过程。那数据是以怎样的一种方式通过信道传输到接收方的呢？

不同的数据类型在不同的信道上传输就有不同的传输类型，最典型的传输技术有基带传输、频带传输和宽带传输。

1.基带传输

由计算机或终端等数字设备产生的、未经调制的数字数据相对应的电脉冲信号通常呈矩形波形式，它所占据的频率范围通常从直流和低频开始，因而这种电脉冲信号被称为基带信号。基带信号所占有（固有）的频率范围称为基本频带，简称基带（BaseBand）。在信道中直接传输这种基带信号的传输方式就是基带传输。

在基带传输中，传输信号的带宽一般较高，普通的电话通信线路满足不了这个要求，需要根据传输信号的特性选择专用传输线路。

基带传输方式简单，近距离通信的局域网一般都采用基带传输。对于传输信号常用的表示方法是用不同的电压电平来表示两个二进制数，即数字信号是由矩形脉冲编码来表示的。

2.频带传输

频带传输就是把二进制信号调制变换成能在公用电话网中传输的模拟信号，将模拟信号在传输介质中传送到接收端后，再由调制解调器将该模拟信号解调变换成原来的二进制电信号，如图2-8所示。

图 2-8　频带传输

这样不仅克服了目前长途电话线路不能直接传输基带信号的缺点，而且能实现多路复用，从而提高了通信线路的利用率。

3.宽带传输

宽带是指比音频带宽更宽的频带，它包括大部分电磁波频谱。利用宽带进行的传输称为宽带传输。宽带传输系统可以是模拟或数字传输系统，它能够在同一信道上进行数字信号和模拟信号传输。宽带传输系统可容纳全部广播信号，并可进行高速数据传输。

宽带传输的主要特点如下：
- 宽带信道能够被划分成多个逻辑信道或频率段进行多路复用传输，信道容量大大增加；
- 对数据业务、TV 或无线电信号用单独的信道传输；
- 宽带传输能够在同一信道上进行数字信息或模拟信息服务；
- 宽带传输系统可以容纳全部广播信号，并可进行高速数据传输；
- 宽带比基带的传输距离更远。

2.3.4 数据编码技术

在传输二进制基带数字信号时，需要对其进行编码。未经编码的二进制基带数字信号就是高电平和低电平不断交替的信号。信道中传输的信号有基带信号和频带信号之分，数字信号一定是基带信号，而模拟信号一定是频带信号。

数字数据可采用数字信号传输，也可采用模拟信号传输。模拟数据可以用模拟信号传输，也可以用数字信号传输。数据编码方法如图 2-9 所示。

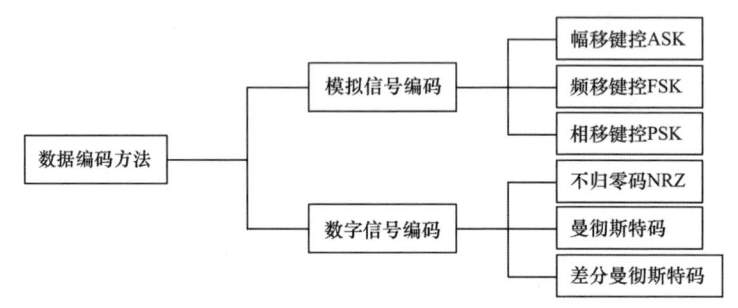

图 2-9 数据编码方法

1. 数字数据的模拟信号编码

在计算机网络的远程通信中通常采用频带传输。若要将基带信号进行远程传输，必须先将其变换为频带信号（模拟信号），才能在模拟信道上传输。这个变换就是数字数据的模拟信号编码（调制）过程，如图 2-10 所示。

图 2-10 数字数据的模拟传输

频带传输的基础是载波，它是频率恒定的模拟信号。基带信号进行调制变换后成为频带信号（调制后的信号也称已调信号）。调制就是利用基带脉冲信号对一种称为载波的模拟信号的某些参量进行控制，使这些参量随基带脉冲而变化的过程。基带信号经调制后，由载波信号携带在信道上传输。到接收端，调制解调器再将已调信号恢复成原始基带信号，这个过程是调制的逆过程，称为解调。

2. 数字数据的数字信号编码

数字数据的数字信号编码问题就是要解决数字数据的数字信号表示问题。数字数据可以由多种不同形式的电脉冲信号的波形来表示。数字信号是离散的电压或电流的脉冲序列，每个脉冲代表一个信号单元（或称码元）。最普遍且最容易的方法是用两种码元分别表示二进制数字符号"1"和"0",每位二进制符号和一个码元相对应。表示二进制数字的码元的形式不同,便产生出不同的编码方法,如图 2-11 所示。

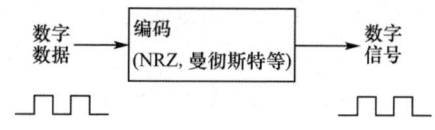

图 2-11 数字数据的数字传输

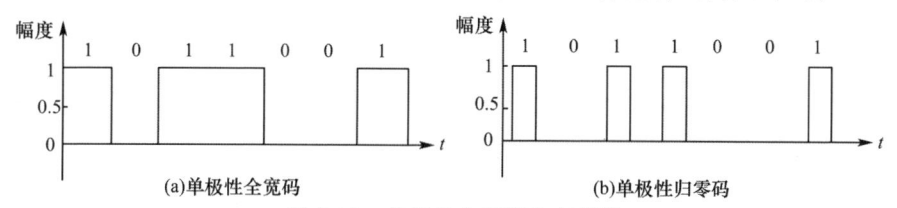

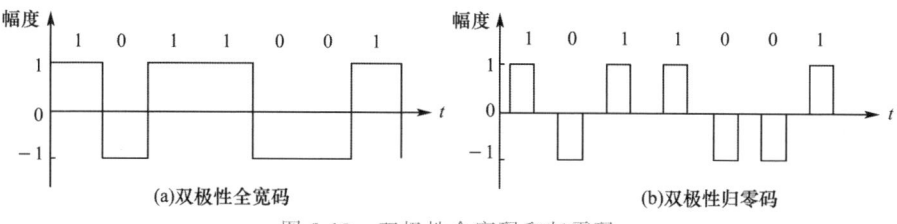

下面主要介绍单极性全宽码和归零码、双极性全宽码和归零码、曼彻斯特码和差分曼彻斯特码。

(1)单极性全宽码和归零码

单极性全宽码是指在每一个码元时间间隔内,有电流发出表示二进制"1",无电流发出表示二进制"0",如图 2-12(a)所示。每个码元的 1/2 间隔为取样时间,每个码元的 1/2 幅度(0.5)为判决门限。在接收端对收到的每个脉冲信号进行判决,在取样时刻,若该信号值在 0~0.5 就判为"0"码,在 0.5~1 就判为"1"码。

由于全宽码的每个码元占全部码元宽度,如果重复发送连续同值码,则相邻码元的信号波形没有变化,即电流的状态不发生变化,从而造成码元之间没有间隙,不易区分识别。单极性全宽码只用一个极性的电压脉冲,有电压脉冲表示"1",无电压脉冲表示"0"。并且在表示一个码元时,电压均无须回到零,所以也称为不归零码(NRZ)。

单极性归零码就是指一个码元的信号波形占一个码元的部分时间,其余时间信号波形幅度为"0"。单极性归零码也只用一个极性的电压脉冲,但"1"码持续时间短于一个码元的宽度,即发出一个窄脉冲;无电压脉冲表示"0",图 2-12(b)所示是单极性归零码。在每个码元时间间隔内,当为"1"时,发出正电流,就是发一个窄脉冲。当为"0"时,完全不发出电流。由于当为"1"时有一部分时间不发电流,幅度"归零",因此称这种码为归零码。

图 2-12 单极性全宽码和归零码

(2)双极性全宽码和归零码

双极性码是指在一个码元时间间隔内,发正电流表示二进制的"1",发负电流表示二进制的"0",正向幅度与负向幅度相等。双极性全宽码(不归零码)采用两种极性的电压脉冲,一种极性的电压脉冲表示"1",另一种极性的电压脉冲表示"0",如图 2-13(a)所示。

双极性归零码采用两种极性的电压脉冲,"1"码发正的窄脉冲,"0"码发负的窄脉冲,如图 2-13(b)所示。归零码克服了全宽码可以产生直流分量的缺点。

图 2-13 双极性全宽码和归零码

（3）曼彻斯特码

曼彻斯特码有两种截然相反的数据表示方式。第一种：规定"0"用低→高的电平跳变表示，"1"用高→低的电平跳变表示，一般情况采用这种方式，如图 2-14 所示为 01011001 码的曼彻斯特码波形。

第二种：在 IEEE 802.4（令牌总线）和低速版的 IEEE 802.3（以太网）中规定，低→高电平跳变表示"1"，高→低电平跳变表示"0"。

这两种表示方式均有使用，曼彻斯特码中，每一位中间都有一个跳变，位中的跳变既做同步信号又做数据信号。

曼彻斯特码与不归零码信号相比，它将时钟同步信号包含在自身信号中，在接收端需要提取同步时钟信息，提高了信号的抗干扰能力，但这种编码方式的频率宽度却变为不归零信号的 2 倍，牺牲了一定的传输速率。

（4）差分曼彻斯特码

差分曼彻斯特码的规律是在每一个码元时间间隔内，无论发"0"或发"1"，在间隔的中间都有电平的跳变。作为同步时钟发"1"时，间隔开始时刻不跳变，发"0"时，间隔开始时刻有跳变，如图 2-15 所示为 01011001 码的差分曼彻斯特码波形（假定初始时刻为"1"）。

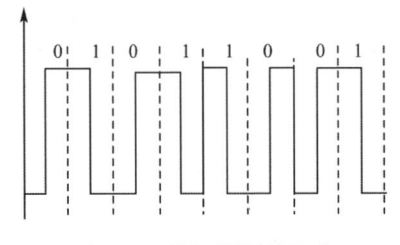

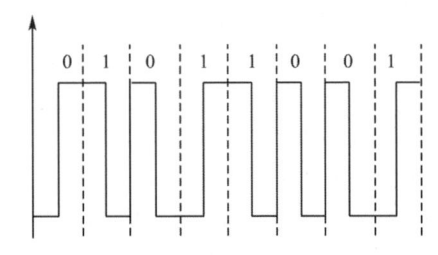

图 2-14　曼彻斯特码波形　　　　图 2-15　差分曼彻斯特码波形

3. 模拟数据的数字信号编码（图 2-16）

要实现模拟信号的数字化传输和交换，首先要在发送端把模拟信号变换成数字信号，即需要进行模/数（A/D）转换。然后在接收端再将数字信号转换为模拟信号，即需要进行数/模（D/A）转换。通常把 A/D 转换器称为编码器，把 D/A 转换器称为译（解）码器，编码器和译码器一般集成在一个设备中。编码调制包括三部分：采样、量化和编码。

图 2-16　模拟数据的数字信号编码

将模拟信源波形变换成数字信号的过程称为信源数字化或信源编码。通信中的电话信号的数字化称为语音编码，图像信号的数字化称为图像编码，两者虽然各有其特点，但基本原理是一致的。

4. 不归零码、曼彻斯特码和差分曼彻斯特码的图形比较

曼彻斯特码和差分曼彻斯特码是原理基本相同的两种编码，后者是前者的改进。它们的特征是在传输的每一位信息中都带有位同步时钟，因此一次传输可以允许有很长的数据位。

差分曼彻斯特码比曼彻斯特码的变化要少,因此更适合高速传输信息,被广泛用于宽带高速网中。然而,由于每个时钟位都必须有一次变化,所以这两种编码的效率仅可达到50%左右。

这里将不归零码、曼彻斯特码和差分曼彻斯特码方式放在同一图中比较,如图2-17所示。注意编码首位和跳变情况。

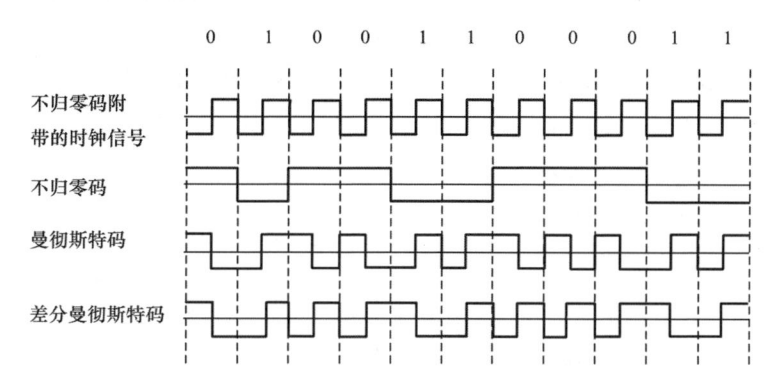

图 2-17 不归零码、曼彻斯特码和差分曼彻斯特码

2.3.5 多路复用技术

计算机网络中,传输线路的成本在整个系统成本中占相当大的比例。为了提高传输线路的利用率,采用的方法是使多个数据通信合用一条传输线路,这就是多路复用技术。采用多路复用技术能把多个信号组合在一条物理信道上进行传输,实现点到点信道共享。一般来讲,复用技术有三种方法:频分多路复用、时分多路复用和波分多路复用。

1. 频分多路复用(Frequency Division Multiplexing,FDM)

频分多路复用是将具有一定带宽的信道分割为若干个较小带宽的子信道,所有用户在同一时间占用不同的带宽资源。这样在信道中就可同时传送多个不同频率的信号,如图2-18所示。分割开的子信道的中心频率相互不重合,且各信道之间留有一定的空闲频带(也叫作保护频带),以保证数据在各子信道上的可靠传输,更适合用于模拟数据信号的传输。频分多路复用实现的条件是信道的带宽远远大于每个传输单路信号所需要的带宽。

图 2-18 频分多路复用

2. 时分多路复用(Time Division Multiplexing,TDM)

时分多路复用是将一条物理线路按时间分成一个个的时间片,每个时间片称为TDM帧(Frame),每帧长 125 μs,再将每帧分为若干时隙,轮换地为多个信号所使用。每一个时隙由一个信号(一个用户)占用,在占用的时隙内,该信号使用通信线路的全部带宽,而不像FDM那样,同一时间同时发送多路信号。时隙的大小可以按一次传送一位、一个字节或一

个固定大小的数据块所需的时间来确定。通过使用时分多路复用技术,多路低速数字信号可复用一条高速的信道。例如,数据速率为 48 kbit/s 的信道可为 5 条 9 600 bit/s 速率的信号时分多路复用,也可为 20 条速率为 2 400 bit/s 的信号时分多路复用。时分多路复用又可分为同步时分多路复用和异步时分多路复用两类。

(1)同步时分多路复用(Synchronous Time Division Multiplexing,STDM)

同步时分多路复用是指时分方案中的时间片是预先分配好的,时间片与数据源是一一对应的,不管某一个数据源有无数据要发送,对应的时间片都是属于它。或者说各数据的传输定时是同步的。在接收端,根据时间片的序号来分辨是哪一路数据,以确定各时间片上的数据应当送往哪一台主机。如图 2-19 所示,数据源 A、B、C、D 按时间先后顺序分别占用被时分复用的信道,在 TDM 帧中的位置不变。

同步时分多路复用采用了将时间片固定分配给各个信道的方法,而不考虑这些信道是否有数据要发送,这种方法势必造成信道资源的浪费,为了克服这个缺点,提出了异步时分多路复用的方法。

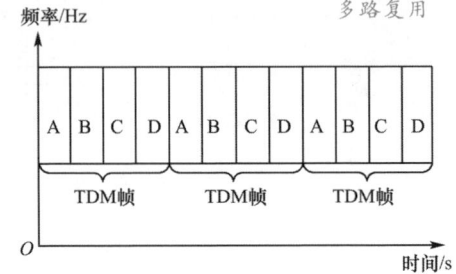

图 2-19 同步时分多路复用

(2)异步时分多路复用(Asynchronous Time Division Multiplexing,ATDM)

异步时分多路复用是指各时间片与数据源无对应关系,系统可以按照需要动态地为各路信号分配时间片。在有的书中异步时分多路复用也称为统分时分多路复用(Statistic TDM,STDM),允许动态地分配时间片,能够明显地提高信道的利用率。如图 2-20 所示,每个周期内的各个时间片只分配给那些需要发送数据的信道,在第一个周期内,将第一个时间片分配给 A 信号,第二个时间片分配给 C 信号,第三个时间片分配给 B 信号,第四个时间片分配给 D 信号。假设复用的信道数为 m,每个周期 T 分为 n 个时间片,由于考虑到 m 个信道并不总是同时工作,为了提高通信线路的利用率,允许 $m>n$。

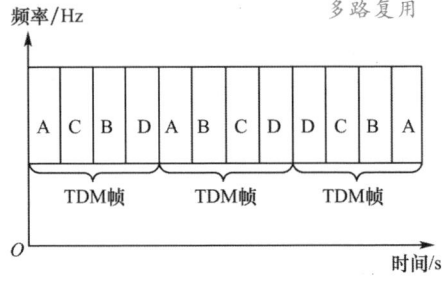

图 2-20 异步时分多路复用

3.波分多路复用(Wavelength Division Multiplexing, WDM)

波分多路复用是在一根光纤中能同时传播多个光波信号的技术。实际上,波分多路复用的方法也是频分多路复用的方法。波分多路复用的原理如图 2-21 所示,在发送端通过棱镜(或光栅)将不同波长的光信号组合起来,复用到一根光纤上,在接收端又将组合的光信号分开(解复用),并送入不同的终端。只要每个信道有各自的频率范围且互不重叠,它们就能够以多路复用的方式通过共享光纤进行远距离传输。

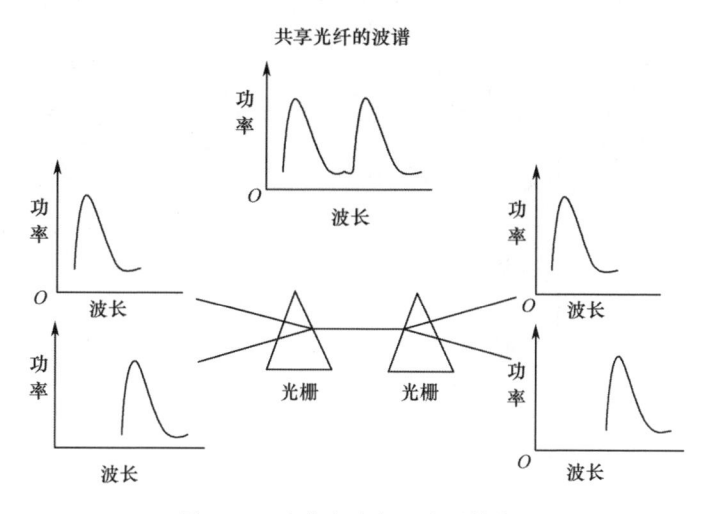

图 2-21 波分多路复用光纤传输

2.3.6 常见的传输介质

传输介质是网络中传输信息的物理通道,它的性能对网络的通信、速度、距离、价格以及网络中的节点数和可靠性都有很大影响。因此,必须根据网络的具体要求,选择适当的传输介质才能保证网络的传输质量。常见的网络传输介质一般可分为两大类:一类是有线传输介质,如双绞线、同轴电缆、光纤等;另一类是无线传输介质,如无线电波、微波和卫星通信等。

1.双绞线

双绞线由两根相互绝缘的导线绞合成匀称的螺纹状作为一条通信线路。将两条、四条或更多条这样的双绞线捆在一起,外面包上保护套,就构成双绞线电缆,简称为双绞线。

双绞线按其是否有屏蔽功能,可分为屏蔽双绞线(STP)和非屏蔽双绞线(UTP),如图 2-22 所示。双绞线主要用于点到点的连接,如在星型拓扑结构的局域网中,计算机与集线器(Hub)之间常用双绞线来连接,但其长度不超过 100 m。

图 2-22 双绞线

电气工业协会/电信工业协会(EIA/TIA)按其电气特性将双绞线定义为七种型号。其中,计算机网络中目前常用的是 5 类线和超 5 类线,它们都为非屏蔽双绞线,均由 4 对双绞线构成一条电缆。随着网络技术的发展,6 类线在计算机网络中也大量使用,UTP 的用途见表 2-1。

表 2-1　　　　　　　　　　　　　　UTP 的用途

类别	最高传输速率	用途	说明
1 类线缆	20 kbit/s	只能传送声音	不能传送数据
2 类线缆	4 Mbit/s	无缠绕,可传送数据	用于电话语音传输
3 类线缆	10 Mbit/s	主要应用于语音、10 M 以太网(10 BASE-T)和 4 M 令牌环	最大网段长度为 100 m,采用 RJ 形式的连接器,目前已淡出市场
4 类线缆	16 Mbit/s	主要用于基于令牌的局域网、10 M 以太网和 100 M 以太网	最大网段长为 100 m
5 类线缆	100 Mbit/s	主要用于 100 M 以太网和 1 000 M 以太网(1 000 BASE-T)	最大网段长为 100 m,用于语音传输和最高传输速率为 100 Mbit/s 的数据传输
超 5 类线缆	100 Mbit/s	主要用于 1 000 M 以太网	超 5 类线缆衰减小,串扰少,并且具有更高的衰减与串扰的比值(ACR)和信噪比(SNR)、更小的时延误差
6 类线缆	1 000 Mbit/s	主要用于 100 M 快速以太网和 1 000 M 以太网	最适用于传输速率高于 1 Gbit/s 的应用
超 6 类线缆	1 000 Mbit/s	主要用于 1 000 M 以太网	在串扰、衰减和信噪比等方面有较大改善
7 类线缆	10 Gbit/s	使用在万兆以太网	不是一种非屏蔽双绞线,而是一种屏蔽双绞线

2. 同轴电缆

同轴电缆由内导体铜质芯线、绝缘层、网状编织的外导体屏蔽层以及保护塑料外层组成,如图 2-23 所示。其中的外导体编织屏蔽层可防止中心导体向外辐射电磁场,也可用来防止外界电磁场干扰中心导体的信号,因而具有很好的抗干扰特性,被广泛用于较高速率的数据传输中。通常按特性阻抗数值的不同,将其分为基带同轴电缆(50 Ω 同轴电缆)和宽带同轴电缆(75 Ω 同轴电缆)。

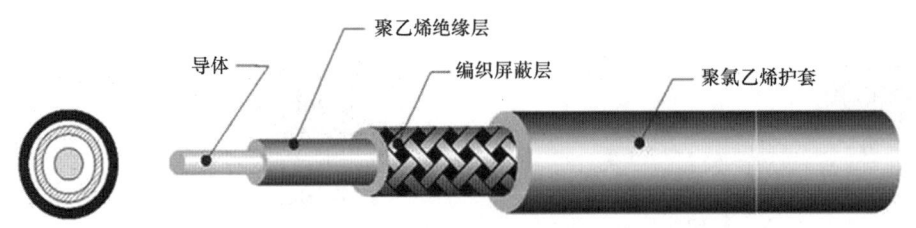

图 2-23　同轴电缆

3. 光纤（Fiber Optic Cable）

光纤又称为光缆或光导纤维,由光导纤维纤芯、玻璃网层(包层)和能吸收光线的保护套组成(图 2-24),是由一组光导纤维组成的用来传播光束的、细小而柔韧的传输介质。它应用光学原理,由光发送机产生光束,将电信号变为光信号,再把光信号导入光纤,在另一端由光接收机接收光纤上传来的光信号,并把它变为电信号,经解码后再处理。

与其他传输介质相比,光纤不容易受电磁或无线电频率干扰,所以传输速率较高、带宽较宽、传输距离也较远。同时,光纤也比较轻便,容量较大,本身化学性稳定,不易被腐蚀,能适应恶劣环境。

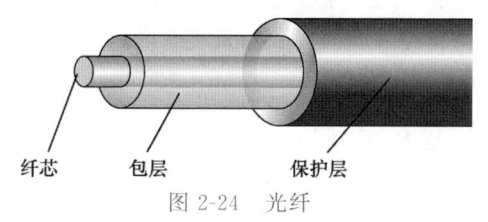

图 2-24 光纤

根据使用的光源和传输模式,光纤可分为多模光纤和单模光纤,如图 2-25 所示。这里的"模"是指以一定角速度,进入光纤的一束光。

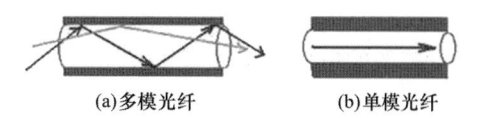

图 2-25 多模光纤和单模光纤

- 多模光纤允许多束光在光纤中同时传播,从而形成模分散。多模光纤采用发光二极管产生可见光作为光源,定向性较差。
- 单模光纤采用注入式激光二极管作为光源,激光的定向性强。单模光纤的芯线直径一般为几个光波的波长,当激光束进入玻璃芯中的角度差别很小时,能以单一的模式无反射地沿轴传播。

4.无线传输介质

有线传输不仅需要铺设传输线路,而且连接到网络上的设备也不能随意移动。反之,若采用无线传输媒体,则不需要铺设传输线,允许终端设备在一定范围内移动,非常适合那些难以铺设传输线的边远山区和沿海岛屿,这也为大量的便携式计算机入网提供了条件。

(1)无线电波(Radio Wave)

1873 年麦克斯韦尔建立了电磁场理论。1887 年赫兹验证了电磁波的存在。1895 年马克尼发明了无线电,开创了无线电波的实际应用。无线电波是电磁谱的一部分,它像水池中的波纹一样向各个方向传播,电场和磁场瞬间变化,以光速进行传播,无线电波的频率范围为 3 000 Hz～3 000 GHz。

无线电波最早应用于航海中,使用摩尔斯电报在船与陆地间传递信息。现在,无线电波有着多种应用形式,包括无线数据网、各种移动通信以及无线电广播等。目前大部分的无线网络都采用无线电波作为传输介质,因为无线电波的穿透力强,而且是全方位传输,不局限于特定方向,传输距离较远。无线电波是全方位传输的,因此,无线电波的发射和接收装置不需要精确地对准,如图 2-26 所示。

图 2-26 无线电波传播途径

无线电波在空间传播时,必然要受到大气层的影响,尤其以电离层的影响最为显著。电离层是由于从太阳及其他星体发出的放射性辐射进入大气层,使大气层被电离而形成的。电离层对无线电波的主要影响是使传播方向由电子密度较大区域向密度较小区域弯曲,即发生电波折射。这种影响因波段的不同而不同。波长越长,折射越显著。30 MHz 以下的波被折回地面,30 MHz 以上的波则穿透电离层。另外,无线电波受电离层的另一影响是能量被吸收而衰减。电离程度越大,衰减越大;波长越长,衰减亦越大。

无线电波因波长的不同而有不同的传播特性,分为地波、天波和空间波三种形式。

- 地波:沿地球表面空间向外传播的无线电波。中、长波均利用地波方式传播。
- 天波:依靠电离层的反射作用传播的无线电波。短波多利用这种方式传播。
- 空间波:沿直线传播的无线电波。它包括由发射点直接到达接收点的直射波和经地面反射到接收点的反射波。超短波的电视和雷达多采用空间波方式传播。

(2) 微波接力通信(Microwave Relay Communication)

微波的发展与无线通信的发展是分不开的。1901 年马克尼使用 800 kHz 中波信号进行了从英国到北美纽芬兰的世界上第一次横跨大西洋的无线电波的通信试验,开创了人类无线通信的新纪元。无线通信初期,人们使用长波及中波来通信。20 世纪 20 年代初人们发现了短波通信,直到 20 世纪 60 年代卫星通信的兴起,它一直是国际远距离通信的主要手段,并且对目前的应急和军事通信仍然很重要。

微波接力通信是利用 300 MHz 以上频段的电磁波,在对流层的视距范围内传播,进行无线电通信的一种方式。通常使用分米波段和厘米波段。这种通信方式受地形和天线高度的限制,两站之间的通信距离仅为 50 km 左右。因此利用这种通信方式进行长距离通信,必须建立一系列将接收到的信号加以变频和放大的中继站,接力式传输到终端站,如图 2-27 所示。

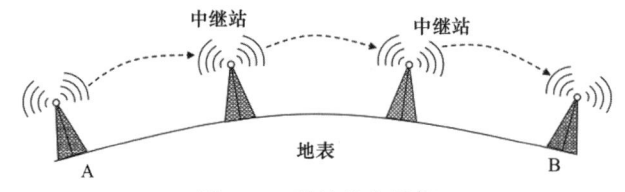

图 2-27 微波接力通信

微波接力通信系统的中继方式有两类:第一类是将中继站收到的前一站信号,经解调后,再进行调制,然后放大,转发至下一站;第二类是将中继站收到的前一站信号,不经解调、调制,直接进行变频,变换为另一微波频段,再经放大发射至下一站。

(3) 卫星通信(Satellite Communication)

为了增加微波的传输距离,应提高微波收发器或中继站的高度。当将微波中继站放在人造卫星上时,便形成了卫星通信系统,也即利用位于 36 000 km 高的人造同步地球卫星作为中继器的一种微波通信。通信卫星则是在太空的无人值守的微波通信的中继站。卫星上的中继站接收到从卫星地球站发来的信号后,加以放大整形后再发回卫星地球站,如图 2-28 所示。一个同步卫星可以覆盖地球三分之一以上的地表。

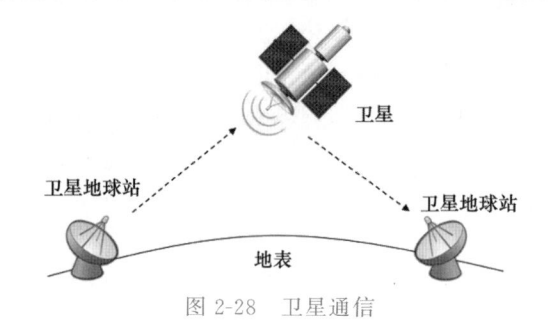

图 2-28 卫星通信

卫星通信具有电波覆盖面积大，通信距离远，传输频带宽，通信容量大，通信稳定性好，质量高等优点。卫星通信的主要缺点是传输时延大。

卫星通信是现代通信技术的重要成果，它是在地面微波通信和空间技术的基础上发展起来的。卫星通信是军事通信的重要组成部分，一些发达国家和军事集团利用卫星通信系统完成的信息传递，约占其军事通信总量的 80%。

2.4 任务实施

为了锻炼李恒在计算机网络方面的技能，主管汤标又给他安排了绘制曼彻斯特码、差分曼彻斯特码，制作 RJ-45 双绞线与信息模块等技能训练项目。

2.4.1 绘制曼彻斯特码和差分曼彻斯特码

利用数字通信信道直接传输数字数据信号的方法称作数字信号的基带传输，而数字数据在传输之前，需要进行数字编码。数字数据的编码方式有三种：不归零码、曼彻斯特码和差分曼彻斯特码。

任务 2-1

分别画出 011101001 的曼彻斯特码和差分曼彻斯特码波形图。

曼彻斯特码波形图中"1"代表从高到低，"0"代表从低到高，所以，"1"和"0"的波形如图 2-29 所示。

差分曼彻斯特码是以每个时钟位的开始有无跳变来区分的，波形图"1"代表没有跳变，开始画"0"代表有跳变，所以，"1"和"0"的波形如图 2-30 所示。

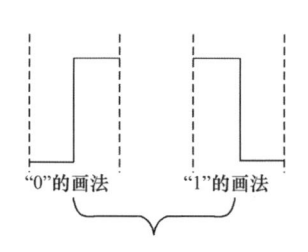

图 2-29　曼彻斯特码"0"和"1"的画法 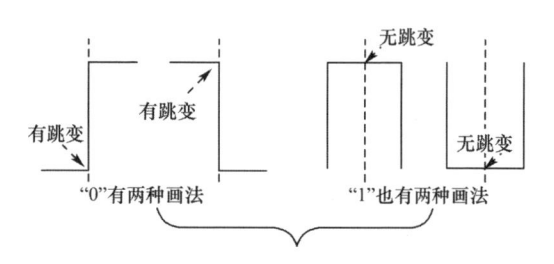　　　　图 2-30　差分曼彻斯特码"0"和"1"的画法

【STEP|01】绘制曼彻斯特码。

1.绘制坐标、第一位编码"0"的波形和9条时钟分隔线,如图2-31所示。

2.绘制第二位至最后一位(11101001)的编码波形,如图2-32所示。

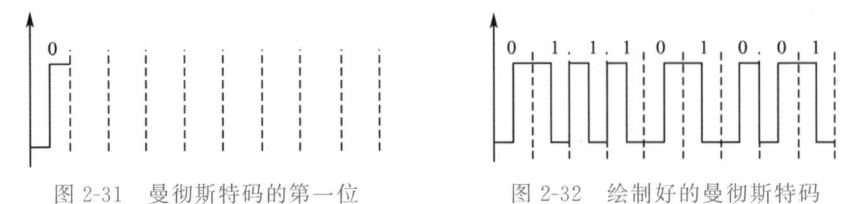

图2-31 曼彻斯特码的第一位

图2-32 绘制好的曼彻斯特码

【STEP|02】绘制差分曼彻斯特码。

差分曼彻斯特码在每个时钟位的中间都有一次跳变。区分"1"和"0"的方法是:看在每个时钟位的开始处有无跳变,如图2-33所示。

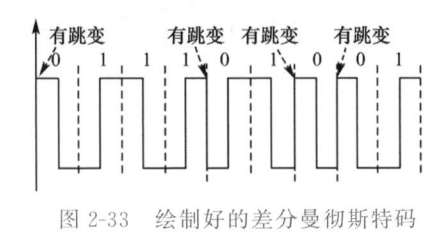

图2-33 绘制好的差分曼彻斯特码

2.4.2 制作RJ-45双绞线与信息模块

双绞线是局域网中使用最广泛的传输介质,需要连接的设备不同,所需要的网线也有区别,分为直通电缆和交叉电缆两类,制作的标准也就不同。两端RJ-45头中的线序排列完全相同的网线,称为直通线(Straight Cable),即两端使用相同的线序标准。交叉线(Crossover Cable)是指两端线序标准不同。

【思政元素】
在制作双绞线和信息模块时,要严格遵守T568A标准和T568B标准,并按照设备连接要求,正确制作直通线或交叉线,做到精益求精。制作时注意节约线缆、水晶头和信息模块,保证制作的成功率。

双绞线的制作与测试

1.制作RJ-45双绞线

任务 2-2

认识UTP 5类双绞线、水晶头、压线钳、测线仪等设备,然后动手制作直通电缆和交叉电缆。

【STEP|01】熟悉双绞线网线的线序标准。

双绞线中都有8根导线,导线不是随便排列的,必须遵循一定的标准,否则,就会导致网线的连通性故障,或者造成网络传输距离不远和速率很低。

目前,施工布线工程中最常使用的布线标准有两个,即T568A标准和T568B标准,如图2-34所示。

- T568A 标准第 1 根～第 8 根线的颜色依次为白绿、绿、白橙、蓝、白蓝、橙、白棕和棕。
- T568B 标准第 1 根～第 8 根线的颜色依次为白橙、橙、白绿、蓝、白蓝、绿、白棕和棕。

在网络施工接线时,可以随便选择一种标准,但一般同网络中所有网线制作采用同一标准,这样比较规范。在实际布线工程中使用 T568B 标准的比较多。

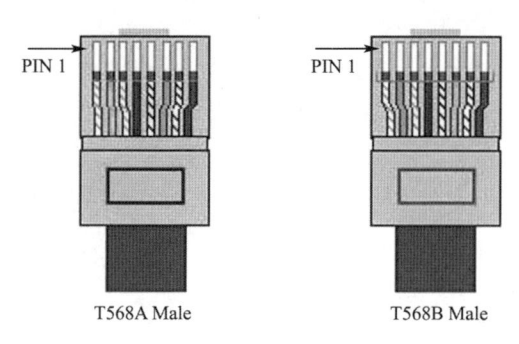

图 2-34　T568A 标准和 T568B 标准的线序

【STEP|02】确定水晶头的顺序。

把水晶头有塑料弹簧片的一面向下,有针脚的一面向上,使有针脚的一端指向远离自己的方向,有方形孔的一端对着自己,此时,最左边的是第 1 脚,最右边的是第 8 脚,其余按照 1～8 的顺序依次排列。

【STEP|03】认知制作工具。

(1)认知 RJ-45 压线钳

RJ-45 压线钳一般有两种:一种是普通的压线钳,如图 2-35 所示,用于将双绞线剪断、剥皮和压制;另一种是高级压线钳,如图 2-36 所示,它最大的优点是,如果没有将水晶头的金属针压到底,钳的手柄就弹不开,这样可大大提高制作网线的成功率。但是,其仅用于压制水晶头,无法剪断双绞线。

图 2-35　普通 RJ-45 压线钳 　　　　图 2-36　高级 RJ-45 压线钳

(2)剥线刀

剥线刀如图 2-37 所示,其主要功能是剥掉双绞线外部的绝缘皮层,把网线放入剥线刀孔中,握住手柄轻轻旋转 360°就可以将外层绝缘皮剥下。除此之外,有的剥线刀与压线工具做在一起,如图 2-38 所示,这样既可剥线,又可在信息模块或配线架上压线。

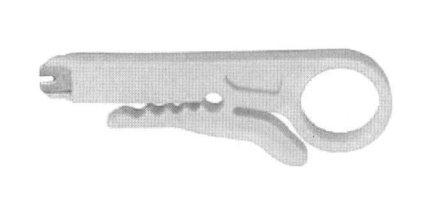

图 2-37　剥线刀 　　　　图 2-38　带剥线刀的压线工具

(3)偏口钳

偏口钳如图 2-39 所示,它的作用一般是剪断网线,只有用高级压线钳时才需要用到它。

(4)测线仪

网线制作好后,还需要对网线进行检测,以确定该网线能不能正常通信。这里建议使用专门的测试工具(如 TES-46A 数字式网线分析仪等)进行测试,它除了能够检测网线的断路、短路、线序错误等情况外,还能测出断路、短路点离线端点的距离。

如果没有条件购买专业网线测试工具,也可以购买普通测线仪,如图 2-40 所示。

图 2-39 偏口钳 　　　　图 2-40 普通测线仪

【STEP|04】准备制作材料。

除了制作工具,在动手制作网线时,还应当准备好以下材料:

(1)双绞线

按照连接设备所需网线的长度(一定要估计好)将双绞线剪断,太长了会造成网线的浪费;短了更加麻烦,人为接长的网线,通信速度和稳定性将大大降低,不提倡使用。

(2)RJ-45 接头

RJ-45 接头又叫"水晶头",如图 2-41 所示,它的作用就像电源线中的插头,用来将网线接入网卡或者交换机等其他网络设备的端口中。

RJ-45 接头质量的好坏非常重要,不仅决定网线是否能够制作成功,也在很大程度上影响网络的传输稳定性,一般应选择大品牌产品,如 AMP、IBDN 等。

(3)护套或线标

护套如图 2-42 所示,一方面起到保护水晶头的作用,另外一个主要作用是标记线缆。尤其是大型网络中,网线错综复杂,由于双绞线网线的颜色都基本一样,如果不在每根网线的两端进行标记的话,根本无法判断每根网线所连接的设备是什么,也不知道该网线是从哪里连接到哪里的。所以必须为每条双绞线做好标记,这样也便于日后的网络管理和故障的排除。

图 2-41 水晶头 　　　　图 2-42 护套

项目 2　认知数据通信

【STEP|05】制作双绞线网线直通线。

制作直通线时，RJ-45 接头两端使用相同的线序标准，即当一端使用 T568B 标准的线序，另一端也使用 T568B 标准的线序，如图 2-43 所示。

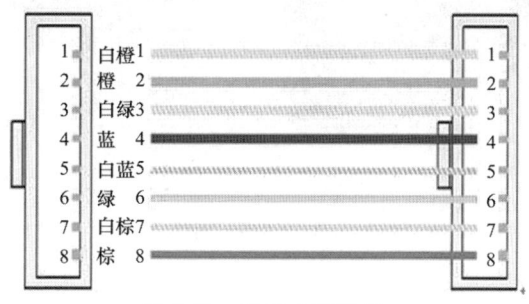

图 2-43　直通电缆连接

具体制作过程如下。

(1) 剥线

用压线钳把准备的 5 类双绞线的一端剪齐，然后把剪齐的一端插入压线钳用于剥线的缺口中，直到顶住压线钳后面的挡位，稍微握紧压线钳慢慢旋转一圈，让刀口划开双绞线的保护胶皮，剥下胶皮(也可用专门的剥线工具来剥皮线)。剥线的长度为 12 mm～15 mm，如图 2-44 所示。

(2) 理线

先把 4 对芯线一字并排排列，然后再把每对芯线分开(此时注意不跨线排列，也就是说每对芯线都相邻排列)，并按白橙、橙、白绿、蓝、白蓝、绿、白棕、棕的排列顺序(从左到右)排列，如图 2-45 所示。

图 2-44　剥线 　　　　　图 2-45　理线

(3) 剪线

4 对芯线都捋直按顺序排列好后，手压紧不要松动，使用压线钳的剪线口剪掉多余的部分，并将线剪齐，如图 2-46 所示。

(4) 插线

用手水平握住水晶头(有弹片一侧向下)，然后把剪齐、并列排列的 8 条芯线对准水晶头开口并排插入水晶头中，如图 2-47 所示。注意一定要使各条芯线都插到水晶头的底部，不能弯曲。

55

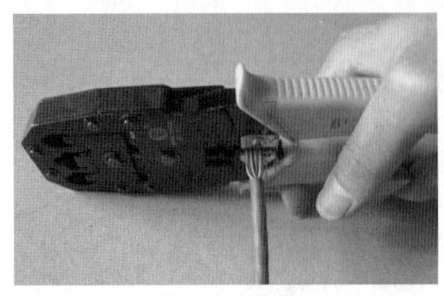

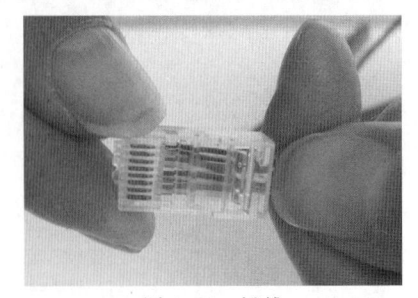

图 2-46 剪线　　　　　　　　　　图 2-47 插线

(5) 压线

确认所有芯线都插到水晶头底部后,即可将插入网线的水晶头直接放入压线钳夹槽中,水晶头放好后,使劲压下压线钳手柄,使水晶头的插针都能插入网线芯线之中,与之接触良好。然后再用手轻轻拉一下网线与水晶头,看是否压紧,最好多压一次,最重要的是要注意所压位置一定要正确。如图 2-48 所示。

(6) 制作双绞线的另一端

通过以上 5 步,网线的一端就已经制作完毕,重复这 5 步制作好网线的另一端。

(7) 双绞线的检测

将制作好的网线两头插入测线仪并打开开关,观察指示灯的显示是否正确,如图 2-49 所示。这里需要注意的是网线有直通和交叉两种,所以在测试网线的时候测线仪上的灯会根据网线的种类不同而发生变化。如果制作的是直通线,那么左、右灯的顺序是由 1 到 8 依次闪动绿灯。如果制作的是交叉线,那么顺序是其中的一边闪亮是由 1 到 8,而另外一侧则会按 3、6、1、4、5、2、7、8 的顺序闪动绿灯。这表示网线制作成功,可以进行数据的发送和接收了。

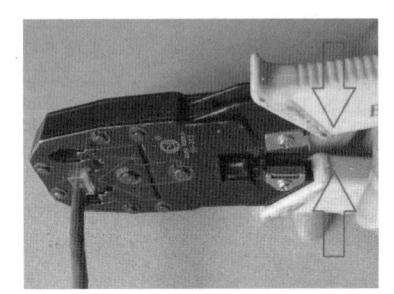

图 2-48 压线　　　　　　　　　　图 2-49 网线测试

如果出现红灯或黄灯,说明存在接触不良等现象。此时最好先用压线钳压制两端水晶头一次,然后再测。如果故障依旧存在,就要检查芯线的排列顺序是否正确。如仍显示红灯或黄灯,则表明其中肯定存在对应芯线接触不好的情况。此时就需要重做了。如一端的灯亮,而另一端却没有任何灯亮起,则可能是导线中间断了,或是两端至少有一个金属片未接触该条芯线,此时,可以重新进行制作。

【STEP|06】双绞线的应用。

双绞线在局域网中的应用非常广泛,是使用最普遍的传输介质,其应用一般有两种方式,即直通线和交叉线。一般地,当同类设备相连时,用交叉线,不同类设备相连时,用直通线。

2.制作信息模块

信息模块在企业网络中普遍应用,它属于一个中间连接器,可以安装在墙面或桌面上,使用时只需要用一条直通双绞线即可与信息模块另一端通过双绞线所连接的设备连接,非常灵活。另一方面,也美化了整个网络布线环境。

任务 2-3

在局域网中利用网线来构建网络时,通常在网线终端会加上一个信息插座,便于用户接入网络,请完成信息模块的制作。

【STEP|01】熟悉信息插座。

信息插座一般安装在墙面上,主要是为了保持整个布线的美观,方便移动和连接工作站,主要有桌面型和地面型两种。信息插座结构的正反面如图 2-50 所示。

从图 2-50(a)中可以看出,"单口"面板中只能安装一个信息模块,提供一个 RJ-45 网络接口,"双口"面板中可以安装两个信息模块,提供两个 RJ-45 网络接口。在面板的反面我们要认识 3 个关键部位,在图中已分别用①、②、③来表示。

①模块扣位:用于放置制作好的信息模块,通过两边的扣位固定,不过也有方向性。
②遮罩板连接扣位:遮罩板用来遮掩面板中用来与底盒固定的螺钉孔位。
③与底盒之间的螺钉固定孔。

(a)单、双口信息插座正面 　　(b)单、双口信息插座反面

图 2-50　信息插座正反面

【STEP|02】熟悉信息模块。

信息模块的作用类似于电源插座,一般是通过卡位固定到信息插座中。RJ-45 信息模块前面插孔内有 8 芯线针触点分别对应着双绞线的八根线;后部两边分列各四个打线柱,外壳为聚碳酸酯材料,打线柱内嵌有连接各线针的金属夹子;有通用线序色标清晰注于模块两侧面上,分两排:A 排表示 T568A 线序模式,B 排表示 T568B 线序模式。如图 2-51 所示。

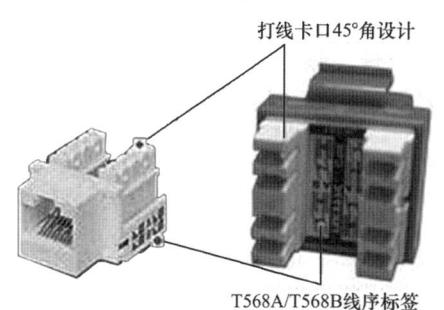

打线卡口45°角设计

T568A/T568B线序标签

图 2-51　信息模块的外形

【**STEP**|**03**】剥线:从底盒中将双绞线拉出,预留 40 cm 的线头,剪去多余的线。用剥线工具或压线钳的刀具在离线头 10 cm 长左右将双绞线的外皮剥去,如图 2-52 所示。

【**STEP**|**04**】卡线:分开 4 个线对,但线对之间不要拆开,按照信息模块上所指示的线序,稍稍用力将导线一一置入相应的线槽内,如图 2-53 所示。

图 2-52　剥线操作方法　　　　　　图 2-53　卡线操作方法

【**STEP**|**05**】压线:将打线工具的刀口对准信息模块上的线槽和导线,带刀刃的一侧向外,垂直向下用力,听到"喀"的一声,模块外多余的线被剪断,如图 2-54 所示。

【**STEP**|**06**】重复上一步操作,将 8 条线一一打入对应颜色的线槽中,如图 2-55 所示。如果多余的线不能被剪断,可调节打线工具上的旋钮,调整冲击压力。

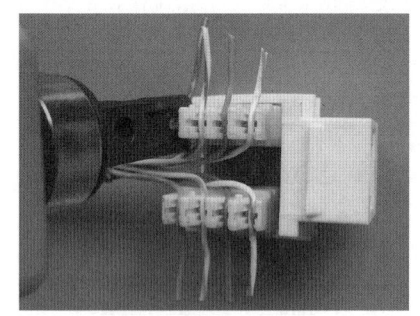

图 2-54　压线操作方法　　　　　　图 2-55　8 根线全打入对应线槽

【**STEP**|**07**】将信息模块的塑料防尘片沿缺口穿入双绞线,并固定于信息模块上,如图 2-56 所示,压紧后即可完成信息模块的制作全过程。

【**STEP**|**08**】把制作好的信息模块放入信息插座中,如图 2-57 所示。

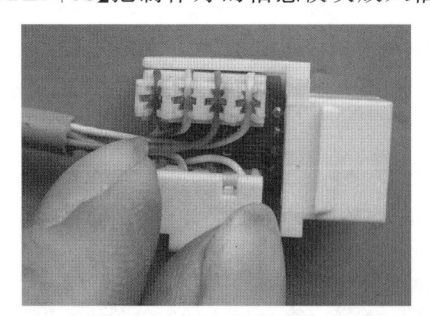

图 2-56　固定塑料防尘片　　　　　　图 2-57　放入信息插座

【**STEP**|**09**】测试:用测试仪进行测试(也可以用万用表或其他方式测试),有问题的线可再用打线工具处理,直至全通为止。若没有问题,将信息模块卡入信息插座内并固定好即可。

2.5 拓展训练

2.5.1 课堂实践

1.绘制曼彻斯特码和差分曼彻斯特码波形图

在本任务中,要求同学们掌握曼彻斯特码和差分曼彻斯特码的特性,并能正确绘制它们的波形图。

课堂实践 2-1

参考"任务 2-1"分别画出 110101101 的曼彻斯特码和差分曼彻斯特码波形图(假设线路以低电平开始)。

【STEP|01】进一步了解曼彻斯特码和差分曼彻斯特码的特性,并参考"任务 2-1"熟悉曼彻斯特码和差分曼彻斯特码的"0"与"1"的画法。

【STEP|02】绘制曼彻斯特码。

【STEP|03】绘制差分曼彻斯特码。

2.制作交叉双绞线

课堂实践 2-2

参考"任务 2-2",利用超 5 类双绞线按照图 2-58 的线序制作一根符合要求的交叉双绞线。

交叉线(又叫反线),线序按照一端 T568A,另一端 T568B 的标准排列好线序,也就是两端的线序排列方式按 1 与 3 线序交换,2 与 6 线序交换,如图 2-58 所示。

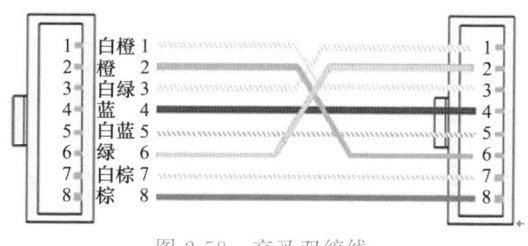

图 2-58 交叉双绞线

【STEP|01】首先对网线的一端进行剥线,再按照 T568B 进行理线,然后进行剪线。

【STEP|02】接下来将准备好的一端并排插入水晶头。

【STEP|03】确定双绞线的每根线已经正确放置之后,就可以用 RJ-45 压线钳压接 RJ-45 接头。

【STEP|04】重复步骤 1 到步骤 3,再制作网线的另一端(这一端按照 T568A 进行理线)。

【STEP|05】最后利用测线仪测试网线的连通性。

2.5.2 课外拓展

一、知识拓展

【拓展 2-1】选择题

1.在同一时刻,通信双方可以同时发送数据的通信方式属于_____。
　　A.半双工通信　　　B. 单工通信　　　C. 数据报　　　D. 全双工通信
2.两台计算机利用电话线传输数据信号时需要的设备是_____。
　　A.调制解调器　　　B. 中继器　　　C. 网卡　　　D. 集线器
3.将物理信道的总带宽分割成若干个子信道,每个子信道传输一路模拟信号,这种技术是_____。
　　A.时分多路复用　　　　　　　B. 频分多路复用
　　C.波分多路复用　　　　　　　D. 同步时分多路复用
4.双绞线进行绞合的主要作用是_____。
　　A.降低成本　　　B.较少电磁干扰　　　C.延长传输距离　　　D.施工需要
5._____传递需进行调制编码。
　　A. 数字数据在数字信道上　　　　B. 数字数据在模拟信道上
　　C. 模拟数据在数字信道上　　　　D. 模拟数据在模拟信道上

【拓展 2-2】填空题

1.模拟信号的数字化需经过_____、_____、_____三个步骤。
2.衡量通信系统的主要性能指标有_____、_____、_____。
3.根据所使用的传输技术,可以将网络分为_____和_____。
4.通信线路分为_____和_____两大类,对应于_____传输与_____传输。
5.数据通信系统是指以计算机为核心,用通信线路连接分布在各地的_____而完成_____功能的复合系统。
6.目前,计算机网络最常用的传输介质是_____,传输速率最高的传输介质是_____。
7.模拟信号在数字信道上传输前要进行_____处理;数字数据在数字信道上传输前需要进行_____,以便在数据中加入时钟信号,并具有抗干扰能力。
8.在数字通信信道上,直接传送基带信号的方法称为_____。
9.可同时传送多个二进制位的传输方式称为_____,一次只传送一个二进制位的传输方式称为_____。

【拓展 2-3】简答题

1.简要说明信息、数据与信号的基本概念。
2.什么是单工、半双工和全双工通信?有哪些实际应用的例子?
3.什么是串行通信?什么是并行通信?
4.简述数据通信中的主要技术指标及含义。
5.简要回答数据编码的基本方式、作用和各种方式的方法分类。

6.简要回答基带传输、频带传输和宽带传输的基本概念。

二、技能拓展

1.绘制比特流 011000101111 的曼彻斯特码和差分曼彻斯特码波形图(假设线路以低电平开始)。

2.制作一根长度为 3 m 的超 5 类直通双绞线。将制作好的直通双绞线连接到网络中,测试网线的连通性。

2.6 总结提高

通过讲课使学生了解计算机网络和通信的基础知识,掌握数据通信方式、数据传输技术、数据编码技术和多路复用技术,学会判别基本的传输方法,包括基带传输、频带传输、宽带传输等。重点理解串行通信与并行通信以及同步技术的概念,熟悉常见的传输介质。

本项目引导大家熟悉了数据通信的相关技术等,并通过真实的任务训练了大家绘制曼彻斯特码、差分曼彻斯特码,制作 RJ-45 双绞线与信息模块等技能。通过本项目的学习,你的收获怎样?请认真填写表 2-2,并及时反馈给任课教师,谢谢!

表 2-2　　　　　　　　　　　　学习情况小结

序号	知识与技能	重要指数	自我评价 A B C D E	小组评价 A B C D E	教师评价 A B C D E
1	了解数据通信系统	★★★☆			
2	熟悉数据通信方式	★★★☆			
3	掌握数据传输技术、数据编码技术、多路复用技术	★★★★☆			
4	熟悉传输介质的类型和特点	★★★			
5	能绘制曼彻斯特码和差分曼彻斯特码	★★★★☆			
6	能够制作 RJ-45 双绞线	★★★★★			
7	具有较强的独立操作能力,同时具备较好的合作意识	★★★☆			

注:评价等级分为 A、B、C、D、E 五等,其中:对知识与技能掌握很好为 A 等;掌握了绝大部分为 B 等;大部分内容掌握较好为 C 等;基本掌握为 D 等;大部分内容不够清楚为 E 等。

项目 3　认知计算机网络体系结构

内容提要

　　为了完成计算机间的协同工作,把计算机间互连的功能划分成具有明确定义的层次,规定同层次进程通信的协议及相邻层之间的接口服务。网络体系结构是网络各层及其协议的集合,所研究的是层次结构及其通信规则的约定。

　　本项目将引导大家熟悉计算机网络体系结构的分层原理、ISO 的开放系统互连参考模型 OSI/RM、OSI/RM 各层的功能、TCP/IP 协议的体系结构及各层功能等。通过任务案例训练大家规划 IP 地址、划分子网、数据包的封装分析以及配置 TCP/IP 等方面的技能。

知识目标

◎ 了解协议、层次、接口与网络体系结构的基本概念
◎ 了解网络体系结构的层次化研究方法
◎ 掌握 OSI 参考模型及各层的基本服务功能
◎ 掌握 TCP/IP 参考模型及各层的基本服务功能
◎ 掌握协议组件的添加方法

技能目标

◎ 会规划 IP 地址、划分子网
◎ 会配置 TCP/IP 协议
◎ 会使用命令检查网络配置情况
◎ 会使用 Packet Tracer 分析数据包的封装

项目 3 认知计算机网络体系结构

素质目标

◎ 培养诚信、敬业、科学、严谨的工作态度和工作作风
◎ 养成刻苦、勤奋、好问、独立思考和细心检查的学习习惯
◎ 具有一定自学能力，分析问题、解决问题能力和创新的能力
◎ 养成守规矩、讲诚信的优良品格

参考学时

◎ 8 学时（含实践教学 2 学时）

3.1 情境描述

人们在寄送信件的时候，一定要写清楚收件人的地址，一般会具体到街道、门牌号。这样信件才能准确地寄送到收件人的手中。在计算机网络中传输数据，也需要类似于门牌号的地址信息表示目的地，即目的地址。那么网络信息的目的地址是如何表示的？信息从发送端如何到达目的地址（接收端）的呢？

李恒虽然熟悉了公司内部网的结构、组成及相关设备的工作原理，同时也了解了计算机网络与数据通信方面的基础知识，但是，他并不知道不同厂家生产的计算机系统之间，以及不同网络之间的数据通信是如何完成的，也不知道网络设备之间是如何联系的，使用不同协议的设备是如何进行通信的，网络设备如何获知何时传输或不传输数据，怎样确保网络传输的数据被正确接收等（见图 3-0）。

图 3-0 项目情境

计算机网络是一个复杂的、具有综合性技术的系统,为了减少计算机网络的复杂程度,按照结构化设计方法,人们把网络通信的复杂过程抽象成一种层次结构模式;为了允许不同系统实体互联和互操作,不同系统的实体在通信时都必须遵循相互均能接受的规则,这些规则的集合称为协议(Protocol)。

3.2 任务分析

为了搞清楚计算机网络体系结构中的层次结构和各层协议,汤标在本项目中给李恒安排了以下具体任务:
(1)认知计算机网络体系结构;
(2)认知开放系统互连参考模型(OSI/RM)和 TCP/IP 参考模型;
(3)熟悉 IP 地址的组成与分类方法;
(4)根据用户需求规划 IP 地址,并能正确配置 IP 地址;
(5)能够正确进行子网划分;
(6)能够使用命令对配置的参数进行测试,保证系统正常工作。

3.3 知识储备

3.3.1 计算机网络体系结构

计算机网络体系结构就是将复杂而庞大的计算机网络系统按分层的方式把很多相关的功能分解,逐个给予解释和实现。在分层结构中,每一层都有明确的规则与说明,称为对等协议;层与层的边界是另外一些相互作用的集合,称为接口协议。

1.邮政通信系统简介

在了解计算机网络体系结构之前,大家先来熟悉一下邮政通信系统,通常在邮政系统中,人们可以将发信端和收信端从上到下分为 A、B、C、D 4 个层次,如图 3-1 所示。

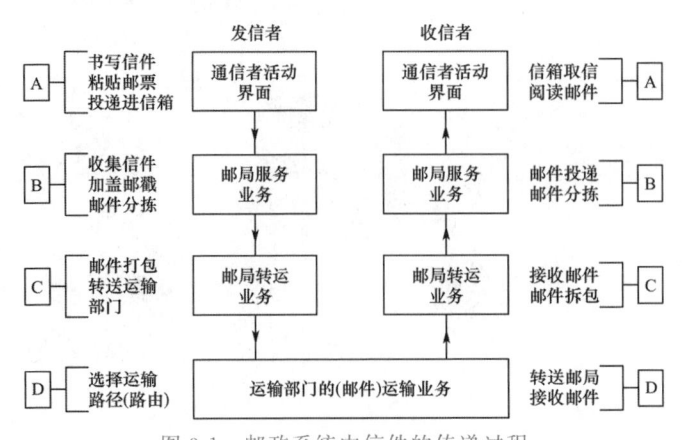

图 3-1 邮政系统中信件的传递过程

下面我们来了解一下在邮政系统中人们是如何完成信件的发送和接收的。

(1)发信端(发件人所在地区)的工作流程

① A层。发信者的活动：书写信件，按邮政系统规定的书写格式(中、英文或其他文字格式)书写信封；之后，将信的内容封装在信封中，粘贴邮票后，投递至邮政系统规定的位置(邮筒或邮局)中。

② B层。邮局的活动：邮递员负责收集信件，邮局工作人员对各路邮递员收集到的所有信件进行处理(分拣、盖戳)，并按照邮局转运部门要求的格式打包，书写邮包的标签；并将本地邮局的邮包送到邮局的转运部门。

③ C层。邮局转运部门的活动：按照运输部门的要求，将各个邮局送来的邮包，按照地点要求包装成更大的、适合运输部门要求的大邮包；再按照要求，书写大邮包的标签，并将大邮包发送到运输部门。

④ D层。运输部门收到邮局转运部门的邮包后，会为其选择路径，如为航空邮包选择航线、为火车运输的邮包选择列车车次、为海运的邮包选择轮船船次；之后，按照选定的运输线路，进一步包装并书写包装的标签；最后，将再次封装后的运输大包发送到选定的地点，进入实际的运输过程。

总之，在发信端是按照从上至下，即 A→B→C→D 的顺序进行处理的。在每一层，都是按照本层和下层联系的要求，依次包装成新的邮包，并加入本层特有的标签，再传递到下一层指定的位置。

(2)收信端(收件人所在地区)的工作流程

① D层。收件人所在地区的运输部门收到从不同路线运过来的邮包后，会根据邮包标签的信息，将含有收件人信件的邮包分离出来，发送到本地区的邮局转运部门。

② C层。收件人地区的邮局转运部门的活动：拆开收到的邮包，根据标签的信息进行分拣，为各个信件选择适合的本地邮局；最后，将邮包转发到收件人的本地邮局。

③ B层。收件邮局的活动：打开收到的所有邮包，进行分拣，按照信封的收件人地址分拣给管片的邮递员，邮递员再将信件投递到指定的位置，如家中或邮箱中。

④ A层。收信者的活动：按邮局规定的取信方式和位置，取回自己的信件；拆开发送人发送过来的信封，阅读信件的内容。

总之，在收信端是按照由下至上，即 D→C→B→A 的顺序进行处理的。在每一层，都是依次拆封收到的包装，完成本层应当完成的功能，并根据每层特有的标签信息，再传递到上一层指定的位置，最终到达收信人的手中。

综上所述，在信件的发送与接收过程中，发信时发信人只需知道如何写信、书写信封的标准、粘贴邮票、投递信件至邮筒(或邮局)等过程，而无须知道收件邮局及邮政系统的工作人员是如何进行信件收集、分拣、打包、路由和运输等过程。同理，收信时收件人只需知道到什么地方收取自己的邮件，而同样无须了解邮政系统工作人员的接收邮包、邮局的转送、分发邮件、信件分拣和投递等过程。

2.计算机网络体系结构

计算机网络通信系统与邮政通信系统的工作过程十分类似，它们都是一个复杂的分层系统，将分层的思想或方法运用于计算机网络中，产生了计算机网络的层次模型，如图 3-2 所示。

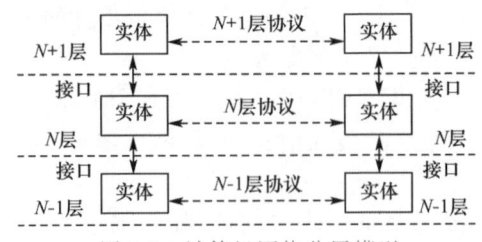

图 3-2 计算机网络分层模型

分层模型把系统所要实现的复杂功能分解为若干个层次分明的局部问题,规定每一层实现一种相对独立的功能,各个功能层次间进行有机的连接,下层为其上一层提供必要的功能服务。

(1) 层次化体系结构的基本概念

① 协议:协议(Protocol)是一种通信约定。

例如:在邮政通信系统中对写信的格式、信封的标准和书写格式、信件打包以及邮包封面格式等都要进行约定。与之类似,在计算机网络通信过程中,为了保证计算机之间能够准确地进行数据通信,也必须制定通信的规则,这就是通信协议。

② 层次:层次(Layer)是人们对复杂问题的一种基本处理方法。当人们遇到一个复杂的问题时,通常习惯先将其分解为若干个小问题,再一一进行处理。

③ 接口:接口(Interface)就是同一节点内相邻层之间交换信息的连接点。

④ 层次化模型结构:一个功能完善的计算机网络系统,需要使用一整套复杂的协议集。对于复杂系统来说,由于采用了层次结构,因此,每层都会包含一个或多个协议。为此,将网络层次化结构模型与各层次协议的集合定义为计算机网络的体系结构。

⑤ 实体:在网络分层体系结构中,每一层都由一些实体(Entity)组成。这些实体就是通信时的软件或硬件元素(如智能的输入/输出芯片)。因此,实体就是通信时能发送和接收信息的具体的软、硬件设施。例如,当客户机访问 WWW 服务器时,使用的实体就是 IE 浏览器,Web 服务器中接受访问的是 Web 服务器程序。这些程序都是执行功能的具体实体。

⑥ 数据单元:在邮政系统中,每层处理的邮包是不同的。例如:分发部门处理的是带有发件人和收件人地址的信件,转运部门处理的是标有地区名称的大邮包等。与邮政系统类似,计算机网络系统中不同节点内的对等层传送的是相同名称的数据包。这种在网络中传输的数据包称为数据单元。因为每一层完成的功能不同,处理的数据单元的大小、名称和内容也就各不相同。

(2) 网络体系结构的研究意义与划分原则

1974 年,美国的 IBM 公司提出了世界上第一个网络体系结构 SNA 之后,凡是遵循 SNA 结构的设备就可以方便地进行互联。接下来,各公司纷纷推出自己的网络体系结构。例如,Digital 公司的 DNA、ARPANet 的参考模型 ARM 等。这些网络体系结构的共同之处在于都采用了"层次"技术,而各层次的划分、功能、采用的技术术语等却各不相同。层次化网络体系结构具有以下特点:

- 各层之间相互独立:某一高层只需知道如何通过接口向下一层提出服务请求,并使用下层提供的服务;而无须了解下层的执行细节。
- 结构上独立分割:由于各层独立划分,因此,每层都可以选择适合自己的技术。

项目 3　认知计算机网络体系结构

- 灵活性好：如果某一层发生变化，只要接口的条件不变，则以上各层和以下各层的工作不会受影响，有利于模型的更新和升级。
- 易于实现和维护：由于整个系统被分割为多个容易实现和维护的小部分，所以，整个庞大而复杂的系统变得容易实现、管理和维护。
- 有益于标准化的实现：由于每一层都有明确的定义，即功能和所提供的服务都很明确。因此，十分有利于标准化的实施。

总之，计算机网络体系结构描述了网络系统各部分应完成的功能、各部分之间的关系，以及它们是怎么联系到一起的。网络体系结构划分的基本原则：把应用程序和网络通信管理程序分开；同时又按照信息在网络中的传输过程，将通信管理程序分为若干个模块；把原来专用的通信接口转变为公用的、标准化的通信接口，从而使网络具有更大的灵活性，也使得网络系统的建设、改造和扩建工作更加简化，大大降低网络系统运行和维护成本，提高网络性能。

3. 计算机网络协议

计算机网络系统是由各种各样的计算机和终端设备通过通信线路连接起来的复杂系统。在这个系统中，由于计算机类型、通信线路类型、连接方式、同步方式、通信方式等的不同，给网络各节点间的通信带来诸多不便。为了解决这个问题，规范网络中信息的传递和管理，产生了网络协议。

OSI 七层模型

网络协议是为网络数据交换而制定的规则、约定与标准。网络协议的三要素如下：
- 语义（如何讲）：规定通信双方交换的数据格式、编码和电平信号等，也就是对信息的数据结构做一种规定。例如用户数据与控制信息的结构与格式等。
- 语法（讲什么）：规定用于协调双方动作的信息及其含义等。不同类型的协议元素所规定的语法是不同的。例如需要发出何种控制信息、完成何种动作及得到的响应等。
- 时序（讲话次序）：详细说明事件的先后顺序、速度匹配等。

一个功能完备的计算机网络需要制定一整套复杂的协议集，网络协议是按层次结构来组织的。网络层次结构模型与各层协议的集合称为网络体系结构。网络体系结构是抽象的，靠一些能够运行的硬件和软件来实现。

【思政元素】
　　计算机网络之所以能够有条不紊地交换数据，就在于计算机之间能够遵守事先制定的网络协议（规则、标准或约定）。如果计算机网络中没有网络协议或者有网络协议而不遵守，网络将会怎样？
　　由此可见，无规矩不成方圆。人类社会也是如此，公民应该遵守国家的法律、法规；学生应该遵守学生守则、日常行为规范；员工应该遵守企业的规章制度。只有人人有规矩、懂规矩、守规矩，我们的明天才会更美好！

3.3.2　OSI 参考模型

1. OSI 参考模型描述

国际标准化组织 ISO（International Standards Organization）于 1983 年颁布了开放系

统互连参考模型(Open System Interconnection/Reference Model,OSI/RM),即七层网络通信模型,通常简称为七层模型或 OSI 参考模型。

(1)OSI 参考模型的结构

OSI 参考模型分为 7 层,从上到下依次为应用层、表示层、会话层、传输层、网络层、数据链路层和物理层,如图 3-3 所示。

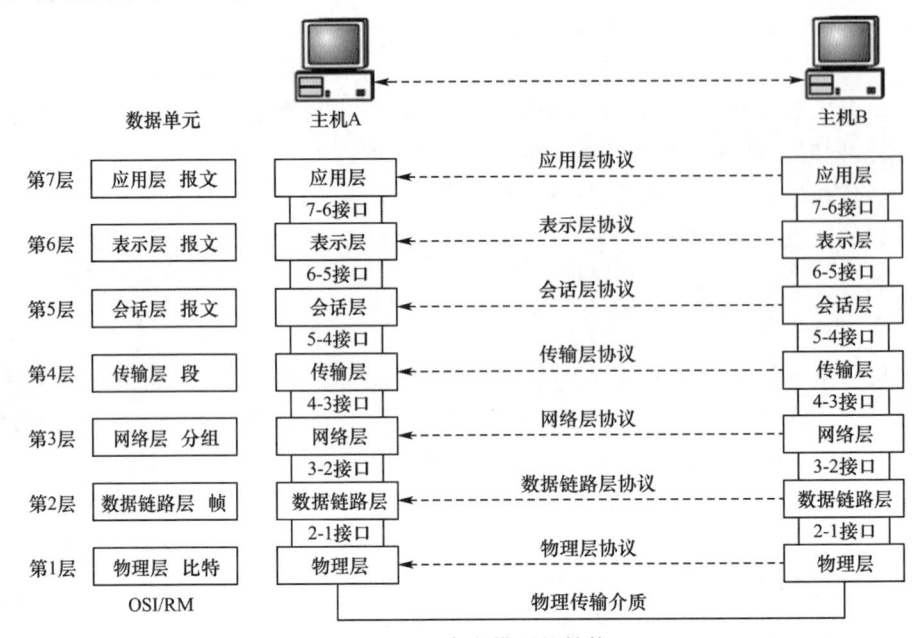

图 3-3　OSI 参考模型的结构

(2)OSI 参考模型的层次划分原则

OSI 参考模型将协议组织成为层次结构,每层都包含一个或几个协议功能,并且分别对上一层负责。具体来说,OSI 参考模型符合分而治之的原则,将整个通信功能划分为 7 个层次,每一层都对整个网络提供服务,因此是整个网络的一个有机组成部分,不同的层次定义了不同的功能,划分的原则如下:

- 网络中各节点都划分为 7 个相同的层次结构。
- 不同节点的相同层次都有相同的功能。
- 同一节点内各相邻层次之间通过层间接口,并按照接口协议进行通信。
- 每一层直接使用下一层提供的服务,间接地使用下面所有层的协议。
- 每一层都向上一层提供服务。
- 不同节点之间按同等层的同层协议的规定,实现对等层之间的通信。

网络中还有其他体系结构的模型,其分层数目虽然各不相同,如分为 4 层、5 层或 6 层,但目的都是类似的,即都能够让各种计算机在共同的网络环境中运行,并实现彼此之间的数据通信和交换。

(3)OSI 参考模型各层的功能

OSI 参考模型每层协议都要完成具体功能、处理数据单元以及包头中的地址信息等,每一层的具体功能如下。

① 物理层

物理层 PH(PHysical,第1层)是 OSI 参考模型的底层,物理层的作用是在物理媒体上传输原始的数据比特流,数据传输单元是比特(bit)。物理层提供位建立、维护和拆除物理连接所需的机械、电气和规程方面的特性,具体涉及接插件的规格,"0""1"信号的电平表示、收发双方的协调等内容。

② 数据链路层

数据链路层 DL(Data Link,第2层)传输数据的单位是帧(Frame),数据帧的帧格式中包括的信息有地址信息部分、控制信息部分、数据部分、校验信息部分。数据链路层的主要作用是通过数据链路层协议(链路控制规程),在不太可靠的物理链路上实现可靠的数据传输。为了完成这一任务,数据链路层必须执行链路管理、帧传输、流量控制、差错控制等功能。

③ 网络层

网络层 N(Network,第3层)传输数据的单位是分组(Packet),即数据包。在计算机网络中进行通信的两台计算机可能要经过许多节点和链路,也可能要经过多个路由器连接的通信子网。网络层的任务就是要选择最佳的路径,使发送节点的传输层所传下来的报文能够正确无误地按照目的地址找到目的节点的网络层,并交付给目的节点的传输层。这就是网络层的路由选择功能。

路由选择指的是根据一定的原则和算法在传输通路上选出一条通向目的节点的最佳路径。路由选择是广域网和网际网中非常重要的问题,局域网则比较简单,甚至可以不需要路由选择功能。

④ 传输层(也称运输层)

传输层 T(Transport,第4层)传输数据的单位是段(Segment)。传输层的基本功能是从会话层接收数据报文,封装后交给网络层。传输层在发送较长的报文时,首先把报文分割成若干个段,然后再交给下一层(网络层)进行传输。另外,传输层还负责报文错误的确认和恢复,以确保信息的可靠传递。

OSI 模型所定义的传输层是中间层,是通信子网(下3层)和资源子网(上3层)的分界线。传输层屏蔽通信子网的物理差异,完成资源子网中两个节点的直接逻辑通信,实现通信子网中端到端的透明传输,使高层用户感觉不到通信子网的存在。另外,传输层还要处理端到端的差错控制和流量控制的问题。

⑤ 会话层

会话层 S(Session,第5层)负责在发送节点和目的节点之间建立通信链接或会话(Session),会话层还负责管理已经在这两个节点之间建立起来的通信会话。

会话层的另外一个功能是,在发送节点向目的节点传送的数据流中加入特殊的检查点。如果节点之间的连接丢失,这些检查点就可以发挥作用。发送节点不需要重现发送所有的数据,只需从最近接收到的检查点处开始的数据发送即可。

⑥ 表示层

表示层 P(Presentation,第6层)处理联网通信的数据格式信息。对于输出消息来说,它将数据转换为能够经受住网络传输严酷性考验的一般格式;对于输入消息来说,它将数据从一般联网表示法转换为接收应用程序可以理解的格式。表示层还处理协议转换、数据加密或解密、字符集和图形命令等问题。

⑦ 应用层

应用层 A(Application,第 7 层)是 OSI 参考模型的顶层。它为应用程序提供了一组接口,从而可以访问联网的服务以及直接访问支持应用程序的网络服务,包括联网的文件传输、管理处理和数据库查询处理等服务。应用层还处理一般的网络接入,从发送方到接收方的数据移动以及应用程序的错误恢复。这一层以及表示层和会话层上的 PDU 称为数据。驻留在这一层上的软件包括文件传输协议(FTP)、超文本传输协议(HTTP)和客户端软件的组件(例如 Client for Microsoft Networks 或 UNIX/Linux NFS 客户端)。

2. OSI 参考模型中各层的互联协议

OSI 参考模型各层的互联协议包括应用协议、传输协议和网络协议三个协议。

(1)应用协议

应用协议针对的是 OSI 参考模型的高层,并且提供应用程序到应用程序的服务。一些较流行的应用协议包括以下几种:

- 简单邮件传输协议(SMTP):负责传递电子邮件的 TCP/IP 协议包的一个成员。
- 文件传输协议(FTP):提供文件传输服务的 TCP/IP 协议包的另一个成员。
- 简单网络管理协议(SNMP):用于管理和监控网络设备的 TCP/IP 协议。
- NetWare 核心协议(NCP):Novell 的客户端命令解释程序和重定向器。
- AppleTalk 文件协议(AFP):Apple 公司开发的远程文件管理协议。

(2)传输协议

传输协议处理计算机之间的数据传递。面向连接的传输协议确保了可靠传递,而无连接的传输协议只提供最佳的传递。目前广泛使用的传输协议包括以下几种:

- 传输控制协议(TCP):负责可靠数据传递的 TCP/IP 协议。
- 顺序包交换协议(SPX)和 NWLink(SPX 的 Microsoft 实现):Novell 用于确保数据传递的面向连接的协议。
- NetBIOS/NetBEUI:NetBIOS 建立和管理计算机之间的通信;NetBEUI 为这类通信提供数据传输服务。

(3)网络协议

网络协议提供寻址和路由选择信息、错误校验、重传请求以及在某些特殊联网环境中的通信规则。网络协议提供的服务称为链接服务。常见的网络协议包括以下几种:

- Internet 协议版本 4(IPv4):TCP/IP 网络协议,提供寻址和路由选择信息。通常将这个协议简称为 IP。
- 互联网络数据包交换协议(IPX)和 NWLink(或 Novell IPX ODI 协议):IPX 是 Novell NetWare 操作系统所支持的在互联网络中路由数据包的早期网络协议,是一种面向无连接通信的数据包协议。NWLink 协议是 IPX/SPX 协议在微软网络中的实现。
- NetBEUI:IBM 和 Microsoft 专门开发的为网络基本输入/输出系统(NetBIOS)提供服务的网络协议。

> **注意** NetBEUI 实际上不提供网络层寻址和路由选择信息,而是主要工作在 OSI 参考模型的传输层和数据链路层。

- Internet 协议版本 6(IPv6)：Internet 协议的一个新版本，在许多新的联网设备和操作系统中正在加以实现。这个新版本克服了早期 IP 版本的一些弱点。

3.OSI 参考模型节点间的数据流

在 OSI 环境中，主机与主机通信时，实际的数据流是如何传递的呢？这是理解网络中主机通信的关键内容。在网络中，OSI 的七层模型位于主机上，而网络设备通常只涉及下面的 1~3 层。因此，根据设计准则，OSI 模型工作时，主机之间通信有两种情况：第一，没有中间设备的主机间的通信；第二，有中间设备的主机间的通信。与主机间的通信类似，当两个网络设备通信时，每一个设备的同一层同另一个设备的对等层进行通信。

(1)OSI 参考模型主机节点间通信的数据流

不同的主机之间在没有中间节点设备的情况下通信时，同等层通过附加到每一层的信息头进行通信。主机之间进行数据通信的数据流如图 3-4 所示。

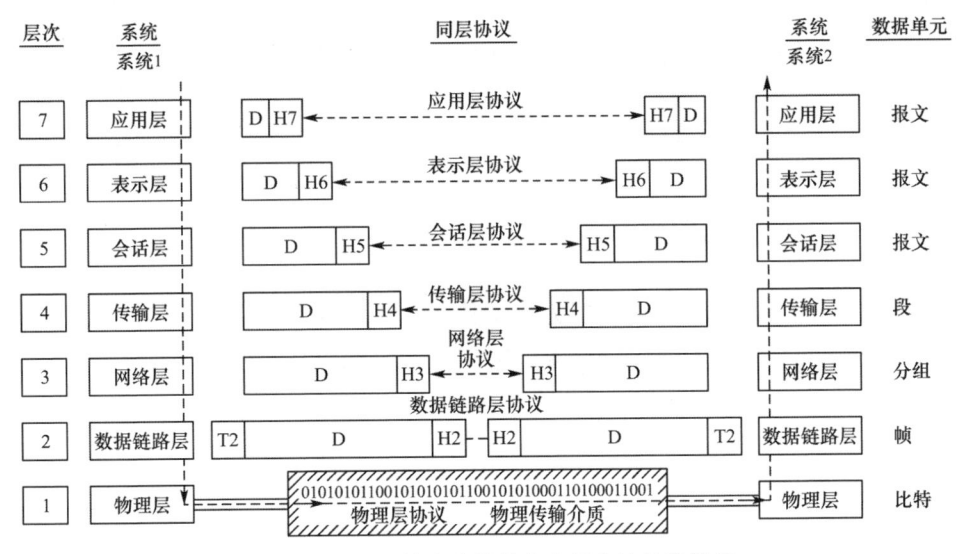

图 3-4　OSI 环境中主机节点之间传输的数据流

①发送节点

在发送方节点内的上层和下层传输数据时，每经过一层都对数据附加一个信息头部，即封装，而该层的功能正是通过这个控制头(附加的各种控制信息)来实现的。由于每一层都对发送的数据发生作用，因此，发送的数据越来越大，直到构成数据的二进制位流在物理介质上传输。

②接收节点

在接收方节点内，这 7 层的功能又依次发挥作用，并将各自的控制头去掉，即拆封，同时完成各层相应的功能，例如：路由、检错、传输等。

(2)OSI 参考模型含有中间节点的通信数据流

不同的主机之间在有中间节点(网络互联设备)的情况下，主机之间进行数据通信时实际传输的数据流如图 3-5 所示。

各个节点(计算机或网络设备)在作为发送节点时，其工作仍然是依次"封装"；当它作为接收节点时,其工作依然是依次"拆封"并执行本层的功能。

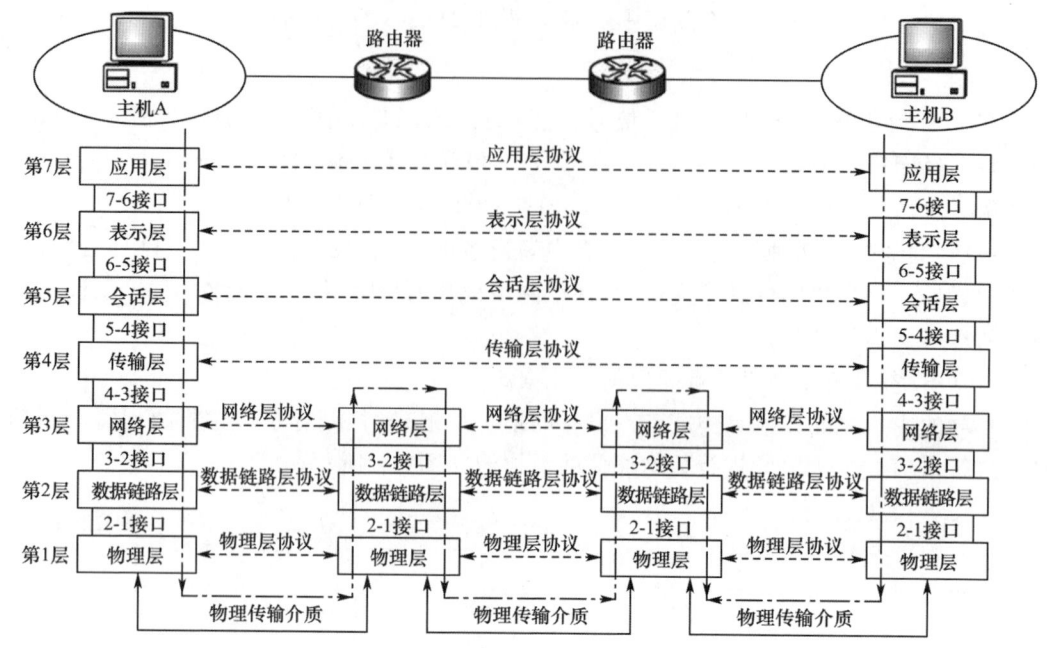

图 3-5　OSI 环境中含有中间节点的主机系统间传输的数据流

3.3.3　TCP/IP 参考模型

1. TCP/IP 参考模型描述

　　OSI 参考模型研究的初衷,是希望为网络体系结构与协议的发展提供一种国际标准。然而,由于 OSI 标准制定的周期太长、协议实现过于复杂、OSI 的层次划分不太合理等原因,到了 20 世纪 90 年代初期,虽然整套的 OSI 标准已经制定出来,但 Internet 已在全世界飞速发展,网络体系结构得到广泛应用的不是国际标准 OSI 参考模型,而是应用在 Internet 上的非国际标准 TCP/IP 参考模型。

　　TCP/IP(Transmission Control Protocol/Internet Protocol,传输控制协议/网际协议)的前身是美国国防部在 20 世纪 60 年代末期为其高级研究规划署网络 ARPANet 研发的;20 世纪 70 年代,人们相继提出了一些 TCP/IP 协议,并研究和设计了 TCP/IP 参考模型;1974 年,Kahn 定义了最初的 TCP/IP 参考模型;1985 年,Leiner 等人对其进行了补充;1988 年,Clark 讨论了此模型的设计思想。因为 TCP/IP 成本低以及在多个不同平台间通信可靠,因此迅速发展并开始流行。TCP/IP 参考模型分为网络接口层、网际层、传输层和应用层四层,OSI 参考模型与 TCP/IP 参考模型的对应关系及各层的协议数据单元如图 3-6 所示。

　　(1)网络接口层

　　网络接口层是 TCP/IP 参考模型的底层。它相当于 OSI 参考模型的物理层和数据链路层,因为这一层的功能是连接上一层的 IP 数据包,通过网络向外发送,或者接收和处理来自网络上的物理帧,并抽取 IP 数据包传送到上一层。该层允许主机连入网络时使用多种现成的与流行的协议,如局域网的 Ethernet、令牌网、分组交换网的 X.25、ATM 协议等。

　　(2)网络层

　　网络层是 TCP/IP 参考模型的第 2 层,相当于 OSI 参考模型中网络层的无连接网络服务。在网络服务不被中断的情况下,即使网络中的部分设备不能正常运行,已经建立的网络连接依然可以有效地传输数据;换言之,只要源主机和目标主机处于正常状态,网络就可以完成传输任务。

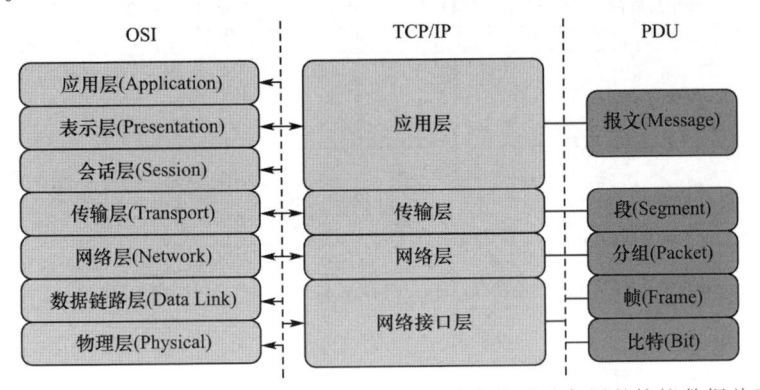

图 3-6 OSI 参考模型与 TCP/IP 参考模型的对应关系及各层的协议数据单元

网络层采用分组交换技术。分组交换技术不仅使分组发送到任意的网络后可以独立地漫游到目标主机,而且可确保目标主机接收到顺序被打乱的分组后,将其传送到最高层重新排定分组顺序。网络层定义了标准的分组格式和接口参数,只要符合这些标准,分组就可以在不同的网络间实现漫游。

(3)传输层

传输层是 TCP/IP 参考模型的第 3 层,功能与 OSI 参考模型中的传输层类似。TCP/IP 参考模型中的传输层不仅可以提供不同服务等级、不同可靠性保证的传输服务,而且还可以协调发送端和接收端的传输速度差异。

(4)应用层

应用层是 TCP/IP 参考模型的第 4 层,主要功能是在互联网中源主机与目标主机的对等实体间建立用于会话的端到端连接。与 OSI 参考模型不同的是,TCP/IP 参考模型中没有会话层和表示层。由于在应用中发现并不是所有的网络服务都需要会话层和表示层的功能,因此这些功能逐渐被融合到 TCP/IP 参考模型中应用层的那些特定的网络服务中。

综上所述,TCP/IP 参考模型各层的主要功能见表 3-1。

表 3-1　　　　　　　　　　　TCP/IP 参考模型各层的功能

层	主要功能
网络接口层	定义了 Internet 与各种物理网络的网络接口
网络层	负责相邻计算机之间(点对点)的通信,包括处理来自传输层的发送分组请求,检查并转发数据包,还要进行与此相关的路径选择、流量控制及拥塞控制等
传输层	提供可靠的端到端的数据传输,确保源主机传送分组并正确到达目标主机
应用层	提供各种网络服务,如:HTTP、DHCP、DNS 和 SNMP 等

2.TCP/IP 协议簇

TCP/IP 实际上是指作用于计算机通信的一组协议,这组协议通常被称为 TCP/IP 协议簇。

TCP/IP 协议簇包括了地址解析协议 ARP、Internet 协议 IP、用户数据报协议 UDP、传输控制协议 TCP、超文本传输协议 HTTP 等众多的协议。协议簇的实现是以协议报文格式为基础,完成对数据的交换和传输。图 3-7 是对 TCP/IP 协议簇层次结构的简单描述。

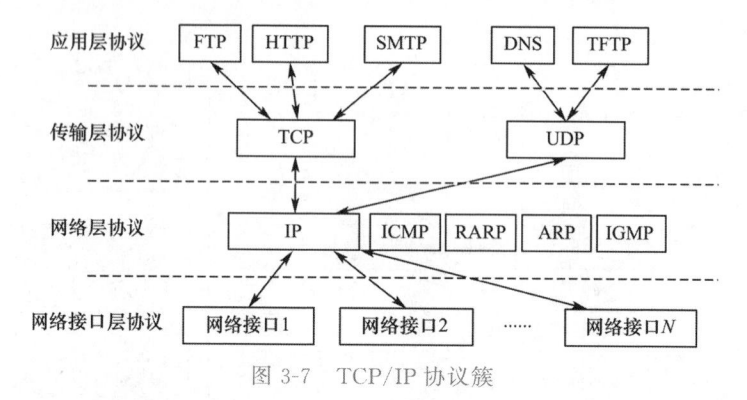

```
应用层协议     FTP    HTTP    SMTP         DNS    TFTP
                ↕      ↕       ↕            ↕      ↕
传输层协议              TCP                     UDP
                        ↕                        ↕
网络层协议              IP    ICMP   RARP   ARP   IGMP
                        ↕
网络接口层协议    网络接口1    网络接口2   ……   网络接口N
```

图 3-7　TCP/IP 协议簇

(1)网络接口层相关协议

网络接口层不是 TCP/IP 协议的一部分,但它是 TCP/IP 赖以存在的各种通信网与 TCP/IP 之间的接口,这些通信网包括多种广域网,如 ARPANet、X.25 公用数据网,以及各种局域网,如 Ethernet、IEEE 的各种标准局域网等。IP 层提供了专门的功能,解决与各种网络物理地址的转换。

一般情况下,各物理网络可以使用自己的数据链路层协议和物理层协议,不需要在数据链路层上设置专门的 TCP/IP 协议。但是,当使用串行线路连接主机与网络或连接网络与网络时,例如用户使用电话线和 Modem 接入或两个相距较远的网络通过数据专线时,则需要在数据链路层运行专门的串行线路接口协议 SLIP 和点对点协议 PPP。

● SLIP 协议提供在串行通信线路上封装 IP 分组的简单方法,以使远程用户通过电话线和 Modem 能方便地接入 TCP/IP 网络。为了解决 SLIP 存在的问题,在串行通信应用中又开发了 PPP 协议。

● PPP 协议是一种有效的点到点通信协议,它由三部分组成:串行通信线路上的组帧方法,用于建立、配制、测试和拆除数据链路的链路控制协议 LCP,用于支持不同网络层协议的网络控制协议 NCP。

(2)网络层相关协议

网络层中含有 IP 协议、因特网控制信息协议 ICMP、地址解析协议 ARP 和反向地址解析协议 RARP 四个重要的协议。

网络层的功能主要由 IP 来提供。IP 除了提供端到端的分组分发功能外,还提供了很多扩充功能。例如,为了克服数据链路层对帧大小的限制,网络层提供了数据分块和重组功能,这使得很大的 IP 数据报能以较小的分组在网上传输。

网络层的另一个重要服务是在互相独立的局域网上建立互联网络,即网际网。网间的报文来往根据它的目的 IP 地址通过路由器传到另一网络。

①IP 协议

IP 协议是 TCP/IP 协议簇中最核心的协议。它规定了如何对数据包进行寻址和路由,并且把数据包从一个网络转发到另一个网络;还规定了计算机在 Internet 通信所必须遵守的一些基本规则,以确保路由的正确选择和报文的正确传输。

在 Internet 中为了定位每一台计算机,需要给每台计算机分配或指定一个确定的"地址",称为 Internet 的网络地址,即用 Internet 协议语言表示的地址。目前 IP 地址仍然使用 IPv4 协议版本。

所有的 TCP、UDP、ICMP 及 IGMP 数据都以 IP 数据分组的格式传输。IP 协议提供一种不可靠的、无连接的数据分组传输服务。

- 不可靠的意思是它不能保证 IP 分组能成功到达目的地。
- 无连接这个术语的意思是 IP 协议并不维护任何关于后续分组的状态信息。每个 IP 分组的处理是相互独立的。

IP 分组的格式如图 3-8 所示。普通的 IP 首部长为 20 个字节,另外可以含有选项字段。

0	3	7	11	15	19	23	27	31
版本	首部长度		服务类型		总长度			
标识符					标志	片偏移		
生存时间			协议		首部校验和			
源IP地址								
目的IP地址								
可变长度的任选项						填充		
数据								

图 3-8 IP 分组的格式

②ICMP 协议

从 IP 协议的功能可知,IP 协议提供的是一种不可靠的、无连接的报文分组传送服务。若路由器故障使网络阻塞,就需要通知发送主机采取相应措施。为了使互联网能报告差错,或提供有关意外情况的信息,在 IP 层加入了一类特殊用途的报文机制,即 ICMP 协议。

③ARP 协议

在 TCP/IP 网络环境下,每个主机都分配了一个 32 位的 IP 地址,这种互联网地址是在国际范围标识主机的一种逻辑地址。为了让报文在物理网上传送,必须知道彼此的物理地址。

ARP 协议的工作原理

这样就存在把互联网地址变换为物理地址的地址转换问题。以以太网环境为例,为了正确地向目的站传送报文,必须把目的站的 32 位 IP 地址转换成 48 位以太网目的地址。这就需要在网络层有一组服务将 IP 地址转换为相应物理网络地址,这组协议就是 ARP 协议。

④RARP 协议

RARP 协议用于一种特殊情况,即如果站点初始化以后,只有自己的物理地址而没有 IP 地址,则它可以通过 RARP 协议发出广播请求,征求自己的 IP 地址,而 RARP 服务器则负责回答。这样,无 IP 地址的站点可以通过 RARP 协议取得自己的 IP 地址,这个地址在下一次系统重新开始以前都有效,不用连续广播请求。RARP 广泛用于获取无盘工作站的 IP 地址。

(3)传输层相关协议

TCP/IP 协议簇在传输层提供了两个协议:TCP 和 UDP。

TCP 和 UDP 是两个性质不同的通信协议,主要用来向高层用户提供不同的服务。二者都使用 IP 协议作为其网络层的传输协议。TCP 和 UDP 的主要区别在于服务的可靠性。

TCP 是高度可靠的,而 UDP 则是一个简单的、尽力而为的数据报传输协议,不能确保数据报的可靠传输。二者的这种本质区别也决定了 TCP 协议的高度复杂性,因此需要大量的开销,而 UDP 却由于它的简单性获得了较高的传输效率。TCP 和 UDP 都是通过端口来与上层进程进行通信。

① 端口的概念

TCP 和 UDP 都使用了与应用层接口处的端口(Port)来与上层的应用进程进行通信。

在 OSI 的术语中,端口就是传输层服务访问点 TSAP。端口的作用就是让应用层的各种应用进程能将其数据通过端口向下交付给传输层,以及让传输层知道应当将其报文段中的数据向上通过端口交付给应用层相应的进程。从这个意义上讲,端口是用来标志应用层的进程。

在 TCP 的所有端口中,可以分为两类:一类是由因特网指派名字和号码公司 ICANN 负责分配给一些常用的应用层程序固定使用,叫作熟知端口(Well-Known Ports)。熟知端口就是在使用网络进行通信时常会用到的端口,其数值一般为 0~1 023,见表 3-2。

表 3-2 常用熟知端口

应用协议	FTP	TELNET	SMTP	DNS	TFTP	HTTP	SNMP
熟知端口	21	23	25	53	69	80	161

另一类叫作动态端口(Dynamic Ports),动态端口的范围为 1024~65 535,这些端口一般不固定分配给某个服务,也就是说许多服务都可以使用这些端口。只要运行的程序向系统提出访问网络的申请,那么系统就可以从这些端口号中分配一个供该程序使用。

② 传输控制协议 TCP

TCP 所处理的报文段分为首部和数据两部分。TCP 的全部功能都体现在首部各字段的作用上,TCP 的报文格式如图 3-9 所示。

16 位源端口		16 位目的端口	
32 位序号			
32 位确认号			
4 位首部长度	保留(6 位)	U R G / A C K / P S H / R S T / S Y N / F I N	16 位窗口指针
16 位校验和		16 位紧急指针	
选项(如果有)			
数据			

图 3-9 TCP 的报文格式

TCP 是面向连接的协议。传输连接存在三个阶段,即连接建立、数据传输和连接释放。传输连接管理就是使传输连接的建立和释放都能可靠地进行。

为确保连接建立和终止的可靠性,TCP 使用了三次握手法。所谓"三次握手法"就是在连接建立和终止过程中,通信的双方需要交换三次报文。

③ 用户数据报协议 UDP

与传输控制协议 TCP 相同,用户数据报协议 UDP 也位于传输层。但是,它的可靠性远没有 TCP 高。

UDP 协议的最大优点是运行的高效性和实现的简单性,尽管可靠性不如 TCP 协议,但很多著名的应用协议还是采用了 UDP。

3.3.4　IP 地址与子网技术

网络中的每个节点必须有一个唯一的称之为地址的标识号。网络可以识别的地址有逻辑地址和物理(MAC)地址两大类。物理地址被嵌入网络接口卡(网卡)中,因而是不可变的。而逻辑地址依赖协议标准所制定的规则,在 TCP/IP 协议簇中,IP 协议是负责逻辑编址的核心。因此,在 TCP/IP 网络中地址有时也被称为"IP 地址",IP 地址依据非常特定的参数进行分配和使用。

1. IP 地址的组成与表示方法

为了实现 Internet 上不同计算机之间的通信,除使用相同的通信协议 TCP/IP 协议之外,每台计算机都必须有一个不与其他计算机重复的地址,它相当于通信时每台计算机的身份证号。就像我们每个人都有姓名和身份证号一样,Internet 地址包括域名地址和 IP 地址,这是 Internet 地址的两种表示方式。

(1) IP 地址的表示方法

具体表示方法可用点分十进制法或后缀标记法。

● 点分十进制法

目前,互联网 IP 地址使用的标准为 IPv4 标准。它由 32 位二进制地址组成,分为 4 个部分,每个部分由 8 位组成;为方便记忆,通常使用以点号划分的十进制数(0~255)来表示,即"点分十进制"表示法,如:202.112.11.16。

● 后缀标记法

在 IP 地址后加"/","/"后的数字表示网络号位数。如 192.168.1.28/24,24 表示网络号位数是 24。

(2) IP 地址的组成

IP 地址采用层次方式按逻辑网络的结构进行划分。一个 IP 地址由网络地址(也叫网络 ID、网络号)、主机地址(也叫主机 ID、主机号)两部分组成,其结构如图 3-10 所示。网络地址标识了主机所在的逻辑网络,主机地址则用来识别该网络中的一台主机。可见,网络地址的长度将决定 Internet 中能包含多少个网络,主机地址的长度则决定网络中能连接几台主机。

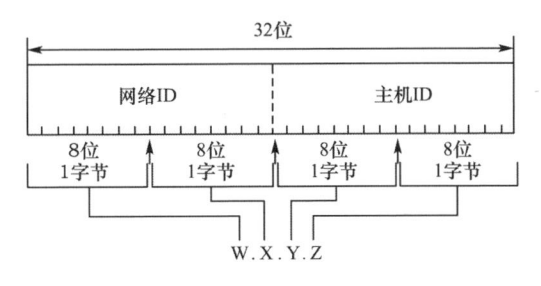

图 3-10　IP 地址组成

2. IP 地址的分类

IP 地址中的网络地址是由 Internet 网络信息中心(InterNIC)来统一分配的,InterNIC 将 IP 地址分为 A 类、B 类、C 类、D 类、E 类共五类,广泛使用的有 A、B、C 三类,D 类用于多点广播,E 类为保留将来使用地址,各类地址的构成如图 3-11 所示。

位				W				X	Y	Z
	0	1	2	3	4	5	6	7	8……15	16……23	24……31
A 类	0	网络地址(数目少),占 7 位							主机地址(数目多),占 24 位		
B 类	1	0	网络地址(数目中等),占 14 位							主机地址(数目中等),占 16 位	
C 类	1	1	0	网络地址(数目多),占 21 位							主机地址(数目少),占 8 位
D 类	1	1	1	0	多点广播(Multicast)地址,占 28 位						
E 类	1	1	1	1	0	留作实验或将来使用					

图 3-11　IP 地址分类图

区分 IP 地址类别最简单的方法就是看第一个 8 位的十进制的数值。

(1) A 类地址

A 类地址将 IP 地址前 8 位(第 1 字节)作为网络 ID,并且前 1 位必须以 0 开头,后 24 位(第 2、3、4 字节)作为主机 ID,所以网络 ID 的范围是:

A 类地址网络 ID 的最小值:00000001

A 类地址网络 ID 的最大值:01111111

由于主机 ID 不能全为 0 或全为 1,所以主机 ID 的范围是:

A 类地址主机 ID 最小值:00000000.00000000.00000001＝0.0.1

A 类地址主机 ID 最大值:11111111.11111111.11111110＝255.255.254

由此可见 A 类地址的可用地址范围是:1.0.0.1 到 126.255.255.254。

A 类地址每个网段可容纳主机数目的计算公式是:

$2^n-2=$ 主机数目

n 是主机位数 24,减 2 是因为有全为 1 或全为 0 的两个地址不可用。所以 A 类地址每个网段的主机数目等于 $2^{24}-2=16\,777\,214$。

> **提示** A 类地址以 127 开头的任何 IP 地址都不是合法的,因为 127 开头的地址用于回环地址测试(127.X.X.X)。如:本地网络测试地址:127.0.0.1。

(2) B 类地址

B 类地址将 IP 地址前 16 位(第 1、2 字节)作为网络 ID,并且前 2 位必须以 10 开头,后 16 位(第 3、4 字节)作为主机 ID,所以网络 ID 的范围是:

B 类地址网络 ID 的最小值:10000000.00000000＝128.0

B 类地址网络 ID 的最大值:10111111.11111111＝191.255

由于主机 ID 不能全为 0 或全为 1,所以主机 ID 的范围是:

B 类地址主机 ID 的最小值:00000000.00000001＝0.1

B 类地址主机 ID 的最大值:11111111.11111110＝255.254

由此可见 B 类地址的可用地址范围是:128.0.0.1 到 191.255.255.254。

还利用前面讲过的主机数目计算公式:$2^n-2=$ 主机范围,那么就等于 $2^{16}-2=65\,534$。

(3) C 类地址

C 类地址将 IP 地址前 24 位(第 1、2、3 字节)作为网络 ID,并且前 3 位必须以 110 开头,后 8 位(第 4 字节)作为主机 ID,所以网络 ID 的范围是:

C 类地址网络 ID 的最小值：11000000.00000000.00000000＝192.0.0

C 类地址网络 ID 的最大值：11011111.11111111.11111111＝223.255.255

由于主机 ID 不能全为 0 或全为 1，所以主机 ID 的范围是：

C 类地址主机 ID 的最小值：00000001＝1

C 类地址主机 ID 的最大值：11111110＝254

由此可见 C 类地址的可用地址范围是：192.0.0.1 到 223.255.255.254。

还利用前面讲过的主机数目计算公式：2^n-2＝主机范围，那么就等于 2^8-2＝254。

(4) D 类地址

D 类地址不分网络地址和主机地址，第 1 字节以"1110"开始，它是一个专门保留的地址。它并不指向特定的网络，目前这一类地址被用在多点广播(Multicast)中。多点广播地址用来一次寻址一组计算机，它标识共享同一协议的一组计算机。

D 类地址范围是：224.0.0.1 到 239.255.255.254。

(5) E 类地址

E 类地址也不分网络地址和主机地址，第 1 字节的前五位固定为 11110。

E 类 IP 地址的第 1 段数字范围为 240～254，E 类地址保留，仅作为 Internet 的实验和开发之用。

E 类地址范围是：240.0.0.1 到 255.255.255.254。

全 0 地址(0.0.0.0)对应于当前主机。全 1 地址(255.255.255.255)是当前子网的广播地址。

3. 特殊的 IP 地址

IP 地址除了可以表示主机的一个物理连接外，还有几种特殊的表现形式，见表 3-3。

表 3-3　　　　　　　　　　　　特殊的 IP 地址

地址	含义	实例
网络地址(全 0 地址)	主机地址全为 0	192.168.1.0 则表示 C 类网络的所有主机
直接广播地址(全 1 地址)	主机地址全为 1，向指定的网络广播	192.168.1.255 则表示向 C 类网络所有主机发送广播
有限广播地址	32 位 IP 地址均为 1，表示向本网络进行广播	255.255.255.255
回送地址	用于网络软件测试以及本地计算机间通信的地址	127.0.0.1

4. 子网技术

(1) 子网

为了充分利用网络资源和合理规划网络结构，一个网络通常会被分成若干个子网。例如某大学向 CERNET NIC 申请到一个 B 类 IP 地址。而一个 B 类地址有 65 534 个主机地址可供分配，如果该大学只有 20 000 台主机，那么有 40 000 多个主机地址就被浪费了，因为其他单位是无法使用这些主机地址的。另外，还有一个网络结构设计的问题，一所大学包含若干个学院和行政部门，如果都连在一个网络上，当网络出现故障时也不太容易隔离和管理。一般希望每个单位的网络能进一步分成若干个子网，子网之间既相互独立又互相连通。为了满足上述需求，在 IP 地址中增加了"子网"字段,子网段地址采取借用主机号的若干位来实现,使 IP 地址的使用更加灵活,为获得 IP 地址的单位进行二次分配提供了方便。这种利用网络技术在网络内部分出来的若干网络,称为子网。

(2) 子网掩码

子网掩码(Subnet Mask)也是一个用"点分十进制"表示的 32 位二进制数,子网掩码不能单独存在,它必须结合 IP 地址一起使用。子网掩码的主要功能有两个:一是用来区分一个 IP 地址内的网络号和主机号;二是用来将一个网络划分为多个子网。子网掩码的格式:与 IP 地址网络号部分和子网号部分相对应的位值为"1",与 IP 地址主机号部分相对应的位值为"0"。

如果一个网络没有划分子网,则 A 类网络默认的子网掩码是 255.0.0.0,B 类网络默认的子网掩码是 255.255.0.0,C 类网络默认的子网掩码是 255.255.255.0。

(3) 子网划分

子网划分是通过借用 IP 地址的若干位主机位来充当子网地址从而将原网络划分为若干子网而实现的,如图 3-12 所示。

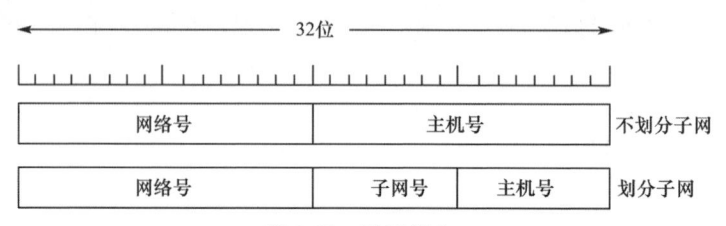

图 3-12 子网划分

其中,表示子网号的二进制位数(占用主机号位数)取决于子网的个数,假设占用主机号的位数为 m,子网个数为 n,它们之间的关系是 $2^m = n$。

将网络划分成几个子网后,增加了网络的层次,形成一个三层的结构,即网络号、子网号和主机号。划分的子网用子网掩码描述。

(4) 划分子网的步骤

① 确定要划分的网络中需要有多少个子网,将要划分的子网数目转换为 2^m,根据确定的子网数目从主机位高位借用 m 个位作为子网位,将子网位置"1",即可得到子网掩码。

② 确定有效的子网数目,标识每一个子网的网络地址。

一个子网掩码能产生的子网数 $=2^x$,x 是子网号占用的二进制位数。如果在 B 类地址中,子网号占用 3 个二进制位,$2^3=8$,所以有 8 个子网。

有效的子网数 $=2^x-2$,x 是子网号占用的二进制位数,减 2 是除去全为 1 或全为 0 的网络号,$2^3-2=6$,所以有 6 个有效子网。

③ 确定每一个子网所使用的有效主机地址的范围。

每个子网的主机数 $=2^y$,y 是主机号占用的二进制位数。在 B 类地址中,借 3 位用作子网号,主机号占用的位数是 13,$2^{13}=8\,192$,所以每个子网有 8 192 台主机。

3.3.5 下一代网际协议 IPv6

20 世纪 80 年代,在美国政府首次将 Internet 私营化时,IPv4 足以处理当时有限的 213 台 Internet 主机。但到 20 世纪 80 年代末期,主机数量增加到 2 000 多台,并且还在迅速增长。这种快速增长给 IPv4 带来了许多问题,主要表现在以下几个方面。

- IP 地址的消耗引起地址空间不足：IP 地址只有 32 位，可用的地址有限，最多接入的主机台数不超过 232。
- IPv4 缺乏对服务质量优先级、安全性的有效支持。
- IPv4 协议配置复杂：随着个人移动计算机设备上网、网上娱乐服务的增加、多媒体数据流的加入以及安全性等方面的需求，迫切要求新一代 IP 协议的出现。

为此，互联网工程任务组 IETE 开始着手下一代互联网协议的制定工作。IETE 于 1991 年提出了请求说明，1994 年 9 月提出了正式草案，1995 年底确定了 IPng 的协议规范，被称为"IPv6"，1995 年 12 月开始进入 Internet 标准化进程。

【思政元素】
IPv4 存在很多不足，但目前计算机网络主要使用 IPv4，而 IPv4 最大的缺点就是 IP 地址严重匮乏，因此，作为网络管理人员，一定要做好 IP 地址规划并进行合理配置，能正确运用技术手段解决 IPv4 的有关不足。

1. IPv6 的主要特点

（1）IPv6 地址长度为 128 位，地址空间增大了 2^{96} 倍；

（2）灵活的 IP 报文头部格式。使用一系列固定格式的扩展头部取代了 IPv4 中可变长度的选项字段。IPv6 中选项部分的出现方式也有所变化，使路由器可以简单路过选项而不做任何处理，加快了报文处理速度；

（3）IPv6 简化了报文头部格式，字段只有 8 个，加快了报文转发速度，提高了吞吐量；

（4）提高了安全性，身份认证和隐私权是 IPv6 的关键特性；

（5）支持更多的服务类型；

（6）允许协议继续演变，增加新的功能，使之适应未来技术的发展。

2. IPv6 数据包格式

IPv6 数据包的报头长度为 40 字节（320 位），数据包格式由 8 部分组成，见表 3-4。

表 3-4　　　　　　　　　　　　IPv6 数据包格式

版本	优先级	流标记	负载长度	下一头标	跳数限制	源地址	目的地址
4	4	24	16	8	8	128	128

3. IPv6 的地址表示

IPv6 地址有三种格式，即首选格式、压缩格式和内嵌格式。

（1）首选格式：在 IPv6 中，128 位地址采用每 16 位一段，每段被转换成 4 位十六进制数，并用":"分隔，结果用"冒号十六进制数"来表示。例如二进制格式的 IPv6 地址：

0010000111011010000000000110100110000000000000000000101111100111011
0000000101010101000000001111111111111111100010010011110001011010

每 16 位分为一段：

0010000111011010　000000000110100011　0000000000000000　0010111100111011
0000000101010101　0000000011111111　1111110001010100　1001110001011010

将每个 16 位段转换成十六进制数，用":"分隔，结果如：

21DA:00D3:0000:2F3B:02AA:00FF:FE28:9C5A

（2）压缩格式：用 128 位表示地址时往往会含有较多 0 甚至一段全为 0，可将不必要的 0

去掉,即把每个段中开头的 0 删除。这样,上述地址就可以表示为:
21DA:D3:0:2F3B:2AA:FF:FE28:9C5A

其实还可以进一步简化 IPv6 地址的表示,冒号十六进制数格式中被设置为 0 的连续 16 位信息段可以被压缩为::(双冒号)。

如:EF70:0:0:0:2AA:FF:FE9A:4CA2

可以被压缩为:EF70::2AA:FF:FE9A:4CA2

(3)内嵌格式:这是作为过渡机制中使用的一种特殊表示方法。IPv6 地址的前面部分使用十六进制表示,而后面部分使用 IPv4 地址的十进制表示。例如:
0:0:0:0:0:0:192.168.1.201 或 ::192.168.1.201
0:0:0:0:0:FFFF:192.168.1.201 或 ::FFFF:192.168.1.201

4.IPv6 地址的分类

IPv6 地址长度为 128 位,按其传输类型划分为单播、任播和多播三种,取消了原 IPv4 中的广播。

- 单播地址:用来标识单一网络接口,目标地址是单播地址的数据包将发送给以这个地址标识的网络接口。
- 任播地址:又称泛播地址,用来标识一组网络接口,目标地址是任播地址的数据包将发送给其中路由意义上最近的一个网络接口,地址范围是除了单播地址外的所有范围。
- 多播地址:用来标识一组网络接口,发送到多播地址的数据包发送给本组中所有的网络接口。

此外,还有回送或返回地址。这是一个测试地址,该地址除最低位是 1 外,其余的位全是 0。

3.4 任务实施

安装完 TCP/IP 协议后,一般需要设置 IP 地址,计算机才能在网络中发挥作用。IP 地址是计算机终端拥有的唯一能够标识其身份的特殊编码。一个网络可以包含多个子网络和多台主机,但每台计算机都必须配置一个 IP 地址,才能与网络中其他的计算机进行通信。

3.4.1 配置 TCP/IP 协议

IP 地址的分配有静态分配和动态分配两种方法,无论哪种获取方法,IP 地址的唯一性都是通过网络管理机构维护的。在国际上,IP 地址由国际网络信息中心 NIC(Network Information Center)进行统一管理,被称为 INTERNIC;在中国,网络信息中心是 CNNIC;教育和科研计算机网(CERNet)的信息管理中心是 CERNIC。

1.配置 IP 地址及相关参数

任务 3-1

在 Windows 11 中为新天教育培训集团的某台计算机配置 TCP/IP,其中,IP 地址:192.168.1.18,默认网关:192.168.1.1,首选 DNS:222.246.129.80 和备用 DNS:114.114.114.114。

项目 3　认知计算机网络体系结构

【STEP|01】在 Windows 11 桌面上任务栏的右边找到网络连接图标 ，右击图标，在弹出的快捷菜单中选择"网络&Internet"命令，即可打开"网络&Internet"窗口，如图 3-13 所示，在此窗口的下方单击"高级网络设置"按钮继续。

【STEP|02】进入"网络&Internet＞高级网络设置"窗口，如图 3-14 所示。在此窗口的下方单击"更多网络适配器选项"按钮继续。

图 3-13　"网络&Internet"窗口　　　　图 3-14　"网络&Internet＞高级网络设置"窗口

【STEP|03】进入"网络连接"窗口，在该窗口右击"Ethernet0"，在弹出的快捷菜单中选择"属性"命令，如图 3-15 所示。

【STEP|04】进入"Ethernet0 属性"对话框，如图 3-16 所示。在"此连接使用下列项目"列表框中显示已经安装 TCP/IP 协议，选中"Internet 协议版本 4（TCP/IPv4）"选项，单击"属性"按钮。

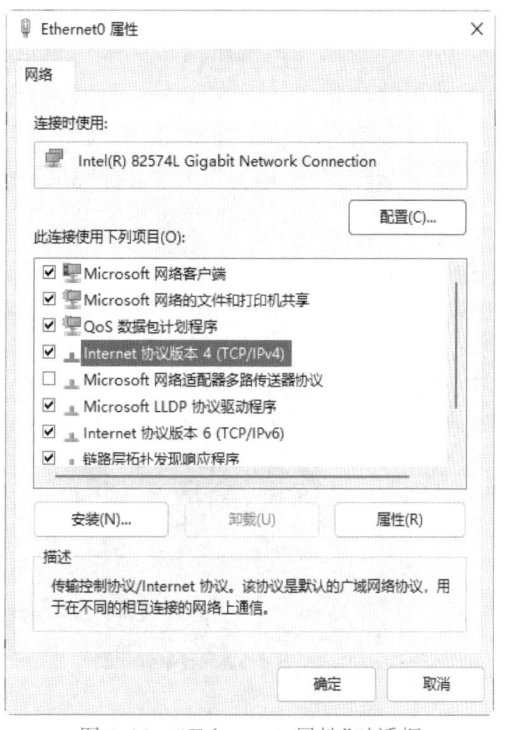

图 3-15　"网络连接"窗口　　　　图 3-16　"Ethernet0 属性"对话框

【STEP|05】进入"Internet 协议版本 4（TCP/IPv4）属性"对话框。此时可对 IP 地址、子

网掩码和 DNS 进行静态分配或动态分配。

在"IP 地址"文本框里输入一个 C 类 IP 地址。如果有疑问的话,就向网络管理者询问一下 IP 地址。本任务输入的 IP 地址为 192.168.1.18。

● 在"子网掩码"文本框里输入子网掩码。单击"子网掩码"文本框,系统将自动输入默认子网掩码,此处为 255.255.255.0。

● 在"默认网关"文本框里输入本地路由器或网桥的 IP 地址。本任务输入的默认网关为 192.168.1.1。

在"使用下面的 DNS 服务器地址"列表框中输入首选 DNS 和备用 DNS 地址。

● 在"首选 DNS 服务器"文本框中输入正确的 DNS 地址。本任务输入的首选 DNS 地址为 222.246.129.80。

● 在"备用 DNS 服务器"文本框中输入正确的备用 DNS 地址。本任务输入的备用 DNS 地址为 114.114.114.114。

【STEP|06】设置完毕,单击"确定"按钮保存所做的设置,返回"Ethernet0 属性"对话框,多次单击"确定"和"关闭"按钮,完成 IP 地址配置。

2．查看 IP 地址及相关参数

任务 3-2

在 Windows 11 中,通过 Windows 自带的命令检查网络的连通性以及网络配置情况。

【STEP|01】使用 ping 命令检测网络状况。

ping 命令是测试网络连接状况以及信息包发送和接收状况非常有用的工具,是网络测试最常用的命令。ping 命令在执行时向目标主机(地址)发送一个回送请求数据包,要求目标主机收到请求后给予答复,从而判断网络的响应时间和本机是否与目标主机(地址)连通。

选择"开始"→"运行",在"运行"对话框中输入"cmd"进入命令模式,在命令模式下 ping 目标地址,本案例中,操作方法及测试结果如图 3-17 所示。

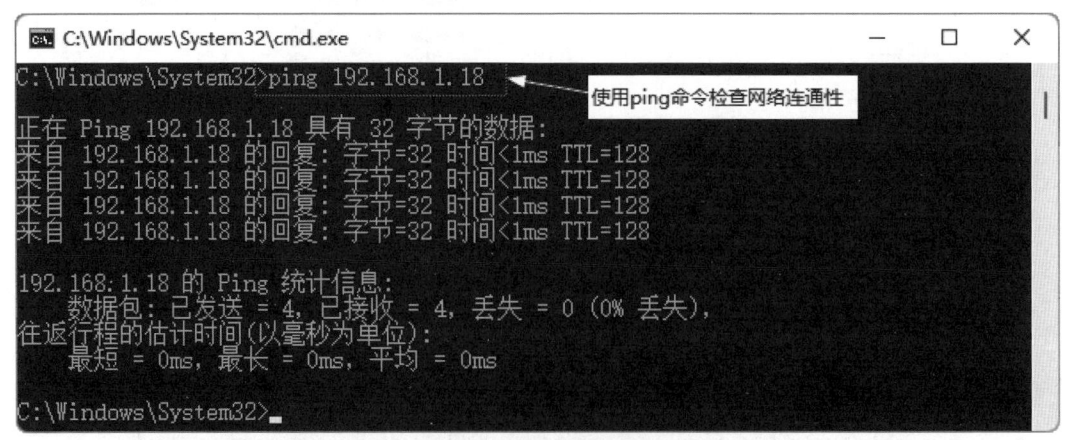

图 3-17 测试网络连通性

本处向网关 192.168.1.18 发送请求后,192.168.1.18 以 32 字节的数据包做回应,说明两节点间的网络可以正常连接。每条返回信息,会有响应的数据包情况。

- TTL：Time To Live，生存周期。
- 时间：指数据包的响应时间，即发送请求数据包到接收响应数据包的整个时间。该时间越短说明网络的延时越小，速度越快。

在 ping 命令终止后，会在下方出现统计信息，显示发送及接收的数据包、丢包率及响应时间。其中丢包率越低，说明网络状况越良好、稳定，通常丢包率为零。

【STEP|02】使用 netstat 命令检测网络配置。

netstat（Network Statistics）命令是监控 TCP/IP 网络非常有用的工具，它可以显示实际的网络连接、路由表以及每一个网络接口设备的状态信息，可以让用户得知目前都有哪些网络连接正在工作，netstat 支持 UNIX、Linux 及 Windows 系统，功能强大。

在命令模式下使用 netstat 命令查看当前主机的路由表信息，操作方法如图 3-18 所示。

图 3-18　查看路由表信息

【STEP|03】使用 ipconfig 命令查看和修改网络中的 TCP/IP 协议的有关配置。

ipconfig 是 IP 配置查询命令，用来查看和修改网络中的 TCP/IP 协议的有关配置。在命令模式下输入"ipconfig/ all"命令，显示与 TCP/IP 协议相关的所有细节信息，包括测试的主机名、IP 地址、子网掩码、节点类型、是否启用 IP 路由、网卡的物理地址、默认网关等，操作方法如图 3-19 所示。

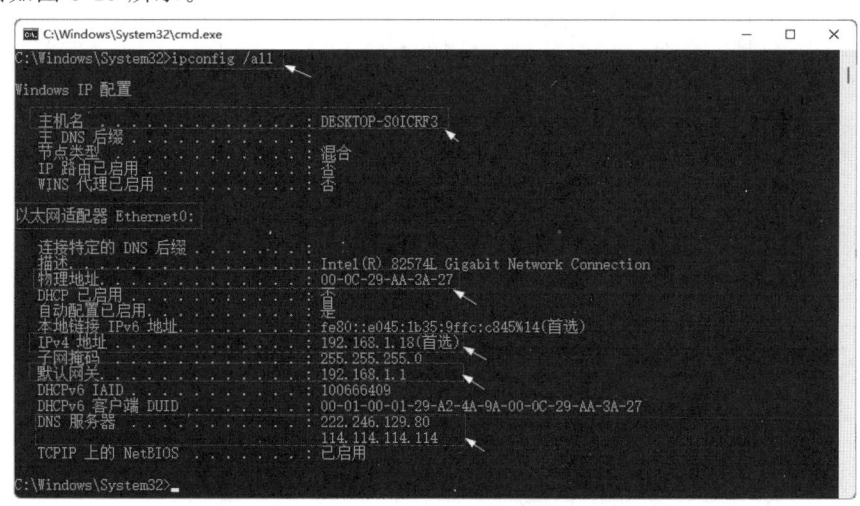

图 3-19　查看 TCP/IP 协议的配置

3.4.2 划分子网

子网划分是将单个网络的主机地址分为两个部分：一部分用于子网号编址，另一部分用于主机地址编址。子网号的位数根据具体需要确定。子网号所占的位数越多，可分配给主机的位数就越少，即一个子网中包含的主机越少。子网多借用一位主机地址，每个子网中的主机数减少一半。

任务 3-3

假设一个网络地址为 172.25.0.0，要在网络中划分 8 个子网，确定子网的掩码、子网地址范围、子网内的主机地址范围。

【STEP|01】确定子网的掩码。

该网络地址是一个 B 类地址，地址的前 16 位代表网络号，后 16 位代表主机地址。要在网络中划分 8 个子网（$2^3=8$），需要在主机位的高位中拿出 3 位作为子网位，因此，子网掩码的二进制表示为 11111111.11111111.11100000.00000000，点分十进制表示为 255.255.224.0。

【STEP|02】确定子网地址范围。

子网借用了第 3 个 8 位组的前 3 位作为子网号，共可以产生 8 个子网号，见表 3-5。

表 3-5　　　　　　　　　　8 个子网号的分布

第 3 个 8 位组	子网值	子网 IP 点分十进制表示
00000000	0	172.25.0.0
00100000	32	172.25.32.0
01000000	64	172.25.64.0
01100000	96	172.25.96.0
10000000	128	172.25.128.0
10100000	160	172.25.160.0
11000000	192	172.25.192.0
11100000	224	172.25.224.0

如果考虑网络号"全 0"和"全 1"的不用，实际可用的有 6 个子网。

【STEP|03】确定子网内主机的地址范围。

主机地址位数是第 3 个 8 位组的后 5 位加第 4 个 8 位组的 8 位，一共 13 位。每个子网的间隔值为 32，除去主机位"全 0"和"全 1"不用，各子网有效主机地址如图 3-20 所示。

```
B 类网络：172.25.0.0，使用第 3 字节的前 3 位划分子网
子网掩码
255.255.224.0    11111111 11111111 11100000 00000000

              网络地址           主机号的范围        每个子网的主机地址范围
             (网络号+子网号)
子网1
172.25.32.0   10101100 00011001 001  00000 00000001    172.25.32.1～172.25.63.254
                                     11111 11111110

子网2
172.25.64.0   10101100 00011001 010  00000 00000001    172.25.64.1～172.25.95.254
                                     11111 11111110

子网3
172.25.96.0   10101100 00011001 011  00000 00000001    172.25.96.1～172.25.127.254
                                     11111 11111110

子网4
172.25.128.0  10101100 00011001 100  00000 00000001    172.25.128.1～172.25.159.254
                                     11111 11111110

子网5
172.25.160.0  10101100 00011001 101  00000 00000001    172.25.160.1～172.25.191.254
                                     11111 11111110

子网6
172.25.192.0  10101100 00011001 110  00000 00000001    172.25.192.1～172.25.223.254
                                     11111 11111110
```

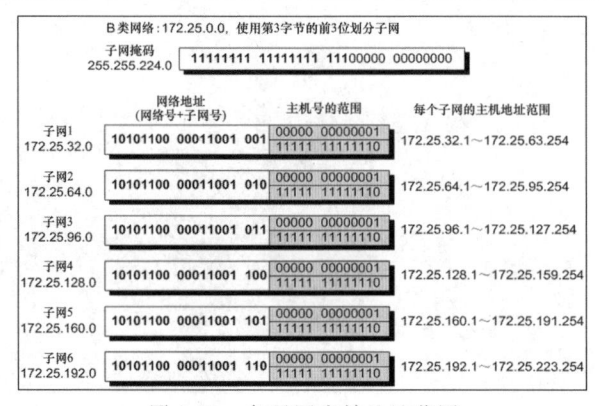

图 3-20　各子网有效地址范围

3.4.3 计算IP地址

任务 3-4

已知IP地址172.31.128.255/18,试计算子网数目、网络标识、主机标识、广播地址以及可分配IP的起止范围。

【STEP|01】计算子网数目。

首先将/18换成为我们习惯的表示法,即:把二进制表示的IP地址的前18位写成1,其余写成0,即得:

11111111.11111111.11000000.00000000

转换为十进制数就是:

255.255.192.0

可以看到这个掩码的左边两段和B类默认掩码是一致的,所以这个掩码是在B类默认掩码的范围内,意味着我们将对B类网络进行子网划分。B类掩码默认是用16个二进制位(全为0)来表示可分配的IP地址,而掩码255.255.192.0在B类默认掩码的基础上多出了两个表示网络地址的1,也就是借用两位做子网,$2^2=4$,所以本题中是将B类网络划分为4个子网。

【STEP|02】计算网络标识。

将IP地址的二进制数和子网掩码的二进制数进行"与"(and)运算,得到的结果就是网络标识。

IP地址172.31.128.255转换为二进制数是10101100.00011111.10000000.11111111

子网掩码255.255.192.0转换为二进制数是11111111.11111111.11000000.00000000

所以:

  10101100.00011111.10000000.11111111

与 11111111.11111111.11000000.00000000

结果:10101100.00011111.10000000.00000000

将结果10101100.00011111.10000000.00000000转换为十进制数就是172.31.128.0,所以网络标识为172.31.128.0。

【STEP|03】计算主机标识。

用IP地址的二进制数和子网掩码的二进制数的反码进行"与"运算,得到的结果就是主机标识。反码就是将原本是0的变为1,原本是1的变为0。由于掩码是11111111.11111111.11000000.00000000,所以其反码表示为00000000.00000000.00111111.11111111,再将IP地址的二进制数和掩码的反码进行"与"运算:

  10101100.00011111.10000000.11111111

与 00000000.00000000.00111111.11111111

结果:00000000.00000000.00000000.11111111

将00000000.00000000.00000000.11111111转换为十进制数是0.0.0.255,我们将左边的0去掉,只保留右边的数字,即得到该IP地址的主机标识是255。网络标识172.31.128.0与

87

主机标识 255 相"与"即得该 IP 地址 172.31.128.255。

【STEP|04】计算广播地址。

在得到网络标识的基础上,将 IP 地址中网络标识右边的表示主机的二进制位全部置 1,再将得到的二进制数转换为十进制数就可以得到广播地址。本例中,子网掩码是 11111111.11111111.11000000.00000000,网络标识占了 18 位,所以表示 IP 地址的主机标识的二进制位是 14 位,我们将网络标识 172.31.128.0 转换为二进制数是 10101100.00011111.10000000.00000000,然后将右 14 位二进制位全置 1,即:10101100.00011111.10111111.11111111,这就是该子网广播地址的二进制数表示法。将这个二进制广播地址转换为十进制数就是 172.31.191.255。

【STEP|05】计算可用 IP 地址范围。

因为网络标识是 172.31.128.0,广播地址是 172.31.191.255,所以子网中可用的 IP 地址范围就是网络标识+1~广播地址-1,所以子网中的可用 IP 地址范围就是 172.31.128.1~172.31.191.254。

3.4.4 封装分析数据包

OSI 参考模型中每个层接收到上层传递过来的数据后都要将本层的控制信息加入数据单元的头部,一些层还要将校验和等信息附加到数据单元的尾部,这个过程叫作封装。

当数据到达接收端时,每一层读取相应的控制信息,根据控制信息中的内容向上层传递数据单元,在向上层传递之前去掉本层的控制头部信息和尾部信息(如果有的话)。此过程叫作解封装。OSI 参考模型中数据封装与解封装过程如图 3-21 所示。

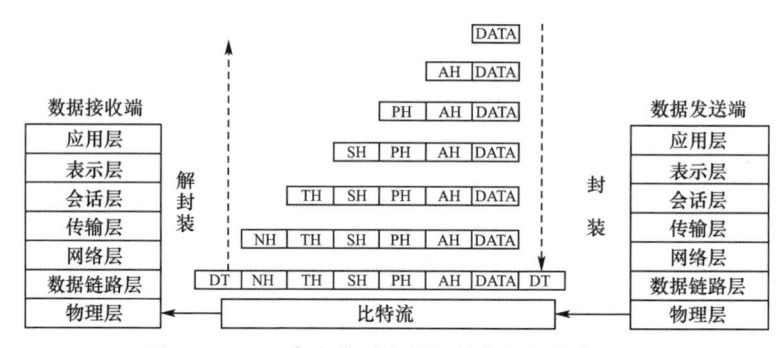

图 3-21 OSI 参考模型中数据封装与解封装过程

每层封装后的数据单元的叫法不同,在应用层、表示层、会话层的协议数据单元统称为 Message(报文),在传输层的协议数据单元称为 Segment(段),在网络层称为 Packet(分组),在数据链路层的协议数据单元称为 Frame(帧),在物理层叫作 Bit(比特)。

任务 3-5

在"课堂实践 1-3"的基础上,切换到模拟模式,查看发送端(PC0)访问 Web 服务器(Server0)时数据包的封装过程。

项目 3　认知计算机网络体系结构

【STEP|01】搭建网络拓扑。

按照"课堂实践 1-3 搭建网络拓扑",在其工作区中搭建由两台客户机和一台 Web 服务器构成的简单网络拓扑,并完成各项参数的配置,保证网络的连通性,如图 3-22 所示。

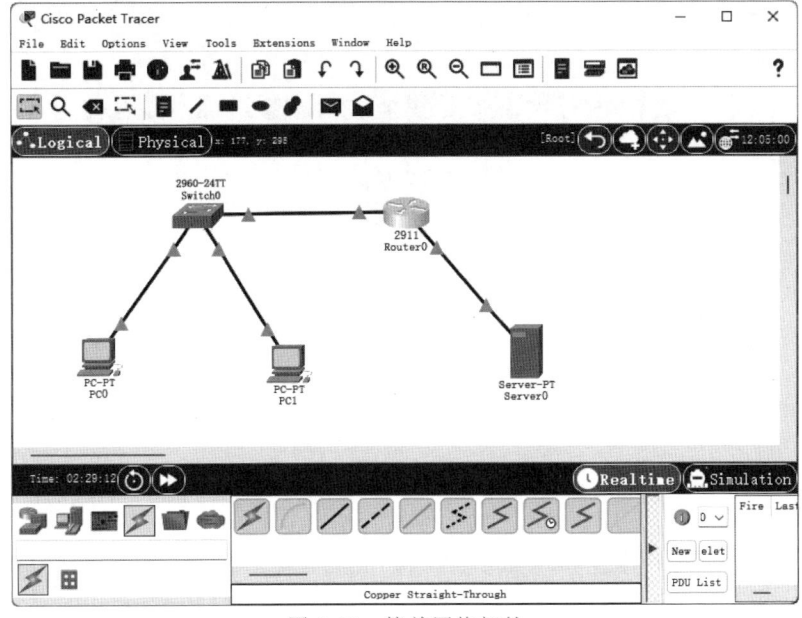

图 3-22　简单网络拓扑

【STEP|02】切换到模拟模式。

在 Packet Tracer 主界面的右下方,单击"模拟(Simulation)"按钮,将其切换到模拟器工作模式,如图 3-23 所示。

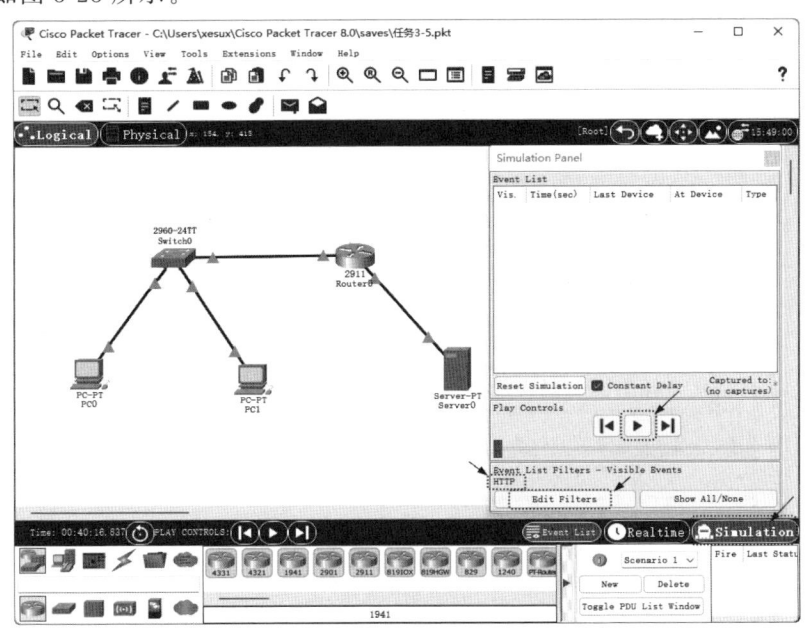

图 3-23　模拟器工作模式窗口

【STEP|03】选择"HTTP"选项,进入 Web 服务。

首先单击"Show All/None"清除所有选择,然后单击"Edit Filters",在打开的对话框中

89

选择"Misc",在其中只勾选"http"选项,单击关闭。接下来单击PC0,在打开的窗口中选择"Desktop",再单击"Web Browser"按钮,打开模拟浏览器,在地址栏中输入"192.168.2.2",如图3-24所示,并单击"Go"按钮,将窗口最小化。

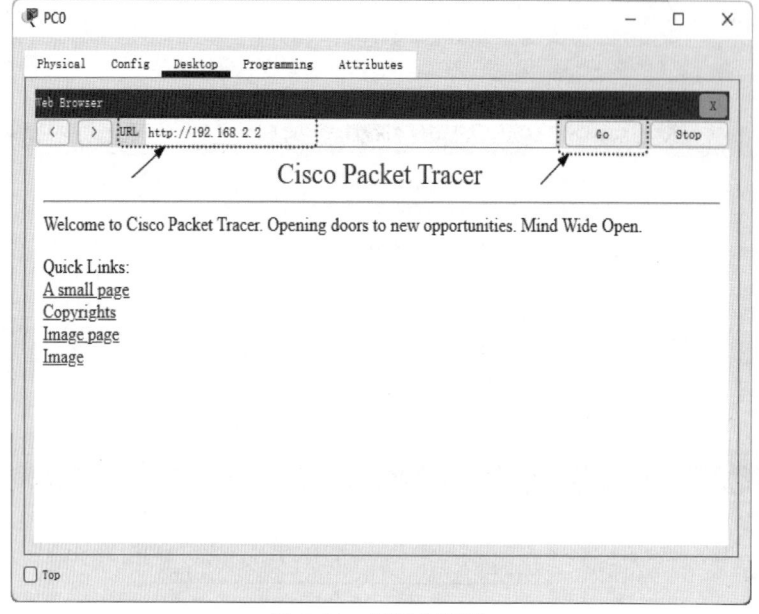

图 3-24 模拟浏览器

【STEP|04】查看传输层的封装信息。

返回主场景,单击图3-23窗口中的"Play"▶播放按钮或按"Alt+P"组合键,这时在主机PC0上会产生一个数据包,单击该数据包打开数据包的封装信息,再单击"Outbound PDU Details"选项,可以看到数据包详细的封装信息。将窗口右侧的滚动条移动到最下端,在底部即可看到"HTTP"的信息,即应用层的信息。"HTTP"信息的上方为"TCP"信息,即传输层的信息,如图3-25所示。

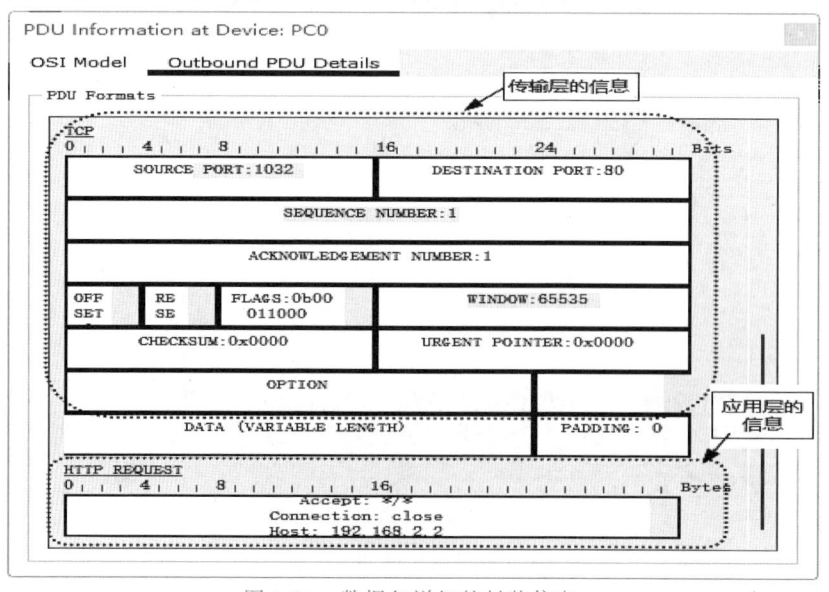

图 3-25 数据包详细的封装信息

项目 3　认知计算机网络体系结构

【STEP│05】查看网络层的封装信息。

将窗口右侧的滚动条往上移,在上方可看到网络层的封装信息。而下方传输层的所有信息均封装在网络层的 IP 数据包中,如图 3-26 所示。

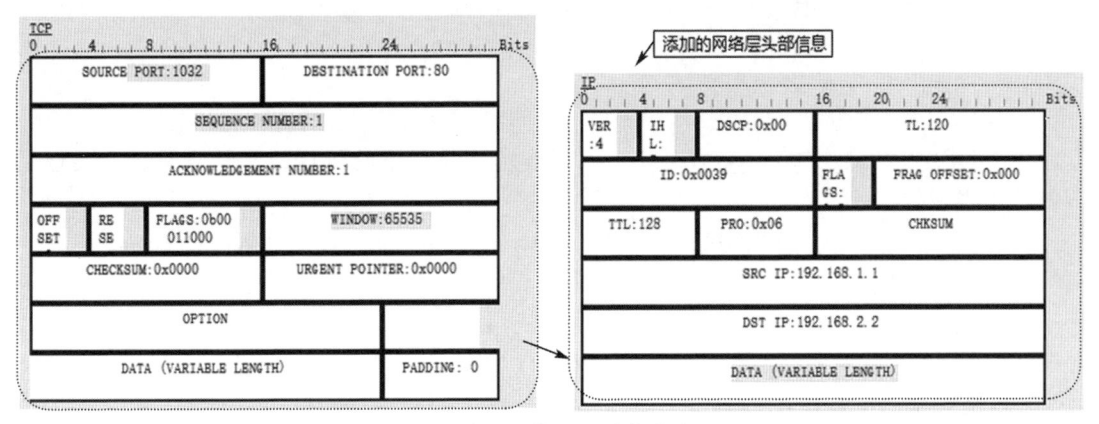

图 3-26　网络层的封装信息

【STEP│06】查看数据链路层的封装信息。

当网络层的信息到达数据链路层后,被全部封装在了数据链路层的数据帧中 DATA 位置,同时还增加了数据链路层的头部和尾部信息,如图 3-27 所示。

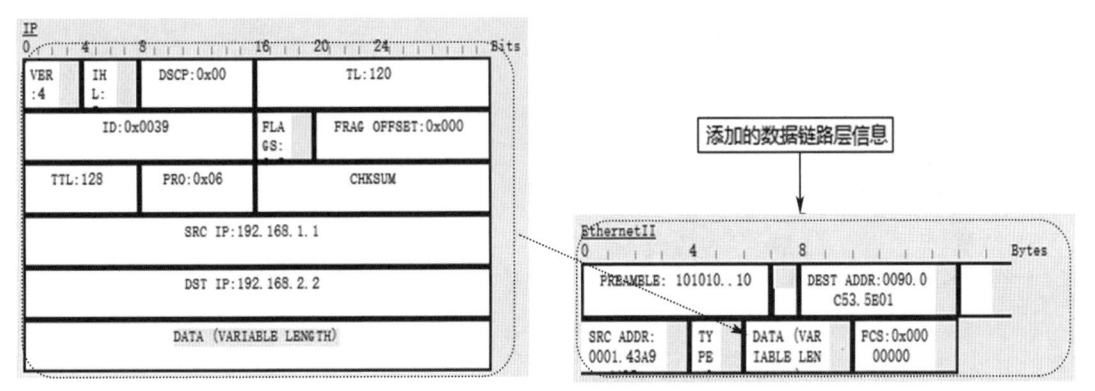

图 3-27　数据链路层的封装信息

3.5　拓展训练

3.5.1　课堂实践

1. 在 Windows 11 中为新天教育培训集团的某台计算机配置 IP 地址:192.168.0.218,默认网关:192.168.0.254,首选 DNS:222.246.129.80 和备用 DNS:58.20.221.214。

2. 使用 Visio 绘制 TCP/IP 参考模型。

3. 新天教育培训集团有 5 个部门,每个部门有 25 台主机,8 台服务器。现公司想使用 C 类地址 192.168.10.1/24 为公司每个部门设置独立的网段,请你为新天教育培训集团规划各部门的 IP 范围。

4.在"课堂实践1-3"的基础上,切换到模拟模式,查看发送端(PC1)访问 Web 服务器(Server0)时数据包的封装过程。

3.5.2 课外拓展

一、知识拓展

【拓展 3-1】选择题

1.在 OSI 参考模型中,_____负责确定接收程序的可用性和检查是否有足够的资源可用来通信。

  A.传输层   B. 网络层   C. 表示层   D. 会话层

2.网络地址是指_____。

  A.网络号全"0"   B. 主机地址全"1"

  C.网络号、主机地址全"1"   D. 主机地址全"0"

3.用来表示整个网络的地址是_____。

  A.网络号全"0"   B. 主机地址全"1"

  C.网络号、主机地址全"0"   D. 主机地址全"0"

4.IPv6 地址由_____位(比特)组成。

  A. 128   B. 32   C. 4   D. 16

5.IP 地址 222.200.100.88 是 IP 地址分类中的_____。

  A. A 类   B. E 类   C. C 类   D. D 类

6.子网掩码为 255.255.0.0,下列哪个 IP 地址与其不在同一网段中_____。

  A. 172.25.15.201   B. 172.25.16.15   C. 172.16.25.16   D. 172.25.201.15

7.在 TCP/IP 体系结构中,与 OSI 参考模型的网络层对应的是_____。

  A.网络层   B. 网络接口层   C.传输层   D. 应用层

8.在 OSI 参考模型中,保证端到端的可靠性是在_____上完成的。

  A.数据链路层   B. 网络层   C. 传输层   D. 会话层

9.IP 地址 205.140.36.88 的_____部分表示主机地址。

  A. 205   B. 205.140   C. 88   D. 36.88

10.IP 地址 129.66.51.37 的_____部分表示网络号。

  A.129.66   B.129   C.129.66.51   D.37

【拓展 3-2】填空题

1.OSI 参考模型将网络分为七层,分别是:_____、_____、_____、_____、_____、_____、_____。

2.TCP/IP 协议只有四层,由下而上分别为 _____、_____、_____、_____。

3.在 TCP/IP 协议中,网络层的主要协议有 _____、_____ 和_____。

4.在 TCP/IP 协议中,传输层的主要协议有_____和_____。

5.在 TCP/IP 协议中,常见的应用层协议有_____、_____、_____和_____。

6.双绞线水晶头的制作标准有_____和_____两种,前者的颜色顺序为_____,后者的颜色顺序为_____。

7.常用 RJ-45 接头又称为_____,它有_____个金属接触片用于与双绞线芯线接触。在制作网线时,要把它的_____面向下,插线开口端向_____,其 1~8 脚的排列顺序是由_____到_____。

8.直通线就是_____,交叉线就是_____。交叉线主要用于_____和_____的级联,而直通线用于_____与_____、_____等设备的连接。

9.5 类或超 5 类非屏蔽双绞线的单段最大长度为_____,细同轴电缆的单段最大长度为_____。

【拓展 3-3】简答题

1.网络协议的三要素是什么?各有什么含义?
2.面向连接和无连接服务有何区别?
3.简述 OSI 参考模型各层的功能。
4.简述数据发送端封装和接收端解封装的过程。
5.在 TCP/IP 协议中,各层有哪些主要协议?

二、技能拓展

1.假设客户端局域网的网段是 10.10.10.1~10.10.10.122,局域网 DNS 服务器是 10.10.10.120,客户端操作系统为 Windows 11,设置当前系统的 IP 地址(10.10.10.9)、DNS 服务器地址和默认网关(10.10.10.1)。

2.某职业技术学院实训中心有 12 个实训室局域网,每个局域网最多有 60 台主机或网络设备,假设该实训中心最多只能申请 4 个 C 类网络号,分别为 211.66.50、211.66.51、211.66.52 和 211.66.53,请为该实训中心规划 IP 地址。

要求:
- 确定子网地址的位数与各子网地址;
- 给出主机地址分配方案(详细列表);
- 确定子网掩码。

3.6 总结提高

网络体系结构是错综复杂的网络世界必须遵守的网络标准,而 OSI 参考模型和 TCP/IP 参考模型则是典型的代表,因此掌握网络体系结构对于我们更好地认识计算机网络非常有帮助。本项目对 OSI 参考模型和 TCP/IP 参考模型的整个体系及每层的主要工作进行了详细的介绍和对比,并对 TCP/IP 参考模型中的主要协议和重要知识点进行了详尽讨论。

本项目通过一系列的任务训练了大家配置 IP 地址及修改参数等技能。通过本项目的学习,你的收获怎样?请认真填写表 3-6,并及时反馈给任课教师,谢谢!

表 3-6　　　　　　　　　　　　　　学习情况小结

序号	知识与技能	重要指数	自我评价 A B C D E	小组评价 A B C D E	教师评价 A B C D E
1	了解协议、层、接口与网络体系结构的基本概念	★★☆			
2	掌握 OSI 参考模型及各层的基本服务功能	★★★★☆			
3	掌握 TCP/IP 参考模型及各层的基本服务功能	★★★★☆			
4	会配置 TCP/IP 协议	★★★★★			
5	会使用命令检查网络配置情况	★★★★★			
6	会划分子网	★★★★			
7	会使用 Packet Tracer 对数据包的封装进行分析	★★★★			
8	独立自主操作能力强	★★★☆			

注：评价等级分为 A、B、C、D、E 五等，其中：对知识与技能掌握很好为 A 等；掌握了绝大部分为 B 等；大部分内容掌握较好为 C 等；基本掌握为 D 等；大部分内容不够清楚为 E 等。

项目 4　组建与维护局域网

内容提要

局域网技术是当前网络技术领域中一个重要分支。局域网是普及最早,也是最常见的网络类型,它给学校、家庭和单位带来了极大的便利。如何组建与维护局域网,充分利用计算机及网络技术实现资源共享和信息传播,是目前大多数单位所要面对和解决的问题。

本项目将引导大家熟悉局域网的基本类型、局域网的基本组成、局域网的参考模型与局域网标准、局域网介质访问控制方式和高速局域网等;在此基础上通过任务案例训练大家具备局域网的需求分析、局域网的拓扑结构设计、网络设备的选购、网络服务的配置等方面的技能。

知识目标

◎ 了解局域网的概念和分类
◎ 熟悉局域网的基本组成
◎ 熟悉局域网的参考模型与局域网标准
◎ 掌握局域网的组建方法

技能目标

◎ 能完成局域网的需求分析
◎ 能完成局域网的拓扑结构的设计
◎ 能合理选购网络设备,并完成交换机、路由器的基本配置
◎ 能对局域网的布线进行合理的设计
◎ 能配置与管理小型无线局域网
◎ 能完成局域网的功能测试,并对局域网进行管理

素质目标

◎ 培养诚信、敬业、科学、严谨的工作态度和工作作风
◎ 养成刻苦、勤奋、好问、独立思考和细心检查的学习习惯
◎ 具有一定自学能力、分析问题、解决问题能力和创新的能力
◎ 培养奉献意识，树立共享理念，学会与他人分享

参考学时

◎ 12学时（含实践教学6学时）

4.1　情境描述

李恒作为网络工程部的新员工，通过一段时间的学习，他希望把学到的知识与组建局域网的相关技能有机地结合起来，为网络工程部的工作贡献一点微薄之力。他决定从家庭局域网、宿舍局域网的组建开始学起，逐步向单位局域网组建、无线局域网组建过渡。从而更好地胜任网络工程部的工作。

正好湖南易通网络技术有限公司近期接待了一个家庭局域网组建的案例，环宇装饰公司薛主任家新购了一台笔记本电脑，加上原来已经有3台旧计算机，薛主任在使用过程中觉得很不方便（查找文件不便、打印文件不便、上网不便），也无法实现家庭成员在同一时间使用相同的账号访问互联网，此时李恒需要使用哪些技术来解决问题呢？（图4-0）

图4-0　项目情境

同时,方达科技有限公司的领导也多次与湖南易通网络技术有限公司联系,希望易通公司帮助他们解决在内部网站上发布月度工作重点、出勤考核情况、生产进度以及一些规章制度,让每个员工随时可以了解公司的经营状况,实现无纸化办公,建设节约型公司等问题。面对这些情况,李恒又该运用哪些技术帮助方达科技有限公司组建企业网呢?

4.2 任务分析

计算机网络的结构有简有繁,项目主要集中在家庭、宿舍、学校和企事业单位,涉及的任务也很广泛,需要进行企业需求分析、网络拓扑结构的设计、网络设备的选购、具体组网方案的制订和网络工程项目的实施等。本项目需要完成的任务是:

(1)认知局域网的基本组成;
(2)完成局域网的需求分析;
(3)根据用户需求绘制局域网的网络拓扑结构图;
(4)购置性价比优良的网络设备,并进行合理安装与配置;
(5)完成局域网的网络布线;
(6)完成小型无线局域网的配置与管理;
(7)对构建的局域网进行测试,保证系统能够正常工作。

4.3 知识储备

4.3.1 局域网概述

1.局域网的定义

局域网(Local Area Network,LAN)是指范围在几百米到十几千米内办公楼群或校园内的计算机相互连接所构成的计算机网络。计算机局域网被广泛应用于连接校园、工厂以及机关的个人计算机或工作站,以利于个人计算机或工作站之间共享资源和进行数据通信。

2.局域网的主要特点

局域网在网络中有着非常重要的地位,是应用最广泛的网络。其主要特点有:

- 通信速率较高。局域网通信传输率为每秒百万比特(Mbit/s),从 5 Mbit/s、10 Mbit/s 到 100 Mbit/s,随着局域网技术的进一步发展,目前正在向着更高的速度发展(例如 155 Mbit/s、655 Mbit/s 的 ATM 及 1 000 Mbit/s 的千兆以太网等)。
- 通信质量较好,传输误码率低,位错率通常在 $10^{-7} \sim 10^{-12}$。
- 通常属于某一部门、单位或企业所有。由于 LAN 的范围一般在 0.1 km~2.5 km,分布特点和高速传输使它适用于一个企业、一个部门的管理,所有权可归某一单位,在设计、安装、操作使用时由单位统一考虑、全面规划,不受公用网络当局的约束。
- 支持多种传输介质:根据网络本身的性能要求,在局域网中可使用多种通信介质。

- 局域网成本低,安装、扩充及维护方便。LAN 一般使用价格低而功能强的微机网上工作站。

3.局域网的基本类型

从介质访问控制方式的角度可将局域网分为共享介质局域网(Shared LAN)与交换局域网(Switched LAN)。

共享介质局域网又可以分为以太网、令牌总线、令牌环、FDDI 以及在此基础上发展起来的快速以太网和 FDDI Ⅱ 等。无线局域网是计算机网络与无线通信技术相结合的产物,同有线局域网一样,可采用共享方式。

交换局域网可以分为交换以太网与 ATM 局域网仿真,以及在此基础上发展起来的虚拟局域网,其中交换以太网应用最为广泛,交换局域网已成为当前局域网技术的主流。局域网产品类型及相互之间的关系如图 4-1 所示。

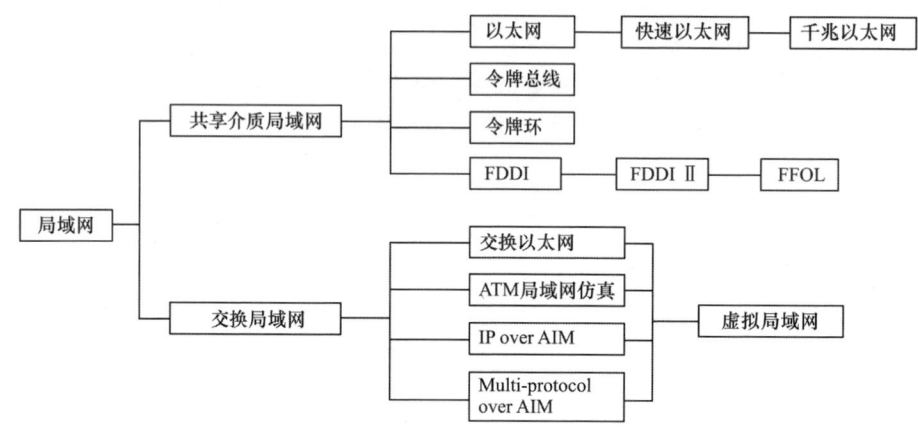

图 4-1 局域网产品类型及相互之间的关系

(1)共享介质局域网的工作原理及存在的问题

传统的局域网技术是建立在"共享介质"的基础上,网中所有节点共享一条公共通信传输介质,典型的介质访问控制方式是 CSMA/CD、Token Ring、Token Bus。介质访问控制方式用来保证每个节点都能够"公平"地使用公共传输介质。IEEE 802.2 标准定义的共享介质局域网有以下三种:

- 采用 CSMA/CD 介质访问控制方式的总线型局域网。
- 采用 Token Bus 介质访问控制方式的总线型局域网。
- 采用 Token Ring 介质访问控制方式的环型局域网。

在 10 Base-T 的以太网中,如果网中有 N 个节点,那么每个节点平均能分到的带宽为 10 Mbit/s/N。显然,当局域网的规模不断扩大,节点数 N 不断增加时,每个节点平均能分到的带宽将越来越少。因为 Ethernet 的 N 个节点共享一条 10 Mbit/s 的公共通信信道,所以当网络节点数 N 增大、网络通信负荷加重时,冲突和重发现象将大量发生,网络效率急剧下降,网络传输延迟增长,网络服务质量下降。为了克服网络规模和网络性能之间的矛盾,人们提出了将"共享介质方式"改为"交换方式"的方案,这就推动了"交换局域网"技术的发展。

(2)交换局域网

交换局域网的核心设备是局域网交换机,它可以在它的多个端口之间建立多个并发连接。为了保护用户已有的投资,局域网交换机一般是针对某类局域网(例如 IEEE 802.3 标准的 Ethernet 或 IEEE 802.5 标准的 Token Ring)设计的。

典型的交换局域网是交换以太网(Switched Ethernet),它的核心部件是以太网交换机。以太网交换机可以有多个端口,每个端口可以单独与一个节点连接,也可以与一个共享介质式的以太网集线器(Hub)连接。

如果一个端口只连接一个节点,那么这个节点就可以独占整个带宽,这类端口通常被称为"专用端口";如果一个端口连接一个与端口带宽相同的以太网,那么这个端口将被以太网中的所有节点所共享,这类端口被称为"共享端口"。典型的交换以太网的结构如图 4-2 所示。

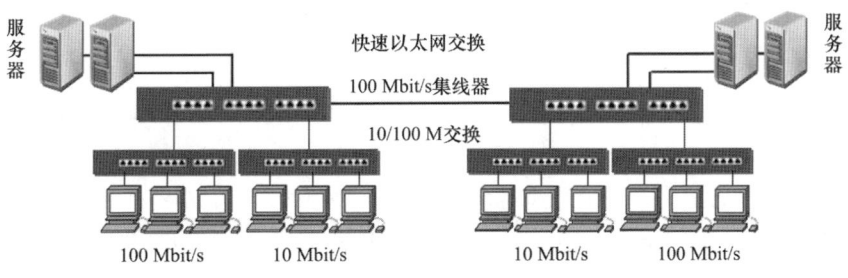

图 4-2 交换以太网的结构

对于传统的共享介质以太网来说,当连接在 Hub 中的一个节点发送数据时,它使用广播方式将数据传送到 Hub 的每个端口。因此,共享介质以太网的每个时间片内只允许有一个节点占用公用通信信道。交换局域网从根本上改变了"共享介质"的工作方式,它可以通过以太网交换机支持交换机端口之间的多个并发连接,实现多节点之间数据的并发传输,因此,交换局域网可以增加网络带宽,改善局域网的性能与服务质量。

4.局域网的工作模式

局域网的工作模式是根据局域网中各计算机的位置来决定的,目前局域网主要存在三种工作模式,它们涉及用户存取和共享信息的方式,分别是专用服务器结构、客户机/服务器模式和对等式网络结构。

(1)专用服务器结构(Server-Based)

又称为"工作站/文件服务器"结构,由若干台微机工作站与一台或多台文件服务器通过通信线路连接组成。

文件服务器以共享磁盘文件为主要目的,对于一般的数据传递来说已经够用了。但是当数据库系统和其他复杂而被不断增加的用户使用的应用系统到来的时候,服务器已经不能承担这样的任务了,因为随着用户的增多,为每个用户服务的程序也增多,每个程序都是独立运行的大文件,给用户感觉极慢,因此产生了客户机/服务器模式。

(2)客户机/服务器模式(Client/Server,C/S)

这是一种基于服务器的网络,在这种模式中,其中一台或几台较大的计算机集中进行共享数据库的管理和存取,称为服务器;而将其他的应用处理工作分散到网络中其他计算机上去做,构成分布式的处理系统,如图 4-3 所示。服务器控制、管理数据的能力已由文件管理方式上升为数据库管理方式,因此,C/S 网络模式的服务器也称为数据库服务器。这类网络模式主要注重于数据定义、存取安全、备份及还原,并发控制及事务管理,实现诸如选择检索和索引排序等数据库管理功能。

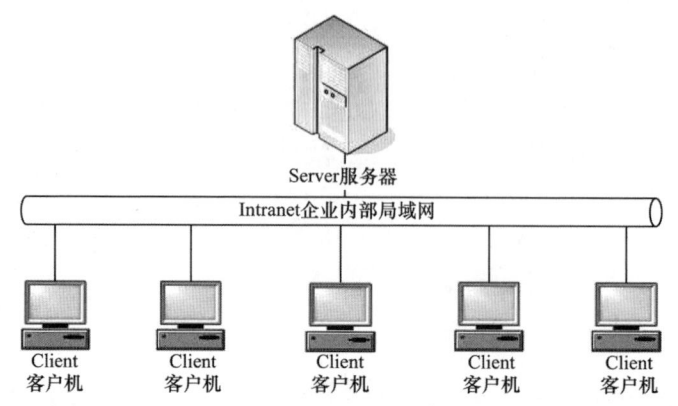

图 4-3 客户机/服务器模式

浏览器/服务器(Browser/Server,B/S)是一种特殊形式的C/S模式。在这种模式中，客户端为一种特殊的专用软件——浏览器，在浏览器和服务器之间加入中间件，构成浏览器—中间件—服务器结构。这种模式对客户端的要求很少，不需要另外安装附加软件，在通用性和易维护性上具有突出的优点。这也是目前各种网络应用提供基于Web的管理方式的原因。

(3)对等式网络结构(Peer-to-Peer)

对等式网络结构常采用星型网络拓扑结构，最简单的对等式网络就是使用双绞线直接相连的两台计算机，常常被称为工作组。

对等式网络不需要专门的服务器来支持网络，也不需要其他组件来提高网络的性能，因而对等式网络的价格相对其他模式的网络来说要便宜很多。对等式网络可以共享文件和网络打印机，如同使用本地打印机一样方便。对等式网络的这些特点，使得它在家庭或其他小型网络中应用得很广泛。

在对等式网络结构中，每一个节点的地位对等，没有专用的服务器，在需要的情况下每一个节点既可以起客户机的作用也可以起服务器的作用，这与C/S模式是不同的。

4.3.2 局域网的基本组成

从总体来说，局域网可视为由硬件和软件两部分组成。硬件部分主要包括计算机、外围设备、网络互联设备；软件部分主要包括网络操作系统、通信协议和应用软件等。

1.传输介质

传输介质是网络中传输信息的物理通道，它的性能对网络的通信、速度、距离、价格以及网络中的节点数和可靠性都有很大影响。因此，必须根据网络的具体要求，选择适当的传输介质。具体介绍见项目3。

2.网络接口卡

网络接口卡(Network Interface Card,NIC)，简称网卡，又叫作网络适配器，如图4-4所示，是连接计算机和网络硬件的设备，它一般插在计算机的主板扩展槽中。网卡工作于OSI的底层，也就是物理层。

网卡的工作原理：整理计算机上要发往网线上的数据，并将数据分解为适当大小的数据包之后向网络上发送出去。每块网卡都有一个唯一的网络节点地址,称为 MAC 地址,它是网卡生产厂家在生产时烧入 ROM 中的。

- 常见的网卡总线接口类型有 PCI 或 PCI-E 网卡、PCMCIA 网卡和 USB 网卡等。目前大多数主板均已集成了以太网网卡。
- 网卡大多都支持双绞线接口(RJ-45 连接器),也有部分千兆以太网网卡支持光纤接口。

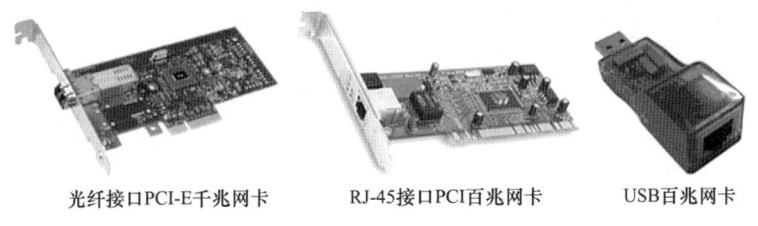

光纤接口PCI-E千兆网卡　　RJ-45接口PCI百兆网卡　　USB百兆网卡

图 4-4　网卡

3.集线器

集线器(HUB)早期应用很广泛,它不仅应用于局域网、企业网、校园网,还可以应用于广域网。大多数使用带有 RJ-45 接口的双绞线组成的小型星型局域网经常要使用到集线器。集线器的功能就是分配带宽,将局域网内各自独立的计算机连接在一起并能互相通信,如图 4-5 所示。

集线器在 OSI 参考模型中处于物理层,其实质是一个中继器,主要功能是对接收到的信号进行再生放大,以扩大网络的传输距离。集线器不具备交换功能。

采用集线器构建网络时,必须先做好直通线,然后将直通线的一端连接到集线器的 RJ-45 接口上,另一端连接到计算机网卡的 RJ-45 接口上,如图 4-6 所示。

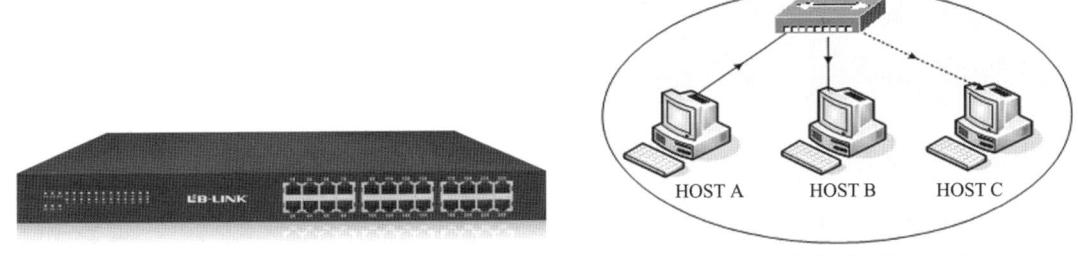

图 4-5　10/100 Mbit/s 自适应集线器　　图 4-6　集线器连接的网络

集线器工作在物理层,因而它只对数据的传输进行同步、放大和整形处理,不能对数据传输的短帧、碎片等进行有效处理,不进行差错处理,不能保证数据的完整性和正确性。

从工作方式和带宽来看,集线器采用广播模式,一个端口发送信息,所有的端口都可以接收到,容易发生广播风暴。同时集线器共享带宽,当两个端口间通信时,其他端口只能等待。

4.交换机

交换机也叫交换式集线器,是局域网中的一种重要设备,如图 4-7 所示。它可将用户收到的数据包根据目的地址转发到相应的端口。交换机每个端口为固定带宽,有独特的传输方式,传输速率不受计算机台数增加影响,所以它的性能比集线器更优良。

101

(1)交换机的分类

交换机是数据链路层设备,它可将多个局域网网段连接到一个大型网络上。目前有许多类型的交换机,交换机的分类方法通常有四种:

- 根据架构特点,交换机可分为机架式、带扩展槽固定配置式、不带扩展槽固定配置式三种。
- 根据传输介质和传输速率,交换机可以分为以太网交换机、令牌环交换机、FDDI交换机、ATM交换机、快速以太网交换机和千兆以太网交换机等多种,这些交换机分别适用于以太网、快速以太网、FDDI、ATM和令牌环网等环境。
- 根据应用规模,交换机可分为企业级交换机、部门级交换机和工作组交换机。
- 根据OSI的分层结构,交换机可分为二层交换机、三层交换机等。二层交换机是指工作在OSI参考模型的第2层(数据链路层)上的交换机,主要功能包括物理编址、错误校验、帧序列以及流控制。三层交换机是一个具有3层交换功能的设备,即带有第3层路由功能的交换机。

交换机连接的网络如图4-8所示。交换机的连接情况有以下几种:交换机与交换机的连接、交换机与服务器的连接以及交换机与PC的连接等。

交换机采用交换方式,一个端口发送信息,只有目的端口可以接收到,能够有效地隔离冲突域,抑制广播风暴;同时每个端口都有自己的独立带宽,两个端口间的通信不影响其他端口间的通信。

图4-7 桌面级千兆交换机   图4-8 交换机连接的网络

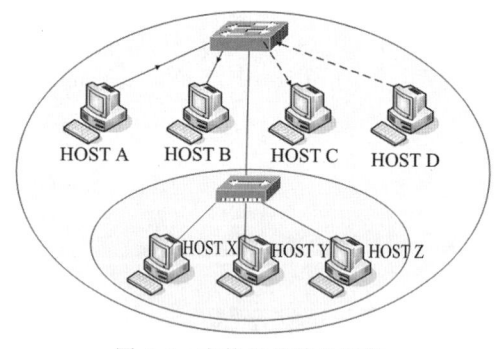

(2)交换机的技术特点

目前,局域网交换机主要是针对以太网设计的。一般来说,局域网交换机主要有以下几个技术特点:

- 低交换传输延迟;
- 高传输带宽;
- 允许不同速率的端口共存;
- 支持虚拟局域网服务。

(3)第三层交换技术

第三层交换技术也称多层交换技术或IP交换技术,是相对于传统交换概念提出的。众所周知,传统的交换技术是在OSI参考模型中的第二层——数据链路层进行操作的,而第三层交换技术是在网络模型中的第三层实现了分组的高速转发。简单地说,第三层交换技术就是"第二层交换技术+第三层转发"。第三层交换技术的出现,解决了局域网中网段划

项目 4　组建与维护局域网

分之后网段中的子网必须依赖路由器进行管理的局面,解决了传统路由器低速、复杂所造成的网络瓶颈问题。

一个具有第三层交换技术的设备,是一个带有第三层路由功能的第二层交换机,但它是两者的有机结合,而不是简单地把路由器设备的硬件及软件叠加在局域网交换机上。

5. 路由器

路由器(Router)是一种多端口的网络设备,路由器通过路由决定数据的转发。转发策略称为路由选择(Routing),这也是路由器名称的由来(Router,转发者)。它能够连接多个不同网络或网段,并能将不同网络或网段之间的数据信息进行传输,从而构成一个更大的网络,如图 4-9 所示。从计算机网络模型角度来看,路由器的行为是发生在 OSI 的第 3 层(网络层)。路由器主要用于异种网络互联或多个子网互联。

路由器的工作原理

图 4-9　路由器

路由器是一种连接多个网络或网段的网络设备,它能将不同网络或网段之间的数据信息进行"翻译",以使它们能够相互"读"懂对方的数据,从而构成一个更大的网络。

路由器的接口类型非常多,它们各自用于不同的网络连接。路由器与局域网接入设备之间的连接主要有 RJ-45-to-RJ-45、AUX-to-RJ-45、SC-to-RJ-45 等连接方式,路由器连接的网络如图 4-10 所示。

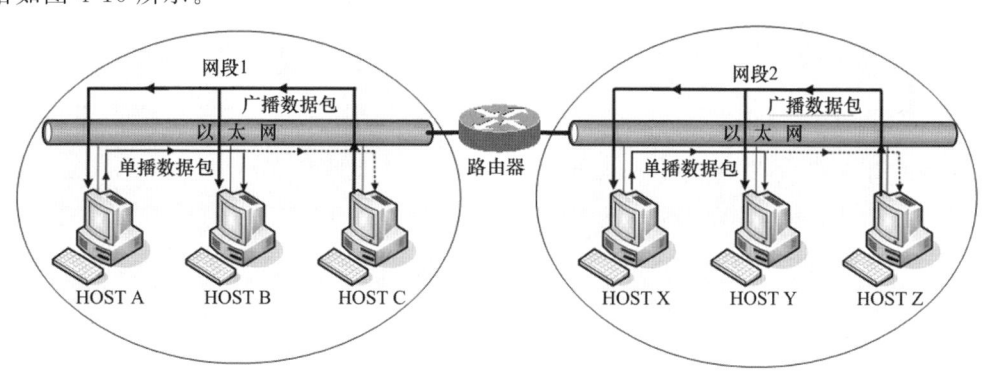

图 4-10　路由器连接的网络

路由器是用来连接多个逻辑上分开的网络,这里的网络指的是一个单独的网络或者一个子网。路由器在路由的过程中,所要做的主要工作是判断网络地址和选择路径。为经过路由器的每个数据帧寻找一条最佳传输路径,并将该数据有效地传送到目的站点。为了进行选择路径的操作,它需要保存各种传输路径的相关数据——路由表(Routing Table)。该路由表中保存着子网的标志信息、网上路由器的个数和下一个路由器的名字等内容。

6. 调制解调器

调制解调器(Modem)作为末端系统和通信系统信号转换的设备,是计算机与电话线进行信号转换的装置,其作用是利用模拟信号传输线路传输数字信号。它由调制器和解调器

103

两部分组成,调制器是把计算机的数字信号(如文件等)调制成可在电话线上传输的声音信号的装置,在接收端解调器再把声音信号转换成计算机能接收的数字信号。通过调制解调器和电话线就可以实现计算机之间的数据通信。

调制解调器分为同步和异步两种,分别用来与路由器的同步或异步串口相连接,同步可用于专线、帧中继、X.25 等,异步可用于 PSTN 的连接。

7.工作站

工作站(Workstation)也称为客户机(Client),可以是一般的个人计算机,也可以是专用计算机,如图形工作站等。工作站可以有自己的操作系统,独立工作,也可以运行工作站的网络软件访问服务器的共享资源,目前常见的工作站有 Windows 工作站和 Linux 工作站。

工作站和服务器的连接通过传输介质和网络连接部件来实现。

8.服务器

服务器是整个网络系统的核心,它为网络用户提供服务并管理整个网络,在其上运行的操作系统是网络操作系统。随着局域网功能的不断增强,根据服务器在网络中所承担的任务和所提供的功能不同把服务器分为:文件服务器、打印服务器和通信服务器等。

局域网中至少有一台服务器,对服务器的要求是速度快、硬盘和内存容量大、处理能力和网络硬件的连接技术强。

服务器中安装网络操作系统的核心软件,具有了网络管理、共享资源、管理网络通信和为用户提供网络服务的功能。服务器中的文件系统具有容量大和支持多用户访问等特点。

9.局域网操作系统

构建和管理网络离不开网络操作系统。网络操作系统在网络中发挥着核心作用,它控制了网络资源的共享、网络的安全和网络的各种应用。目前,流行的网络操作系统种类繁多,它们都各有特点,分别用在不同的应用领域。现在常见的网络操作系统包括 UNIX、NetWare 5 和微软的 Windows 序列等。

服务器运行专用的网络操作系统,如 Windows NT/2000 Server、Windows Server 2003、Windows Server 2008、Windows Server 2019、NetWare、UNIX、Linux 等。

工作站的操作系统可以是商用客户端软件,如 Windows NT Workstation、Windows 2000/XP Professional,也可以是家用操作系统,如 Windows 9x/Me/XP Home、Windows 10、Windows 11 等。

4.3.3 局域网参考模型与协议标准

1.局域网参考模型

20 世纪 80 年代初期,美国电气和电子工程师学会 IEEE 802 委员会结合局域网自身的特点,参考 OSI 参考模型,提出了局域网的参考模型(LAN/RM),制定出局域网体系结构,IEEE 802 标准诞生于 1980 年 2 月,故称为 802 标准。

IEEE 802 标准遵循 OSI 参考模型的原则,解决最低两层——物理层和数据链路层的功能以及与网络层的接口服务、网际互联有关的高层功能。IEEE 802 的局域网参考模型与 OSI 参考模型的对应关系如图 4-11 所示。

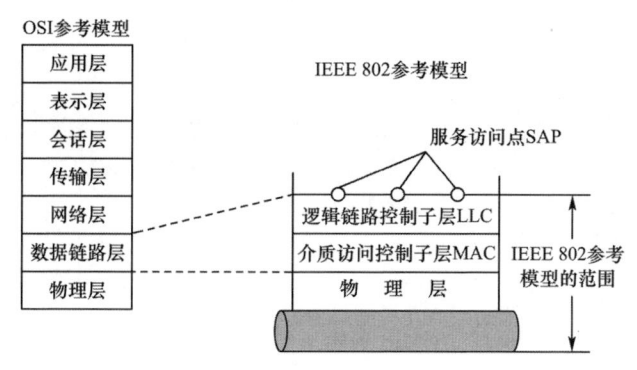

图 4-11　IEEE 802 的局域网参考模型与 OSI 参考模型的对应关系

（1）物理层

物理层的主要作用是处理机械、电气、功能和过程等方面的特性,确保在通信信道上二进制位信号的正确传输。其主要功能包括信号的编码与解码,同步前导码的生成与去除,二进制位信号的发送与接收,错误校验(CRC 校验),提供建立、维护和断开物理连接的物理设施等功能。

（2）数据链路层

在 OSI 参考模型中,数据链路层的功能简单,它只负责把数据从一个节点可靠地传输到相邻的节点。在局域网中,多个节点共享传输介质,在节点间传输数据之前必须首先解决由哪个设备使用传输介质,因此数据链路层要有介质访问控制功能。由于介质的多样性,所以必须提供多种介质访问控制方法。为此,IEEE 802 标准把数据链路层划分为两个子层:介质访问控制(Media Access Control,MAC)子层和逻辑链路控制(Logical Link Control,LLC)子层。

① MAC 子层

介质访问控制子层构成数据链路层的下半部,它直接与物理层相邻。MAC 子层的一个功能是支持 LLC 子层完成介质访问控制功能,MAC 子层为不同的物理介质定义了介质访问控制标准。MAC 子层的另一个主要功能是在发送数据时,将从上一层接收的数据组装成带 MAC 地址和差错检测字段的数据帧;在接收数据时拆帧,并完成地址识别和差错检测。

② LLC 子层

逻辑链路控制子层构成数据链路层的上半部,与网络层和 MAC 子层相邻。LLC 子层在 MAC 子层的支持下向网络层提供服务。LLC 子层与传输介质无关,隐藏了各种局域网技术之间的差别,向网络层提供一个统一的信号格式与接口。LLC 子层的作用是在 MAC 子层提供的介质访问控制和物理层提供的比特服务的基础上,将不可靠的信道处理为可靠的信道,确保数据帧的正确传输。

LLC 子层的功能主要是建立、维持和释放数据链路,提供一个或多个服务访问点,为网络层提供面向连接的或无连接的服务。另外,LLC 子层还具有差错控制、流量控制和发送顺序控制等功能。

2.IEEE 802 标准

IEEE 802 标准定义了网卡如何访问传输介质(如光缆、双绞线、无线等)以及如何在传输介质上传输数据,还定义了传输信息的网络设备之间连接建立、维护和拆除的途径,IEEE

802各标准之间的关系如图4-12所示。

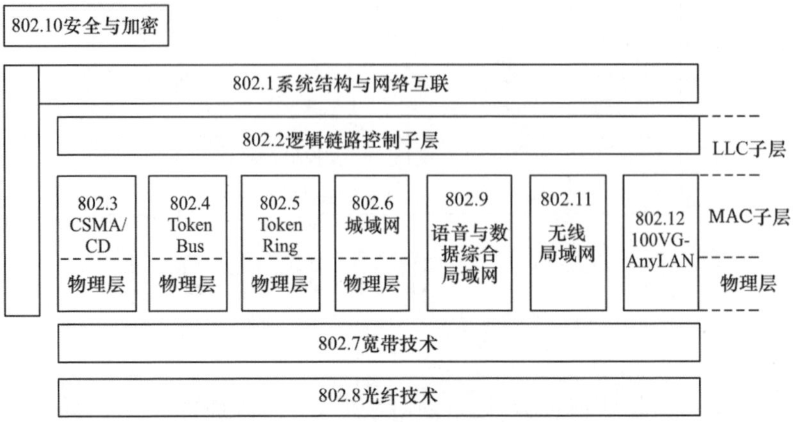

图 4-12　IEEE 802各标准之间的关系

IEEE 802 标准包括一系列的标准(这些标准在物理层和 MAC 子层是有区别的,但在逻辑链路控制子层是兼容的),这些标准是:
- IEEE 802.1 标准:定义了局域网体系结构、网络互联以及网络管理与性能测试。
- IEEE 802.2 标准:定义了逻辑链路控制(LLC)子层的功能与服务。
- IEEE 802.3 标准:定义了 CSMA/CD 总线介质访问控制子层和物理层规范。
- IEEE 802.4 标准:定义了令牌总线(Token Bus)介质访问控制子层与物理层规范。
- IEEE 802.5 标准:定义了令牌环(Token Ring)介质访问控制子层与物理层规范。
- IEEE 802.6 标准:定义了城域网(MAN)介质访问控制子层与物理层规范。
- IEEE 802.7 标准:定义了宽带网络技术。
- IEEE 802.8 标准:定义了光纤传输技术。
- IEEE 802.9 标准:定义了语音与数据综合局域网(IVD LAN)技术。
- IEEE 802.10 标准:定义了可互操作的局域网安全性规范(SILS)。
- IEEE 802.11 标准:定义了无线局域网介质访问控制方法和物理层规范,主要包括工作在 5 GHz 频段传输速率为 54 Mbit/s 的 IEEE 802.11a、工作在 2.4 GHz 频段传输速率为 11 Mbit/s 的 IEEE 802.11b、工作在 2.4 GHz 频段传输速率为 54 Mbit/s 的 IEEE 802.11g。
- IEEE 802.12 标准:定义了 100VG-AnyLAN 快速局域网访问方法和物理层规范。
- IEEE 802.14 标准:定义了交互式电视网(Cable Modem)技术。
- IEEE 802.15 标准:定义了无线个人局域网(WPAN)技术。
- IEEE 802.16 标准:定义了宽带无线局域网技术。
- IEEE 802.17 标准:定义了弹性分组环(RPR)标准。
- IEEE 802.18 标准:定义了宽带无线局域网标准规范。
- IEEE 802.19 标准:定义了多重虚拟局域网共存技术咨询组。
- IEEE 802.20 标准:定义了移动宽带无线接入(MBWA)工作组。

4.3.4　局域网介质访问控制方式

局域网介质访问控制方式主要解决当局域网中共用信道的使用产生竞争时如何分配信

道使用权的问题。IEEE 802 标准规定了局域网中最常用的介质访问控制方法,包括 IEEE 802.3 载波监听多路访问/冲突检测法(CSMA/CD)、IEEE 802.4 令牌总线访问控制(Token Bus)和 IEEE 802.5 令牌环访问控制(Token Ring)。

1.载波监听多路访问/冲突检测法(CSMA/CD)

CSMA/CD 是一种适用于总线结构的分布式介质访问控制方法,是 IEEE 802.3 的核心协议,是一种典型的随机访问的争用型技术。它的工作过程分两部分:

介质访问控制方法—CSMA/CD 技术

(1)载波监听总线,即先听后发

使用 CSMA/CD 方式时,总线上各节点都在监听总线,即检测总线上是否有别的节点发送数据。如果发现总线是空闲的,即没有检测到总线上有数据正在传送,则可立即发送数据。如果监听到总线忙,即检测到总线上有数据正在传送,这时节点要持续等待直到监听到总线空闲时才能将数据发送出去,或等待一个随机时间,再重新监听总线,一直到总线空闲再发送数据。

(2)总线冲突检测,即边发边听

当两个或两个以上节点同时监听到总线空闲,开始发送数据时,就会产生冲突。另外,传输延迟可能会使第一个节点发送的数据未到达目的节点,另一个要发送数据的节点就已监听到总线空闲,并开始发送数据,这也会导致冲突的产生。发生冲突时,两个传输的数据都会被破坏,产生碎片,使数据无法到达正确的目的节点。为确保数据的正确传输,每一个节点在发送数据时要边发送边检测冲突。当检测到总线上发生冲突时,就立即取消传输数据,随后发送一个短的干扰信号 JAM(阻塞信号),以加强冲突信号,保证网络上所有节点都知道总线上已经发生了冲突。在干扰信号发送后,等待一个随机时间,然后再将要发送的数据发送一次。如果还有冲突发生,则重复监听、等待和重传的操作。图 4-13 显示了采用 CSMA/CD 方法的流程图。

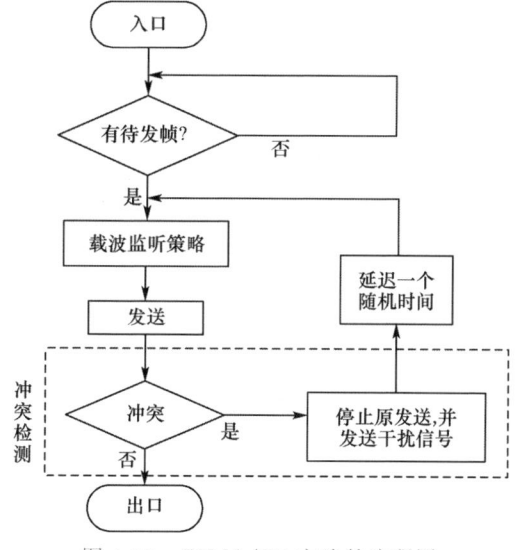

图 4-13 CSMA/CD 方法的流程图

2.令牌环访问控制(Token-Ring)

令牌环技术是 1969 年由 IBM 公司提出来的。它适用于环型网络,现已成为流行的环访问技术。这种介质访问技术的基础是令牌,令牌是一种特殊的帧,用于控制网络节点的发送权,只有持有令牌的节点才能发送数据。由于发送节点在获得发送权后就将令牌删除,在环路上不会再有令牌出现,其他节点也不可能再得到令牌,保证环路上某一时刻只有一个节点发送数据,因此令牌环技术不存在争用现象,它是一种典型的无争用型介质访问控制方式。

令牌有"忙"和"闲"两种状态。当环正常工作时,令牌总是沿着物理环路单向逐节点传送,传送顺序与节点在环路中的排列顺序相同。当某一个节点要发送数据时,它须等待空闲令牌的到来。它获得空闲令牌后,将令牌置"忙",并以帧为单位发送数据。如果下一个节点是目的节点,则将帧拷贝到接收缓冲区,在帧中标识出帧已被正确接收和复制,同时将帧送回环上,否则只是简单地将帧送回环上。帧绕行一周到达源节点后,源节点回收已发送的帧,并将令牌置"闲"状态,再将令牌向下一个节点传送。图 4-14 给出了令牌环的基本工作过程。

当令牌在环路上绕行时,可能会产生令牌的丢失,此时,应在环路中插入一个空闲令牌。令牌的

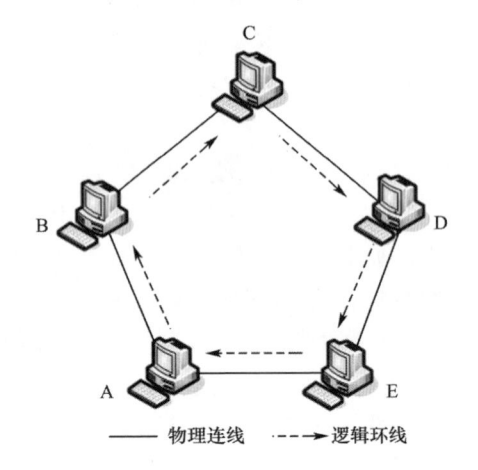

图 4-14 令牌环的工作过程

丢失将降低环路的利用率,而令牌的重复也会破坏网络的正常运行,因此必须设置一个监控节点,以保证环路中只有一个令牌绕行。当令牌丢失时,则插入一个空闲令牌。当令牌重复时,则删除多余的令牌。

3. 令牌总线访问控制(Token-Bus)

CSMA/CD 采用用户访问总线时间不确定的随机竞争方式,有结构简单、负载轻、时延短等特点,但当网络通信负荷增大时,冲突增多、网络吞吐率下降、传输延时增加,性能明显下降。令牌环在重负荷下利用率高,网络性能对传输距离不敏感。但令牌环网控制复杂,并存在可靠性无保证等问题。令牌总线是在综合 CSMA/CD 与令牌环两种介质访问方式优点的基础上而形成的一种介质访问控制方式。

令牌总线主要适用于总线型或树型网络。采用此种方式时,各节点共享的传输介质是总线型的,每一个节点都有一个本站地址,并知道上一个节点地址和下一个节点地址,令牌传递规定由高地址向低地址传递,最后由最低地址向最高地址依次循环传递,从而在一个物理总线上形成一个逻辑环。环中令牌传递顺序与节点在总线上的物理位置无关。

图 4-15 给出了这种物理总线逻辑环的结构,图中共 6 个站点(A～F)连接到一根总线上,它们之间逻辑顺序依次为 A→B→C→D→E→F→A 循环传递。

所谓正常的稳态操作,是指在网络已完成初始化之后,各节点进入正常传递令牌与数据,并且没有节点要加入或撤出,没有

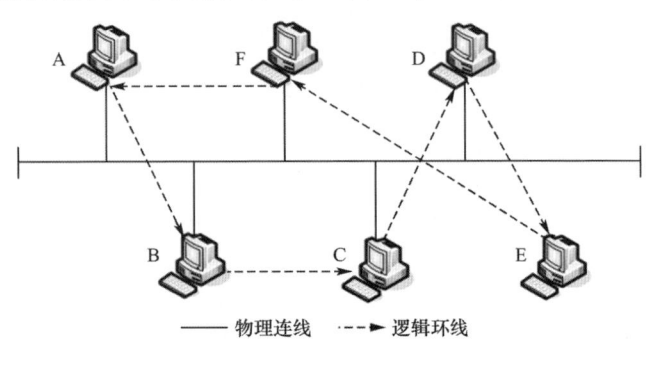

图 4-15 令牌总线的工作过程

发生令牌丢失或网络故障的正常工作状态。

与令牌环一致，只有获得令牌的节点才能发送数据。在正常工作时，当节点完成数据帧的发送后，将令牌传送给下一个节点。从逻辑上看，令牌是按地址的递减顺序传给下一个节点的。而从物理上看，带有地址字段的令牌帧广播到总线上的所有节点，只有节点地址和令牌帧的目的地址相符的节点才有权获得令牌。

获得令牌的节点，如果有数据要发送，则可立即传送数据帧，完成发送后再将令牌传送给下一个节点；如果没有数据要发送，则应立即将令牌传送给下一个节点。由于总线上每一节点接收令牌的过程是按顺序依次进行的，因此所有节点都有访问权。为了使节点等待令牌的时间是确定的，需要限制每一个节点发送数据帧的最大长度。如果所有节点都有数据要发送，则在最坏的情况下，等待获得令牌的时间和发送数据的时间应该等于全部令牌传送时间和数据发送时间的总和；如果只有一个节点有数据要发送，则在最坏的情况下，等待时间只是令牌传送时间的总和，而平均等待时间是它的一半，实际等待时间在这一区间范围内。

4.CSMA/CD 与 Token Bus、Token Ring 的比较

在共享介质访问控制方法中，CSMA/CD 与 Token Bus、Token Ring 应用广泛。从网络拓扑结构看，CSMA/CD 与 Token Bus 都是针对总线拓扑的局域网设计的，而 Token Ring 是针对环型拓扑的局域网设计的。如果从介质访问控制方法性质的角度看，CSMA/CD 属于随机介质访问控制方法，而 Token Bus、Token Ring 则属于确定型介质访问控制方法。

4.3.5 高速局域网

传统局域网技术是建立在"共享介质"的基础上，随着局域网的迅速普及，上网用户越来越多，因而必然存在以下问题：

- 大量用于办公自动化与信息处理的 PC 都需要联网，会造成局域网规模的不断增大，网络通信量大大增加，因此局域网网络带宽与性能已不能满足要求。
- 当网络节点数增大时，网络通信负荷加重，冲突和重发现象大量发生，网络效率急剧下降，网络传输延时增加，网络服务质量下降。
- 基于 Web 的 Internet/Intranet 应用要求更高的通信带宽，如果数据传输速率仍为 10 Mbit/s，显然是不能适应的。

这些因素促使人们研究高速局域网技术，改善局域网性能，以满足各种新的应用环境的要求。通常把数据传输速率在 100 Mbit/s 以上的局域网称为高速局域网。目前以太网已发展到快速以太网、千兆以太网、万兆以太网乃至 10 万兆以太网。随着计算机网络技术的飞速发展和用户对网络速率与带宽要求的增高，现在大多使用千兆以上的以太网。

1.光纤分布式数据接口（FDDI）主干网

光纤分布式数据接口（FDDI）是第一种高速局域网技术，是一种以光纤作为传输介质、传输速率为 100 Mbit/s 的高速主干网，用以连接不同的局域网，如以太网、令牌环网等。FDDI 网络覆盖的最大距离可达 200 km，最多可连接 1 000 个节点。

FDDI 作为一种主干网技术，曾经在较大地理范围的园区主干网络领域中获得了广泛

的应用,主要用于以下四种应用环境:
- 机房主干网:用于机房中大、中型计算机与高速外设的连接,以及对可靠性、传输速率与系统容错要求较高的环境。
- 机群主干网:用于连接办公室或建筑物群中大量的小型机、工作站、服务器、个人计算机与各种外设。
- 校园主干网:用于连接分布在校园各个建筑物中的小型机、工作站、服务器、个人计算机以及多个局域网。
- 区域主干网:用于连接地理位置相距几千米的多个校园网或企业网,成为一个区域性的主干网。

FDDI 作为主干网互联多个局域网的结构如图 4-16 所示。

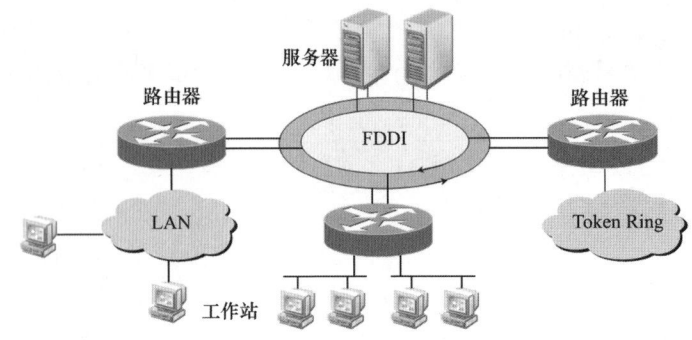

图 4-16 典型 FDDI 网络的逻辑结构

2. 快速以太网

面对用户对局域网带宽的要求,其解决方案:一是重新设计局域网体系结构与介质访问控制方法;二是保持局域网体系结构与介质控制方法不变,设法提高传输速率。对于目前已大量存在的以太网来说,既要保护用户的已有投资,又要增加网络带宽,而快速以太网就是符合后一种要求的新一代高速局域网。

快速以太网(Fast Ethernet)主要解决网络带宽在局域网应用中的问题。100 Base-T 是 10 Base-T 的扩展,它保留了传统的 10 Mbit/s 速率以太网的所有特征,即相同的数据格式、相同的介质访问控制方法和相同的组网方法,只是把以太网的发送时间由 100 ns 降低到 10 ns,而将传输速率从 10 Mbit/s 提高到 100 Mbit/s。

快速以太网的 MAC 子层可以支持多种传输介质,目前 802.3 标准中制定了 100 Base-TX2 对 5 类 UTP、100 Base-T44 对 3 类 UTP、100 Base-T22 对 3 类 UTP 和 100 Base-FX2 对单/多模光纤四种传输介质的标准。

100 Base-TX 的拓扑结构及网络连接技术要求如图 4-17 所示。

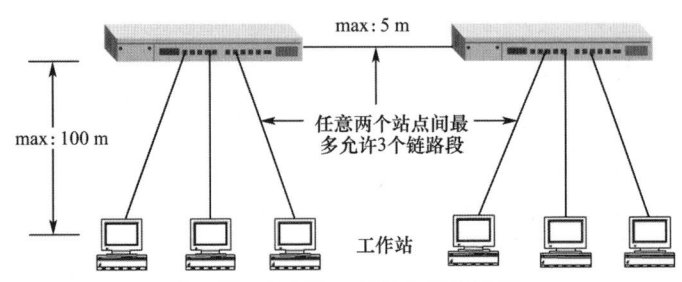

图 4-17 100 Base-TX 的拓扑结构

在网络设计中,快速以太网通常采用快速以太网集线器作为中央设备(100 Base-TX),使用非屏蔽5类双绞线以星型连接的方式连接网络节点(工作站或服务器)以及另一个快速以太网集线器和10 Base-T的共享集线器。

3.千兆以太网

尽管快速以太网具有高可靠性、易扩展性、低成本等优点,并且成为高速局域网方案中的首选技术,但由于网络数据库、多媒体通信和视频技术的广泛应用,人们不得不寻求更高带宽的局域网,千兆以太网就是在这种背景下产生的。

与快速以太网的相同之处是千兆以太网(Gigabit Ethernet)同样保留了传统的100 Base-T的所有特征,即相同的数据格式、相同的介质访问控制方法和相同的组网方法,而只是把以太网每个比特的发送时间由10 ns降低到1 ns。千兆以太网发展很快,目前已被广泛地应用于大型局域网的主干网中。

千兆以太网标准化的工作是从1995年开始的,千兆以太网中的MAC子层仍然采用CSMA/CD的方法,物理层标准可以支持多种传输介质,目前制定了1000 Base-SX、1000Base-LX、1000 Base-CX和1000 Base-T四种传输介质的标准。

在网络设计中,通常用一个或多个千兆以太网交换机构成主干网,以保证主干网的带宽;用快速以太网交换机构成楼内局域网。组网时,采用层次结构,将几种不同性能的交换机结合使用,千兆以太网的协议结构如图4-18所示。

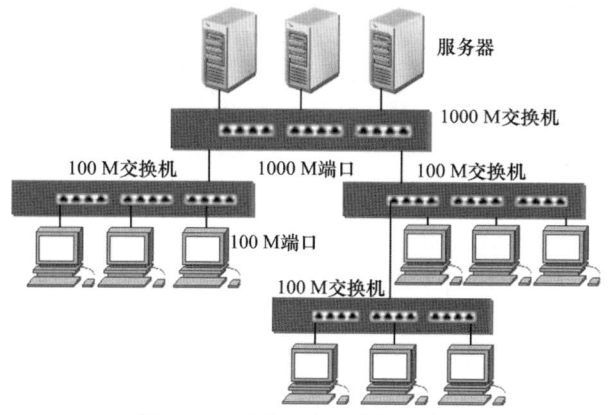

图 4-18 千兆以太网的协议结构

4.万兆以太网

万兆以太网(10 Gigabit Ethernet,10 GE)是以太网系列的最新技术,传输速率比千兆以太网提高了10倍,通信距离可延伸到40 km,在应用范围上得到了更多的扩展,它不仅适合所有传统局域网的应用场合,更能延伸到传统以太网技术受到限制的城域网和广域网。

万兆以太网标准主要包括:兼容802.3标准中定义的最小和最大以太网帧长度;仅支持全双工方式;使用点对点链路,结构化布线组建星型物理结构的局域网;支持802.3ad链路汇聚协议;在MAC/PLS服务接口上实现10 Gbit/s的传输速率等。

随着万兆以太网标准的制定,市场上出现了许多支持万兆以太网的产品。从其产品体系结构来看,万兆以太网产品可以分为以下两大类:

(1)万兆以太网交换模块:是直接在千兆产品上增加万兆以太网模块。

（2）万兆以太网交换机/路由器：是在（模块）带宽、交换能力、ASIC 处理能力、数据包转发能力等方面真正为万兆以太网技术而重新设计体系结构的交换机/路由器。

万兆以太网技术突破了传统以太网近距离传输的限制，除了可应用在局域网和园区网外，也能够方便地应用在城域网甚至广域网场所。万兆以太网技术不但提供了更丰富的带宽和处理能力，而且保持了以太网一贯的兼容性和简单易用、升级容易等特点。

目前，万兆以太网主要应用在校园网和企业网、宽带 IP 城域网、数据信息中心、超级计算中心等方面，典型的高密度的万兆服务器接入方案如图 4-19 所示。

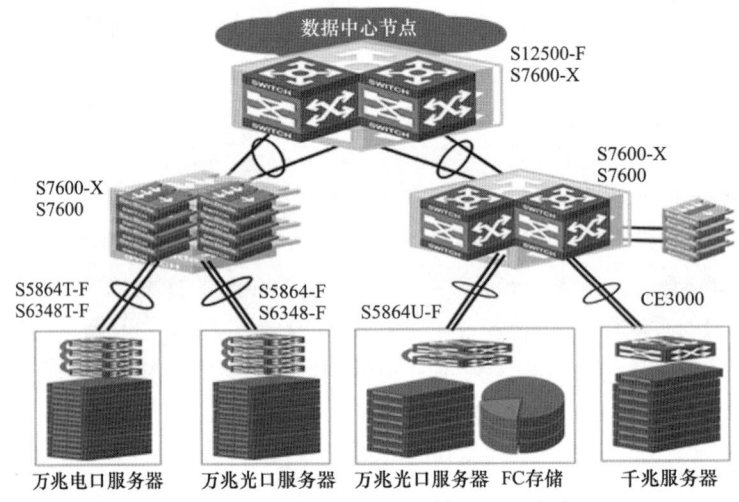

图 4-19 高密度的万兆服务器接入方案

4.3.6 虚拟局域网

虚拟局域网（Virtual Local Area Network，VLAN）是一组逻辑上的设备和用户，这些设备和用户并不受物理位置的限制，可以根据功能、部门及应用等因素将它们组织起来，相互之间的通信就好像它们在同一个网段中一样，由此得名虚拟局域网。

1.VLAN 的定义及特点

虚拟局域网是一种建立在交换基础上的，通过逻辑（而不是物理）上将局域网划分成一个个不同的网段，从而实现虚拟工作组的一种新兴交换技术。这一新兴技术主要应用于交换机和路由器中，主流应用还是在交换机中，但又不是所有交换机都具有此功能，只有 VLAN 协议的第三层以上交换机才具有此功能，其特点如下：

● 一个 VLAN 可以看成是一组客户工作站的集合，这些工作站不必处于同一个网络中，它们可以不受地理位置影响，而像处于同一个 LAN 中那样进行通信和信息交换。

● 一个 VLAN 内部的广播和单播流量都不会转发到其他 VLAN 中，从而有助于控制流量、减少设备投资、简化网络管理、提高网络的安全性。

● 一个 VLAN 组成一个逻辑组网，即一个逻辑广播域，它可以覆盖多个网络设备，允许处于不同地理位置的网络用户加入一个逻辑子网中。

2.VLAN 的两种工作模式

按照交换机的端口设定，可以把 VLAN 定义成两种工作模式。

(1)静态VLAN:又被称为基于端口的VLAN,它是将VLAN交换机上的物理端口和VLAN交换机内部的PVC(永久虚电路)端口分成若干个组,每个组构成一个虚拟网。

(2)动态VLAN:动态VLAN则是根据每个端口所连的计算机,随时改变端口所属的VLAN。动态VLAN可以大致分为4类:基于MAC地址的VALN、基于子网的VLAN、基于协议类型的VLAN、基于用户的VLAN。

3.划分VLAN的基本策略

定义VLAN成员的方法有很多,下面介绍几种常用的VLAN划分策略:

(1)基于端口划分的VLAN

VLAN的分类

基于端口的VLAN划分是最简单、有效的VLAN划分方法,它按照局域网交换机端口来定义VLAN成员。VLAN从逻辑上把局域网交换机的端口划分开来,从而把终端系统划分为不同的部分,各部分相对独立,在功能上模拟了传统的局域网。基于端口的VLAN又分为在单交换机端口和多交换机端口定义VLAN两种情况:

- 单交换机端口定义VLAN:定义方式如图4-20所示,交换机的1、2、6、7、8端口组成VLAN1,3、4、5端口组成VLAN2。这种VLAN只支持一个交换机。
- 多交换机端口定义VLAN输入状态定义方式如图4-21所示,交换机1的1、2、3端口和交换机2的4、5、6端口组成VLAN1,交换机1的4、5、6、7、8端口和交换机2的1、2、3、7、8端口组成VLAN2。

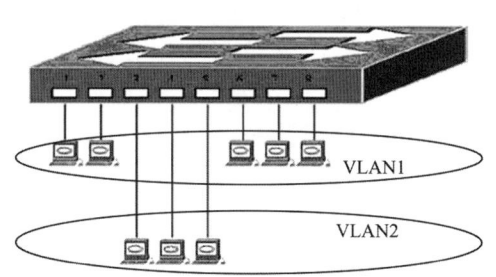

图4-20 单交换机端口定义VLAN 　　图4-21 多交换机端口定义VLAN

基于端口的VLAN划分简单、有效,但其缺点是当用户从一个端口移动到另一个端口时,网络管理者必须对VLAN成员进行重新配置。

(2)基于MAC地址划分的VLAN

基于MAC地址的VLAN是用终端系统的MAC地址定义的VLAN。MAC地址其实就是指网卡的标识符,每一块网卡的MAC地址都是唯一的。假定有一个MAC地址"A"被交换机设定为属于VLAN10,那么不论MAC地址为"A"的这台计算机连到交换机的哪个端口,该端口都会被划分到VLAN10中去。计算机连在端口1时,端口1属于VLAN10;而计算机连在端口2时,则端口2属于VLAN10,如图4-22所示。

这种方法允许工作站移动到网络的其他物理网段,而自动保持原来的VLAN成员资格。在网络规模较小时,该方案可以说是一个好的方法,但随着网络规模的扩大,网络设备、用户的增加,则会在很大程度上加大管理的难度。而且这种划分方法会降低交换机的执行效率,因为交换机每个端口都可能存在很多个VLAN组的成员,这样就无法限制广播包。

113

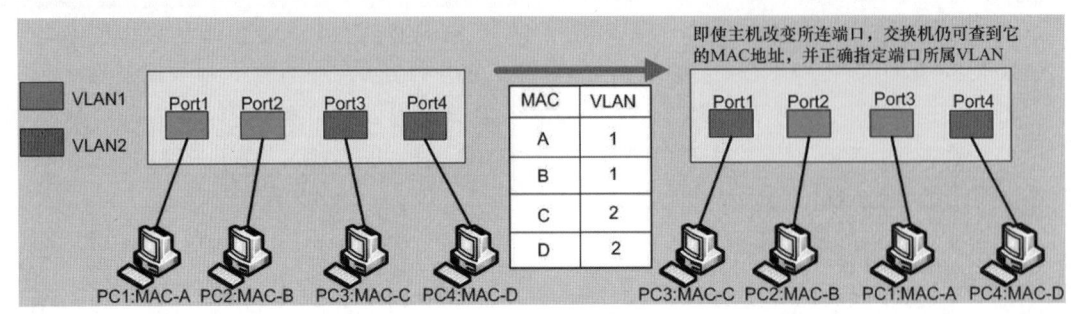

图 4-22 基于 MAC 地址划分的 VLAN

(3) 基于子网划分的 VLAN

基于子网的 VLAN，则是通过所连计算机的 IP 地址来决定端口所属 VLAN 的。即使计算机因为交换了网卡或是其他原因导致 MAC 地址改变，只要它的 IP 地址不变，就仍可以加入原先设定的 VLAN，如图 4-23 所示。

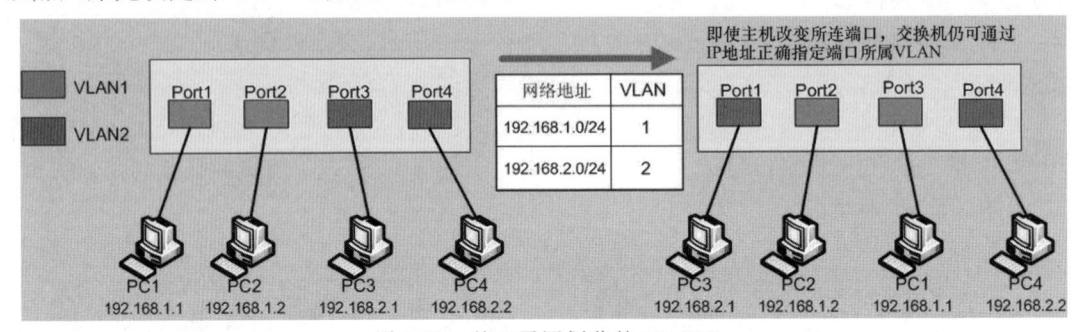

图 4-23 基于子网划分的 VLAN

基于 IP 子网划分的 VLAN 可按传输协议划分网段，有利于针对具体应用的服务来组织用户。再者，用户可在网络内部自由移动而不用重新配置主机，尤其是使用 TCP/IP 协议的用户。

这种方法的缺点是效率低，因为检查每个数据包的网络地址比较费时。同时由于一个端口也可能存在多个 VLAN 成员，对广播报文也无法有效抑制。

(4) 基于用户划分的 VLAN

基于用户的 VLAN，则是根据交换机各端口所连的计算机上当前登录的用户来决定该端口属于哪个 VLAN 的。这里的用户识别信息，一般是计算机操作系统登录的用户，比如可以是 Windows 域中使用的用户名。这些用户名信息属于 OSI 第四层以上的信息。

4.3.7 无线局域网

随着信息技术的发展，人们对网络通信的需求不断提高，希望不论在何时、何地与何人都能够进行包括数据、语音、图像等任何内容的通信，并希望主机在网络环境中漫游和移动，无线局域网（Wireless Local Area Network，WLAN）是实现移动网络的关键技术之一。

1. WLAN 的概念

WLAN 是利用无线通信技术在一定的局部范围内建立的网络，是计算机网络与无线通信技术相结合的产物，它以无线多址信道作为传输媒介，提供传统有线局域网 LAN（Local Area Network）的功能，能够使用户真正实现随时、随地、随意的宽带网络接入。

无线局域网本质的特点是不再使用通信电缆将计算机与网络连接起来,而是通过无线的方式连接,从而使网络的构建和终端的移动更加灵活。

2.WLAN 的特点

WLAN 开始是作为有线局域网的延伸而存在的,各团体、企事业单位广泛地采用了 WLAN 技术来构建其办公网络,但随着应用的进一步发展,WLAN 正逐渐从传统意义上的局域网技术发展成为"公共无线局域网",成为国际互联网 Internet 宽带接入手段。WLAN 具有易安装、易扩展、易管理、易维护、高移动性、保密性强、抗干扰等特点。

3.WLAN 的标准

(1)IEEE 802.11X

- IEEE 802.11。IEEE 802.11 是 IEEE 最初制定的一个无线局域网标准,主要用于解决办公室局域网和校园网中用户与用户终端的无线接入,业务主要限于数据访问,速率最高只能达到 2 Mbit/s。由于它在速率和传输距离上都不能满足人们的需要,所以 IEEE 802.11 标准很快被 IEEE 802.11b 所取代了。

- IEEE 802.11b。该标准规定 WLAN 工作频段在 2.4~2.4835 GHz,数据传输速率达到 11 Mbit/s,传输距离控制在 50~150 in(1 in≈34.8 cm)。IEEE 802.11b 已成为当前主流的 WLAN 标准,被多数厂商所采用,所推出的产品广泛应用于办公室、家庭、宾馆、车站、机场等众多场合。许多 WLAN 的新标准出现,IEEE 802.11a 和 IEEE 802.11g 更是倍受业界关注。

- IEEE 802.11a。IEEE 802.11a 标准规定 WLAN 工作频段在 5.15~8.825 GHz,数据传输速率达到 54 Mbit/s~72 Mbit/s(Turbo),传输距离控制在 10~100 m。该标准也是 IEEE 802.11 的一个补充,扩充了标准的物理层,采用正交频分复用(OFDM)的独特扩频技术,采用 QFSK 调制方式,可提供 25 Mbit/s 的无线 ATM 接口和 10 Mbit/s 的以太网无线帧结构接口,支持多种业务,如话音、数据和图像等。一些公司仍没有表示对 IEEE 802.11a 标准的支持,而是看好最新混合标准——IEEE 802.11g。

目前,IEEE 推出最新版本 IEEE 802.11g 认证标准,该标准拥有 IEEE 802.11a 的传输速率,安全性较 IEEE 802.11b 更好,采用两种调制方式,含 IEEE 802.11a 中采用的 OFDM 与 IEEE 802.11b 中采用的 CCK,做到与 802.11a 和 802.11b 兼容。

(2)其他无线局域网标准

- 蓝牙技术(Bluetooth Technology)是使用 2.4 GHz 频段传输的一种短距离、低成本的无线接入技术,主要应用于近距离的语言和数据传输业务。

- UWB(Ultra Wide Band)是一种新兴的高速短距离通信技术,在短距离(10 m 左右)有很大优势,最高传输速度可达 1 Gbit/s。

- ZigBee(IEEE 802.15.4)是一种新兴的短距离、低功率、低速率无线接入技术。工作在 2.4 GHz ISM 频段,速率为 250 kbit/s~10 Mbit/s,传输距离为 10~75 m,技术和蓝牙接近,ZigBee 采用基本的主从结构配合静态的星型网络,因此更适合于使用频率低、传输速率低的设备。

- WiMAX(Worldwide Interoperability for Microwave Access),即全球微波互联接入。WiMAX 是一种新兴的宽带无线接入技术,能提供面向互联网的高速连接,数据传输距离最远可达 50 km。

- IrDA(Infrared)红外技术通信一般采用红外波段内的近红外线、波长 0.75～25 um。由于波长短,对障碍物的衍射能力差,所以更适合应用在需要短距离无线点对点传输的场合。
- HomeRF 工作组是由美国家用射频委员会于 1997 年成立的,其主要工作任务是为家庭用户建立具有互操作性的话音和数据通信网。

4. WLAN 网络拓扑结构

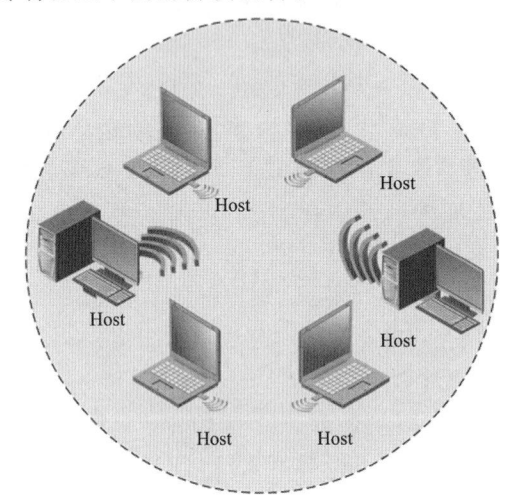

(1)点对点 Ad-Hoc 结构

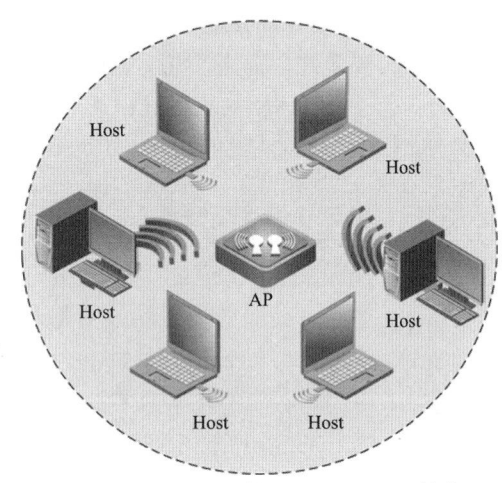

点对点 Ad-Hoc 结构就相当于有线网络中的多机直接通过无线网卡互联,信号是直接在两个通信端点对点传输,如图 4-24 所示。在这种网络中,节点自主对等工作,对于小型的无线网络来说,是一种方便的连接方式。

(2)基于 AP 的 Infrastructure 结构

Infrastructure 结构与有线网络中的星型交换模式差不多,属于集中式结构类型,如图 4-25 所示。此时,需要无线接入点(Access Point,AP)的支持,其中的无线 AP 相当于有线网络中的交换机,起着集中连接和数据交换的作用。AP 负责监管一个小区,并作为移动终端和主干网的桥接设备。

图 4-24　点对点 Ad-Hoc 结构　　　　图 4-25　基于 AP 的 Infrastructure 结构

5.常见的 WLAN 设备

(1)无线网卡

无线网卡的作用类似于以太网中的网卡,作为无线局域网的接口,实现与无线局域网的连接,常见的无线网卡有 PCMCIA 无线网卡、PCI 无线网卡和 USB 接口无线网卡等,如图 4-26 所示。

图 4-26　PCMCIA 无线网卡、PCI 无线网卡和 USB 接口无线网卡

项目 4　组建与维护局域网

(2) 无线天线

计算机与无线 AP 或其他计算机相距较远时，须借助于无线天线对所接收或发送的信号进行增益(放大)，常见的无线天线有室内吸顶天线、室外全向天线和室外定向天线等，如图 4-27 所示。

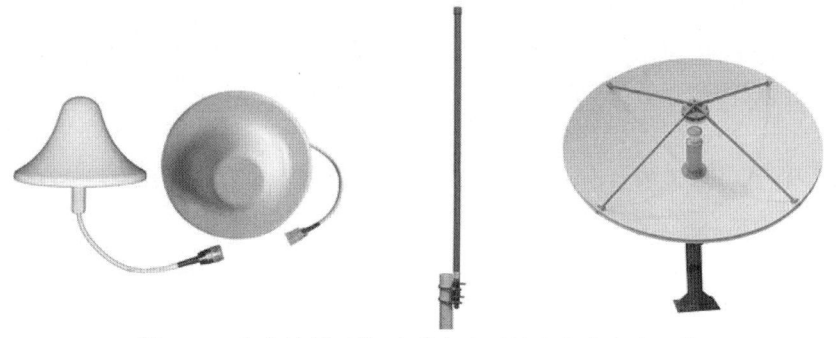

图 4-27　室内吸顶天线、室外全向天线和室外定向天线

(3) 无线 AP(Access Point)

无线 AP 即无线接入点，如图 4-28 所示。它是用于无线网络的无线交换机，也是无线网络的核心。无线 AP 按接入模式可分为胖 AP(Fat AP)和瘦 AP(Fit AP)。Fat AP 将 WLAN 的物理层、用户数据加密、用户认证、QoS、网络管理、漫游技术以及其他应用层的功能集于一身，Fat AP 无线网络可由 Fat AP 直接在有线网的基础上构成。Fit AP 是一个只有加密、射频功能的 AP，功能单一，不能独立工作。Fit AP 无线网络由 AC 和 Fit AP 在有线网的基础上构成。

(4) 无线 AC(Access Controller)

无线接入控制服务器(AC)是无线局域网接入控制设备，负责把来自不同 AP 的数据进行汇聚并接入 Internet。同时完成 AP 设备的配置管理、无线用户的认证、管理及宽带访问、安全等控制功能。

(5) 无线路由器

无线路由器(Wireless Router)好比将单纯性无线 AP 和宽带路由器合二为一的扩展型产品，如图 4-29 所示。

图 4-28　远距离无线 AP　　　　图 4-29　无线路由器

(6) 无线网桥

无线网桥可以用于连接两个或多个独立的网络段，这些独立的网络段通常位于不同的建筑内，相距几百米到几十千米，它可以广泛应用在不同建筑物间的互联。

4.4 任务实施

4.4.1 制作 RJ-45 双绞线与信息模块

双绞线是局域网中使用最广泛的传输介质,根据需要连接的设备不同,所需要的网线也有区别,分为直通线和交叉线两类,制作的标准也就不同。

两端 RJ-45 头中的线序排列完全相同的网线,称为直通线(Straight Cable),即两端使用相同的线序标准。交叉线(Crossover Cable)是指两端线序标准不同。

组建局域网所需双绞线和信息模块的制作请参考项目 2 中的"任务 2-2"和"任务 2-3"完成。

4.4.2 组建与维护家庭局域网

对于家庭、宿舍和小型独立办公室企业,由于连接的用户数一般都较少,因此,大都采用小型星型网络。这里所指的小型星型网络是指只由一台交换机(当然也可以是集线器,但目前已很少使用)所构成的网络。

1. 需求分析

李恒通过与薛主任沟通,了解了薛主任的主要需求包括:
- 多名家庭成员可以在同一时间使用相同的账号访问互联网。
- 能够在不同计算机之间进行文件的传输和资源的共享(共享文件和文件夹、共享打印机或其他外围设备),对重要信息进行网络备份。
- 可提供全新的娱乐体验,如在线交流、语音视频和在线游戏等。

根据薛主任要求,李恒进行了认真分析,他认为最好的解决办法就是组建家庭局域网。

2. 家庭局域网网络拓扑结构设计

随着互联网接入技术飞速发展,互联网也快速进入寻常百姓家,用户家中的宽带、接入方式、接入设备、接入终端都在发生翻天覆地的变化。最早接入互联网是通过电话线和 56K "猫"(Modem,调制解调器)来实现的,即电话拨号上网。后来使用 ISDN(Integrated Services Digital Network,综合业务数字网)"一线通"上网。大家最为熟悉的网络接入技术是 ADSL(Asymmetric Digital Subscriber Line,非对称数字用户线路/环路)接入,正因为 ADSL 的出现,使得我们步入了宽带时代。光纤宽带接入,就是以光纤为介质,把要传送的数据由电信号转换为光信号进行通信,与 ADSL 的本质区别在于 ADSL 是电信号传播,而光纤宽带则是光信号传播。

任务 4-1

薛主任家新购置了笔记本电脑,加上原来的台式机和其他终端设备,需要接入 Internet 的设备有近 10 台,请利用 Visio 2016 绘制薛主任家的家庭网原有的和新的网络拓扑结构。

项目 4　组建与维护局域网

【STEP|01】早期的 ADSL 单机/双机上网的拓扑结构如图 4-30 所示。

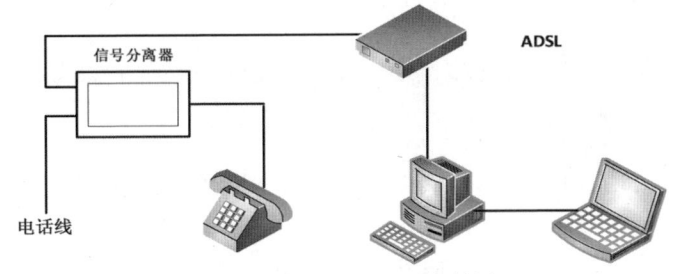

图 4-30　单机/双机上网拓扑图

【STEP|02】如果是两台以上则可采用集线器/交换机或无线宽带路由器组网方式,采用 ADSL 接入,实现多机互联组网的拓扑,如图 4-31 所示。

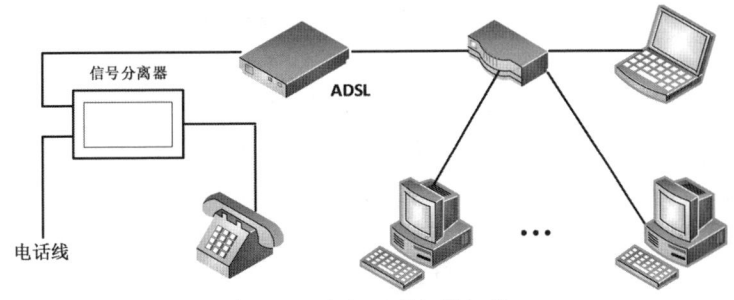

图 4-31　多机互联组网拓扑

【STEP|03】因为薛主任家中有近 10 台终端需要接入 Internet,这些设备需要进行在线学习、在线娱乐、共享资源等。所以,比较理想的接入方式是光纤宽带接入,其拓扑结构如图 4-32 所示。

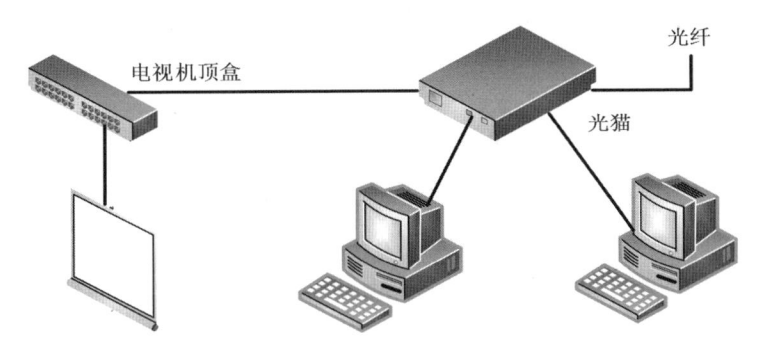

图 4-32　光纤宽带接入组网拓扑

拓扑结构设计完成后,接下来的任务是分析该计算机网络环境,选购相应的网络设备,制作好网线,连接相关设备。

3.配置宽带上网

目前,光纤宽带组建家庭局域网成了首选,因为光纤猫速度快、接入方便,且拥有无线功能。薛主任家设备要接入 Internet,看上去很简单,实际上隐含了很多的网络知识。首先得申请一个上网账号,然后购置光猫、电视机顶盒等,接下来用制作好的网线连接相关设备,配置 TCP/IP 协议,再配置光猫等。

任务 4-2

请根据薛主任家的家庭局域网的网络拓扑图完成 Internet 接入,并保证所有终端设备能正常接入 Internet。

【STEP|01】向当地 ISP 提供商申请上网账号,并购买光猫、电视机顶盒等,这一步必须提前做好。

说明:薛主任在电信申请了 500 M 光纤宽带服务,购买的光猫是天翼网关 3.0,电视机顶盒是 ZTE 智能机顶盒。

【STEP|02】如果在光猫的附件中没有提供网线,此时就得按【任务 2-2】制作一根直通线,再查看主机后面是否有 RJ-45 接口,如果没有还得安装网卡(或购买 USB 转 RJ-45 的转接线)。

【STEP|03】按图 4-32 的标识安装光猫(这一步可由 ISP 提供商完成)、连接好相关设备;如果自行完成请注意光纤不能过度弯曲,配置光猫时,需要用一根五类双绞线(通常是直通线),一端连接光猫的 RJ-45 接口,另一端连接计算机网卡中的 RJ-45 接口。

【STEP|04】打开光猫电源,如果光猫上电源指示灯、光纤指示灯、宽带指示灯和无线指示灯亮起,表明光猫与计算机硬件连接成功。

【STEP|05】配置 TCP/IP 协议。

开启连接到光猫的计算机,按照【任务 3-1】的步骤,根据实际情况对 IP 地址和 DNS 服务地址进行设置。因为大多数 ISP 提供给用户的 IP 地址是动态的,所以此时可选择"自动获得 IP 地址"和"自动获得 DNS 服务器地址"。

【STEP|06】配置光猫实现安全接入 Internet。

(1)打开 Microsoft Edge 浏览器,在地址栏中输入 192.168.1.1(光猫的管理 IP,可以查看光猫的铭牌,上面有 IP、默认登录用户名和密码),进入光猫的登录界面,如图 4-33 所示。在用户名文本框中输入登录用户名,在密码文本框中输入登录密码,单击"确认登录"。

图 4-33 光猫登录界面

(2)进入天翼网关的配置界面,选择"WiFi 设置",如图 4-34 所示。设置完成后,单击"保存设置"按钮。

图 4-34　设置 WiFi 名称、安全方式和 WiFi 的密码

(3)选择"高级设置",如图 4-35 所示。设置局域网 IP、启用 DHCP 服务、IP 地址分配范围(如:192.168.1.2—254),设置完成后,单击"保存设置"按钮。最后单击右上角的"重启"按钮重启光猫。

图 4-35　设置局域网 IP、启用 DHCP 服务、IP 地址分配范围

【STEP|07】最后验证终端设备是否可以接入 Internet。先打开计算机进入 Windows 11,在桌面上打开 Microsoft Edge 浏览器,在地址栏中输入 http://www.163.com 验证配置是否正确;再在手机端搜索 WiFi 并进行连接测试。

4.组建对等网实现资源共享

薛主任家中的所有计算机的操作系统、网卡、驱动程序和相关协议等均已安装并进行了配置,设备连接和网络连接也顺利完成。根据薛主任的要求,接下来的任务是配置共享网络环境,实现资源共享。

资源共享是网络最重要的特性,通过共享文件夹可以使用户方便地进行文件交换。当然简单地设置共享文件夹可能会带来安全隐患,因此,配置共享资源时必须考虑设置对应文件夹的访问权限。

【思政元素】
资源共享能有效提高资源利用率和流通率,加速社会发展。同学们应树立共享发展理念,学会与他人共享资源。资源共享,优势互补,有助于达成共赢。

(1)设置主机名、工作组名

为了方便计算机在网络中相互访问,实现资源共享,必须给网络中的每一台计算机设立一个独立的名称,并保证联网的各计算机的工作组名称和网络地址一致。

任务 4-3

分别给薛主任家中的计算机配置 TCP/IPv4,将计算机名称修改为 xue01、xue02……工作组名称保持默认的 workgroup。

【STEP|01】在桌面的任务栏中单击"开始",弹出开始页面,如图 4-36 所示。单击"设置"继续。

【STEP|02】打开"设置"窗口后,如图 4-37 所示,在左侧的选项列表中单击"系统",然后在右侧向下拖动滚动条到列表底部,单击"关于"选项继续。

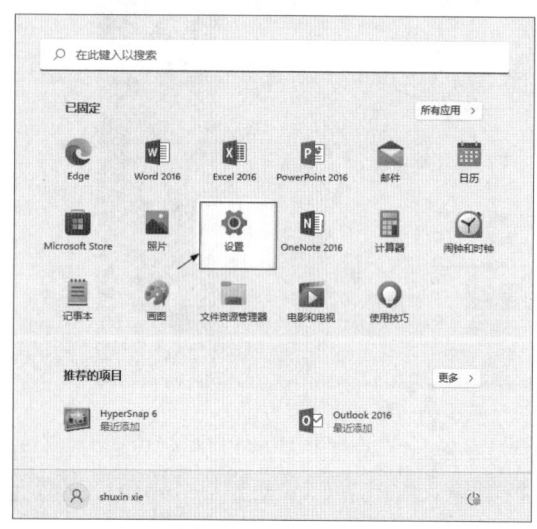

图 4-36　开始页面

图 4-37　"设置"窗口

【STEP|03】打开"系统 > 关于"窗口,如图 4-38 所示。单击右侧的"重命名这台电脑"继续。

【STEP|04】打开"重命名你的电脑"对话框,如图 4-39 所示。在文本框中输入想要更改的名称(如:xue01),再单击"下一页"继续。

注意:名称应尽量避免使用特殊字符,并保持在 15 个字符以内,单词之间不使用空格。

项目 4　组建与维护局域网

图 4-38　"系统＞关于"窗口　　　　图 4-39　"重命名你的电脑"对话框

【STEP|05】弹出"重启之后,你的电脑名称将更改为:xue01"的提示框,注意在重启电脑之前,确保所有文件都已保存。然后单击"立即重启",重启之后计算机名修改成功。

（2）启用"网络发现"

任务 4-4

请给薛主任家安装了 Windows 11 的计算机完成共享文件夹所需的相关设置。

【STEP|01】在 Windows 11 中,按快捷键"Windows ＋ S",搜索并打开"控制面板"窗口,如图 4-40 所示。

【STEP|02】在"控制面板"窗口中,选择"网络和 Internet"→"网络和共享中心"→"更改高级共享设置",打开"高级共享设置"窗口,如图 4-41 所示。在此窗口设置"专用""来宾或公用""所有网络"等三个部分的共享参数。

图 4-40　"控制面板"窗口　　　　图 4-41　"高级共享设置"窗口

①专用
- 网络发现:启用网络发现,启用网络连接设备的自动设置。

123

- 文件和打印机共享：启用文件和打印机共享。

②来宾或公用(不是必须设置,但推荐关闭)
- 网络发现：关闭网络发现。
- 文件和打印机共享：关闭文件和打印机共享。

③所有网络
- 公用文件夹共享(不是必须,但推荐)：关闭公用文件夹共享。
- 文件夹共享连接：使用128位加密帮助我们保护文件夹共享。
- 密码保护的共享：有密码保护的共享。

选择完成后,单击"保存更改"按钮。

(3)设置共享文件夹及共享权限

局域网中,数据的交换常常用文件夹的共享来实现。既可以把某个文件夹设置为共享文件夹,也可以把整个磁盘设置为共享磁盘,其操作方法基本相同。下面我们以D:\Download文件夹的共享设置为例来说明。

任务 4-5

将薛主任家的xue01计算机中D:盘下的Download文件夹设置为共享文件夹,并设置好共享权限。

【STEP|01】单击任务栏中的"文件资源管理器"→"此电脑",双击"新加卷(D:)"打开D:盘,选择需要共享的文件夹(如D:\Download),如图4-42所示。

【STEP|02】右键单击新加卷(D:)上的Download文件夹,在弹出的菜单中选择"属性",打开"Download属性"对话框,在此选择"共享",如图4-43所示。

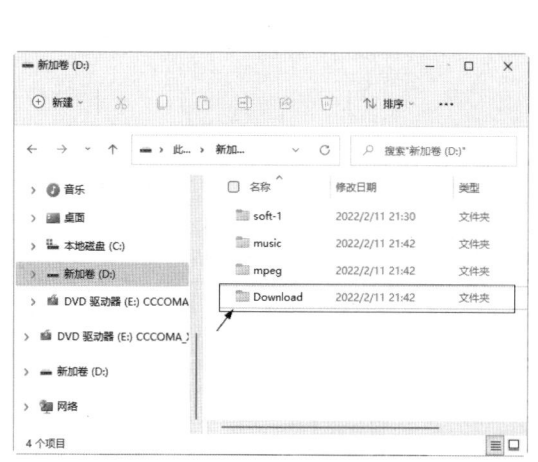

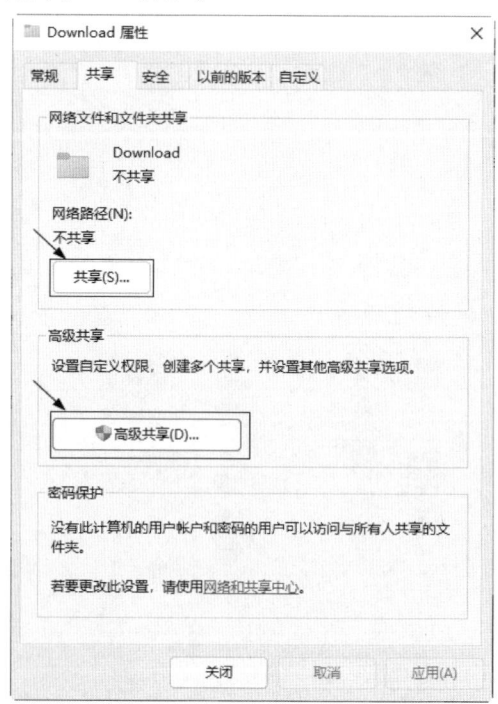

图4-42 "新加卷(D:)"窗口　　　　图4-43 "Download属性"对话框

【STEP|03】再单击"高级共享"按钮,打开"高级共享"对话框,如图 4-44 所示。勾选"共享此文件夹"后,单击"应用""确定"按钮退出,返回"Download 属性"对话框,再次单击"确定"按钮完成共享设置。

【STEP|04】设置用户共享权限。在"高级共享"对话框中单击"权限"按钮,打开"Download 的权限"对话框,如图 4-45 所示。在"组或用户名(G:)"工作框中,选定相应的用户,如果需要使用特定用户访问的话,可以单击"添加"按钮进行添加。这里选中"Everyone",在权限选择栏内勾选将要赋予 Everyone 的相应权限(如:允许更改,此时,客户端即可上传文件),这里保持默认权限,此时用户只能读取文件。

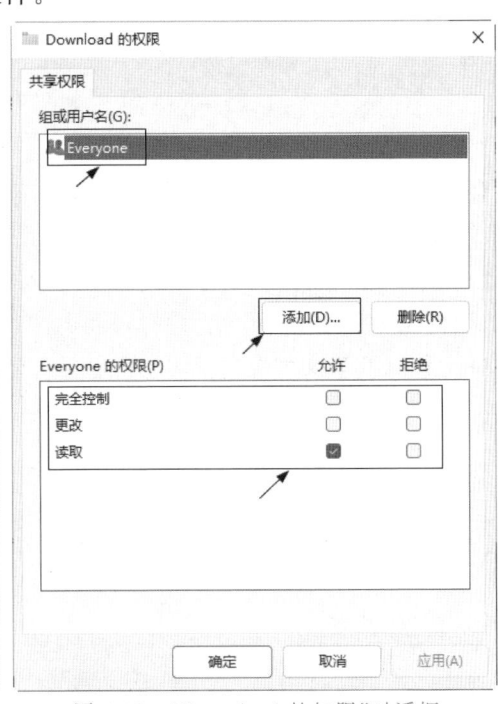

图 4-44 "高级共享"对话框　　图 4-45 "Download 的权限"对话框

5.使用共享资源

局域网的共享资源包括文件共享、打印机共享、磁盘共享和光驱共享等。通过共享,可以让所有联入局域网的用户共同拥有或使用共享资源。

任务 4-6

在计算机名为"xue02"的计算机上,访问名为"xue01"计算机上的共享文件夹。

【方法一】:

【STEP|01】在 Windows 11 任务栏中单击"资源管理器",打开"此电脑"窗口,如图 4-46 所示。

【STEP|02】在地址栏中输入"\\计算机的 IP 地址或计算机名"后按 Enter 键,即可看到共享文件夹 Download,如图 4-47 所示。

图 4-46　"此电脑"窗口　　　　　　图 4-47　查看共享文件夹和共享打印机

【方法二】：

【STEP|01】单击"开始"→"运行"（或按下"Windows ＋ R"快捷键）打开"运行"对话框，如图 4-48 所示。

【STEP|02】在"打开(O)："文本框中输入"\\计算机的 IP 地址或计算机名"也能找到共享的文件夹，如图 4-49 所示。此时可将共享文件夹中的内容复制到本机，也可以将本机中的文件上传到共享文件夹。

图 4-48　"运行"对话框　　　　　　图 4-49　共享文件夹

4.4.3　组建与维护办公局域网

为了实现企业的无纸化办公，提高工作效率，降低总体生产成本，在很多单位的内部都在进行自动化和信息化的建设。尤其是电子商务的兴起，办公局域网的建设更是如火如荼。企业的局域网连接 Internet，不仅有助于企业的宣传，也可以帮助企业完成更多的工作，例如：通过企业网站开展网上招聘；与其他企业实现网上电子支付等。

1. 办公局域网组网方案的设计

> **任务 4-7**
>
> 方达科技有限公司决定组建企业网，以此实现在互联网上宣传公司产品、实现无纸化办公等，请根据具体情况完成方达科技有限公司企业网的组建。

项目 4 组建与维护局域网

企业在组建内部办公局域网的过程中,需要结合具体的环境和网络应用的需求,同时还要兼顾企业办公网络和 Internet 的连接。总之,企业的办公网络需要顺应企业的业务需求,还要保证为企业的发展提供支持。

【STEP|01】办公局域网的需求分析。

需求分析是组建办公局域网的基础,是整个设计过程的关键阶段。设计人员必须与用户进行认真细致的交流与沟通,对用户的业务流程进行深入了解,并对网络需求进行细化。一般情况下,需求分析应从以下几个方面进行:

- 网络现状和业务的需求:包括调研企业网络现状、企业业务需求等;
- 企业应用需求:包括网络应用和网络服务需求。如 ERP、财务管理、WWW、FTP、E-mail、DHCP、DNS 和 VPN 等;
- 企业应用通信流量的需求:包括网页浏览流量、邮件流量、视频点播流量等;
- 系统运行平台的需求:包括客户机和服务器中的操作系统、应用软件的支撑平台;
- 企业网络安全的需求:包括入侵检测技术、防火墙技术、数字签名技术、统一身份验证技术等。

办公局域网作为企业的一个重要组成部分,承担着企业中的很多工作流程。因此在需求分析阶段,应从以上几个方面全面了解企业对办公局域网的具体要求,编写需求分析文档。

【STEP|02】企业办公局域网拓扑结构设计。

不同规模的办公网络环境,实际组建的过程也略有区别。这些要根据网络的实际应用和需求来具体确定。

(1)小型办公局域网的设计方案

如果企业的规模很小,甚至只有一个小型的办公室,这样的小型办公局域网组建比较简单,它主要是以办公应用为主,网络实现的主要功能就是共享文件、打印机等应用,同时保证和 Internet 的连接,所以构建小型办公网络环境比较简单。

小型办公局域网的用户人数一般在 100 以下,企业的内部基本没有专门的服务器,即使有服务器也是通过托管的方式实现的,例如 WWW 服务器等。所以,在企业的内部构建一个 10/100 Mbit/s 的交换式以太网就完全能够满足这些需求。

在 Internet 接入方面,小型的办公网络的数据流量通常也很小,一般都是上网浏览网页、收发电子邮件、进行 MSN 在线交流等流量比较小的应用,所以选择目前流行的 ADSL 接入方法就可以了,如果带宽要求较高的话,也可采用光纤接入,这样小型网络结构设计就以交换机为核心即可,如图 4-50 所示。

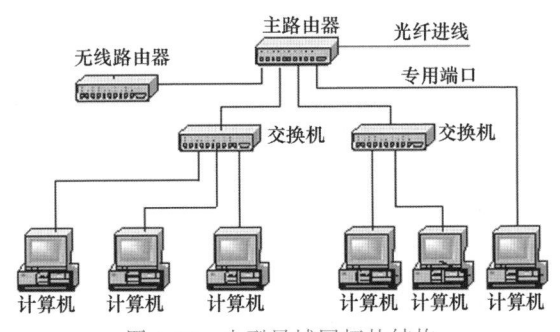

图 4-50 小型局域网拓扑结构

(2)中型办公局域网的设计方案

中型的企业办公网络中包含的计算机数目很多,用户数目一般在100～500,企业内部往往还拥有自己管理的服务器。网络实现的功能不仅仅是共享文件、打印机等应用,同时还包含DNS、DHCP、WWW、FTP服务器等应用。

在构建中型办公局域网的时候,考虑到计算机数目的因素,为了保证网络的高效运作,一般需要划分子网,通过路由器或者三层交换机的VLAN设计实现各子网的连接,对于企业内部的WWW服务器等,可以通过服务器管理的方式实现,也可以在企业的网络中将其放置在DMZ区域中实现。

在Internet接入方面,中型的办公网络可以选择光纤接入方式,也可以选择专线接入或者无线接入的方式。中型网络结构设计同样以交换机为核心、采用树型结构组建,网络拓扑结构如图4-51所示。

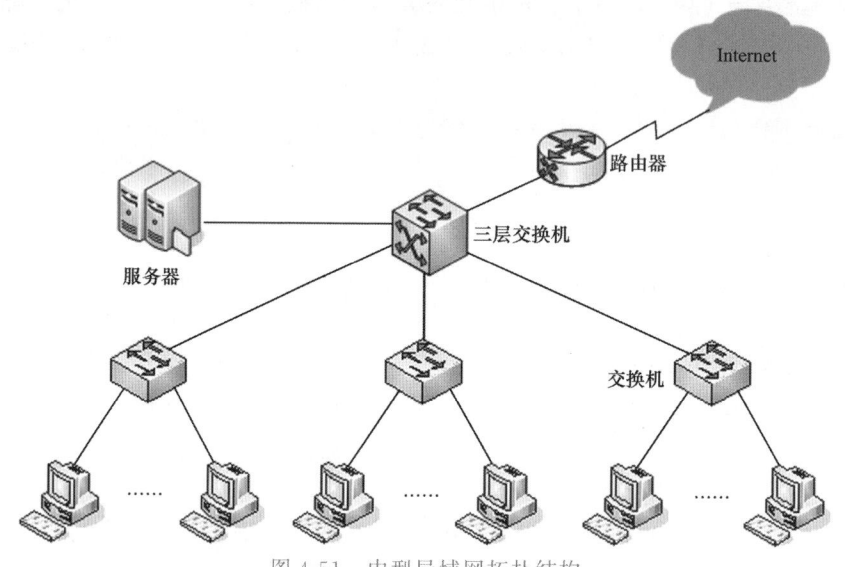

图4-51 中型局域网拓扑结构

(3)大型办公局域网的设计方案

大型的办公局域网是指用户数目在500以上的网络,例如:大型企业的内部网、校园网等。这类办公局域网的结构最为复杂,内部的应用也很多,需要保证良好的稳定性,同时,在安全性方面的要求也很高。

在构建大型办公局域网的时候,一般都采用综合布线设计,在核心层、汇聚层和接入层等多方面设计网络的整体架构。划分子网和三层交换机的VLAN设计等在此类网络中是基本的组成部分。

在Internet接入方面,大型的办公局域网通常会选择专线接入方法实现和Internet的连接,根据网络内部的用户数目,通常的连接带宽为100 Mbit/s或者更多。从整体上讲,千兆以太网技术、FDDI技术和ATM技术都可以在这种网络中采用。大型企业网的拓扑结构如图4-52所示。

【STEP|03】办公局域网的硬件选择。

办公局域网相对于其他环境下的局域网,有其自己的特点,具体的选择需要根据企业的占地面积、地理结构、企业人数、网络逻辑分布、总体信息节点分布、各信息节点连接速率进行综合考虑;同时还有考虑企业对网络的投资。

(1)网络适配器的选择

构建交换以太网,最好选择 100 Mbit/s 或 1 000 Mbit/s 以太网卡即可,现在计算机的主板均以集成网卡,所以,一般情况下不需另外采购。

在某些情况下,有些小型的办公局域网会考虑采用无线的方式来进行组网,这时候,可能会用到无线网卡、无线 AP 等无线设备。具体的无线组网的过程可以参考 4.4.4。

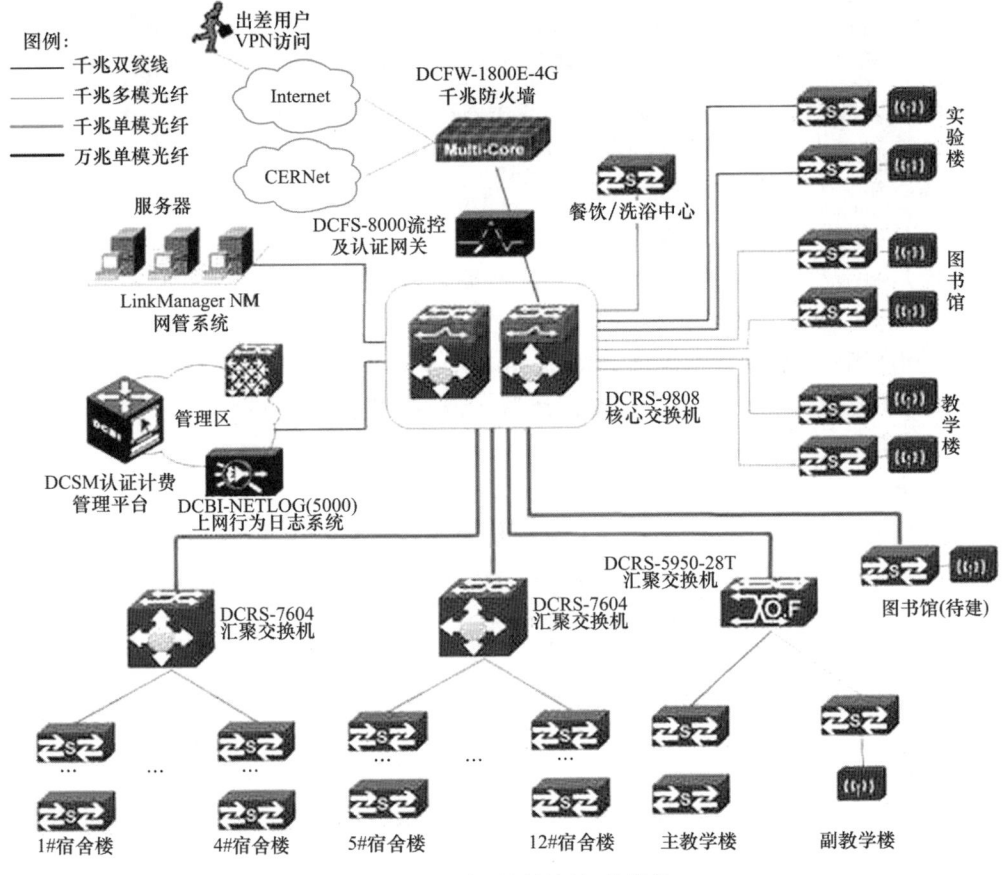

图 4-52 大型局域网拓扑结构

(2)交换机的选择

● 在小型企业网中,由于环境很小,可以考虑购买普通的工作组级交换机。

● 在中型企业网中,由于中型的办公局域网需要划分子网,一般就会采用 VLAN 的方式。由于 VLAN 间的通信必须通过路由才能实现,这就会影响到企业办公网络的整体性能。因此,在选择交换机产品的时候,通常会选择具有路由功能的三层交换机,如 Cisco Catalyst 3650 系列交换机。

● 大型企业办公网络中的核心交换机一般属于企业级交换机,通常采用模块化的结构设计,可以根据需要定制,通常用于企业网络的最顶层。企业级交换机不仅能传送海量数据和控制信息,更具有硬件冗余和软件可伸缩性特点,它可以保证网络具有更高的可靠性。这类交换机一般是千兆以上的以太网交换机,端口一般都为光纤接口,这些特点都保证了交换机的高效率,如 Cisco Catalyst 6500 系列交换机。

129

(3)传输介质
- 小型网络中所采用的传输介质主要以超 5 类双绞线为主。
- 中型网络除了在内部使用超 5 类双绞线外,外部一般采用专线或光纤接入。
- 大型网络的传输数据量很庞大,使用光纤等传输介质的情况会很多,在实际应用时,也离不开双绞线。

(4)确定布线方案和布线产品

现在布线系统主要采用光纤和非屏蔽双绞线,小型网络多采用超 5 类非屏蔽双绞线。因为布线是一次性工程,因此应考虑到未来几年内网络扩展的最大点数。

布线方案确定之后,就可以确定布线产品了,现在的布线产品有许多,如安普、IBM、IBDN、德特威勒等,可以根据实际需要确定。

(5)确定服务器和网络操作系统

服务器是网络数据储存的仓库,其重要性可想而知。服务器的类型和档次应与网络的规模和数据流量以及可靠性要求相匹配。

如果是小型网络,而且数据流量不大,选用工作组级服务器基本上可以满足需求;如果是中型网络,至少要选用 4～5 万元的部门级服务器;如果是大型网络,5 万元甚至 10 万元以上的企业级服务器是必不可少的。

【STEP|04】构建办公局域网网络服务。

微软推出的 Windows Server 2019 操作系统是服务器端的核心管理软件。通过它可以实现企业网所需的各项服务(WWW 服务、FTP 服务、DHCP 服务、DNS 服务、E-mail 服务和 VPN 服务等),各项服务的具体配置参考项目 6。

2.办公局域网网络设备的基本配置

在局域网中网络设备连接完成后,系统并不能正常进行工作,通常需要对主要的网络设备进行简单的配置,本节将对主要网络设备交换机、路由器的基本配置进行介绍。

(1)交换机的基本配置

交换机的配置方法一般有两大类:本地配置和远程配置。本地配置就是直接连接计算机所进行的配置,而远程配置则是通过网络的方式进行的配置。

任务 4-8

交换机的控制端口 Console 口连接计算机的串口,然后配置交换机的基本参数,并检查配置情况。

【STEP|01】物理连接:将随机附送的 Console 线缆一端连接笔记本电脑的 COM 口(若无 COM 口,可使用串口转 USB 口的转接线),另一端连接交换机的"Console"端口,如图 4-53 所示。

【STEP|02】开启交换机和笔记本电脑的电源,在笔记本电脑中打开"设备管理器",查看连接的 COM 口编号(这里用的是 COM5),如图 4-54 所示。

【STEP|03】安装并运行仿真终端软件"SecureCRT",打开 SecureCRT 主界面,如图 4-55 所示。

项目 4 组建与维护局域网

【STEP|04】在"快速连接"对话框中的"协议"处选择"Serial",端口处选择设备管理器中所查看到的 COM 口"COM5 通信端口",波特率选择"9600",数据位为"8",取消勾选侧面流控的所有选项,如图 4-56 所示。

【STEP|05】单击"连接"按钮,终端界面会出现设备的登录信息,登录成功会显示交换机的基本信息。出现"OK"信息表明交换机启动成功,可以进入下一步的配置。

图 4-53 交换机与笔记本电脑进行连接 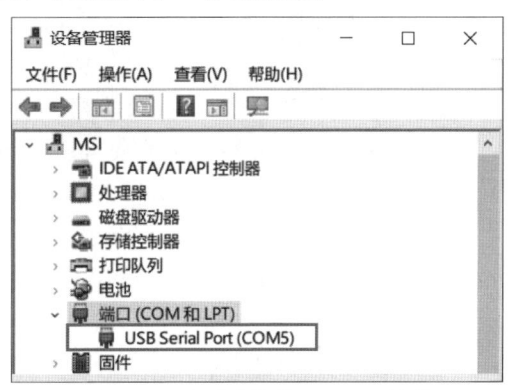　　　　图 4-54 查看连接的 COM 口编号

图 4-55 SecureCRT 主界面 　　　　　　　　　图 4-56 设置连接参数

【STEP|06】交换机命令行操作模式的进入。

```
switch>enable                               ! 进入特权模式
switch#
switch#configure terminal                   ! 进入全局配置模式
switch(config)#
switch(config)#interface fastethernet 0/5   ! 进入交换机 F0/5 的端口模式
switch(config-if)#
switch(config-if)#exit                      ! 返回到上一级操作模式
switch(config)#
switch(config-if)#end                       ! 直接退回特权模式
switch#
```

【STEP|07】查看交换机命令行所有可执行的命令。

switch＞?　　　！显示当前模式下所有可执行的命令

【STEP|08】交换机设备名称的配置。

switch＞enable

switch#configure terminal

switch(config)#hostname FangDa　　　　　！配置交换机的设备名称为 FangDa

FangDa（config）#

【STEP|09】交换机端口参数的配置。

FangDa（config）#interface fastethernet 0/3　　！进入交换机 F0/3 的端口模式

FangDa（config-if）#speed 10　　　　　！配置端口速率为 10 Mbit/s

FangDa（config-if）#duplex half　　　　！配置端口的双工模式为半双工

FangDa（config-if）#no shutdown　　　　！开启该端口,使端口转发数据

【STEP|10】查看交换机端口的配置信息。

FangDa#show interface fastethernet 0/3

【STEP|11】配置交换机 IP 地址、缺省网关、域名、域名服务器。

FangDa#config terminal　　　　　　　　　　　　　！进入配置模式

FangDa（config）#ip address 192.168.0.1 255.255.255.0　！设置 IP 地址

FangDa（config）#ip default-gateway 192.168.0.254　！设置缺省网关

FangDa（config）#ip domain-name fangda.com　　　！设置域名

FangDa（config）#ip name-server 200.10.0.1　　　　！设置域名服务器

FangDa（config）#

【STEP|12】查看交换机各项信息。

FangDa#show version　　　　　　　！查看交换机的版本信息

FangDa#show mac-address-table　　　！查看交换机的 MAC 地址表

FangDa#show running-config　　　　！查看交换机当前生效的配置信息

(2)路由器的基本配置

在进行配置前,需要计划好一些内容,如:路由器的名称,准备使用的接口,为接口分配的 IP 地址,封装的广域网协议,要在路由器上运行的网络协议和路由协议,以及用于访问路由器的密码等。

路由器本身没有输入输出设备,使用 IOS 对路由器进行配置时,必须把路由器与某个终端或计算机连接起来,借助终端或计算机,实现对路由器的配置。

一般来说,可以用五种方式来设置路由器:

● 通过 Console 端口配置:这种方式是设置路由器的主要方式。
● 通过 AUX 端口连接 Modem 进行远程配置。
● 通过 Telnet 方式配置。
● 通过哑终端方式配置:网络中有一台运行 H3C 管理系统的网络管理工作站。
● 通过 FTP 方式传送配置文件。

但是路由器的第一次设置必须通过第一种方式进行。

任务 4-9

构建一个由两台路由器(2620XM)、两台计算机组成的实验网络,并根据需求配置路由器的设备名称和每次登录时的相关提示信息。给路由器的物理接口配置 IP 地址,并在 DCE 端配置时钟频率,限制端口带宽等。

【STEP│01】按照"任务 4-8"中的第 1 步至第 5 步的方法连接好 Cisco 2620 路由器,连接方法如图 4-57 所示。

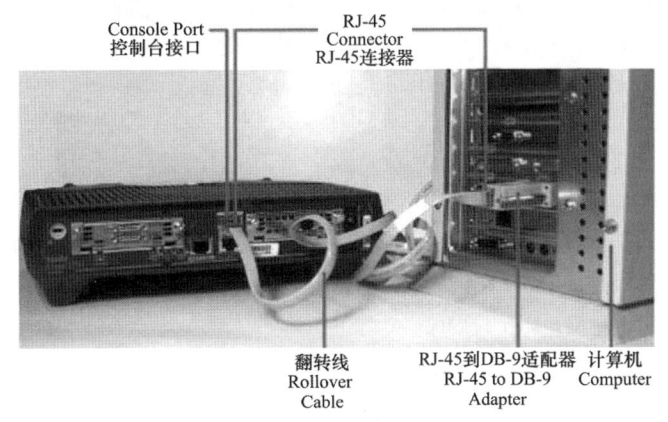

图 4-57 计算机与路由器的连接

打开终端仿真软件 SecureCRT,设置连接的接口以及通信参数,单击"连接",启动路由器,在超级终端窗口上就会出现如下所示的信息:

```
User Access Verification
Password:
```

此时输入口令(缺省口令为 cisco)后就可进入一般用户命令状态,形式如下:

```
Router>
```

> **提示**:如果使用 Cisco Packet Tracer 进行配置,请先构建网络拓扑,再双击其中的某一台路由器,在路由器的配置窗口选择"CLI",出现"Would you like to enter the initial configuration dialog? [yes/no]:",输入"no"按 Enter 键,出现"Press RETURN to get started!",再按 Enter 键,即可进入路由器的用户模式。

```
Router>
```

【STEP│02】路由器命令行操作模式的进入。

Router>enable	!进入特权模式
Router#	
Router#configure terminal	!进入全局模式
Router(config)#interface fa0/0	!进入路由器 F0 的接口模式
Router(config-if)#exit	!退回到上一级操作模式
Router(config-if)#end	!直接退回到特权模式

【STEP│03】了解路由器命令行当前模式下所有可执行的命令。

Router>?	!显示当前模式下所有可执行的命令
Router#copy ?	!显示 copy 命令后可执行的参数

133

【STEP|04】路由器设备名称的配置、开启特权密码保护和特权密匙保护。

```
Router＞enable
Router＃configure terminal
Router（config）＃hostname FangDa          ！配置路由器的名称为 FangDa
FangDa（config）＃enable password cisco    ！开启特权密码保护，密码"cisco"明文显示
FangDa（config）＃enable secret cisco      ！开启特权密匙保护，密码"cisco"密文显示
```

【STEP|05】路由器每日提示信息的配置。

```
FangDa（config）＃banner motd & welcome to RouterA,if you are admin,you can
config it,if you are not admin,please exit &    ！配置每日提示信息，& 为终止符
```

【STEP|06】路由器 A 串行接口 Serial 0/0 的基本配置。

```
Router＞enable
Router＃configure t
Router（config）＃hostname Ra
Ra（config）＃interface serial 0/0                 ！进入 S0/0 的端口模式
Ra（config-if）＃ip address 10.10.10.1 255.255.255.0  ！配置端口的 IP 地址
Ra（config-if）＃bandwidth 512                     ！配置端口的带宽为 512 kbit/s
Ra（config-if）＃no shutdown                       ！开启端口，使端口转发数据
Ra（config-if）＃
```

如果路由器中没有串行接口 Serial 0/0，则需要在路由器主窗口的"Physical"界面先关闭路由器，再添加"WIC-1T"模块，最后开启路由器即可配置 Serial 0/0 接口。

【STEP|07】路由器 B 串行接口 Serial 0/0 的基本配置。

```
Router＞enable
Router＃configure terminal
Router（config）＃hostname Rb
Rb（config）＃interface serial 0/0                 ！进入 S0/0 端口模式
Rb（config-if）＃ip address 10.10.10.2 255.255.255.0  ！配置端口的 IP 地址
Rb（config-if）＃clock rate 64000                  ！在 DCE 接口上配置时钟频率
                                                    为 64 000 Hz
Rb（config-if）＃bandwidth 512                     ！配置端口的带宽为 512 kbit/s
Rb（config-if）＃no shutdown                       ！开启端口，使端口转发数据
```

【STEP|08】查看路由器端口的配置参数。

```
Ra＃show interfaces serial 0/0       ！查看路由器 Router A 的 S0/0 端口的状态
Ra＃show ip interface                ！查看该端口的 IP 相关属性
Rb＃show interface serial 0/0        ！查看路由器 Router B 的 S0/0 端口的状态
Rb＃show ip interface                ！查看该端口的 IP 相关属性
```

【STEP|09】测试配置是否正确。

```
Ra＃ping 10.10.10.2
```

【STEP|10】路由器以太网接口 fastethernet 0/0 的基本配置。

```
Router＞enable
Router＃configure
Configuring from terminal, memory, or network [terminal]?
```

```
Router(config)#hostname RouterA
RouterA(config)#interface fastethernet 0/0
RouterA(config-if)#ip address 192.168.1.1 255.255.255.0
RouterA(config-if)#no shutdown
RouterA#show version                    !查看路由器的版本信息
RouterA#show running-config             !查看路由器当前生效的配置信息
```

【STEP 11】保存路由器配置。

(1)将 RAM 中的当前配置信息(运行的配置)存放到 NVRAM 中作为下一次的启动配置。

```
RouterA # copy running-config  startup-config
```

或

```
RouterA # write memory
RouterA # show running-config           !显示当前配置
RouterA # show startup-config           !显示启动配置
```

(2)清除 NVRAM 中的内容。

```
RouterA # erase startup-config
```

3.虚拟局域网 VLAN 的规划和配置

建立静态虚拟局域网,首先,按部门或业务特点确定如何划分虚拟局域网、定义管理域、确定管理域中各交换机的角色。然后,在管理域中充当服务器的交换机上定义虚拟局域网,利用中继协议定义交换机之间的中继链路。最后,将交换机的端口划分到已定义好的虚拟局域网中。

任务 4-10

方达科技有限公司有 50 台左右的计算机,使用网络的部门有:生产部、财务部、人事部和网络中心四个部门。请你在公司局域网中使用相关技术,保证网络安全,防止广播风暴。

【STEP 01】虚拟局域网的规划。

根据用户的需求,将网络中心、生产部、财务部、人事部划分为四个 VALN,对应的 VLAN 名为:Network、Prod、Ecom、Empl。网络中心交换机命名为 Switch1,生产部交换机命名为 Switch2,财务部和人事部的交换机命名为 Switch3。网络主干采用 1 台 Cisco 3550 三层交换机,3550 的端口分别与四个部门的 3 台交换机相连。

【STEP 02】画出网络拓扑结构图,如图 4-58 所示。

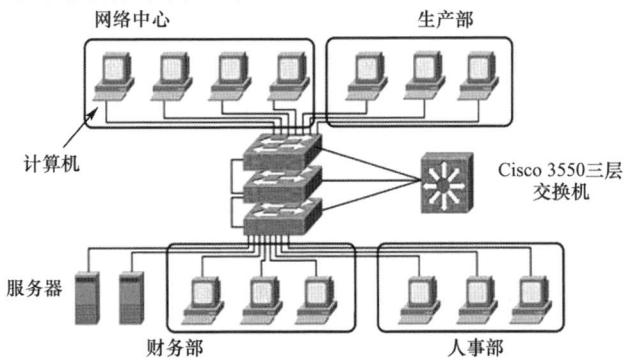

图 4-58 拓扑结构图

【STEP|03】规划各 VLAN 组对应的端口分布，见表 4-1。

表 4-1　　　　　　　　　　各 VLAN 组对应的端口分布

VLAN 号	VLAN 名	端口号	备注
2	Network	Switch1 2～20	
3	Prod	Switch2 2～20	
4	Ecom	Switch3 2～20	
5	Empl	Switch3 2～20	

【STEP|04】交换机的基本配置。

采用按端口划分 VLAN 的配置方法，以 Cisco 三层交换机常用配置命令为例。

(1) 创建 VLAN

创建 VLAN2，命名为 Network，命令如下：

```
Switch1(config)# vlan 2
Switch1(config)# vlan 2 name Network
```

(2) 指定 IP

为 VLAN2 指定一个 IP 地址(192.168.2.1)。先进入 VLAN 接口配置子层，然后再指定 IP，命令如下：

```
Switch# config t
Switch(config)# interface vlan2
Switch(config-if)# ip address 192.168.2.1 255.255.255.0
Switch(config-if)# no shutdown
```

(3) 为 VLAN 划分交换机端口

将交换机的 F0/2 端口加入 VLAN 2 中，命令如下：

```
Switch#
Switch# config t
Switch(config)# interface fastethernet 0/2        //进入 F0/2 接口配置子层
Switch(config-if)# switchport mode access
Switch(config-if)# switchport access vlan2        //将端口 F0/2 加入 VLAN 2 中
Switch(config-if)# spanning-tree portfast
```

(4) 配置 VLAN 中继协议 VTP

中继协议 VTP(VLAN Trunk Protocol)是一种基于 MAC 地址的动态 VLAN 配置协议，是交换机到交换机或交换机到路由器互连的管理协议。VTP 提供了在交换网络中传播 VLAN 配置信息的功能，从而自动地在整个网络中保证 VLAN 配置的连续性和一致性。

VTP 可以在交换网络中提供跨交换机 VLAN 实现的一致性，也可降低跨交换机配置和管理 VLAN 的复杂性。在 VTP 中引入了域的概念，在交换网络环境下，多个交换机构成一个域，每个域有一个域名，具有相同域名的交换机之间才能进行 VTP 报文的交流。

在 VTP 下交换机有三种模式：

● Server 模式：保存域中所有 VLAN 信息，可以添加、删除、重命名 VLAN。

项目 4　组建与维护局域网

- Client 模式：保存域中所有 VLAN 信息，不能添加、删除、重命名 VLAN。
- Transparent 模式：不参与 VTP 协议，只转发 VTP 报文。

VTP 配置命令如下：

```
Switch#
Switch# config t
Switch(config)# vtp domain test        //配置 VTP 的管理域 test
Switch(config)# vtp mode server        //配置 VTP 的工作模式为 server 模式
Switch(config)# end
```

4.4.4　组建与维护小型无线局域网

在无线网络迅猛发展的今天，无线局域网（WLAN）已经成为可应用在家庭、宿舍、企业中的一种成熟的网络，无线网络正在以它的高速传输能力和灵活性发挥着日益重要的作用。

无线局域网的组网拓扑结构有两种：无中心对等式拓扑结构（AdHoc）和有中心拓扑结构（Infrastructure）。一般来讲，无中心拓扑也称为没有基础设施的无线局域网；有中心拓扑也称为有基础设施的无线局域网。下面介绍采用有中心拓扑结构（Infrastructure）构建实验室无线局域网的方法和技巧。

1.连接无线网络设备

按照图 4-59 连接无线网络设备。

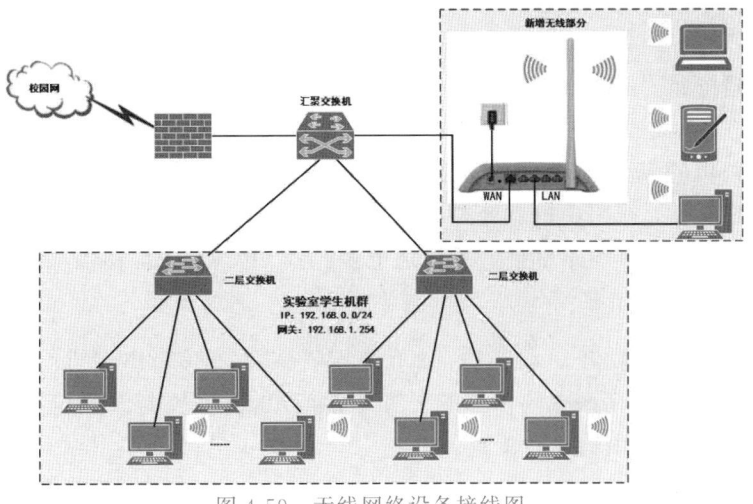

图 4-59　无线网络设备接线图

任务 4-11

在实验室网络拓扑（图 4-59）中新增无线网服务，先熟悉无线设备，再请按图连接好无线局域网网络设备。

【STEP|01】准备好构建实验室无线局域网的相关设备,包括:无线宽带路由器(如:华为 WS832 路由器)、无线网卡(如:TP-Link TL-WIN823 免驱版)和两根网线。

【STEP|02】熟悉实验室无线局域网相关设备的结构。

(1)华为 WS832 路由器机身背部接口齐全,从左到右分别是电源插孔、WiFi 增强开关、USB2.0 接口、4 个 10/100M LAN 接口、1 个 10/100M LAN 接口,如图 4-60 所示。查看无线路由铭牌,登记无线路由的管理 IP(如:192.168.3.1),登录用户和登录密码。

(2)TP-Link TL-WN823N 免驱版 USB 无线网卡,适用于笔记本/台式机,支持 IEEE 802.11n、IEEE 802.11g、IEEE 802.11b 网络标准,传输速率可达 54 Mbit/s。其结构如图 4-61 所示。

图 4-60　WS832 路由器　　　　图 4-61　TP-Link TL-WN823N 无线网卡

【STEP|03】按照"任务 2-2"制作 2 根直通线,将其中一根一端连接 WS832 路由器的 LAN1、LAN2、LAN3、LAN4 中任意一个 LAN 口,另一端连接计算机的网络接口;另一根一端连接无线路由的 WAN 口,另一端连接路由器的以太网接口。

【STEP|04】连接无线路由的直流电源 AC。

【STEP|05】确认所有线路都插好后接通电源,启动 PC、无线路由器和其他接入设备。

2. 配置无线宽带路由器

当所有设备都连接好并启动之后,接下来就需要对无线路由器进行配置了。SOHO (Small Office Home Office)式路由器的配置非常简单,只需要打开浏览器,登录路由器的 Web 配置界面即可对路由器进行配置。

任务 4-12

先进行 PC 的 IP 设置(192.168.3.100),接下来在 Edge 浏览器中配置华为的 WS832 无线宽带路由器的相关参数。

【STEP|01】按照"任务 3-1"配置连接在路由器 LAN 口的台式计算机的 IP 地址(必须与无线路由器的 IP 在同一网段,如:192.168.3.100),也可以设置为自动获取。

【STEP|02】在台式计算机上打开 Edge,在地址栏上输入无线路由器的管理 IP(192.168.

项目 4　组建与维护局域网

3.1）按 Enter 键登录"欢迎使用 WS832"主界面,如图 4-62 所示,单击"马上体验"按钮。

注意：不同品牌和型号的无线路由器的管理 IP 可能不一样,如不清楚请查看设备说明书或查看无线路由器的铭牌。

【STEP|03】此时华为 WS832 路由器会自动检查上网方式,如果检测不到上网方式,就会出现网络配置窗口,如图 4-63 所示,单击"先不插网线,继续配置"链接。

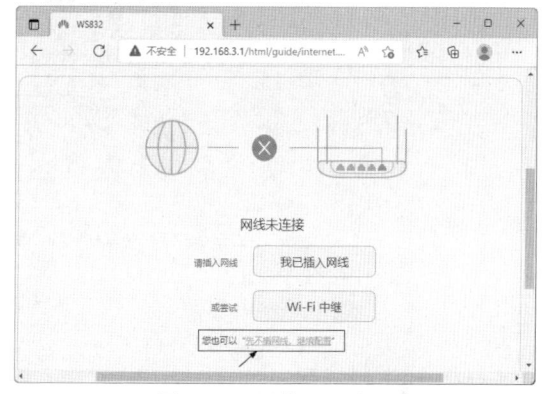

图 4-62　"欢迎使用 WS832"主界面　　　　图 4-63　网络配置窗口

【STEP|04】进入网络配置您的上网方式是"窗口,如图 4-64 所示,选择一种无线路由器接入有线网络的上网方式,此处提供了宽带账号上网、自动获取 IP 和 Wi-Fi 中继等 3 种上网方式,如果实验室提供了 DHCP 服务,就选第二种；如果是家庭宽带接入,就选第一种。此处选择"跳过"。

【STEP|05】进入"设置你的 Wi-Fi 名称和密码"窗口,如图 4-65 所示。先在"Wi-Fi 名称"文本框中输入无线网络名称（如：HUAWEI-XinTian）；再在"Wi-Fi 新密码"文本框中设置登录到 Wi-Fi 的密码,输入完成后,单击"下一步"按钮。

图 4-64　"网络配置"窗口　　　　图 4-65　"设置你的 Wi-Fi 名称和密码"窗口

【STEP|06】进入"设置路由器的登录密码"窗口,如图 4-66 所示。在此界面,可以拖动"与 Wi-Fi 新密码相同"的开关至开启状态,单击"完成"按钮完成基本配置。

【STEP|07】返回 WS832 配置主界面,单击"我要上网"选项,打开"自动识别上网方式",会出现"连接互联网失败"的提示,没关系,因为此时还没有配置完成。接下来进行上网参数的配置,如图 4-67 所示。

图 4-66 设置路由器的登录密码窗口

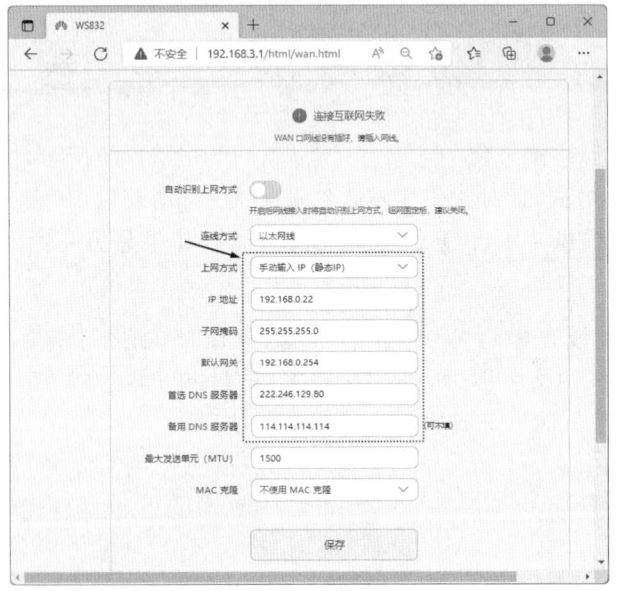

图 4-67 "我要上网"窗口

➢ 在"上网方式"下拉列表中选择"手动输入 IP(静态 IP)";

➢ 在"IP 地址"文本框中选择一个实验室连接外网的静态 IP,如:192.168.0.22;

➢ 在"子网掩码"文本框中,输入子网掩码,如:255.255.255.0;

➢ 在"默认网关"文本框中,输入实验室连接外网网关的 IP,如:192.168.0.254;

➢ 在"首选 DNS 服务器"文本框中输入首选 DNS,如:222.246.129.80;在"备用 DNS 服务器"文本框中输入备用 DNS,如:114.114.114.114。

各项参数输入完成,确保无误后,单击"保存"按钮保存所有参数。

注意:"IP 地址""子网掩码""默认网关""首选 DNS 服务器""备用 DNS 服务器"等相关参数由宽带运营商或网络管理员提供。

【STEP|08】无线 Wi-Fi 设置。单击"我的 Wi-Fi"选项,进入"我的 Wi-Fi"设置窗口,如图 4-68 所示。此时可以分别设置 2.4G Wi-Fi 名称、Wi-Fi 密码,5G Wi-Fi 名称、Wi-Fi 密码等相关参数。

项目 4　组建与维护局域网

【STEP|09】DHCP 服务设置。单击"更多功能"选项,打开"更多功能"窗口,在左侧单击"网络设置",在下方选中"局域网",此时在右侧可以进行局域网的相关设置,如图 4-69 所示。可以设置"路由器局域网 IP 地址"、启用"DHCP 服务器"、DHCP 服务器的地址池。各项参数输入完成,确保无误后,再次单击"保存"按钮保存所有参数。

图 4-68　"我的 Wi-Fi"窗口　　　　　图 4-69　"更多功能"窗口

3.配置无线网络

目前,常见的无线网卡大多为 PCMCIA、PCI 和 USB 三种类型。给台式机安装 TP-LINK TL-WN823N 免驱 USB 无线网卡,与安装其他网卡有些不同,同学们可以参考使用说明进行安装。

任务 4-13

请你给实验室的台式计算机安装免驱型 USB 无线网卡,并进行 Internet 的接入测试。

【STEP|01】在实验室局域网中选择一台学生机安装 TP-LINK TL-WN823N 免驱 USB 无线网卡。将 TP-LINK TL-WN823N 无线网卡插入 USB 接口,接下来在 Windows 桌面的右下角弹出"CD 驱动器(G:)"提示框,如图 4-70 所示,单击"CD 驱动器(G:)"。

图 4-70　"CD 驱动器(G:)"提示框

【STEP|02】在桌面右上角出现"CD 驱动器(G:)TP-LINK"提示框,如图 4-71 所示,单击"运行 SetupInstall.exe",安装 TP-LINK TL-WN823N 无线网卡的驱动程序。

141

图 4-71 "CD 驱动器(G:)TP-LINK"提示框

> **注意**：如果桌面没有弹出如图 4-70 所示的"CD 驱动器(G:)"提示框，此时可以在桌面双击"此电脑"，打开"此电脑"窗口，如图 7-72 所示，再双击"CD 驱动器(G:)TP-LINK"，打开"CD 驱动器(G:)TP-LINK"窗口，如图 7-73 所示，单击"SetupInstall.exe"，安装 TP-LINK TL-WN823N 无线网卡的驱动程序。

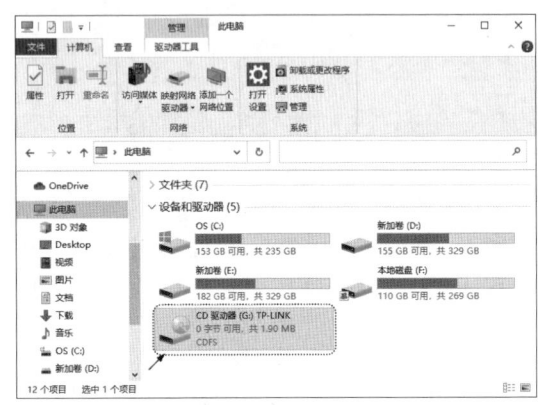

图 4-72 "此电脑"窗口　　　　图 4-73 "CD 驱动器(G:)TP-LINK"窗口

【STEP|03】进入"TP-LINK 无线网卡产品"驱动安装提示界面，如图 4-74 所示，在提示界面中可以看到网卡驱动的安装进度，等待驱动安装完成。

图 4-74 "TP-LINK 无线网卡产品"驱动安装提示

【STEP|04】在 Windows 的任务栏中单击网络连接图标，在弹出的菜单中单击"任务-14"中 STEP05 中设置的 SSID(HUAWEI-XinTian)，如图 4-75 所示，再单击"连接"。

【STEP|05】弹出"输入网络安全密钥"的提示框，如图 4-76 所示，在"输入网络安全密

项目 4　组建与维护局域网

钥"的文本框中输入正确的登录密钥,单击"下一步"进行连接。等待一会出现"HUAWEI-XinTian 已连接,安全"提示内容,如图 4-77 所示,此时已完成无线网卡安装,并顺利连接无线路由器。

【STEP|06】最后在学生机中打开 Edge 浏览器,在地址栏输入互联网网址(如:www.163.com)按 Enter 键,如果可以看到网站的主页,表示实验室无线网络配置成功,如图 7-78 所示。

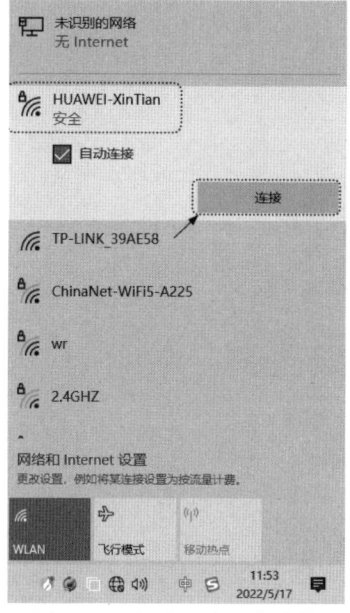

图 4-75　查看无线网络连接

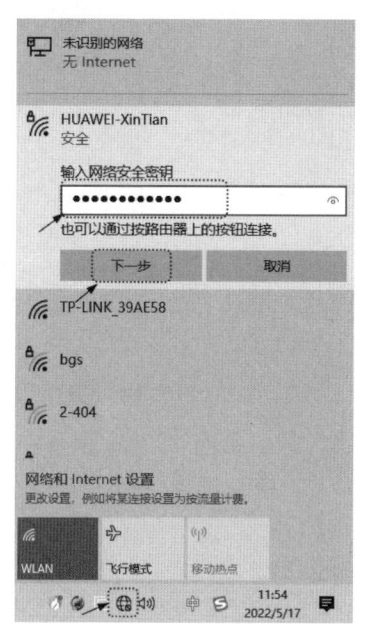

图 4-76　"输入网络安全密钥"提示框

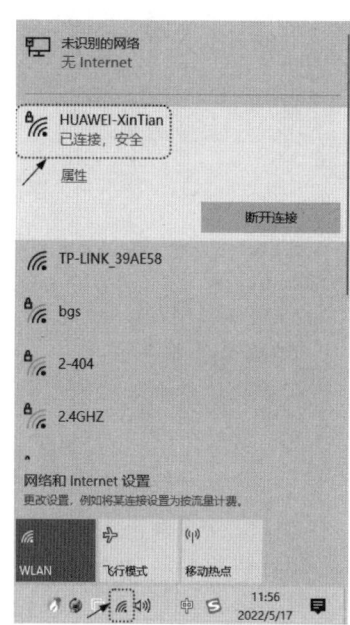

图 4-77　"HUAWEI-XinTian 已连接,安全"提示内容

图 4-78　登录测试

143

4.5 拓展训练

4.5.1 课堂实践

1.配置交换机的基本参数

课堂实践 4-1

安装 Cisco 公司开发的网络仿真工具软件 Packet Tracer,在 Packet Tracer 中构建一个包含 1 台交换机和 3 台 PC 组成的简单局域网,然后根据以下需求对交换机进行合理的配置。

配置要求如下:
(1)将交换机主机名设置为 SwitchA、加密密码设置为 S1。
(2)配置交换机 IP 地址为 192.168.1.1、子网掩码为 255.255.255.0。
(3)配置交换机端口速度为 100 Mbit/s、端口双工方式为全双工。
(4)检查交换机运行配置文件内容。
(5)检查交换机启动配置文件内容。
(6)检查端口 fastethernet 0/1 的状态及参数。
(7)检查交换机 MAC 地址表的内容。

2.Setup 模式的使用

如果路由器的 NVRAM(非易失性存储器)中无备份的配置文件,则路由器开机启动后,找不到配置文件,这时路由器会进入 Setup 模式,即进行一问一答的对话框模式。进入 Setup 模式有两种方法,一种方法是:

| RouterA#erase startup-config | !删除 NVRAM 中的配置文件 |
| RouterA#reload | !重启路由器 |

另一种方法是:

| RouterA#setup | !进入 Setup 模式 |

课堂实践 4-2

使用 Setup 模式配置路由器的全局参数、端口参数等。

配置要求如下:
(1)设置路由器的名称为 Router1。
(2)设置进入特权状态的密文(secret)为 654321。
(3)设置虚拟终端访问时的密码为 cisco。

项目4　组建与维护局域网

(4)设置路由器支持的相关协议为 IPX、IP、IGRP、RIP。

(5)设置 interface serial0 的 IP 地址为 172.16.97.67,子网掩码为 255.255.0.0。

其他相关设置使用默认值即可。

3.映射网络驱动器

薛主任经常要用到"XUE01"计算机上的驱动器 E:上存储的"工作计划""软件备份"等共享文件夹,每次都登录共享连接很麻烦,如果能像访问自己的驱动器一样就方便多了,这时就得进行网络驱动器的映射。

课堂实践 4-3

将"XUE01"计算机上的驱动器 E:中的"软件备份"映射到薛主任的计算机上,使之成为该计算机上的驱动器 Z:。

【STEP|01】在 Windows 11 的桌面上右键单击"此电脑",在打开的快捷菜单中选择"映射网络驱动器",打开"映射网络驱动器"对话框,如图 4-79 所示。

图 4-79　"映射网络驱动器"对话框

【STEP|02】选择驱动器的盘符(如"Z:"),在"文件夹"文本框中输入(或选择)"\\XUE01\download",选中"登录时重新连接"复选框,单击"完成"进行网络驱动器映射,再次打开"此电脑",可看到已成功映射网络驱动器 Z:,如图 4-80 所示。

图 4-80　映射网络驱动器 Z:

4.5.2 课外拓展

一、知识拓展

【拓展 4-1】选择题

1. 计算机网络最基本的功能之一是_____。
   A. 资源共享　　　B. 计算机通信　　　C. 电子商务　　　D. 电子邮件
2. 下面_____不是网络的拓扑结构。
   A. 星型　　　　　B. 总线型　　　　　C. 立方型　　　　D. 环型
3. 组建计算机网络的目的是能够相互共享资源，这里的计算机资源主要是指硬件、软件与_____。
   A. 大型机　　　　B. 通信系统　　　　C. 服务器　　　　D. 数据
4. 下列网络类型不是按距离划分的是_____。
   A. 广域网　　　　B. 局域网　　　　　C. 城域网　　　　D. 公用网
5. 如果组建家庭局域网，应选择的网络传输介质是_____。
   A. 双绞线　　　　B. 光缆　　　　　　C. 无线网卡　　　D. ADSL
6. 如果组建家庭局域网，应选择的组网设备是_____。
   A. 中继器　　　　B. 集线器　　　　　C. 交换机　　　　D. 宽带路由器
7. 下列不属于局域网组网设备是_____。
   A. 打印机　　　　B. 集线器　　　　　C. 交换机　　　　D. 路由器

【拓展 4-2】填空题

1. 局域网是指范围在_____到_____内办公楼群或校园内的计算机相互连接所构成的计算机网络。
2. 从总体来说，局域网可视为由硬件和软件两部分组成。硬件部分主要包括计算机、外围设备、_____；软件部分主要包括_____、_____和应用软件等。
3. IEEE 802 标准遵循_____参考模型的原则，解决最低两层：_____和_____的功能以及与网络层的_____服务、网际互联有关的高层功能。
4. 局域网是一种在小区域内使用的网络，其英文缩写为_____。
5. 调制解调器的作用是实现_____信号和_____信号之间的变换。
6. IEEE 802 规定了局域网中最常用的介质访问控制方法，包括 IEEE 802.3 载波监听多路访问/冲突检测总线网、_____和 IEEE 802.5 令牌环网。
7. 无线局域网的组网拓扑结构有_____和_____两种。
8. 根据 OSI 的分层结构，交换机可分为_____和_____等。

二、技能拓展

1. 小明家的两台计算机均已安装 Windows 11 操作系统，他想实现两台计算机的资源共享，因此要将两台计算机组成对等局域网。按照要求他买了两块网卡、一根双绞线及两个水晶头。接下来小明应该怎样做，请你按照组建局域网的顺序撰写具体方案。
2. 参观学校、企事业单位的网络中心，完成以下任务：

(1)观察该网络中所使用的设备,如服务器、交换机、路由器、防火墙等,记录设备名称和型号及这些设备是如何接入网络的,了解这些设备的主要功能。

(2)记录该网络内计算机的数量、配置及使用的操作系统。

(3)画出该网络的拓扑结构,并分析该网络采用何种网络结构。

(4)写出分析报告。

2.在 Packet Tracer 中,搭建由 1 台交换机、4 台客户机构建的小型企业局域网,在交换机上完成 VLAN 的划分。具体要求是:

(1)PC1、PC2 连接交换机的 1~8 号端口上,PC3、PC4 连接交换机的 9~16 号端口上。

(2)将交换机的 1~8 端号口划分到 VLAN100,9~16 号端口划分到 VLAN200。

(3)先测试 PC1 和 PC2、PC3 和 PC4 之间的连通性,再测试 PC1 和 PC3、PC2 和 PC4 之间的连通性。

4.6 总结提高

随着 Internet 的迅速发展,网络已经渗透到各行各业,并与我们的工作、生活息息相关。局域网是因特网的基础单元,在政府部门、企事业单位,甚至家庭都得到了广泛的应用。本项目首先给大家讲解了局域网的概念、局域网的分类,接下来讲解了局域网的基本组成、局域网的参考模型与局域网标准,最后重点学习了局域网组建的一些具体方法和技巧。

本项目通过大量的任务训练大家掌握组建局域网的需求分析、设计局域网拓扑结构、组建家庭局域网、组建企业局域网和组建简单无线局域网等方面的技能。通过本项目的学习,你的收获怎样?请认真填写表 4-2,并及时反馈给任课教师,谢谢!

表 4-2　　　　　　　　　　学习情况小结

序号	知识与技能	重要指数	自我评价 A B C D E	小组评价 A B C D E	教师评价 A B C D E
1	熟悉局域网的概念和分类	★★☆			
2	熟悉局域网的基本组成	★★★★			
3	掌握局域网的参考模型与局域网标准	★★★☆			
4	能完成局域网拓扑结构的设计	★★★★★			
5	能组建家庭局域网	★★★☆			
6	能组建企业办公局域网	★★★★★			
7	能在局域网中划分 VLAN	★★★★☆			
8	能组建简单无线局域网	★★★★			
9	具有较强的独立操作能力,同时具备较好的合作意识	★★★☆			

注:评价等级分为 A、B、C、D、E 五等,其中:对知识与技能掌握很好为 A 等;掌握了绝大部分为 B 等;大部分内容掌握较好为 C 等;基本掌握为 D 等;大部分内容不够清楚为 E 等。

项目 5　Internet 技术及其应用

内容提要

计算机网络已经越来越深入我们的生活中，特别是以 Internet 和 WWW 为代表的计算机网络的发展尤为如此。Internet 技术为我们带来了最快捷的通信方式、最自由的办公环境和最具个性化的生活空间。

本项目将引导大家熟悉 Internet 的概念、组成、发展，Internet 的主要信息服务、Internet 的物理结构、Internet 的管理机构及 Internet 的接入技术等，并通过真实的任务训练大家使用 Edge 浏览器浏览信息、在搜索引擎中使用高级搜索命令、申请和使用云盘、申请和使用电子邮箱等技能。

知识目标

◎ 了解 Internet 的概念、组成、发展
◎ 熟悉 Internet 的物理结构与工作模式
◎ 了解 Internet 的接入技术
◎ 熟悉 Edge 浏览器的使用方法
◎ 掌握阿里云盘、163 免费邮箱的申请与使用

技能目标

◎ 能分析并选择 Internet 接入技术
◎ 能使用 Edge 浏览器浏览信息
◎ 会申请和使用阿里云盘、163 免费邮箱
◎ 能在搜索引擎中使用高级搜索命令快速搜索资源

项目 5 Internet 技术及其应用

素质目标

◎ 培养诚信、敬业、科学、严谨的工作态度和工作作风
◎ 养成刻苦、勤奋、好问、独立思考和细心检查的学习习惯
◎ 具有一定自学能力、分析问题、解决问题能力和创新的能力
◎ 具备用网道德意识和安全防范意识,做到健康上网、文明上网

参考学时

◎ 8 学时(含实践教学 4 学时)

5.1 情境描述

湖南易通网络技术有限公司近期接洽了一批用户,他们有的是家庭用户、有的是学生用户、有的是企业老总,他们有一个共同的特点,就是都希望自己或企业内部能接入 Internet,进行网上办公、快速搜索网络资源、使用网盘存储资源、发送电子邮件在此情况下,想请李恒帮助他们设计接入 Internet 的方案,并对他们进行简单的操作培训(图 5-0)。

图 5-0 项目情境

Internet 上的各种服务数不胜数,其中多数服务是免费的。到底应从哪些方面入手帮助他们了解 Internet 的应用呢?

5.2 任务分析

在本项目中,李恒应完成的主要任务有如下几项:
(1)掌握 Internet 的信息服务内容;
(2)熟悉 Internet 的物理结构与工作模式;
(3)熟悉 Internet 的接入技术;
(4)使用 Edge 浏览器浏览信息;
(5)完成云盘的申请和使用;
(6)完成免费邮箱的申请和使用;
(7)使用高级搜索命令快速搜索资源。

5.3 知识储备

5.3.1 Internet 概述

人们常把 Internet 称为国际互联网、因特网、交互网络等,它是无数条信息资源的总称。这些资源以电子文件的形式,在线地分布在世界各地的数百万台计算机上;Internet 上开发了许多应用系统,供接入网上的用户使用,网上的用户可以方便地交换信息,共享资源。也可以认为 Internet 是各种网络组成的网络,它是使用 TCP/IP 协议互相通信的数据网络集体。

1. Internet 的定义

"Inter"在英语中的含义是"交互"的,"net"是指"网络"。虽然从字面上理解,它是一个交互式网络,但至今还没有一个准确的定义来概括 Internet,因为这个定义必须从通信协议、物理连接、资源共享、相互联系、相互通信等多方面综合考虑。目前,比较常用的定义有两种:

● 在全球范围,由采用 TCP/IP 协议簇的众多计算机网络相互连接而成的最大的开放式计算机网络。

● 世界范围内网络和网关的集合体,使用通用的 TCP/IP 协议簇进行相互通信,是一个开放的网络系统。

因此,可以这样理解 Internet,它是一个遵循一定协议自由发展的国际互联网,它利用覆盖全球的通信系统使各类计算机网络互联,从而实现智能化的信息交流和资源共享。

2. Internet 的组成

Internet 主要由通信线路、路由器、服务器与客户机以及信息资源等部分组成。

(1)通信线路

通信线路是 Internet 的基础设施,它负责将 Internet 中的路由器与主机连接起来。Internet 中的通信线路可以分为两类:有线通信线路与无线通信线路。

(2)路由器

路由器是一种多端口设备,它可以连接不同传输速率并运行于各种环境的局域网和广域网,也可以采用不同的协议。路由器是 Internet 中最重要的设备之一,它负责将 Internet

中的各个局域网或广域网连接起来。

(3)服务器与客户机

服务器是信息资源与服务的提供者,它一般是性能较高、存储容量较大的计算机。客户机是信息资源与服务的使用者,它可以是普通的微型机或便携机。

服务器使用专用的服务器软件向用户提供信息资源与服务;而用户使用各类 Internet 客户端软件来访问信息资源或服务。

(4)信息资源

信息资源是用户最关心的问题,它会影响到 Internet 受欢迎的程度。在 Internet 中存在着很多类型的信息资源,例如文本、图像、声音与视频等多种信息类型,涉及社会生活的各个方面。

3. Internet 的形成

Internet 的起源要追溯到 20 世纪 60 年代后期。当时美国国防部高级计划研究局研制了一个试验性网络 ARPANet,该网络问世时仅 4 个节点,如图 5-1 所示,只连接了几个研究所和大学。

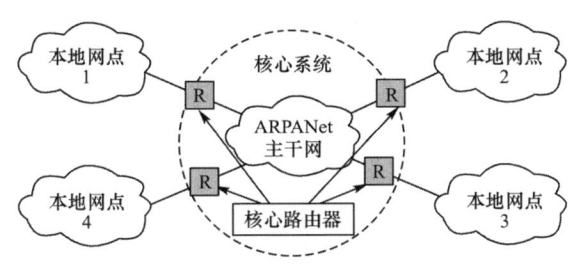

图 5-1 ARPANet

1976 年,ARPANet 发展到 60 多个节点,连接了 100 多台计算机主机,跨越整个美国大陆,通过卫星连至夏威夷,并延伸至欧洲,形成了覆盖世界范围的通信网络。

1980 年,ARPA 开始把 ARPANet 上运行的计算机转向采用新的 TCP/IP 协议。1985 年,美国国家科学基金会(NSF)筹建了 6 个拥有超级计算机的中心。

1986 年,NSF 组建了国家科学基金网 NSFNet,它采用三级网络结构,分为主干网、地区网、校园网,连接所有的超级计算机中心,覆盖了美国主要的大学和研究所,实现了与 ARPANet 以及美国其他主要网络的互联。

1990 年,鉴于 ARPANet 的实验任务已经完成。随后,其他发达国家也相继建立了本国的 TCP/IP 网络,并连接到 Internet 上,一个覆盖全球的国际互联网(Internet)已经形成。

4. Internet 的发展

1990 年开始,由 IBM、MCI 和 Merit 三家公司共同组建了先进网络服务公司 ANS(Advanced Network Services),专门为 NFSNet 提供服务。NFSNet 的形成和发展,使它后来成为 Internet 的主干网。同年,美国联邦组网协会允许任何组织申请加入 Internet,开始了 Internet 高速发展的时代。随后,世界各地不同种类的网络与美国 Internet 相连,便形成了全球性的 Internet。

Internet 的飞速发展得益于 1992 年兴起的电子商务。Internet 最初的宗旨是用来支持教育和科研活动,而不是用于商业活动。但是随着 Internet 规模的扩大和应用服务的发展,以及市场全球化需求的增长,特别是 ANS 的介入,使 Internet 从学术界走向商业和市场。商业机构很快发现了 Internet 在通信、资料检索和客户服务等方面的巨大潜力,于是,使用 Internet 的用户范围迅速扩展,从大专院校、科研机构、商业部门以及各种媒体到国家政府部门、军队等,现在 Internet 已延伸到了世界的各个角落。

根据联合国宽带可持续发展委员会发布的报告,截至 2016 年底,全球有 35 亿用户使用互联网,相当于全球人口总数的 47%。

5. Internet 在中国的发展

Internet 在中国的发展,大致可分为两个阶段:第一个阶段是 1987 年～1993 年,一些科研机构通过 X.25 实现了与 Internet 电子邮件转发的连接;第二阶段是从 1994 年开始,中国科学院高能物理研究所的计算机网络正式接入 Internet,称为中国科技网(CSTNet)。从此,Internet 在我国有了突飞猛进的发展,其发展历程如下:

- 1994 年 4 月 20 日,中国实现与国际互联网的第一条 TCP/IP 全功能连接,成为互联网大家庭中一员。
- 1995 年 3 月,中国科学院完成上海、合肥、武汉、南京四个分院的远程连接,邮电系统的互联网接入业务开始通过电话网、DDN 专线以及 X.25 网等方式向社会开放。
- 1996 年 1 月,中国公用计算机互联网 CHINANet 全国骨干网建成并正式开通;11 月,国家计委正式批准金桥一期工程立项,CERNet-DFN 建立了中国大陆到欧洲的第一个 Internet 连接。
- 1997 年 10 月,中国公用计算机互联网 CHINANet 实现了与中国其他三个互联网络即中国科技网(CSTNet)、中国教育和科研计算机网(CERNet)、中国金桥信息网(CHINAGBN)的互联互通。
- 1998 年 6 月,CERNet 正式参加下一代 IP 协议(IPv6)试验网 6BONE;11 月,CHINANet 骨干网二期工程开始启动。
- 2000 年 4 月～7 月,新浪、网易、搜狐在纳斯达克上市;5 月,中国移动互联网 CMNet 投入运行,移动梦网计划推出;7 月企业上网工程启动,中国联通公用计算机互联网(UNINet)正式开通。
- 2001 年 2 月,中国电信开通 Internet 国际漫游业务;7 月,中国第一个下一代互联网学术研究网中国高速互联研究试验网络 NSFCNet 建成;12 月,中国十大骨干互联网签署了互联互通协议,网民可以较方便地跨地区访问网络。
- 2002 年 5 月,中国电信启动"互联星空"计划,标志 ISP 和 ICP 开始联合打造宽带互联网产业链;9 月,国务院第 363 号令公布《互联网上网服务营业场所管理条例》;12 月,《中国互联网络域名管理办法》开始实施。
- 2003 年 8 月,国务院正式批复启动中国下一代互联网示范工程 CNGI。
- 2005 年 6 月底,我国网民数首次突破 1 亿,宽带用户数在网民中的比例首次超过 50%;Web 2.0 的发展标志互联网进入新阶段,一系列互联网社会化应用 Blog、RSS、WIKI、SNS 等开始崭露头角。
- 2006 年 3 月,《互联网电子邮件服务管理办法》开始施行;7 月,《信息网络传播权保护条例》开始施行;12 月,中国电信、中国网通、中国联通、中华电信、韩国电信和美国 Verizon 公司六家运营商在北京宣布共同建设跨太平洋直达光缆系统。

- 2007年6月,我国首部电子商务发展规划《电子商务发展"十一五"规划》发布,首次在国家政策层面确立了发展电子商务的战略和任务。
- 2008年5月,开心网、校内网等迅速传播,SNS成为2008年热门互联网应用之一;截至6月30日,我国网民总人数达到2.53亿,首次跃居世界第一。
- 2009年1月7日,中国移动、中国电信和中国联通获得3G牌照,移动互联网发展提速;2009年下半年起,新浪、搜狐、网易、人民网等纷纷开启微博,微博成为热点互联网应用之一。
- 2010年3月,首批三张互联网电视牌照发放;6月,文化部公布我国第一部针对网络游戏进行管理的部门规章《网络游戏管理暂行办法》;团购网站这一年开始在中国逐渐兴起。
- 2011年1月,腾讯推出微信;5月,国家互联网信息办公室正式设立,同月中国人民银行下发首批27张第三方支付牌照;开放平台当年成为互联网发展重要取向,百度、腾讯、新浪微博、360、阿里巴巴等纷纷开放平台,"平台+应用"的格局来临;智能手机开始快速普及。
- 2012年2月,《物联网"十二五"发展规划》发布;7月,《"十二五"国家战略性新兴产业发展规划》提出实施宽带中国工程。
- 2013年6月,支付宝推出余额宝,互联网金融产品异军突起,成为创新发展热点。
- 2014年2月,中央网络安全和信息化领导小组成立,中共中央总书记习近平任组长。
- 2015年的政府工作报告首次提出"互联网+"行动计划,表明国家要把互联网与传统行业结合起来,创造新的发展生态。

中国互联网起步晚,但发展很快,在世界互联网企业前10强中,中国已占据4席。2017年8月4日,中国互联网络信息中心(CNNIC)在京发布第40次《中国互联网络发展状况统计报告》显示:

- 截至2017年6月,中国网民规模达到7.51亿,占全球网民总数的五分之一,互联网普及率为54.3%。其中,我国手机网民规模达7.24亿,继续保持稳定增长。
- 2017年上半年,商务交易类应用持续高速增长,网络购物、网上外卖和在线旅行预订的用户规模分别增长10.2%、41.6%和11.5%。
- 2017年上半年,互联网理财用户规模达到1.26亿,半年增长率为27.5%,互联网理财领域线上线下正在整合各自在流量、技术和金融产品服务的优势,步入从对抗竞争走向合作共赢的发展阶段。
- 截至2017年6月,公共服务类各细分领域应用用户规模均有所增长。其中,在线教育、网约出租车、网约专车或快车的用户规模分别达到1.44亿、2.78亿和2.17亿。
- 截至2018年12月,我国网民规模达8.29亿,普及率达59.6%;我国手机网民规模达8.17亿,网民通过手机接入互联网比例高达98.6%。
- 截至2019年6月,我国网民规模达8.54亿,互联网普及率达61.2%;我国手机网民规模达8.47亿,网民使用手机上网的比例达99.1%;我国IPv6地址数量为50 286块/32,较2018年底增长14.3%,已跃居全球第一位。我国网络购物用户规模达6.39亿,较2018年底增长2871万,占网民整体的74.8%。
- 截至2020年12月,我国网民规模达9.89亿,较2020年3月增长8540万,互联网普及率达70.4%。2020年,我国互联网行业在抵御新冠肺炎疫情和疫情常态化防控等方面发挥了积极作用,为我国成为全球唯一实现经济正增长的主要经济体,国内生产总值(GDP)首度突破百万亿,为完成脱贫攻坚任务做出了重要贡献。

> 【思政元素】
> 　　网络空间已成为亿万民众共同的精神家园,培育积极健康、向上向善的网络文化,不仅能让网络空间风清气正,更能提升我国互联网发展的"软实力"与国家凝聚力。
> 　　同学们在使用网络时,要防范网络诈骗和网络成瘾,加强用网道德意识和防范意识。为推动构建清朗网络空间及建设网络强国做出必不可少的贡献。

5.3.2　Internet 的主要信息服务

1. 电子邮件服务（E-mail）

电子邮件服务(E-mail)是一种通过计算机网络与其他用户进行联系的快速、简便、高效、价廉的现代化通信手段,它采用"存储转发"方式为用户传递电子邮件。

2. WWW 服务

WWW 是一个基于超文本(Hypertext)方式的信息查询工具,其最大特点是拥有非常友好的图形界面、非常简单的操作方式以及图文并茂的显示方式。WWW 的出现大大改善了人们查询信息的方式,极大地推动了 Internet 的发展。

3. 文件传输服务（FTP）

文件传输服务(FTP)允许 Internet 上的用户将一台计算机上的文件和程序传送到另一台计算机上,允许用户从远程主机上得到想要的程序和文件,就像一个跨地区跨国家的全球范围内的拷贝命令。这与后面提到的远程登录(Telnet)有些类似,它是一种实时的联机服务。

尽管有时也可以用电子邮件来传送文件,但邮件更适合于一些短小的文本,对于那些大的程序和数据文件就要用 Internet 的"文件传输"功能进行发送和接收。

4. 远程登录服务（Telnet）

远程登录是指在网络通信协议 Telnet 的支持下,用户的计算机通过 Internet 暂时成为远程计算机终端的过程。用户通过所拥有的账号和口令登录远程主机,成为该主机的合法用户,便可以使用远程计算机对外开放的全部资源了。

5. 新闻组

新闻组(NewsGroup)是由具有共同爱好的 Internet 用户为了相互交换意见而建立的,它按照不同的专题来组织,是一种用户完全自由参与的活动。在 Internet 上连接一些新闻服务器,用户可随时阅读新闻服务器提供的分门别类的消息,并可以将自己的见解发送给新闻服务器。

6. 娱乐与会话服务

Internet 不仅可以让你同 Internet 用户进行实时通话,而且还可以参与各种游戏,如:与远在千里以外的你不认识的人对弈,或者参加联网大战等。

5.3.3 Internet 的物理结构与工作模式

1.Internet 的物理结构

Internet 的物理结构是指与连接 Internet 相关的网络通信设备之间的物理连接方式，即网络的拓扑结构。网络通信设备包括网间设备和传输媒体（数据通信线路），常见的网间设备有：多协议路由器、网络交换机、数据中继器、调制解调器；常见的传输媒体有：双绞线、同轴电缆、光缆、无线媒体。Internet 的逻辑结构如图 5-2 所示。

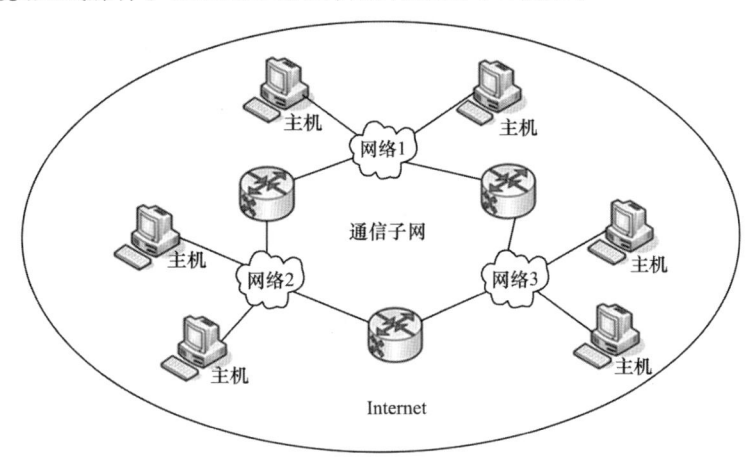

图 5-2　Internet 的逻辑结构

Internet 实际上是由许多的校园网、企业网等互联而成，网络中嵌套着网络，如图 5-3 所示。校园网或企业网主要由网络交换机（如图中的 Cisco Catalyst 4000 网络交换机和三层交换校园主干）、服务器组（如图中的服务器群）、园区通信光纤及铜缆等组成，这些网络都是局域网（Local Area Network，LAN）。在局域网络边界使用路由器（如图中的广域网连接）和调制解调器，并租用数据通信专用线路与广域网相连，即接入 Internet，成为 Internet 的一分子。

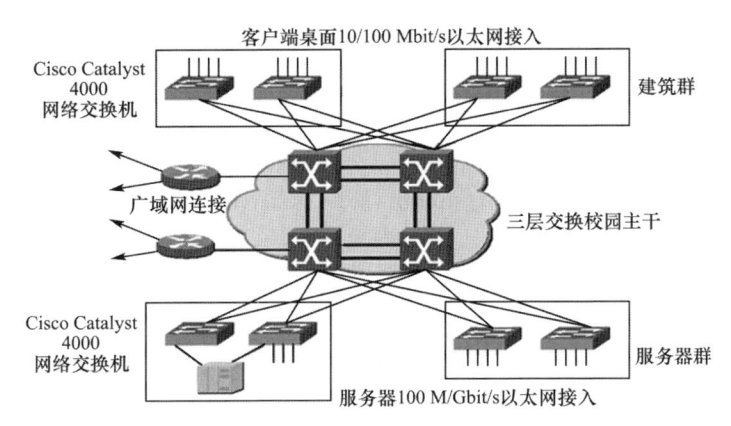

图 5-3　Internet 由校园网、企业网等互联而成

2.Internet 的工作模式

Internet 采用 C/S（Client/Server，客户机/服务器）模式，C/S 模式简单地讲就是基于企业内部网络的应用系统，通过它可以充分利用两端硬件环境的优势，将任务合理分配到

Client 端和 Server 端来实现,降低了系统的通信开销。目前大多数应用软件系统都是 Client/Server 形式的两层结构。由于现在的软件应用系统正在向分布式的 Web 应用发展,Web 和 Client/Server 应用都可以进行同样的业务处理,应用不同的模块共享逻辑组件。因此,内部的和外部的用户都可以访问新的和现有的应用系统,通过现有应用系统中的逻辑可以扩展出新的应用系统。

理解客户(Client)、服务器(Server)及它们间的关系对掌握 Internet 的工作原理至关重要。客户软件运行在客户机(本地机)上,而服务器软件则运行在 Internet 的某台服务器上用以提供信息服务。只有客户软件与服务器软件协同工作才能保证用户获取所需的信息,如图 5-4 所示。

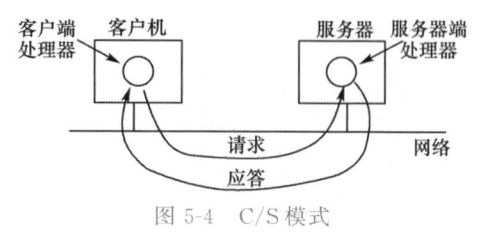

图 5-4 C/S 模式

服务器主要功能是:接收从客户计算机来的连接请求(称为 TCP/IP 连接),解释客户的请求,完成客户请求并形成结果,将结果传送给客户。

客户机(本地计算机及客户软件)的主要功能是:接收用户输入的请求,与服务器建立连接,并将请求传递给服务器,同时接收服务器送来的结果,以只读的形式显示在本机的桌面上。

5.3.4　Internet 的管理机构

Internet 的发展和正常运转需要一些管理机构的管理,如 IP 地址的分配需要有 IP 地址资源的管理机构,各种标准的形成需要有专门的技术管理机构。下面介绍 Internet 各个管理机构的职能及它们之间的关系。

1. Internet 管理机构

Internet 不受某一政府或个人的控制,但它本身却以自愿的方式组成了一个帮助和引导 Internet 发展的最高组织,即"Internet 协会"(Internet Society,ISOC)。该协会是非营利性的组织,成立于 1992 年,其成员包括与 Internet 相关的各组织与个人。Internet 协会本身并不经营 Internet,但它支持 Internet 体系结构委员会(Internet Architecture Board,IAB)开展工作,并通过 IAB 实施。

IAB 负责定义 Internet 的总体结构(框架和所有与其连接的网络)和技术上的管理,对 Internet 存在的技术问题及未来将会遇到的问题进行研究。IAB 由十几个任务组组成,其中包括 Internet 研究任务组(IRTF)、Internet 工程任务组(IETF)和 Internet 网络号码分配机构(IANA)等。IAB 的组织架构可用图 5-5 来说明。

Internet 研究指导组(IRSG)是一个在国际互联网架构理事会(IAB)下来定义 Internet 研究任务组(IRTF)研究方向的研究委员会。

Internet 工程指导组(IESG)负责 IETF 活动和标准制定程序的技术管理工作,核准或纠正 IETF 各工作组的研究成果。

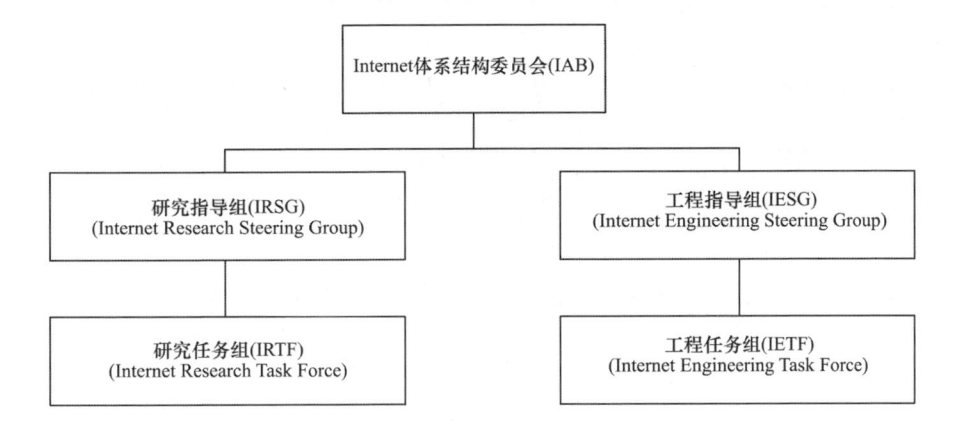

```
                    ┌─────────────────────────────────────┐
                    │    Internet体系结构委员会(IAB)      │
                    └─────────────────┬───────────────────┘
                         ┌────────────┴────────────┐
              ┌──────────┴─────────┐    ┌──────────┴─────────┐
              │   研究指导组(IRSG) │    │   工程指导组(IESG) │
              │(Internet Research  │    │(Internet Engineering│
              │  Steering Group)   │    │   Steering Group)  │
              └──────────┬─────────┘    └──────────┬─────────┘
              ┌──────────┴─────────┐    ┌──────────┴─────────┐
              │   研究任务组(IRTF) │    │   工程任务组(IETF) │
              │(Internet Research  │    │(Internet Engineering│
              │    Task Force)     │    │     Task Force)    │
              └────────────────────┘    └────────────────────┘
```

图 5-5　IAB 的组织架构图

Internet 研究任务组(IRTF)的主要任务是促进网络和新技术的开发与研究。

Internet 工程任务组(IETF)的主要任务是解决 Internet 出现的问题，帮助和协调 Internet 的改革和技术操作，为 Internet 各组织之间的信息沟通提供条件。

Internet 网络号码分配机构(IANA)的主要任务是对诸如注册 IP 地址和协议端口地址等 Internet 地址方案进行控制。

Internet 的运行管理可分为两部分：网络信息中心 InterNIC 和网络操作中心 InterNOC。

网络信息中心负责 IP 地址分配、域名注册、技术咨询、技术资料的维护与提供等。网络操作中心负责监控网络的运行情况以及网络通信量的收集与统计等。

几乎所有关于 Internet 的文字资料，都可以在 RFC(Request For Comments)文档中找到，它的意思是"请求评论"。RFC 是 Internet 的工作文件，其主要内容除了包括对 TCP/IP 协议标准和相关文档的一系列注释和说明外，还包括政策研究报告、工作总结和网络使用指南等。

2.Internet 域名与地址管理机构

Internet 域名与地址管理机构(ICANN)是为承担域名系统管理、IP 地址分配、协议参数配置以及主服务器系统管理等职能而设立的非营利机构。现由 IANA 和其他实体与美国政府约定进行管理。

ICANN 理事会是 ICANN 的核心权力机构，共由 19 位理事组成：9 位 At-Large 理事，9 位来自 ICANN 三个支持组织提名的理事(每家 3 名)和一位总裁。根据 ICANN 的章程规定，设立的三个支持组织，从三个不同方面对 Internet 政策和构造进行协助、检查以及提出建议。这些支持组织帮助和促进了 Internet 政策的发展，并且在 Internet 技术管理上鼓励多样化和国际参与。

这三个支持组织是：
- 地址支持组织(ASO)负责 IP 地址系统的管理。
- 域名支持组织(DNSO)负责互联网上的域名系统(DNS)的管理。
- 协议支持组织(PSO)负责涉及 Internet 协议的唯一参数的分配。此协议是允许计算机在 Internet 上相互交换信息，管理通信的技术标准。

3.IP 地址管理机构

IP 地址管理机构分为三级:IANA、地区级的 Internet 注册机构(IR)、本地级的 IR。

(1)IANA

IANA 负责全球 Internet 上的 IP 地址编号分配的机构。按照地区级 IR 的需要,IANA 将部分地址空间分配给它们。

(2)地区级的 IR

地区级的 IR 负责该地区的登记注册服务。目前全球共有三个地区级的 IR:ARIN, RIPE,APNIC。ARIN 主要负责北美地区业务,RIPE 主要负责欧洲地区业务,亚太地区的 IP 地址分配由 APNIC 管理。由于这三个地区级的 IR 的服务覆盖范围没有遍及全球,因此它们同时还为所在地区的周边范围提供注册服务。

(3)本地级的 IR

本地级的 IR 从地区级的 IR 中获得 IP 地址空间。本地级的 IR 一般是以国家为单位设立的,它为本国的 ISP 和用户向地区级的 IR 申请 IP 地址。

5.3.5 Internet 接入技术

用户要想使用 Internet 提供的服务,必须将自己的计算机接入 Internet。目前,常见的接入方式有以下几种:

1.基于传统电信网的有线接入技术

(1)拨号接入方式

通过电话拨号接入 Internet 是接入 Internet 最简单的方式。首先,用户需要向网络服务提供商 ISP(Internet Service Provider)申请接入,然后取得一个账号。办理入网手续后,还必须从 ISP 处了解相关信息:公司的访问电话号码;用户 ID 及 口令;用户电子邮件地址;网关 IP 地址和子网掩码 IP 地址;指定给用户的 IP 地址;DNS 服务器的 IP 地址。

用拨号方式接入 Internet,用户需要一台计算机、一个调制解调器(Modem)和一条电话线路,如图 5-6 所示。

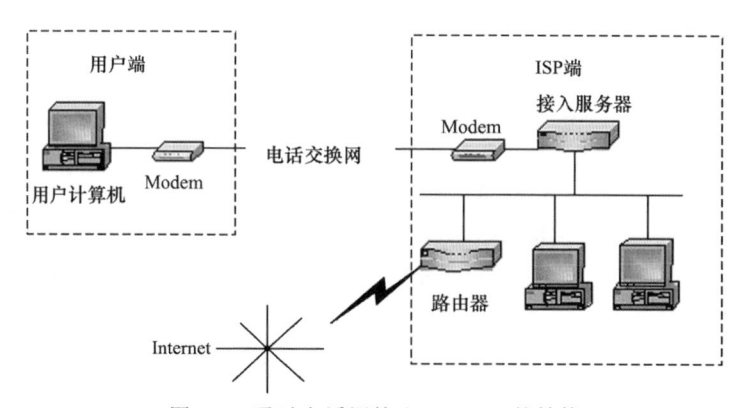

图 5-6 通过电话网接入 Internet 的结构

Modem(Modulator Demodulator)是调制解调器。电话网是为传输模拟信号而设计的,计算机中的数字信号无法直接在普通电话线上传输,因此,需要用调制解调器实现数字信号和模拟信号的相互转换。常见的 Modem 按连接方式分为内置式和外置式两种。

(2) ISDN 接入方式

综合服务数字网(Integrated Service Digital Network,ISDN)以综合数字电话网为基础发展而成。ISDN 在传统电话线上传输数字信号,能够提供点到点的数字连接,支持广泛的话音和非话音业务,支持多个设备同时通信。利用现有的用户模拟电话线,在用户端加装用户网络接口设备,将可视电话、数据通信、数字传真、数字电话等通过一根传统的电话线进入ISDN 线路,增强了用户的通信手段。ISDN 用户在上网的同时可拨打电话、浏览网页、收发传真等,又称"一线通"。目前,拨号网络一般采用 SLIP 或 PPP 拨号服务方式。

(3) ADSL 接入方式

非对称式数字用户线路(Asymmetrical Digital Subscriber Line,ADSL)是 xDSL 的一种。xDSL 是 DSL(Digital Subscriber Line,数字用户线路)的统称,其中,"x"代表不同种类数字用户线路技术,包括 ADSL、HDSL、VDSL、SDSL 等。

ADSL 方案不需要改造电话信号传输线路,只要求用户端有一个 ADSL Modem。ADSL 为用户提供上、下行非对称的传输速率,上行为低速传输,下行为高速传输。在 ADSL 技术中,将一对电话线分成三个信息通道:标准电话服务通道;640 kbit/s～1 Mbit/s 的中速上行通道;1 Mbit/s～10 Mbit/s 的高速下行通道。三个通道可同时工作。ADSL 通过 ATM 网络直接接入 Internet,无须拨号。避免了占线和掉线等现象,并且每个用户都独享带宽资源,不会出现因网络用户增加而使传输速率下降的现象。ADSL 的典型连接结构如图 5-7 所示。

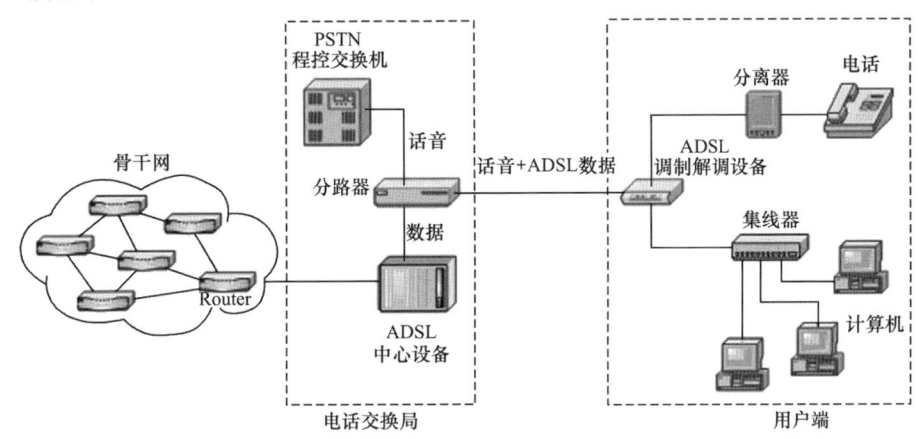

图 5-7 ADSL 的典型连接结构

(4) DDN 专线接入方式

数字数据网(Digital Data Network,DDN)是一种利用数字信道传输数据的数据传输网,传输媒介可用光纤、数字微波或卫星等,为用户提供高质量的数据传输通道,提供各种数据传输业务,具有传输速率高、网络延时小、传输质量好的特点,但投资成本较大。数据以固定的时隙按预先设定的通道带宽和速率顺序传输,免去了目的终端对信息的重组。DDN 支持多种通信协议,支持网络层以上的任何协议,可满足数据、图像、声音等数据传输的需要。

2.基于有线电视网的接入技术

通过有线电视网连接方式接入 Internet,主要的设备是电缆调制解调器(Cable Modem),负责信号的解调、解码、解密等,并通过以太网端口将数字信号传送到计算机。反过来，Cable Modem 接收计算机传来的上行信号，对信号进行编码、加密、调制后，通过电视网络传播。

Cable Modem 可以提供很高的速率，其上行速率可达到 10 Mbit/s，下行的最高速率可达到 40 Mbit/s 以上，是目前应用的接入方式中速度最快的一种。Cable Modem 利用已有的有线电视网络，具有以下优点：成本低廉；不受连接距离的限制；用户终端可以始终挂在网上；上网无须拨号；打电话、上网、看电视可以同时进行；等等。

3. 以太网接入技术

有两种方式可以实现局域网与 Internet 主机的连接。一种是局域网的服务器通过高速 Modem，经电话线路与 Internet 主机连接。这种方法中，所有的工作站共享服务器的一个 IP 地址。另一种是通过路由器将局域网与 Internet 主机相连，将整个局域网加入 Internet，成为一个开放式局域网。这种方法中，局域网的所有工作站都可以有自己的 IP 地址。

最常用的接入方式是局域网代理服务。局域网代理服务入网需要有一台作为代理服务器的主机。该主机是局域网中的一台计算机，通过调制解调器和 Internet 连接，将该计算机作为服务器。局域网中的其他计算机可以通过这台服务器连接入网，即局域网的其他计算机要访问 Internet，必须通过代理服务器实现。

4. 电力线接入技术

电力线上网(Power Line Communication，PLC)技术利用 220 V 低压电力线传输数据和语音信号。该技术使用专门的设备，把载有信息的高频信号加载于电流，用电力线来传输。到了接收端，再把高频信号从电流中分离出来，传送到计算机，以实现信息传递。电力线具有覆盖范围广、无须重新布线、连接方便的独特优势。随着 Internet 技术的飞速发展，利用配电网低压电力线传输数据的方法开始为人们所重视。

5.4 任务实施

5.4.1 使用 Microsoft Edge 浏览器

Internet 上的网页不计其数，每个网页又包含了很多内容和超链接，所以要想在 Internet 上快速查找所需信息，就需要掌握浏览器的使用方法。

Microsoft Edge(简称 ME 浏览器)是由微软开发的基于 Chromium 开源项目及其他开源软件的新版 Edge 浏览器，Edge 浏览器在设计、性能、安全性、隐私方面都有提升。Windows 11 默认自带 Microsoft Edge 浏览器，它提供了侧边栏搜索、垂直标签页布局、视频画中画、集锦、多账户、Smart Copy、网页截图(Web Capture)、QR 码生成、覆盖式滚动条、同步、追踪保护、内置 Cortana(微软小娜)语音、内置阅读器等一系列功能。

任务 5-1

在 Windows 11 系统的 Edge 浏览器中，完成外观设置、替代浏览器默认标签页、收藏夹、集锦、默认主页网页截图、在线翻译插件安装、开启 Internet Explorer 模式等操作。

项目 5　Internet 技术及其应用

【STEP|01】打开 Edge 浏览器

在 Windows 11 的桌面上,双击 Microsoft Edge 浏览器的图标即可打开 Edge 浏览器,如图 5-8 所示。

【STEP|02】修改 Microsoft Edge 浏览器的整体外观

Microsoft Edge 浏览器整体采用浅灰色(还可设置为黑色)的【Modern】设计风格,视觉上更加整洁、现代。但打开浏览器出现的主页面如果不是你喜欢的样式,该怎么处理呢?此时,用户可以进行一系列的操作和设置,使其变得清爽、简洁,具体方法如下。

(1)在 Edge 浏览器中,单击右上角的三个点"…"(设置及其他)按钮。

(2)在弹出的快捷菜单中选择"设置"命令,打开设置页面,在左侧选择"外观",打开 Edge 浏览器外观设置窗口,如图 5-9 所示。此时,可以设置"默认主题",也可以"自定义主题",还可以对主题中的相关按钮(显示下载按钮、显示收藏夹按钮、显示历史按钮、显示网页捕获按钮等)进行"开启"或"关闭",还可以设置字体大小或自定义字体等。

图 5-8　Edge 浏览器主界面　　　　　　图 5-9　浏览器外观设置窗口

【STEP|03】使用"云上应用"替代浏览器默认标签页

除了 Edge 浏览器主页自带的样式,还可以选用一些已经编排好的浏览器主页,将其设为默认主页。用户可以使用"云上应用"替代浏览器默认的标签页,在 Edge 浏览器的地址栏输入"https://www.imcloudapp.com/"登录"云上应用",如图 5-10 所示。

(1)云上应用提供了很多日常经常使用的网站,如果不需要用到其中的某个网站,可右击图标,在弹出的菜单中选择"删除"命令即可删除。

(2)如果提供的网站不包含你常用的网站,也可以自行添加,单击最末尾的"添加"按钮,在弹出的面板中输入网址和名称,即可快速添加常用的网站。如果你添加的是常见的网站,它会自动匹配网站对应的图标,但对于一些比较小众的网站,它就会将网站名称的首个字符作为网站的临时图标。

(3)除了手动添加常用网站,还可以单击页面左侧栏的第二个图标,打开应用商店,从中查看需要添加的网站,将其添加进来即可。

(4)云上应用提供了云端同步的功能,使用邮箱注册账号之后,在其他的设备上登录同一账号,就可以使用同一个导航页了。

此外,登录面板还提供了修改导航页背景的选项,可以从内置的 6 张图片中选择,也可

161

以从本地上传自己喜欢的图片。

【STEP 03】将打开的网站添加到收藏夹和集锦，并设置为默认主页

（1）在 Edge 浏览器的地址栏输入"https://www.imcloudapp.com/"登录云上应用，单击"收藏"按钮，打开"已添加到收藏夹"窗口，在其中输入名称（如：云上应用），单击"完成"按钮即可将打开的网站添加到收藏夹。

（2）Edge 集锦功能类似于收藏夹，但是要比收藏夹更加好用，收藏夹只能添加一个网站，无法添加某段文字、图片和视频，而集锦可以添加任何你想添加的任何格式的网页内容，除此之外，还可以给添加的内容进行注释。

在"云上应用"的主页面上，单击"集锦"按钮，打开"新建集锦"窗口，单击"添加当前页面"按钮，即可将当前正在访问的网页添加到集锦之中。

（3）打开其设置页面，在搜索设置文本框中"启动时"搜索，在"Microsoft Edge 启动时..."下方勾选"打开以下页面"，如图 5-11 所示。单击"添加新页面"按钮，打开"添加新页面"窗口，在 URL 文本框中输入需要设为默认主页的网站地址，如：https://www.imcloud-app.com/，输入完成单击"添加"按钮，最后单击关闭按钮即可。

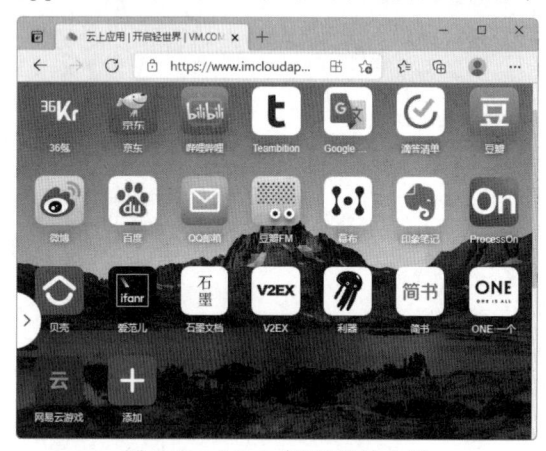

图 5-10　"云上应用"网站主页　　　　　图 5-11　设置默认主页

【STEP 04】网页截屏与复制

Edge 浏览器自带网页截屏（Ctrl＋Shift＋S）和复制功能（Ctrl＋Shift＋X），截屏可以选择自定义区域或者网页全屏。截屏之后还可以添加勾画等操作，还可以复制网页内容并在 word 中进行编辑处理。

【STEP 05】给 Edge 浏览器添加翻译功能

用户在浏览英文网页时，有时需要翻译网页中的内容，此时用户可以在 Edge 浏览器中添加翻译功能来进行网页的翻译。

（1）在 Edge 浏览器中，单击右上角的三个点（设置及其他）按钮。

（2）在弹出的快捷菜单中选择"扩展"命令，打开扩展设置页面。

（3）单击其中的"获取 Microsoft Edge 扩展"快捷链接，在搜索框中输入"Microsoft Translator(Built-in)"按 Enter 键，打开 Translator 的详情页面，如图 5-12 所示，单击"获取"按钮。

（4）弹出将"Microsoft Translator(Built-in)添加到 Microsoft Edge？"窗口，单击"添加扩

展",并回答相关提示后进入 Translator 的下载界面,下载完成后自动安装。

(5)安装完成后,在 Edge 浏览器地址栏最右侧呈现 Translator 图标。

(6)打开英文网页,在网页中右击鼠标,在弹出菜单中单击"翻译为中文(简体)",即可看到翻译成功的网页。

【STEP|06】开启 Internet Explorer 模式

在访问一些特殊的网站,需要在 IE 状态下才可以使用,这时候开启"允许在 Internet Explorer 模式下重新加载网站"功能就可以直接使用了。

打开菜单栏进入"设置"→"默认预览器",开启"允许在 Internet Explorer 模式下重新加载网站",如图 5-13 所示,然后需要重新启动浏览器。在使用时再打开菜单栏中的"更多工具"→"使用 Internet Explorer 模式重新加载",这个功能还能解决 Edge 浏览器无法显示 flash 的问题。

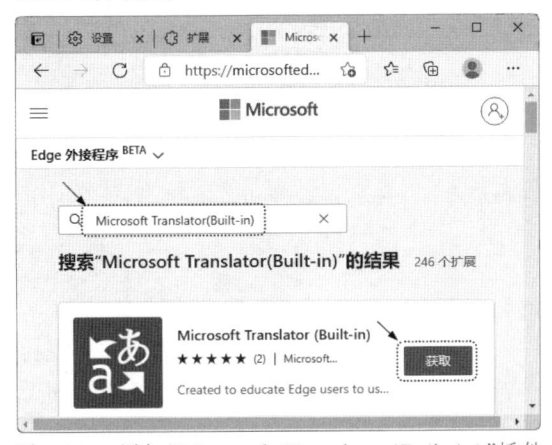

图 5-12　添加"Microsoft Translator(Built-in)"插件　　图 5-13　开启 Internet Explorer 模式

5.4.2　在 Internet 上实施信息检索

信息化的时代,Internet 上面有了几乎一切的信息。在这浩如烟海的信息洪流中,只有用好 Internet,才能迅速找到自己所需要的信息。那么如何才能快速而有效地查找到想要的信息呢? 答案是掌握好信息搜索方法和技巧、善用搜索引擎。

任务 5-2

在 Edge 浏览器中打开百度搜索引擎,利用搜索引擎提供的高级搜索命令,搜索指定格式的文件,搜索含有某个关键词的视频,使用通配符"?"或"*"进行搜索,使用逻辑与(AND)、或(OR)、非(NOT)进行搜索。

【STEP|01】搜索指定格式的文件

如果需要在 Internet 上搜索 PPT、doc、xlsx、pdf、txt 等指定格式的文献、电子书、电子课件,可使用 filetype 命令。

使用 filetype 命令搜索"网络新技术讲座"的 PPT 课件。其操作过程是:在 Edge 浏览器中打开百度搜索引擎,在搜索框中输入"网络新技术讲座 filetype:PPT",单击"百度一下"即可搜索到与网络新技术相关的 PPT 课件的网站,操作结果如图 5-14 所示。

【STEP│02】查找标题中含有某个关键词的文章或网页

如果需要在Internet上查找标题中含有某个关键词的文章或网页,可使用intitle命令。

使用intitle命令查找标题中含有"PacketTracer使用教程"的文章或网页。其操作过程是:在打开的百度搜索引擎的搜索框中输入"intitle:PacketTracer使用教程",单击"百度一下"即可搜索到含有"PacketTracer使用教程"的文章或网页,操作结果如图5-15所示。

图 5-14　搜索 PPT 文件　　　　　　　　图 5-15　查找标题中含有某个关键词的文章或网页

【STEP│03】搜索含有某个关键词的视频

如果需要在Internet上搜索含有某个关键词的视频,可使用inurl:video命令。

使用inurl:video命令查找网站中含有"Wireshark"的学习视频。其操作过程是:在打开的百度搜索引擎的搜索框中输入"inurl:video Wireshark",单击"百度一下"即可搜索到含有"Wireshark"的视频,操作结果如图5-16所示。

【STEP│04】使用通配符"?"或"＊"搜索

什么叫通配符？举个例子,有一串字符,比如"computer",但是你忘记了中间的某个字符是什么了,此时可以用问号"?"代替这个字符,如输入"comp?ter"搜索这个关键词,如图5-17所示。与我们通常的习惯一致,"＊"代表一连串字符,"?"代表单个字符。

图 5-16　搜索到含有"Wireshark"的视频　　　　图 5-17　使用通配符"?"或"＊"搜索

【STEP│05】使用逻辑与(AND)、或(OR)、非(NOT)搜索

如果我们需要的每一条信息是包含我们输入的多个关键词,但关键词不必以词组形式出现在篇名或内容中时,精确查询就显得无能为力了。为了满足这种查询需求,搜索引擎大都设置逻辑查询功能。这一功能允许我们输入多处关键词,而且,各关键词之间的关系可以是"与"(AND)、"或"(OR)、"非"(NOT)的关系。

AND 表示逻辑"与",有的搜索引擎也常用"&"、"+"、","或空格来表示。AND 用于检索两个以上关键词的情形,检索的结果应该与这几个关键词都有关系。在打开的百度搜索引擎的搜索框中输入"网络 & 教材",表示搜索既包括"网络"又包括"教材"的网页。

OR 表示逻辑"或",有的搜索引擎用"|"来表示。检索的结果只要求与若干个关键词中的一个有关系即可。在打开的百度搜索引擎的搜索框中输入"Windows OR Linux",表示搜索可以包括 Windows,也可以包括 Linux 的网页。使用 OR 通常会得到许多无关紧要的信息,一般应慎重使用。

NOT 表示逻辑"非",有的搜索引擎用"!"表示。NOT 检索的结果将完全排除与 NOT 后面的关键词有关的信息。在打开的百度搜索引擎的搜索框中输入"操作系统 NOT Windows",表示可以搜索包括操作系统但其中不能有 Windows 的网页。

5.4.3 申请与使用网盘

网盘,又称网络 U 盘、网络硬盘,是由互联网公司推出的在线存储服务。服务器机房为用户划分一定的磁盘空间,为用户免费或收费提供文件的存储、访问、备份、共享等文件管理的功能,并且拥有高级的世界各地的容灾备份。用户可以把网盘看成一个放在网络上的硬盘或 U 盘,不管你是在家中、单位或其他任何地方,只要你连接互联网,就可以管理、编辑网盘里的文件。不需要随身携带,更不怕丢失。

目前网络上有很多的网盘,大家可以根据自己的实际需求来选择。现在比较流行的网盘有:百度网盘、腾讯微云、阿里云盘、115 网盘、UC 网盘、坚果网盘、天翼云盘、曲奇云盘等。

阿里云盘支持网页、Android、IOS 及 PC 客户端,可通过各客户端进行注册,下面通过具体的任务练习阿里云盘的申请与使用。

任务 5-3

在 Windows 11 和手机中,首先在阿里云盘网页版中完成阿里云盘的注册、申请、使用,然后分别在 PC 客户端和 Android 手机端使用阿里云盘。

【STEP|01】在 Windows 11 中,打开 Microsoft Edge 浏览器,在地址栏中输入 https://www.aliyundrive.com/登录阿里云盘官网,如图 5-18 所示。

【STEP|02】在阿里云盘的主页面的右上角单击"登录网页版"链接,打开阿里云盘的注册界面,如图 5-19 所示。先勾选下方的"未注册手机登录时会自动创建新账号,我已阅读并同意服务协议和隐私权条款"。在"短信登录"选项下"请输入手机号码"文本框中输入用来注册阿里云盘的手机号,再单击"获取验证码"。打开手机查看阿里云盘官网发到手机上的验证码,在"请输入验证码"文本框中输入验证码,最后单击"登录"继续。

【STEP|03】进入网页版阿里云盘的工作界面,如图 5-20 所示。此时单击阿里云盘右上角的加号,弹出阿里云盘提供的使用命令,如图 5-21 所示。

【STEP|04】单击"新建文件夹",弹出新建文件夹对话框,如图 5-22 所示。在新建文件

夹文本框中输入新文件夹的名称(如：计算机网络技术资源)，然后单击"确定"按钮即可。如果需要上传文件，选择"计算机网络资源"文件夹，单击"上传文件"，打开选择文件对话框，如图5-23所示。在此对话框浏览需要上传云盘的资源并进行选择，最后单击"打开"即可将本地文件上传到阿里云盘。

图5-18　阿里云盘官网

图5-19　阿里云盘的注册界面

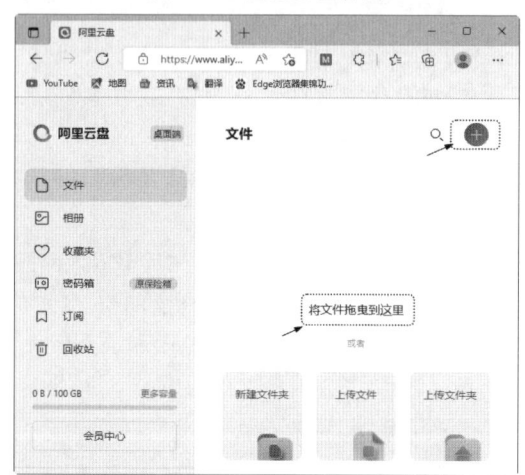

图5-20　网页版阿里云盘的工作界面

图5-21　阿里云盘的命令

图5-22　新建文件夹对话框

图5-23　选择上传的文件

项目 5　Internet 技术及其应用

【STEP|05】上传完成后，在阿里云盘的网页中可以看到已经上传的文件，如图 5-24 所示。在此单击"桌面端"弹出"打开阿里云盘桌面端"提示框，如图 5-25 所示，在此单击"点击此处"可以下载阿里云盘桌面端程序"aDrive.exe"，下载完成后，双击该文件进行安装。

图 5-24　文件上传成功界面 　　　　　　　图 5-25　下载阿里云盘桌面端程序"aDrive.exe"

【STEP|06】阿里云盘桌面端程序安装完成后，在 Windows 11 的桌面双击阿里云盘的桌面图标，打开阿里云盘桌面端登录界面，如图 5-26 所示。在此界面输入登录所需信息，单击"登录"按钮，进入阿里云盘桌面端工作界面，如图 5-27 所示，在此界面可以对阿里云盘进行文件上传、文件下载等相关操作。

图 5-26　阿里云盘桌面端登录界面 　　　　　图 5-27　阿里云盘桌面端工作界面

167

【STEP|07】在图 5-18 所示界面中单击"下载手机 App"链接,进入下载手机 App 的页面,单击与手机操作系统相对应的图标,弹出手机 App 二维码,如图 5-28 所示。

图 5-28　手机 App 二维码

【STEP|08】打开手机扫描二维码,下载并安装好阿里云盘手机 App,安装完成后,在手机桌面打开阿里云盘 App,单击"＋"按钮即可进行文件上传、文件下载、文件分享等一系列的操作,由于篇幅有限,手机端的操作请同学们自己体验。

5.4.4　申请与使用电子邮箱

1.申请免费电子邮箱

新天教育培训集团的陈广树要给易通公司的赵宇发送电子邮件,首先得申请一个免费的电子邮箱。在琳琅满目的各大网站中,选择一个来申请免费电子邮箱要考虑以下几个问题:首先看电子邮件服务器是否稳定可靠,是否经常出现电子邮件丢失等问题;其次,查看电子邮件服务器支持的是 IMAP 协议还是 POP3 协议;再次,还要考虑免费电子邮箱的容量大小,通常的免费电子邮箱容量从几兆到几十兆不等,选择大小要看是否满足自己的使用需要。当然如果在上述条件相同的前提下,还要考虑服务功能是否安全、多样、健全等。

任务 5-4

在 http://www.163.com 中为用户陈广树申请免费的电子邮件账户 hnzzchengs@163.com,并登录该电子邮箱。

【STEP|01】启动 Edge 浏览器,在地址栏中输入网易的网址"https://www.163.com",进入网易的主页面,如图 5-29 所示。

【STEP|02】在网易主页面的右上角单击"注册免费邮箱"超链接,出现"欢迎注册网易邮箱"的注册界面,在此选择"免费邮箱",在电子邮箱地址文本框中输入注册人的电子邮箱名

项目 5　Internet 技术及其应用

称（hnzzchengs@163.com），再在密码文本框中输入邮箱密码（Chengs001），在手机文本框中输入注册手机号，单击"获取验证码"，再到手机上查看验证码，并将验证码填写在"验证码"文本框中，勾选"同意《服务条款》、《隐私政策》和《儿童隐私政策》"，如图 5-30 所示。

图 5-29　网易主页面

【STEP|03】出现"欢迎注册网易邮箱"的注册界面，单击下方的"立即注册"按钮，进入"注册成功"提示页面，如图 5-31 所示。

图 5-30　"欢迎注册网易邮箱"的注册界面　　　　图 5-31　"注册成功"提示页面

【STEP|04】在"注册成功"提示页面中，单击"进入邮箱"链接，即可进入网易免费电子邮箱的工作界面，如图 5-32 所示。

169

图 5-32　网易免费邮箱的工作界面

2、使用免费电子邮箱收发电子邮件

有了电子邮箱,接下来陈广树就可把资料发送出去。这时他得学会如何登录电子邮箱、怎样编写电子邮件、如何添加附件以及怎么发送与接收电子邮件等。要熟悉这些操作,就得学会电子邮件的收发。

任务 5-5

使用电子邮件账户 hnzzchengs@163.com 给赵宇发送电子邮件。要求:写好主题、问候,资料以附件方式发送。

【STEP|01】登录邮箱。在图 5-29 所示的网易主页面单击"登录",在弹出的对话框中输入登录用户的电子邮箱和登录密码,再单击"登录"按钮。即可进入如图 5-32 所示的网易电子邮箱的工作页面。

【STEP|02】编写电子邮件。单击免费电子邮箱的工作页面中左侧的"写信"按钮,即可进入如图 5-33 所示的电子邮件编写页面。在此页面的"收件人"文本框中输入收信人的电子邮箱,如:"zhaoyu6606@163.com",在"主题"文本框中输入发送邮件的标题,如:"网络工程资料"。在页面下方正文编辑区输入电子邮件的正文内容。

【STEP|03】添加附件。电子邮件正文内容写好后,还得将有关产品的图片及电子文档也一并发给赵宇,这时单击电子邮件编写页面中的"添加附件"按钮,弹出如图 5-34 所示的选择文件对话框,从该对话框中选择准备添加的图片或电子文档等,一次只能选择一个文件,选择好后,单击"打开"按钮即可。若要添加其他附件,继续单击"添加附件"按钮,重复上面的操作即可。

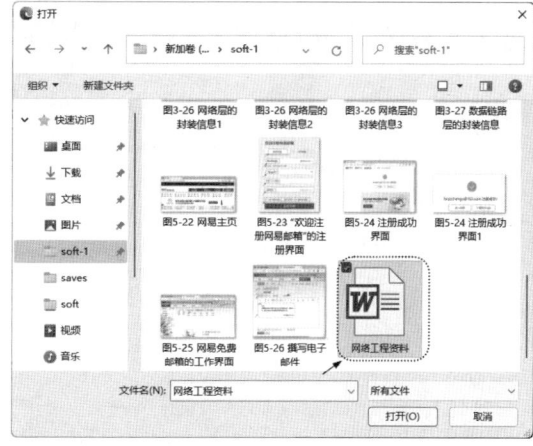

图 5-33　电子邮件编写页面　　　　　图 5-34　选择文件对话框

【STEP|04】发送电子邮件。电子邮件编写好后,单击图 5-33 中的"发送"按钮,弹出您还没设置姓名提示框,此时输入您的姓名,单击"保存并发送"按钮,即可将电子邮件发送给指定的电子邮箱。如果发送成功,则会出现如图 5-35 所示发送成功的页面。

图 5-35　发送成功的页面

说明:如果需要将电子邮件同时发送给多个收信人,可以在"发送"文本框中连续输入多个电子邮箱地址,并以","或";"分隔;如果选中"发送时同时保存到[已发送]"复选框,即可将发送成功的电子邮件保存到"已发送"文件夹中,以后随时可以进行查阅。

【STEP|05】接收邮件。单击文件夹列表中的"收件箱",打开收件箱,如图 5-36 所示,可以看到已经接收到的电子邮件。

【STEP|06】单击电子邮件标题,即可打开电子邮件,页面如图 5-37 所示。此时可以阅读电子邮件,如果有附件,可以单击电子邮件,再单击"下载"即可将电子邮件下载到本地。完成电子邮件接收后,请记住单击"退出"按钮退出电子邮箱的登录界面,确保电子邮箱的安全。

图 5-36　打开收件箱　　　　　　　　图 5-37　打开电子邮件

5.5 拓展训练

5.5.1 课堂实践

1.百度网盘的申请与使用

百度网盘，国内最大的在线存储服务提供商。为用户提供免费或收费的文件存储、访问、备份、共享等文件管理等功能。百度网盘操作简单，只需要您拖曳相关文档就可以将其上传到网盘了。

课堂实践 5-1

在 Windows 11 和手机中，完成百度网盘的注册、申请、使用；然后分别在 PC 客户端和 Android 手机端使用百度网盘。

【STEP|01】登录百度网盘官网

在 Windows 中打开浏览器，在地址栏中输入 https://pan.baidu.com/，打开百度网盘的登录与注册页面，如果需要注册百度网盘，请在主页的右下角单击"立即注册"按钮。

【STEP|02】进入"欢迎注册"窗口

在"欢迎注册"窗口中，在"用户名"文本框中输入用户名，在"手机号"文本框中输入注册手机号，在"密码"文本框中设置登录百度网盘时需进行验证的密码；以上信息输入正确后，单击"获取验证码"，接下来在手机中查看验证码，并将验证码填写在验证码文本框中，再勾选"阅读并接受《百度用户协议》及《百度隐私权声明》"，最后单击"注册"按钮进行注册。

【STEP|03】进入百度网盘网页版工作界面

注册完成立即进入百度网盘网页版工作界面,此时可以新建文件夹、新建在线文档,也可以上传文件。

【STEP|04】下载 PC 端和手机端管理软件

1.如果需要使用百度网盘的 PC 端管理工具管理百度网盘,可以单击右上角的"客户端下载"链接,打开"百度网盘 客户端下载"窗口,在此页面可以下载 PC 端和手机端管理软件。选择"Windows"选项,在右下方单击"下载 Windows 电脑客户端",待下载完成,双击下载的软件进行安装,安装完成后进行登录,登录完成即可在 Windows 中使用百度网盘。

2.如果需要使用手机管理百度网盘,此时先在上方选择手机操作系统(如:安卓),接下来单击"下载安卓 APP"链接,在最下方会出现下载手机版 APP 的二维码,打开手机二维码扫描工具进行扫描下载,下载完成并安装好手机版管理工具。最后在手机桌面打开百度网盘 APP,输入登录信息进行登录,登录成功后,单击"＋"按钮即可进行文件上传、文件下载、文件分享等一系列的操作。

2.电子邮箱的配置与使用

课堂实践 5-2

进入网易主页,先为个人申请一个免费邮箱,为用户本人设置好相关参数,给 internet_exam@126.com 发送电子邮件。要求:写好主题、问候,资料以附件方式发送。

具体操作方法参考"任务 5-5"。

5.5.2 课外拓展

一、知识拓展

【拓展 5-1】选择题

1.Internet 主要的传输协议是_____。
A.TCP/IP B.IPC C.POP3 D.NetBIOS

2.中国教育和科研网的缩写为_____。
A.CHINANet B.CERNet C.CSTNet D.CHINAPac

3.教育部门的域名是_____。
A.com B.org C.edu D.net

4.用于电子邮件的协议是_____。
A.IP B.TCP C. SNMP D.SMTP

5.在我国 Internet 又称为_____。
A.邮电通信网 B.数据通信网 C.企业网 D.因特网

6.Internet 是全球最具有影响力的计算机互联网络,也是世界范围的_____。
A.信息资源库 B.多媒体网 C.因特网 D.销售网

7.TCP/IP 协议是 Internet 中计算机之间通信所必须共同遵循的一种_____。

A.通信规则　　　　B.信息资源　　　　C.软件　　　　D.硬件

8.www.hnrpc.com 不是 IP 地址,而是＿＿＿＿＿。

A.硬件编号　　　　B.域名　　　　　　C.密码　　　　D.软件编号

9.xesuxn@126.com 是一种典型的用户＿＿＿＿＿。

A.数据　　　　　　B.信息　　　　　　C.电子邮件地址　　D.www 地址

【拓展 5-2】填空题

1.Internet 主要由通信线路、＿＿＿＿＿、＿＿＿＿＿与客户机以及信息资源等部分组成。

2.Internet 上的各种服务不计其数,其中多数服务是免费的,最基本、最常用的服务功能有＿＿＿＿＿、＿＿＿＿＿、＿＿＿＿＿、＿＿＿＿＿等。

3.Internet 采用＿＿＿＿＿模式,这种模式简单地讲就是基于企业内部网络的应用系统。

4.Internet 域名与地址管理机构(ICANN)是为承担＿＿＿＿＿、＿＿＿＿＿、协议参数配置以及主服务器系统管理等职能而设立的非营利机构。

5.ADSL 的最大下行速率可以达到＿＿＿＿＿。

6.用户要想使用 Internet 提供的服务,必须将自己的计算机接入 Internet 中,从而享受 Internet 提供的各类服务与信息资源。目前,常见的接入方式有＿＿＿＿＿、＿＿＿＿＿、＿＿＿＿＿、＿＿＿＿＿等。

7.E-mail 地址由＿＿＿＿＿和＿＿＿＿＿两部分组成。

8.用户可以将收藏夹中收录的内容进行分类整理,方法是选择"收藏夹"菜单的＿＿＿＿＿命令。

【拓展 5-3】操作题

1.采用 Foxmail,给 internet_exam@163.com 发送一封电子邮件。要求:写好主题、问候,电子稿以附件方式发送。

2.浏览大连理工大学出版社的 Web 站点(http://dutp.dlut.edu.cn/),并将其添加到收藏夹,同时设置为起始页。

3.首先从大连理工大学出版社的网站上直接下载文件,然后利用 CutFTP 从 FTP 站点下载文件。

5.6　总结提高

　　Internet 是全球性的、最具影响力的计算机互联网络,也是世界范围的信息资源宝库。通过接入 Internet,可以实现 E-mail 服务、WWW 服务、电子新闻服务、文件传输服务、语音与图像通信服务等。本项目通过讲解使大家熟悉了 Internet 的概念、组成、发展,Internet 的物理结构与工作模式、Internet 的接入技术等。

　　通过大量的任务训练了大家连接 Internet,使用 IE 浏览器浏览信息,申请和使用博客、电子邮箱和 IP 电话等方面的技能。通过本项目的学习,你的收获怎样?请认真填写表 5-2,并及时反馈给任课教师。

表 5-2　　　　　　　　　　　　　学习情况小结

序号	知识与技能	重要指数	自我评价 A B C D E	小组评价 A B C D E	教师评价 A B C D E
1	熟悉 Internet 的概念、组成等	★★★☆			
2	熟悉 Internet 的物理结构与工作模式	★★★★			
3	熟悉 Internet 的接入技术	★★★★☆			
4	能使用 Edge 浏览器浏览信息	★★★★☆			
5	会申请和使用网盘和电子邮箱	★★★			
6	具有较强的独立操作能力,同时具备较好的合作意识	★★★☆			

注:评价等级分为 A、B、C、D、E 五等,其中:对知识与技能掌握很好为 A 等;掌握了绝大部分为 B 等;大部分内容掌握较好为 C 等;基本掌握为 D 等;大部分内容不够清楚为 E 等。

项目 6　配置与管理网络服务

内容提要

随着网络技术的蓬勃发展，网络已深入人们的工作、生活、娱乐等方方面面。网络之所以如此受欢迎，正是因为它提供了诸多的网络服务。这些网络服务便利了人们的工作、生活，也影响着人们的工作方式、生活方式。在局域网中，主要的目标是配置与管理网络服务，网络服务是网络的灵魂。包括 Web 服务、FTP 服务、DNS 服务、DHCP 服务、电子邮件服务、路由与远程访问服务等，没有了网络服务的网络甚至本身都难以正常运行。

本项目针对在企业网络中占有重要地位的 Windows 网络服务器的配置与管理进行讲解，具体介绍 WWW、FTP 和 DNS 的工作原理；通过具体的任务训练大家安装 Windows Server 2019，利用 Windows Server 2019 中自带的 Internet 信息服务（IIS）配置 Web 服务、FTP 服务，配置与管理 DNS 服务等方面的技能。

知识目标

◎ 学会分析 DNS 查询过程并熟悉其查询模式、解析方式
◎ 了解 DNS、WWW、FTP 服务的工作原理
◎ 熟悉各类服务的配置流程
◎ 熟悉 DNS、WWW、FTP 服务的测试方法

技能目标

◎ 能够完成 DNS、WWW、FTP 服务组件的安装
◎ 能够完成 DNS、WWW、FTP 服务的安装、配置和管理
◎ 能够解决 DNS、WWW、FTP 配置中出现的问题
◎ 能够在客户端测试 DNS、WWW、FTP 服务

项目 6　配置与管理网络服务

素质目标

◎ 培养诚信、敬业、科学、严谨的工作态度和工作作风
◎ 养成刻苦、勤奋、好问、独立思考和细心检查的学习习惯
◎ 具有一定自学能力，分析问题、解决问题能力和创新的能力
◎ 培养正确的法律意识、服务意识；尊重知识产权，合理部署网络服务

参考学时

◎ 12 学时（含实践教学 8 学时）

6.1　情境描述

新天教育培训集团的局域网改造项目经过前期的设计、安装，现已粗具规模，接下来集团有关部门希望尽快解决以下问题：

一是集团需要建立门户网站，在网站上发布月度工作重点和出勤考核情况，展示产品设计；通过网站实现企业信息化、数字化和现代化；在门户网站中进行产品的宣传。

二是为了节约个人电脑空间及提高办公效率，集团决定在服务器上设立一些公用的文件夹（如共享软件、教学视频等），师生需要时直接到服务器下载；另外，有些紧急任务老师可以在家完成，然后上传到公司指定位置。

三是培训集团的大部分老师都配备了笔记本电脑，但使用时经常因手工设置 IP 地址而引起 IP 地址冲突或无法正常接入 Internet，通过设置解决这一问题（图 6-0）。

图 6-0　项目情境

面对新天教育培训集团提出的这些要求,承接集团网络改建的易通网络安排李恒具体负责该项目后期的配置与维护工作,李恒应安装什么系统、配置哪些服务才能满足新天教育培训集团的应用要求呢?

6.2 任务分析

根据新天教育培训集团的需求,李恒通过广泛调研,并组织有关人员进行了认真细致的分析,确定了如下任务:

1.在新天教育培训集团的服务器中安装 Windows Server 2019 网络操作系统,并完成相关配置;

2.为使广大师生在校内、校外都可以方便、快捷地访问集团的网站,需要为集团申请一个域名,并配置 DNS 服务;

3.为实现企业无纸化、网络化办公,需要在服务器中利用 Windows Server 2019 自带的 IIS 配置 WWW 服务;

4.为提高办公效率,并方便师生上传或下载文件,需要在服务器上配置 FTP 服务;

5.为了满足教师在不同场合使用笔记本电脑,解决因手工设置 IP 地址而引起 IP 地址冲突,或无法正常接入 Internet 的问题,需要架设 DHCP 服务器(由于篇幅有限,此任务请参考有关资料在拓展任务中完成)。

6.3 知识储备

6.3.1 典型网络操作系统

操作系统是计算机系统中用来管理各种软硬件资源,提供人机交互使用的软件。网络操作系统可实现操作系统的所有功能,并且能够对网络中的资源进行管理和共享。

为了完成新天教育培训集团服务器的配置与管理,我们首先需要熟悉在服务器中都包含哪些操作系统。

1.操作系统的分类

操作系统随着计算机的发展而发展,经历了从无到有、从小到大、从简单到复杂、从原始到先进的发展历程。种类也很多,有历史短暂的也有经久不衰的,有专用的也有通用的,产品十分丰富。因此,操作系统的分类方法比较多,通常按照以下方式进行分类:

● 根据用户数目的多少,可分为单用户操作系统和多用户操作系统。

● 根据操作系统所依赖的硬件规模,可分为大型机操作系统、中型机操作系统、小型机操作系统和微型机操作系统。

● 根据操作系统提供给用户的工作环境,可分为多道批处理操作系统、分时操作系统、实时操作系统、网络操作系统和分布式操作系统等。

● 按照操作系统生产厂家划分,目前应用较为广泛的网络操作系统品牌有 Windows 系列、NetWare、UNIX家族和自由软件操作系统Linux等。

2.Windows系列网络操作系统

Windows系列网络操作系统是微软开发的一种界面友好、操作简便的网络操作系统。其客户端操作系统有早期的Windows 95/98/XP、Windows NT、Windows 2000 Server、Windows Server 2008、Windows Server 2012等；目前使用较多的是Windows 10，Windows Server 2012和Windows Server 2019等。

Windows Server 2019有两大类版本，分别是标准版和数据中心版，这两种版本又细分为带GUI的desktop版本和不带GUI的core版本，所以一共有4个版本。

Windows Server 2008分32位版和64位版，在32位版或64位版基础上又包含基础版、标准版、企业版、数据中心版（无Hyper-V）、Web版和安腾版等不同的版本。

如果要使Windows Server 2019在满足用户实际需要的同时执行强大的管理功能，就必须对系统中的一些重要选项、参数和服务等内容进行合理的优化、配置和调整。可供配置的服务器角色主要包括文件服务、域服务、WINS服务、DNS服务、DHCP服务、Web服务、FTP服务、邮件服务、证书服务、流式媒体服务、NAT服务和VPN服务等十多种服务。

3.Linux网络操作系统

Linux是一套免费使用和自由传播的类UNIX操作系统，由于具有稳定可靠、高效灵活的特点使其成为架设网络服务器的主流操作系统。它能够在个人计算机上实现UNIX的全部特性，并具有多用户、多任务的能力。它的开源精神和优秀的性能得到了业界广泛的认可和支持。

Linux的版本可以分为两类：内核（Kernel）版本与发行（Distribution）版本。内核版本是指在Linux领导下开发小组开发出来的系统内核版本号。

目前，主流的Linux发行版本有SUSE、RedHat、Debian、Fedora、Ubuntu、Gentoo以及国内的红旗Linux、中标麒麟、普华Linux、鸿蒙（HarmonyOS）等数百种。在众多Linux发行版本中，Red Hat公司的Red Hat Linux是目前全球使用最为广泛的，RedHat针对个人用户和企业用户分别提供了两个不同的Linux版本，其中面向个人用户的版本是RedHat Fedora，面向企业用户的版本是RedHat Enterprise Linux，简称RHEL。企业级用户所使用的最新版本是Red Hat Enterprise Linux 8.5。

【思政元素】

2014年4月8日起，美国微软公司停止了对Windows XP SP3操作系统提供服务支持，这引起了社会和广大用户的广泛关注和对信息安全的担忧。而2020年对Windows 7服务支持的终止再一次推动了国产操作系统的发展。

国产操作系统多为以Linux为基础二次开发的操作系统，因为Linux是开源系统，只要坚持自由软件的精神，遵守开放源代码协议，任何组织和个人都可以免费获取Linux的源代码，所以在这个基础上开发较快。

4.UNIX网络操作系统

UNIX网络操作系统出现于20世纪60年代，最初是为第一代网络所开发的，是标准的多用户终端系统。UNIX的基本功能有点对点的邮件传输、文件管理、用户程序的分配等。

UNIX 操作系统是典型的 32 位多用户、多任务的网络操作系统，也是目前功能最强、安全性和稳定性最高的网络操作系统。UNIX 的缺点是系统过于庞大、复杂，一般用户很难掌握。

UNIX 网络操作系统主要应用于小型机和大型机上从事工程设计、科学计算、CAD 的工作。

6.3.2 网络服务概述

Windows Server 2019 是一个多任务操作系统，它能够按照用户的需要，以集中或分布的方式处理各种服务器角色，这些服务器角色主要包括：

(1) 文件服务：文件服务器提供和管理文件访问权限。如果要使用计算机上的磁盘空间存储、管理和共享诸如文件和网络访问的应用程序的信息，请将该计算机配置为文件服务器。

(2) 域服务：域控制器可以存储目录数据，管理用户和域的通信，包括用户登录过程、身份验证和目录搜索。

(3) WINS 服务：WINS（Windows Internet Name Service，Windows 网络名称服务）服务器可以实现 IP 地址与 NetBIOS 计算机名的映射。通过组织中的 WINS 服务器，可以按照计算机名而不是按照 IP 地址检索资源。

(4) DNS 服务：DNS(Domain Name System，域名系统)是在 Internet 上使用的 TCP/IP 名称解析服务，是一种将 IP 地址转换成对应的域名或将域名转换成与之相对应的 IP 地址的一种机制。

(5) DHCP 服务：DHCP(Dynamic Host Configure Protocol，动态主机配置协议）是一个简化主机 IP 地址分配管理的 TCP/IP 标准协议。网络管理者可以利用 DHCP 服务器动态地为客户端分配 IP 地址及完成其他相关的环境配置工作。

(6) 终端服务：使用终端服务器可提供单点安装，该安装赋予多个用户对运行 Windows Server 2019 操作系统的任意计算机的访问权。用户可从远程位置运行程序、保存文件并使用网络资源，仿佛这些资源都安装在自己的计算机上一样。

(7) Web 服务和 Web 应用程序服务：Web 即全球广域网，也称为万维网，它是一种基于超文本和 HTTP 的、全球性的、动态交互的、跨平台的分布式图形信息系统。

(8) FTP 服务：FTP(File Transfer Protocol，文件传输协议)是 TCP/IP 协议簇的应用协议之一，主要用于计算机之间传输文件。若要向用户提供文件的下载或上传服务，可以使用 Windows Server 2019 IIS 组件中的 FTP 子组件来架设一个 FTP 站点。

(9) 邮件服务：若要向用户提供邮件服务，可以使用 Windows Server 2019 提供的邮局协议 3（POP3)和简单邮件传输协议（SMTP)组件。POP3 服务实施标准的 POP3 协议，用于邮件检索，可以将它与 SMTP 服务配对以启用邮件传输。如果要让客户端与该 POP3 服务器连接，并使用适于 POP3 的邮件客户端将电子邮件下载到本地计算机上，请将该服务器配置为邮件服务器。

(10) 证书服务：证书服务器是 PKI 公共密钥安全体系中的关键设备，注册、发放和管理网络系统中各种设备和用户的证书，用于建立和保障网络安全通信中的身份认证和相互信任体系。若要在组织内部建立 PKI 公共密钥安全体系为用户提供服务，可以使用 Windows Server 2019 的证书服务组件来架设一个 CA 证书服务器。

项目 6　配置与管理网络服务

(11)流式媒体服务:流式媒体服务器可为组织内部提供 Windows Media Services。Windows Media Services 通过 Intranet 或 Internet 对 Windows Media 内容进行管理、交付和存档,包括流式音频和视频。如果计划通过拨号连接 Internet 或局域网(LAN)实时地使用数字媒体,请将该服务器配置为流式媒体服务器。

(12)NAT 服务和基本防火墙管理:随着 Internet 的迅速发展,IP 地址短缺已成为一个十分突出的问题。当组织的合法 IP 地址不够用时,可以使用网络地址转换(NAT)功能,为内部用户设置私有 IP 地址。

(13)远程访问 VPN 服务:路由和远程访问服务为远程计算机提供了功能完备的软件路由器以及拨号和虚拟专用网(VPN)连接,为局域网和广域网环境提供路由服务。另外,还允许远程和移动人员通过拨号连接或者使用 VPN 连接通过 Internet 访问公司网络,就好像直接连接一样。如果要实现远程人员(或网络)与公司网络连接,请将该服务器配置为远程访问 VPN 服务器。

6.3.3　DNS 概述

DNS(域名服务)是 Internet/Intranet 中最基础但又非常重要的服务,它提供了网络访问中域名和 IP 地址的相互转换。

DNS 是一种新的主机域名和 IP 地址转换机制,它使用一种分层的分布式数据库来处理 Internet 上众多的主机域名和 IP 地址转换。也就是说,网络中没有存放全部 Internet 主机域名信息的中心数据库,这些信息分布在一个层次结构中的若干台域名服务器上。

1.DNS 组成

每当一个应用需要将域名翻译成 IP 地址时,这个应用便成为域名系统的一个客户。这个客户将待翻译的域名放在一个 DNS 请求信息中,并将这个请求发给域名空间中的 DNS 服务器。服务器从请求中取出域名,将它翻译为对应的 IP 地址,然后在一个回答信息中将结果返回给应用。如果接到请求的 DNS 服务器自己不能把域名翻译为 IP 地址,将向其他 DNS 服务器查询,整个 DNS 域名系统由以下三个部分组成。

(1)DNS 域名空间

图 6-1 是一个树型 DNS 域名空间结构示例,整个 DNS 域名空间呈树状结构分布,被称为"域树"。树的每个等级都可代表树的一个分枝或叶。分枝是多个名称被用于标识一组命名资源的等级;叶代表在该等级中仅使用一次来指明特定资源的单独名称。其实这与现实生活中的树、枝、叶三者的关系类似。

DNS 域名空间树的最上面是一个无名的根(root)域,用"."表示。这个域只是用来定位的,并不包含任何信息。在 DNS 根域的下面是顶级域,目前有三种顶级域。

● 组织域(Organizational Domain),这种域是根据 DNS 域中组织的主要职能或行为的编码来进行命名的。有些组织域是全局使用的,而有些仅由美国内部组织使用。美国的大多数组织隶属于这些组织域中的某一个。常见的组织域是.com、.net、.edu 和.org。其他顶级组织域包括.aero、.biz、.info、.name 和.pro。

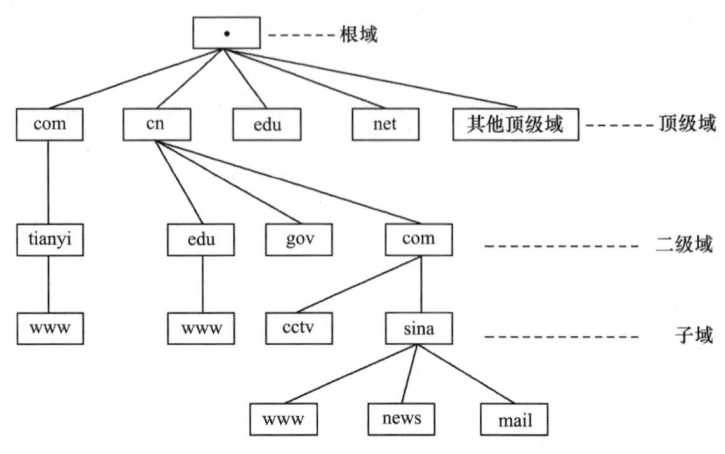

图 6-1　树型 DNS 域名空间结构示例

● 地理域(Geographical Domain)，这些域根据国际标准化组织(ISO)3166 规定的国家和区域双字符码来命名(例如:英国为.uk,意大利为.it)。这些域一般由美国以外的组织使用,但这并不是硬性规定。

● 反解域(Reverse Domain),这是一种称为 in-addr.arpa 的特殊域,用于从 IP 地址到名称的解析(也被称为逆向查询)。

每个顶级域又可以进一步划分为不同的二级域,二级域再划分出子域,子域下面可以是主机也可以是再划分的子域,直到最后的主机。所有的顶级域名都由 InterNIC(Internet Network Information Center)负责管理,域名的服务则由 DNS 来实现。

(2) DNS 服务器

DNS 服务器是保持和维护域名空间中数据的程序。由于域名服务是分布式的,每一台 DNS 服务器含有一个域名空间自己的完整信息,其控制范围称为区(Zone)。对于本区内的请求由负责本区的 DNS 服务器解释,对于其他区的请求将由本区的 DNS 服务器与负责该区的相应服务器联系,为了完成 DNS 客户端提出的查询请求工作,DNS 服务器必须具有以下基本功能:

● 保存了主机名称(网络上的计算机域名)对应的 IP 地址的数据库,即管理一个或多个区域(Zone)的数据。

● 可以接受 DNS 客户端提出的主机名称对应 IP 地址的查询请求。

● 查询所请求的数据若不在本服务器中,能够自动向其他 DNS 服务器查询。

● 向 DNS 客户端提供其主机名称对应的 IP 地址的查询结果。

(3)解析器

解析器是简单的程序或子程序,它从服务器中提取信息以响应对域名空间中主机的查询,用于 DNS 客户端。

【思政元素】

根域名服务器在网络世界具有非常重要的作用,比如:伊拉克战争期间,在美国政府授意下,伊拉克顶级域名".iq"的申请和解析工作被终止,所有网址以".iq"为后缀的网站从互联网蒸发;在 2004 年 4 月,美国使".ly"的域名瘫痪,利比亚在互联网中也消失了 3 天。

> 目前全球共有13台IPv4域名根服务器。1台为主根服务器,放置在美国。其余12台均为辅根服务器,其中9台放置在美国,英国、瑞典和日本各1台。我国作为全球互联网用户最多、访问量最大的国家却一台也没有,这对我国网络安全造成了很大的威胁。
> 　　为此,中国主导了"雪人计划",于2016年在全球16个国家完成25台IPv6根服务器架设,形成了13台原有IPv4根服务器加25台IPv6根服务器的新格局。而在中国,目前部署有4台根服务器,其中含有1台主根服务器和3台辅根服务器,这也打破了中国过去没有根服务器的格局。

2.查询的工作原理

DNS的作用就是将主机名称解析成对应的IP地址,或者将IP地址解析成对应的主机名称。这个解析过程是通过正向查询或反向查询来完成的。DNS客户端需要查询所使用的名称时,会查询DNS服务器来解析该名称。客户端发送的查询信息应包括以下三条内容:

- 指定的DNS域名必须为完全合格的域名(FQDN);
- 指定的查询类型,可根据类型指定资源记录,或者指定为查询操作的专门类型;
- DNS域名的指定类别。

当客户端程序要通过一个主机名称来访问网络中的一台主机时,它首先要得到这个主机名称所对应的IP地址,因为IP数据报中允许放置的是目地主机的IP地址,而不是主机名称。客户端可以从本机的hosts文件中得到主机名称所对应的IP地址,但如果hosts文件不能解析该主机名称时,只能通过向客户端所设定的DNS服务器进行查询了,查询时可以本地解析、直接解析、递归查询或迭代查询的方式对DNS查询进行解析。

(1)本地解析

本地解析的过程如图6-2所示。客户端平时得到的DNS查询记录都保留在DNS服务缓存中。客户端操作系统上都运行着一个DNS客户端程序,当其他程序提出DNS查询请求时,这个查询请求要传送至DNS客户端程序。DNS客户端程序首先使用本地缓存信息进行解析,如果可以解析所要查询的名称,则DNS客户端程序就直接应答该查询,而不需要向DNS服务器查询,该DNS查询处理过程也就结束了。

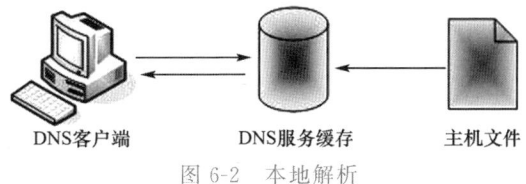

图6-2 本地解析

(2)直接解析

如果DNS客户端程序不能从本地DNS服务缓存中回答客户机的DNS查询,它就要向客户机所设定的局部DNS服务器发一个查询请求,要求本地DNS服务器进行解析,如图6-3所示。本地DNS服务器得到这个查询请求后,首先查看所要求查询的域名自己能否回答:如果能回答,则直接给予回答;如果不能回答,再查看自己的DNS服务缓存,如果可以从DNS服务缓存中解析,则也直接给予回应。

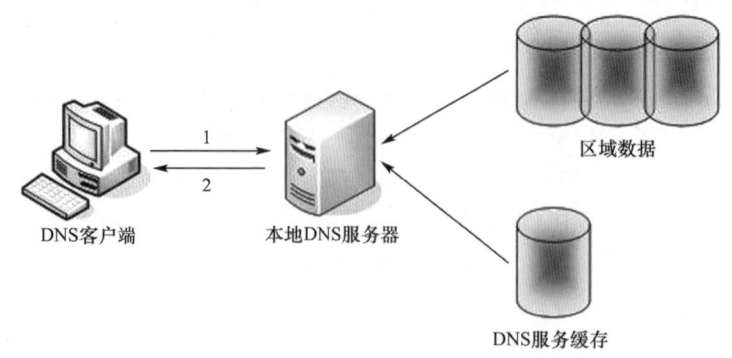

图 6-3　本地 DNS 服务器解析

（3）递归查询

当本地 DNS 服务器自己不能回答客户机的 DNS 查询时，它就需要向其他 DNS 服务器进行查询，如图 6-4 所示的是递归查询方式。如要递归查询 certer.example.com 的地址，首选 DNS 服务器分析完合格的域名后，先向根域服务器发查询，再向顶级域.com 发查询，而.com 的 DNS 服务器与 example.com 服务器联系可以获得更进一步的地址。这样循环查询直到获得所需要的结果，并一级级返回查询结果，最终完成查询工作。

图 6-4　DNS 的递归查询方式

（4）迭代查询

当局部 DNS 服务器自己不能回答客户机的 DNS 查询时，也可以通过迭代查询的方式进行解析，如图 6-5 所示。如要迭代查询 certer.example.com 的地址，首先 DNS 服务器在本地查询不到客户端请求的信息时，就会以 DNS 客户端的身份向其他配置的 DNS 服务器继续进行查询，以便解析该域名。在大多数情况下，可能会将搜索一直扩展到 Internet 上的根域服务器，但根域服务器并不会对该请求进行完整的应答，它只会返回 example.com 服务器的 IP 地址，这时 DNS 服务器就会根据该信息向 example.com 服务器查询，由 example.com 服务器完成对 certer.example.com 域名的解析后，再将结果一级级返回。

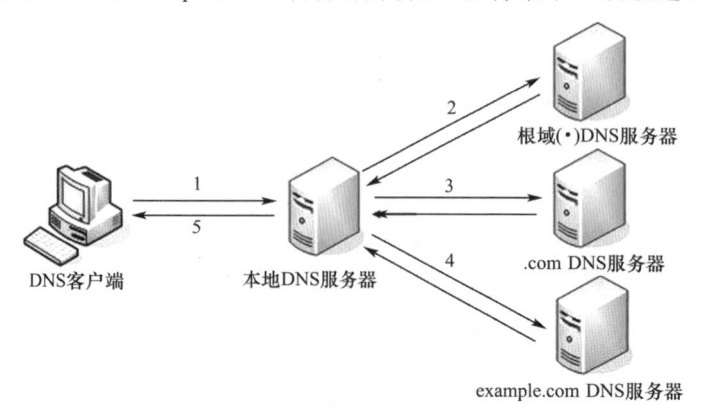

图 6-5　DNS 的迭代查询方式

6.3.4　WWW 概述

WWW(World Wide Web),中文称为环球信息网,是一个基于 Internet 的、全球连接的、分布的、动态的、多平台的、交互式图形化的、综合了信息发布技术和超文本技术的信息系统。WWW 为用户提供了一个基于浏览器/服务器模型和多媒体技术的友好的图形化信息查询界面,WWW 有时也称作 Web。

WWW 采用客户机/服务器(Client/Server)模式进行工作,客户机运行 WWW 客户程序——浏览器,它提供良好、统一的用户界面。浏览器的作用是解释和显示 Web 页面,响应用户的输入请求,并通过 HTTP 协议将用户请求传递给 Web 服务器。Web 服务器运行服务器程序,它最基本的功能是侦听和响应客户端的 HTTP 请求,向客户端发出请求处理结果信息。常用的 Web 服务器有 Apache Web 服务器、网景公司的企业服务器和微软公司的 Internet 信息服务器(IIS)。

WWW 的目的就是使信息更易于获取,而不管它们的地理位置在哪里。当使用超文本作为 WWW 文档的标准格式后,人们开发了可以快速获取这些超文本文档的协议——HTTP 协议,即超文本传输协议。它的具体通信过程如图 6-6 所示。

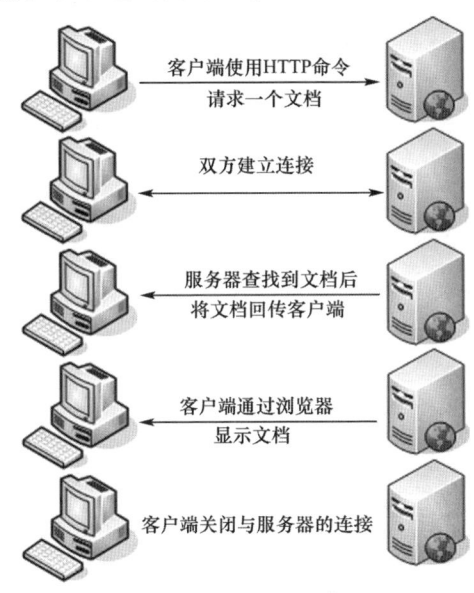

图 6-6　Web 服务的通信过程

(1)客户在 Web 浏览器中使用 HTTP 命令将一个 Web 页面请求发送给 HTTP 服务器。

(2)若该服务器在特定端口(通常是 TCP 80 端口)处侦听到 Web 页面请求,就发送一个应答,并在客户和服务器之间建立连接。

(3)Web 服务器查找客户端所需文档,若 Web 服务器查找到所请求的文档,就会将所请求的文档传送给 Web 浏览器。若该文档不存在,则服务器会发送一个相应的错误提示文档给客户端。

(4)Web 浏览器收到服务器传来的文档后,便将它显示出来。

(5)当客户端浏览完成后,就断开与服务器的连接。

6.3.5 FTP 概述

在众多网络应用中,FTP(文件传输协议)有着非常重要的地位。Internet 中有非常多的共享资源,而这些共享资源大多数都放在 FTP 服务器中。与大多数 Internet 服务器一样,FTP 也是一个客户机/服务器系统。用户通过一个支持 FTP 协议的客户机程序,连接到主机上的 FTP 服务器程序。用户通过客户机程序向服务器程序发出命令,服务器程序执行用户发出的命令,并将执行结果返回给客户机。

提供 FTP 服务的计算机称为 FTP 服务器,用户的本地计算机称为客户机。FTP 使用两个 TCP 连接,一个 TCP 连接用于控制信息(端口 21),另一个 TCP 连接用于实际的数据传输。

客户端调用 FTP 命令后,便与服务器建立连接,这个连接被称为控制连接,又称为协议解析器(PI),主要用于传输客户端的请求命令以及远程服务器的应答信息。一旦控制连接建立成功,双方便进入交互式会话状态,互相协调完成文件传输工作。另一个连接是数据连接,当客户端向远程服务器提出一个 FTP 请求时,临时在客户端和服务器之间建立一个连接,主要用于数据的传送,因而又称作数据传输过程(DTP)。FTP 服务的具体工作过程如图 6-7 所示。

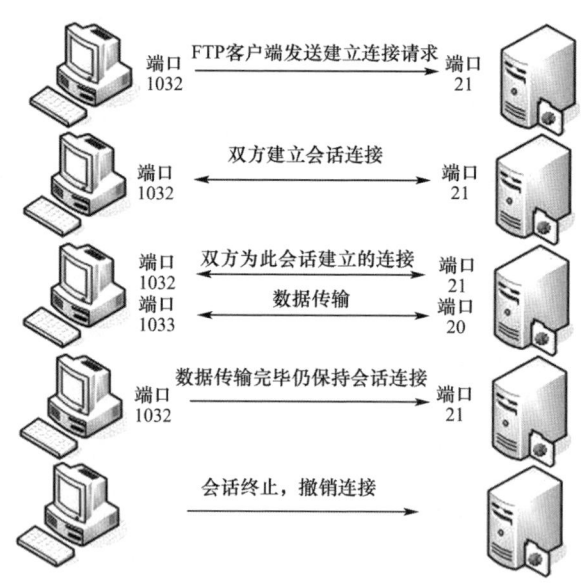

图 6-7 FTP 服务的具体工作过程

(1) 当 FTP 客户端发出请求时,系统将动态分配一个端口(如 1032)。

(2) 若 FTP 服务器在端口 21 侦听到该请求,则在 FTP 客户端的端口 1032 和 FTP 服务器的端口 21 之间建立起一个 FTP 会话连接。

(3) 当需要传输数据时,FTP 客户端再动态打开一个连接到 FTP 服务器的端口 20 的第二个端口(如 1033),这样就可在这两个端口之间进行数据传输。当数据传输完毕,这两个端口会自动关闭。

(4) 当 FTP 客户端断开与 FTP 服务器的连接时,客户端上动态分配的端口将自动释放。

6.4 任务实施

新天教育培训集团的局域网拓扑结构如图 6-8 所示,在该拓扑结构中,李恒为新天教育培训集团设置了服务器群,并决定在服务器中安装 Windows Server 2019,配置 Web 服务、FTP 服务和 DNS 服务等网络服务。

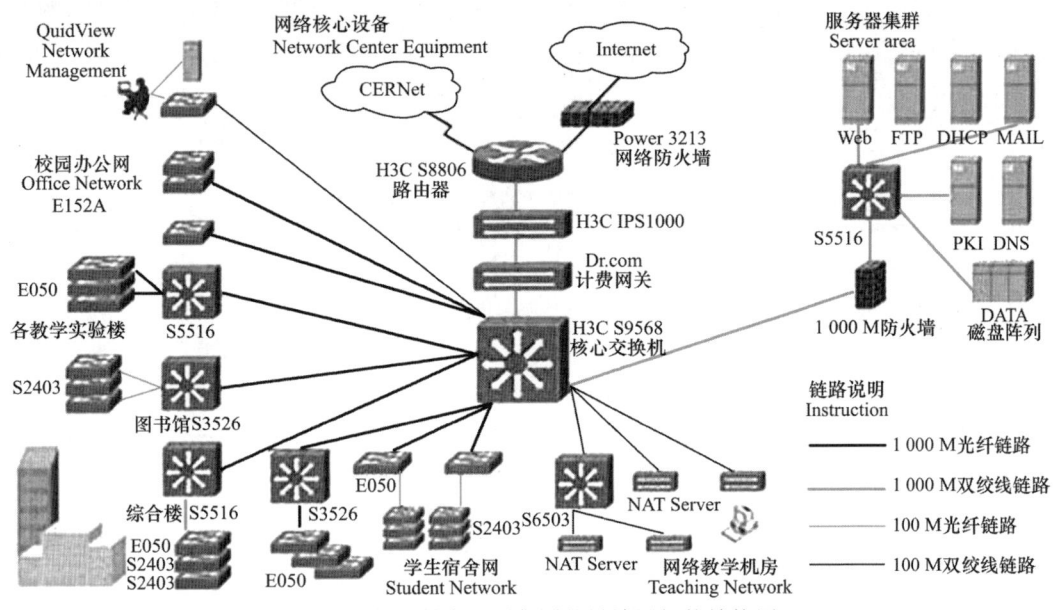

图 6-8 新天教育培训集团的局域网拓扑结构图

6.4.1 安装 Windows Server 2019

新天教育培训集团的局域网服务器决定安装 Windows Server 2019 网络操作系统,Windows Server 2019 可以采用多种方式进行安装,如光盘安装、硬盘安装、U 盘安装、无盘安装等。

任务 6-1

设置 BIOS 从光驱启动,将 Windows Server 2019 的安装光盘放入光驱,重启计算机安装 Windows Server 2019。安装时注意合理进行分区,正确选择相关选项。

操作步骤:

【STEP|01】设置启动顺序。打开计算机电源后按 Del 键,按 F2 进入服务器的 BIOS 设置界面,如图 6-9 所示。在 BIOS 中将启动顺序的第一设备设为 CD-ROM,设置完成后保存 BIOS 设置。

【STEP|02】进入 Windows Server 2019 安装向导。插入 Windows Server 2019 安装光盘,重新启动计算机,进入 Windows Server 2019 安装向导,首先显示 Windows Server 2019

安装界面,如图 6-10 所示。

默认安装语言为"中文(简体,中国)",时间和货币格式为"中文(简体,中国)",键盘和输入方法为"微软拼音",全部使用默认设置,单击"下一步"按钮继续。

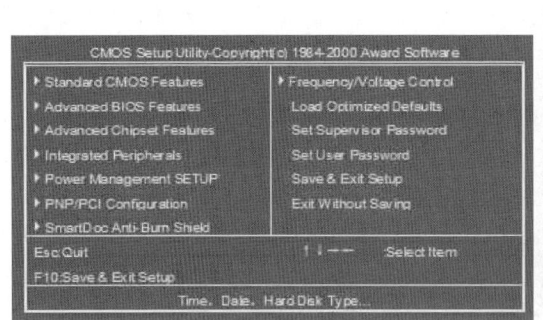

图 6-9　BIOS 设置界面

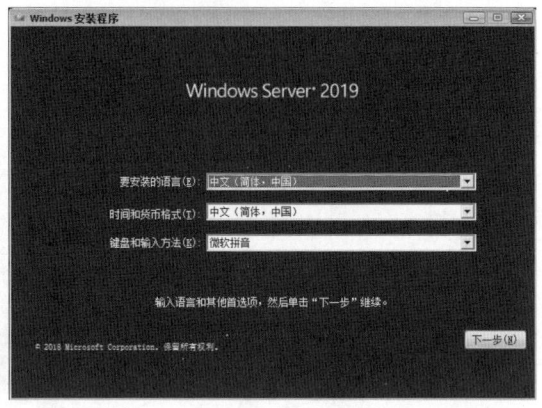

图 6-10　设置语言和其他选项

【STEP|03】进入"Windows Server 2019 现在安装"窗口,如图 6-11 所示。单击"现在安装"按钮继续。

【STEP|04】进入"激活 Windows"对话框,如图 6-12 所示。提示"如果这是你第一次在这台电脑上安装 Windows(或其他版本),则需要输入有效的 Windows 产品密钥……",如果用户购买了正版系统,请在文本框中输入密钥。如果你没有密钥,只是体验 Windows,此时,请选择"我没有产品密钥"。

图 6-11　"Windows Server 2019 现在安装"窗口

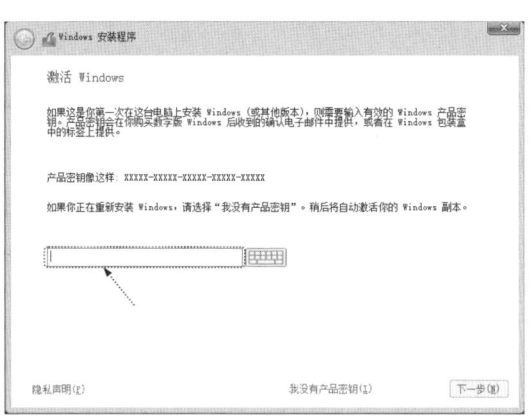

图 6-12　"激活 Windows"对话框

【STEP|05】进入"选择要安装的操作系统"对话框,如图 6-13 所示。在"操作系统"列表框中列出了可以安装的操作系统版本,选择合适的版本进行安装,这里选择"Windows Server 2019 Standard(桌面体验)",单击"下一步"按钮继续。

【STEP|06】进入"适用的声明和许可条款"对话框,如图 6-14 所示。请仔细阅读重要声明和许可条款,并勾选"我接受许可条款(A)",单击"下一步"按钮继续。

项目 6　配置与管理网络服务

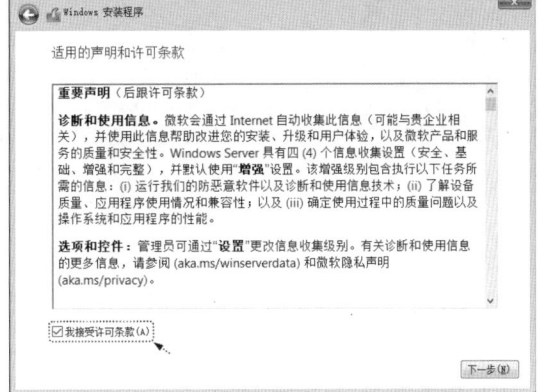

图 6-13　选择要安装的操作系统　　　　　图 6-14　阅读许可条款

> 注意　不要着急单击"下一步"按钮，仔细阅读协议内容，对用户今后的学习将有所帮助。

【STEP|07】进入"您想执行哪种类型的安装？"对话框，如图 6-15 所示。其中，"升级：安装 Windows 并保留文件、设置和应用程序(U)"选项用于从 Windows Server 2012 R2 升级到 Windows Server 2019，如果当前计算机没有安装操作系统，该项不可用；"自定义：仅安装 Windows(高级)(C)"选项用于全新安装，此处请选择"自定义：仅安装 Windows(高级)(C)"选项对 Windows Server 2019 进行全新安装。

【STEP|08】进入"你想将 Windows 安装在哪里？"对话框 ，如图 6-16 所示。显示了当前计算机上硬盘的分区信息，我们可以看到当前服务器上的硬盘尚未分区，单击"新建"按钮。

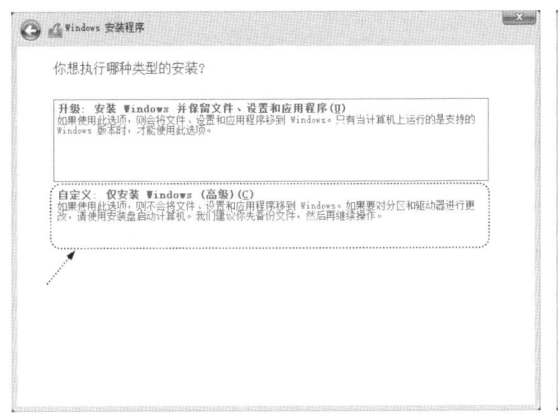

图 6-15　选择安装类型　　　　　　　　图 6-16　硬盘的分区信息

【STEP|09】进入磁盘"格式化"和"新建"等操作对话框，当前服务器上的硬盘尚未分区，如图 6-17 所示。

【STEP|10】正确设置硬盘分区。在"大小"设置框中输入第一个分区的大小，如 40 000 MB，单击"应用"按钮，弹出"Windows 安装程序"提示框，如图 6-18 所示，单击"确定"按钮对硬盘进行分区。

189

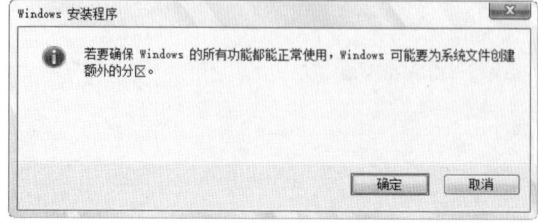

图 6-17　磁盘上的所有分区信息　　　　　　图 6-18　"Windows 安装程序"提示框

依此方法将剩余的空间"驱动器 0 未分配的空间"再划分到其他分区,系统将列出磁盘上的所有分区信息,如图 6-19 所示。正确选择 Windows Server 2019 的安装位置,这里选择"磁盘 0 分区 4",单击"下一步"按钮继续。

【STEP|11】打开"正在安装 Windows"对话框,开始复制文件并安装 Windows Server 2019 系统,如图 6-20 所示。安装时间较长(大概 30 分钟),需耐心等待,在安装过程中,系统会根据需要自动重启多次。

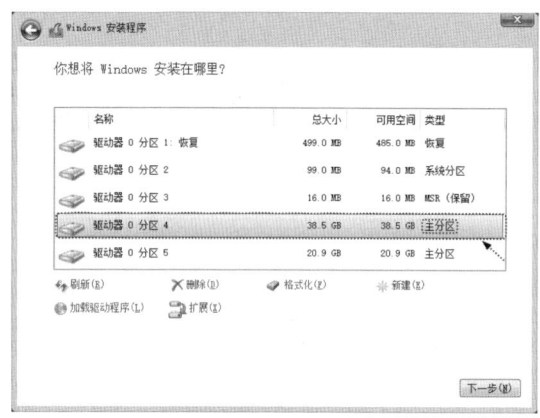

图 6-19　应用分区窗口　　　　　　　　　图 6-20　复制文件并安装 Windows

【STEP|12】进入"自定义设置"页面。Windows Server 2019 安装完成后,计算机将自动重启,进入"自定义设置"页面,输入可用于登录这台计算机的内置管理员帐户密码,如图 6-21 所示,在"密码"和"重新输入密码"文本框中输入相同的密码,单击"完成"按钮继续。

【STEP|13】进入"正在完成你的设置"窗口,等待片刻即可进入"按 Ctrl+Alt+Delete 解锁。"页面,如图 6-22 所示。

【STEP|14】进入登录页面。按下"Ctrl+Alt+Delete"进入登录页面,如图 6-23 所示。在"密码"文本框中输入前面设置的登录密码,单击提交按钮继续。

项目 6　配置与管理网络服务

图 6-21　Administrator 的密码设置窗口　　　图 6-22　"按 Ctrl+Alt+Delete 解锁"窗口

【STEP|15】进入"服务器管理器"窗口。登录成功后,进入"服务器管理器"窗口,如图 6-24 所示。这是 Windows 自动打开的初始配置任务界面,用户此时可以根据需要进行相关配置,这里请先单击关闭按钮关闭窗口。

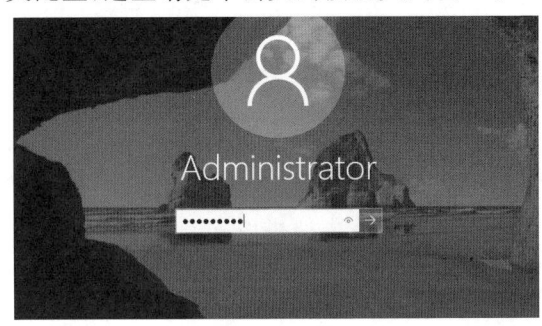

图 6-23　登录页面　　　　　　　　　图 6-24　"服务器管理器"窗口

【STEP|16】进入"Windows Server 2019"的工作界面,如图 6-25 所示。如果在桌面右击"这台电脑",在弹出的菜单中选择"属性"命令,即可进入"系统"属性窗口,此时可看到刚安装的 Windows Server 2019 标准版是没有激活的,因此,只有 180 天的免费试用期,需要激活的话,请单击"激活 Windows"按钮进入激活窗口进行激活。

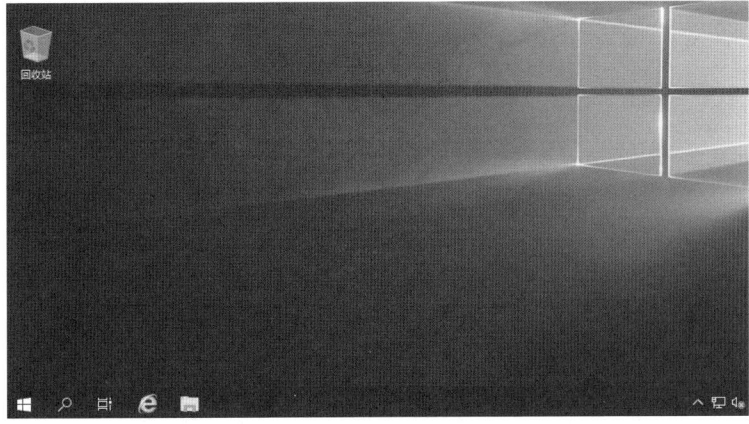

图 6-25　"Windows Server 2019"的工作界面

至此,Windows Server 2019 操作系统安装完成,接下来即可在其中配置各类网络服务。

【思政元素】
尊重和保护知识产权,正确选择网络操作系统,倡导正版,拒绝盗版。

6.4.2 配置与管理 DNS 服务

根据新天教育培训集团的要求,为方便广大师生在校内、校外都可以方便、快捷地访问集团的网站,李恒首先需要为集团申请一个域名,然后在集团的服务器中配置 DNS 服务。

1. 安装 DNS 服务

在安装之前,首先应当确认网络上是否安装了 DNS 服务。如果是域控制器,因为已经自动生成和安装了 DNS 服务,则不必进行本节的操作;倘若是工作组网络,系统中没有安装 DNS 服务,此时需要手动安装 DNS 服务。

> **任务 6-2**
>
> 新天教育培训集团准备在 Windows Server 2019 中安装 DNS 服务,请完成 IP 地址(192.168.2.110)等相关参数的设置及 DNS 服务组件的安装。
>
> 安装 DNS 服务组件

操作步骤:

【STEP│01】配置 DNS 服务器的 IP 地址。选择"开始"→"控制面板"→"网络和共享中心"命令,打开"网络和共享中心"对话框,单击"Ethernet0"按钮,在弹出的"Ethernet0 状态"对话框中单击"属性"按钮,在弹出的"Ethernet0 属性"对话框中选中"Internet 协议版本 4(TCP/IPv4)",单击"属性"按钮,在"Internet 协议版本 4(TCP/IPv4)属性"对话框中设置 DNS 服务器的 IP 地址、子网掩码、默认网关和 DNS 服务器 IP 地址,如图 6-26 所示,配置完成后单击"确定"按钮,再单击"关闭"按钮关闭对话框。

【STEP│02】打开"服务器管理器"窗口。

(1)单击"开始"→"Windows 管理工具",在"管理工具"窗口中双击"服务器管理器"打开"服务器管理器"窗口,如图 6-27 所示。

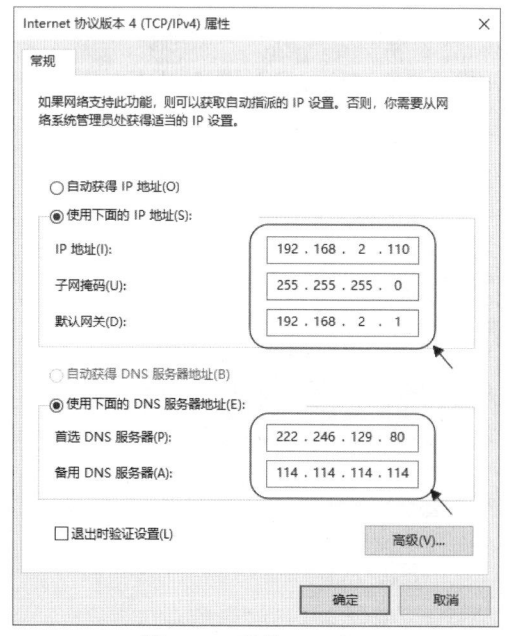

图 6-26 配置 TCP/IP

图 6-27 "服务器管理器"窗口

项目 6　配置与管理网络服务

(2)在右侧单击"2 添加角色和功能"链接,出现"添加角色和功能 向导—开始之前"窗口,单击"下一步"按钮继续。

(3)出现"安装类型"窗口,保持默认的"基于角色或基于功能的安装",单击"下一步"按钮继续。

(4)出现"选择目标服务器"窗口,此页显示了正在运行 Windows Server 2019 的服务器以及那些已经在服务器中使用"添加服务器"命令所添加的服务器。在此保持默认的"从服务器池中选择服务器",然后单击"下一步"按钮继续。

【STEP|03】打开"选择服务器角色"窗口,在该窗口中可以选择要安装在此服务器上的一个或多个角色,在此选中"DNS 服务器",弹出"添加 DNS 服务器所需的功能?"的提示界面,如图 6-28 所示。单击"添加功能"按钮返回"选择服务器角色"窗口,单击"下一步"按钮继续。

【STEP|04】打开"功能"窗口,选择要安装在所选服务器上的一个或多个功能,保持默认,单击"下一步"按钮继续。

【STEP|05】打开"DNS 服务器"的简介及注意事项窗口,如图 6-29 所示,直接单击"下一步"按钮继续。

图 6-28　选择服务器角色　　　　　　图 6-29　"DNS 服务器"的简介及注意事项窗口

【STEP|06】打开"确认安装所选内容"窗口,若要在所选服务器上安装列出的角色、角色服务或功能,单击"安装"按钮,即可开始安装所选择的 DNS 服务角色。

【STEP|07】等待一会安装完成,出现安装成功提示,如图 6-31 所示,单击"关闭"按钮返回"服务器管理器"窗口,关闭"服务器管理器"窗口即可。

图 6-30　"确认安装所选内容"窗口　　　　　　图 6-31　安装成功提示

193

2.配置 DNS 服务器

安装 DNS 服务器之后,还无法提供域名解析服务,需要配置一些记录,设置一些信息,才能实现具体的管理目标。例如,当某个企业只有一个 IP 地址,却又需要使用多个主机域名时,就要使用虚拟主机技术。而虚拟主机技术正是通过 DNS 服务器主机记录的配置来实现的。

(1)创建 DNS 正向查找区域

区域分正向查找区域和反向查找区域,用户并不一定必须使用反向查找功能,但当需要利用反向查找功能来加强系统安全管理时则需要配置反向查找区域。如通过 IIS 发布网站,需利用主机名称来限制 DNS 客户端登录所发布网站时就需要使用反向查找功能。DNS 服务组件安装好之后,必须先配置正向查找区域,然后再配置反向查找区域,下面通过具体案例训练大家配置正向查找区域的技能。

任务 6-3

请你在安装好 DNS 服务组件的服务器(IP:192.168.2.110)上为新天教育培训集团架设一台 DNS 服务器,负责解析新天教育培训集团 xintian.edu.cn 域。

操作步骤:

【STEP|01】打开"DNS 管理器"窗口。单击"开始"→"Windows 管理工具",在"Windows 管理工具"窗口中双击"DNS",打开"DNS 管理器"窗口,展开"DNS"→"XINTIAN"节点,然后右击"正向查找区域"节点,在弹出的快捷菜单中选择"新建区域"命令,如图 6-32 所示。

【STEP|02】打开"新建区域向导"对话框,单击"下一步"按钮,打开"区域类型"对话框,保持选中默认的"主要区域",如图 6-33 所示,单击"下一步"按钮继续。

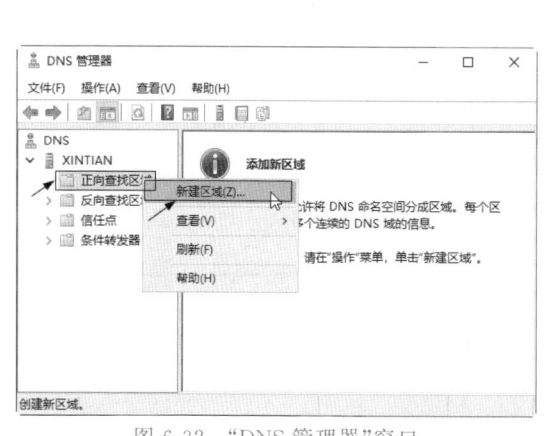

图 6-32 "DNS 管理器"窗口

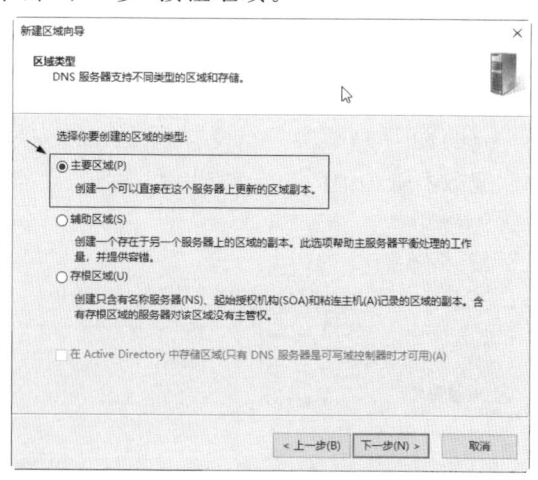

图 6-33 "区域类型"对话框

● 主要区域:该区域存放此区域内所有主机数据的正本,其区域文件是采用标准 DNS 规格的一般文本文件。当在 DNS 服务器内创建一个主要区域与区域文件后,这个 DNS 服务器就是这个区域的主要名称服务器。

● 辅助区域:该区域存放区域内所有主机数据的副本,这份数据从其"主要区域"利用区域传送的方式复制过来,区域文件是采用标准 DNS 规格的一般文本文件,只读不可以修改。创建辅助区域的 DNS 服务器为辅助名称服务器。

● 存根区域:该区域是一个区域副本,只包含标识该区域的权威域名系统(DNS)服务器所需的资源记录。存根区域用于使父区域的 DNS 服务器知道其子区域的权威 DNS 服务器,从而保持 DNS 名称解析效率。存根区域由起始授权机构(SOA)资源记录、名称服务器(NS)资源记录和黏附 A 资源记录组成。

【STEP|03】打开"区域名称"对话框,如图 6-34 所示,在"区域名称"文本框中输入在域名服务机构申请的正式域名,如 xintian.edu.cn,区域名称用于指定 DNS 名称空间部分,可以是域名或者子域名(oa.xintian.edu.cn),单击"下一步"按钮继续。

【STEP|04】打开"区域文件"对话框,如图 6-35 所示。系统会自动创建一个 xintian.edu.cn.dns 的文件,在该对话框中,我们不需要进行更改,单击"下一步"按钮继续。

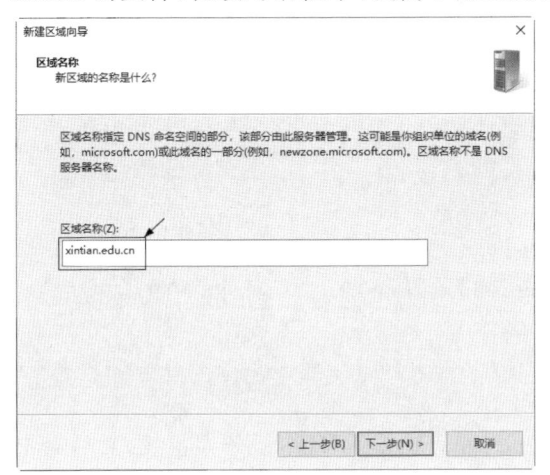

图 6-34 "区域名称"对话框　　　　　　图 6-35 "区域文件"对话框

【STEP|05】打开"动态更新"对话框,如图 6-36 所示,选中"不允许动态更新",单击"下一步"按钮继续。

只允许安全的动态更新(适合 Active Directory 使用):只有在安装了 Active Directory 集成的区域才能使用该项,所以该选项目前是灰色状态,不可选取。

允许非安全和安全动态更新:如果要使任何客户端都可接受资源记录的动态更新,可选择该项,但由于可以接受来自非信任源的更新,所以使用此项时可能会不安全。

不允许动态更新:可使此区域不接受资源记录的动态更新,使用此项比较安全。

【STEP|06】完成 DNS 正向查找区域创建。然后弹出"正在完成新建区域向导"对话框,如图 6-37 所示。

> 提示　重复上述操作过程,可以添加多个 DNS 区域,分别指定不同的域名称,从而为多个 DNS 域名提供解析。

(2)创建 DNS 反向查找区域

在网络中大部分 DNS 搜索都是正向查找,但为了实现客户端对服务器的访问,不仅需要将一个域名解析成 IP 地址,还需要将 IP 地址解析成域名,这就需要使用反向查找功能。

在 DNS 服务器中,通过主机名查询其 IP 地址的过程称为正向查询,而通过 IP 地址查询其主机名的过程叫作反向解析,下面以标准主要区域和标准辅助区域为例说明。

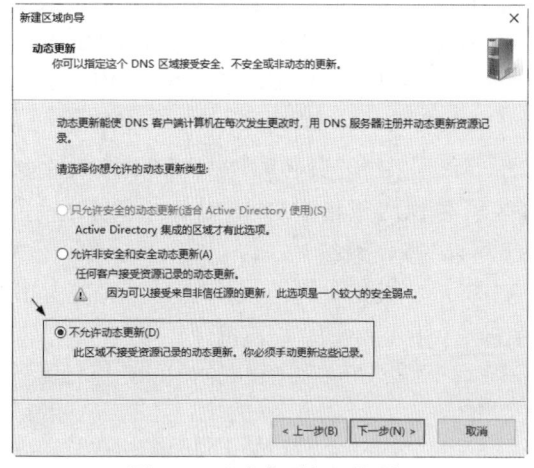

图 6-36 "动态更新"对话框

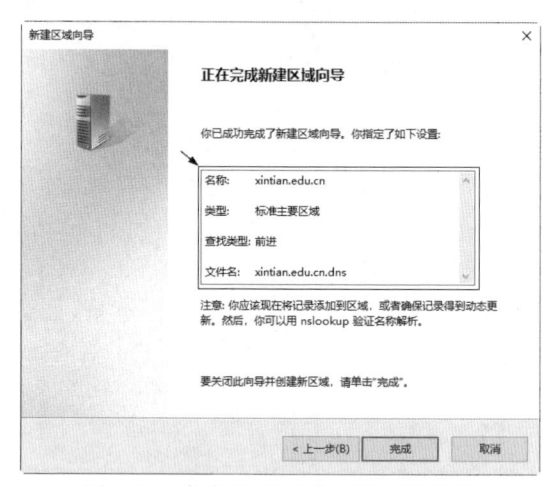

图 6-37 完成 DNS 正向查找区域创建

任务 6-4

请在配置好 DNS 服务器正向查找区域(xintian.edu.cn)的计算机中,建立标准主要反向解析区域。

操作步骤:

【STEP|01】打开"DNS 管理器"窗口,如图 6-38 所示。展开 DNS 服务器主机,然后右击"反向查找区域",在弹出的快捷菜单中选择"新建区域"命令。

【STEP|02】打开"新建区域向导"对话框,单击"下一步"按钮,打开"区域类型"对话框,选中"主要区域",如图 6-39 所示,单击"下一步"按钮继续。

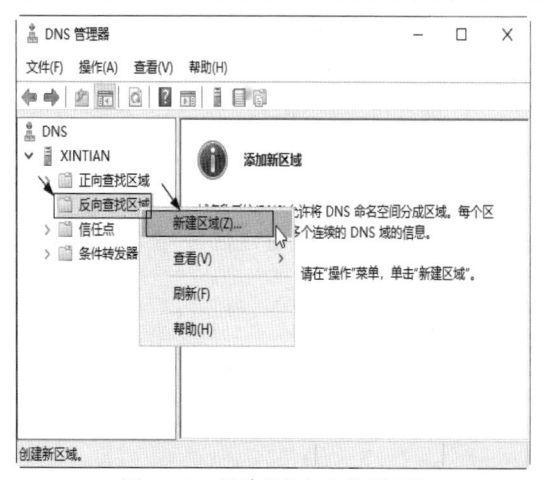

图 6-38 新建"反向查找区域"

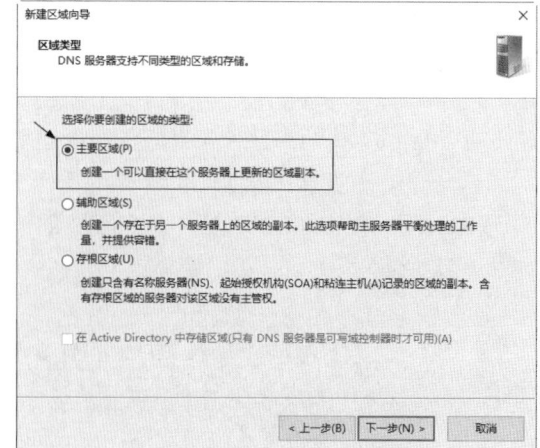

图 6-39 "区域类型"对话框

【STEP|03】打开"反向查找区域名称"对话框,由于网络中主要使用 IPv4,因此,选择"IPv4 反向查找区域"单选按钮,如图 6-40 所示,单击"下一步"按钮继续。

项目 6　配置与管理网络服务

【STEP|04】在"网络 ID"文本框中输入网络 ID，如 192.168.2，同时，在"反向查找区域名称"文本框中将显示 2.168.192.in-addr.arpa，如图 6-41 所示，单击"下一步"按钮继续。

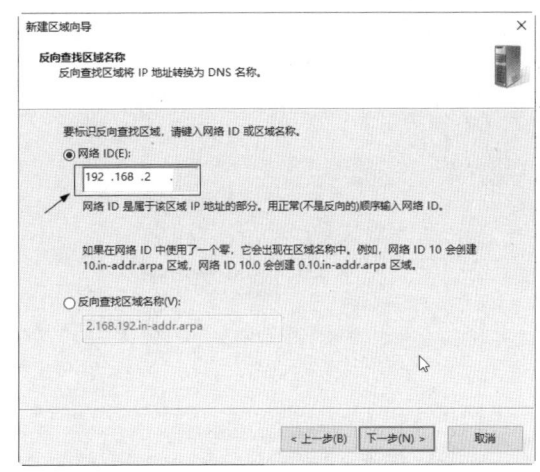

图 6-40　选择"IPv4 反向查找区域"　　　　图 6-41　"反向查找区域名称"对话框

【STEP|05】打开"区域文件"对话框。由于是反向解析，区域文件的命名默认与网络 ID 的顺序相反，以 dns 为扩展名，如"2.168.192.in-addr.arpa.dns"，如果选择"使用此现存文件"单选项，必须先把文件复制到运行 DNS 服务的服务器的%SystemRoot%\system32\dns 目录中。如图 6-42 所示。

【STEP|06】单击"下一步"按钮，弹出"动态更新"对话框，用来选择是否要指定这个区域接受安全、不安全或非动态的更新。为了维护 DNS 服务器的安全性，建议选择"不允许动态更新"单选按钮，以减少来自网络的攻击，如图 6-43 所示。

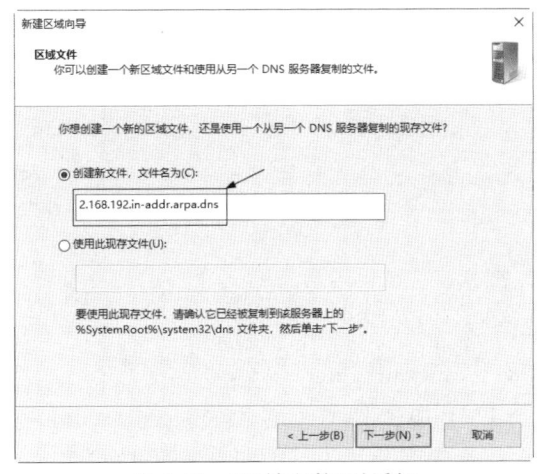

图 6-42　"区域文件"对话框　　　　图 6-43　"动态更新"对话框

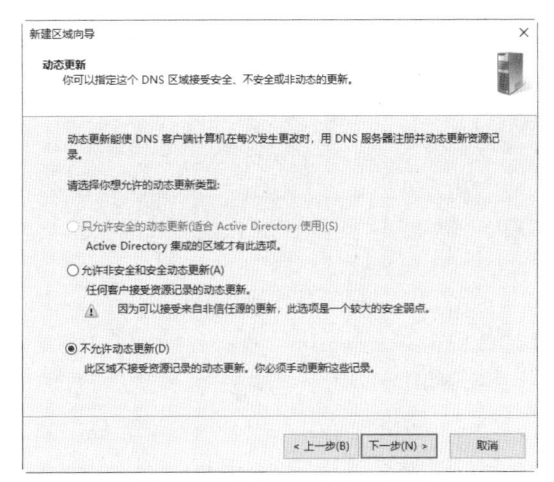

【STEP|07】单击"下一步"按钮，打开"正在完成新建区域向导"对话框，如图 6-44 所示。
【STEP|08】单击"完成"按钮，标准主要反向解析区域就创建好了，如图 6-45 所示。

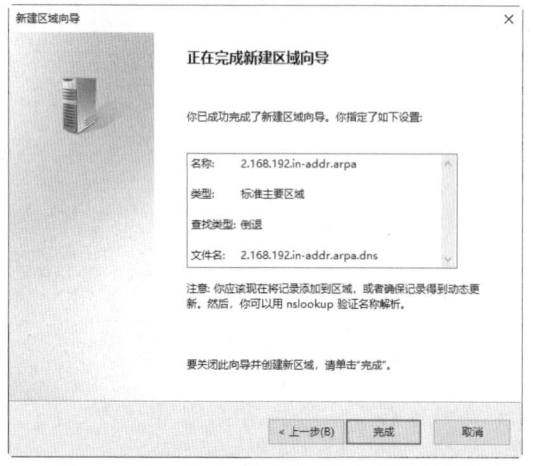

图 6-44 "正在完成新建区域向导"对话框 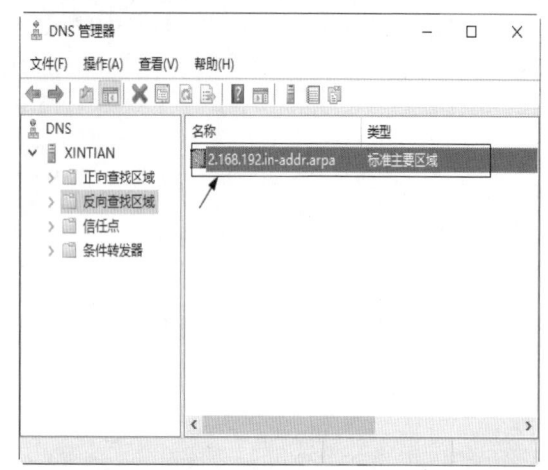　　　图 6-45 成功创建标准主要反向解析区域

> **提示**　大部分的 DNS 查找一般都执行正向解析。在已知 IP 地址搜索域名时,反向解析并不是必须设置,因为正向解析也能完成。但是如果要使用 Nslookup 等故障排除工具及在 IIS 中日志文件中记录的是名字而不是 IP 地址,就必须使用反向解析。

(3) 创建资源记录

创建新的主区域后,"域服务管理器"会自动创建起始机构授权、名称服务器等记录。除此之外,DNS 数据库还需要新建其他的资源记录,如:主机地址、指针、别名、邮件交换器资源记录等,新建资源记录就是向域名数据库中添加域名和 IP 地址的对应记录,这样 DNS 服务器就可以解析这些域名了,用户可根据需要自行向主区域或域中添加资源记录。

任务 6-5

在任务 6-3 和任务 6-4 中已为新天教育培训集团创建了正向、反向查找区域,接下来请创建主机(A 类型)记录、别名(CNAME)记录和指针记录等相关资源记录,保证 DNS 服务器能满足企业的如下要求。

- 新建主机记录实现 www.xintian.edu.cn 到 192.168.2.110、xtjs.xintian.edu.cn 到 192.168.2.116、xtxs.xintian.edu.cn 到 192.168.2.118 的解析。
- 使用别名方式为新天教育培训集团建立 web.xintian.edu.cn 和 ftp.xintian.edu.cn。
- 在网络中创建电子邮件服务器,并设置 STMP 服务器的域名为 smtp.xintian.edu.cn、POP3 服务器的域名为 pop3.xintian.edu.cn。在邮件客户机上设置电子邮件信箱名 xsx@mail.xintian.edu.cn 和电子邮件服务器的域名。
- 在 DNS 服务器中能够实现反向解析服务。

操作步骤:

① 创建主机(A 类型)记录

保证在 xintian.edu.cn 域中能够实现正向域名解析服务。主机记录在 DNS 区域中,用

项目 6　配置与管理网络服务

于记录在正向查找区域内建立的主机名与 IP 地址的关系,以供从 DNS 的主机域名、主机名到 IP 地址的查询,即完成计算机名到 IP 地址的映射。

在实现虚拟主机技术时,管理员通过为同一主机设置多个不同的 A 类型记录,来达到同一 IP 地址的主机对应多个不同主机域名的目的,其创建步骤如下。

【STEP|01】打开"新建主机"窗口。选择"开始"→"Windows 管理工具"→"DNS",打开"DNS 管理器"窗口。展开"正向查找区域",右击"xintian.edu.cn",在弹出的快捷菜单中选择"新建主机(A 或 AAAA)(S)…"命令,打开如图 6-46 所示的"新建主机"对话框。

【STEP|02】添加 WWW 主机。在"新建主机"对话框中,先在"名称"文本框中输入主机名称"www",再在"IP 地址"文本框中输入"192.168.2.110"。单击"添加主机"按钮,在随后出现"成功地创建了主机记录 www.xintian.edu.cn。"的提示页面,如图 6-47 所示。单击"确定"按钮,完成主机记录的创建任务。

图 6-46　"新建主机"窗口　　　　图 6-47　向区域添加新主机记录

【STEP|03】添加其他主机。重复第 1、2 步骤,在 xintian.edu.cn 区域添加 xtjs.xintian.edu.cn(192.168.2.116)、xtxs.xintian.edu.cn(192.168.2.118)。

> 提示：假设 www.xintian.edu.cn 对应的服务器主机 IP 地址为:192.168.2.110,若想将 xintian.edu.cn 域名也对应 IP 地址为 192.168.2.110 的服务器主机,在区域里新建一条名称为空白的主机记录即可。

②创建别名(CNAME)记录

CNAME 记录用于为一台主机创建不同的域全名。通过建立主机的别名记录,可以实现将多个完整的域名映射到一台计算机。别名记录通常用于标识主机的不同用途。

例如,一台 Web 服务器的域名为 xintian.xintian.edu.cn(A 记录),需要让该主机同时提供 WWW 和 FTP 服务,则可以为该主机建立两个别名。所建立的别名 web.xintian.edu.cn 和 ftp.xintian.edu.cn 实际上都指向了同一主机 xintian.xintian.edu.cn。建立 xintian.xintian.edu.cn 的别名步骤如下。

【STEP|01】在"DNS 管理器"窗口展开"正向查找区域",右击"xintian.edu.cn",在弹出的快捷菜单中选择"新建别名(CNAME)"命令,打开"新建资源记录"对话框 1。

199

【STEP|02】输入相关信息。在"新建资源记录"对话框中,先输入别名,如"ftp",在"完全限定的域名"中会自动出现"ftp.xintian.edu.cn",在"目标主机的完全合格的域名"文本框中输入别名对应的主机的全称域名,如 www.xintian.edu.cn,如图 6-48 所示。

> **提示** 也可以通过鼠标来定位相应的主机记录。步骤:单击"浏览"按钮,打开如图 6-49 所示的"浏览"对话框→选择"xintian"→"确定",再选择"正向查询区域"→"确定",再选择"xintian.edu.cn"→"确定",再选择"www"→"确定"即完成。

之后,单击"确定"按钮,此时,主机原名和别名代表的两个域名分别显示在不同的窗口。

图 6-48 "新建资源记录"对话框 1

图 6-49 正向区域添加新主机记录

【STEP|03】添加其他主机。在"新建资源记录"对话框中单击"确定"按钮,返回"DNS 管理器"完成别名创建。

③创建邮件交换器记录

邮件交换器记录的缩写是 MX,它的英文全称是 Mail Exchanger。MX 用于记录邮件服务器,或者用于传递邮件的主机,以便为邮件交换主机提供邮件路由,最终将邮件发送给记录中所指定域名的主机。

当邮件客户机发出对该账户的收发邮件请求时,DNS 客户机将把邮件域名的解析请求发送到 DNS 服务器。在 DNS 服务器上建立了邮件交换器记录,指明对 mail.xintian.edu.cn 的邮件域名进行处理的邮件服务器为 smtp.xintian.edu.cn 主机。在 DNS 服务器上已经建立一条主机记录,指明 smtp.xintian.edu.cn 主机的 IP 地址为 192.168.2.110。因此,以 mail.xintian.edu.cn 为邮件域名的电子邮件最后都被送到 IP 地址为 192.168.2.110 的计算机上进行处理。在 IP 地址为 192.168.2.110 的计算机上安装有电子邮件服务器软件。

【STEP|01】打开"新建资源记录"对话框。在"DNS 管理器"窗口展开"正向查找区域",右击"xintian.edu.cn",在弹出的快捷菜单中选择"新建邮件交换器(MX)"命令,打开如图 6-50 所示的"新建资源记录"对话框 2。

【STEP|02】输入相关信息。在"主机或子域"文本框中输入"mail",在"完全限定的域名"文本框中自动出现"mail.xintian.edu.cn",这就是可以处理的邮件账户的邮件域名,该项不可编辑。

在"邮件服务器的完全限定的域名"文本框中输入使用的邮件服务器的主机记录"smtp.xintian.edu.cn"。

在"邮件服务器优先级"文本框中输入一个标识优先级的数字,默认为 10,可以从 0～65 535 中进行选择,值越小,优先级越高。也就是邮件先送到优先级数字小的邮件服务器进行处理。

【STEP|03】查看各类资源记录。设置完成后单击"确定"按钮,即可完成创建邮件交换器资源记录。在"DNS 管理器"右边可以看到新建的各类资源记录,如图 6-51 所示。

图 6-50 "新建资源记录"对话框 2　　图 6-51 添加完相关资源后的 DNS 管理器

④创建指针记录

指针记录用于将 IP 地址转换为 DNS 域名。如将 IP 地址 192.168.2.110 转换成域名 www.xintian.edu.cn。

【STEP|01】打开"DNS 管理器"窗口。选择"开始"→"Windows 管理工具"→"DNS",打开"DNS 管理器"窗口,展开"反向查找区域",右击"2.168.192.in-addr.arpa",在弹出的快捷菜单中选择"新建指针(PTR)"命令,如图 6-52 所示。

【STEP|02】打开"新建资源记录"对话框。打开如图 6-53 所示的"新建资源记录"对话框 3,在"主机 IP 地址"文本框中输入主机的 IP 地址,如 192.168.2.110,在"主机名"文本框中输入指针指向的域名,如 www.xintian.edu.cn,也可以单击"浏览"按钮查找。

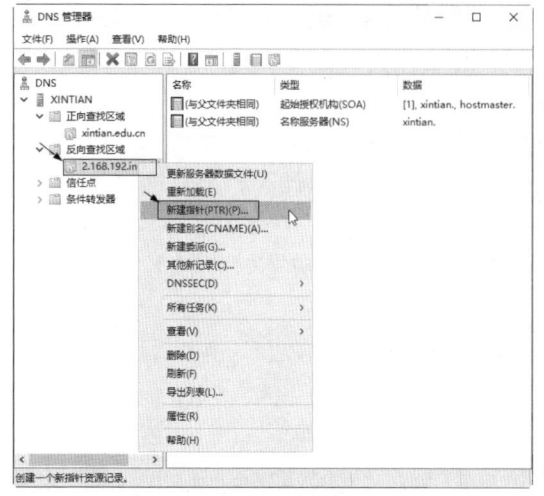

图 6-52 "DNS 管理器"窗口　　　　　图 6-53 "新建资源记录"对话框 3

【STEP│03】查看指针记录。单击"确定"按钮，即可在"DNS 管理器"的反向查询区域中看到新增加的指针记录，如图 6-54 所示。

图 6-54　新增加的指针记录

3. 配置 DNS 客户端

在 Windows 11/10、Windows 2000 、Windows Server 2003 和 Windows Server 2008 中配置 DNS 客户端的方法基本相同，本节主要以配置 Windows 11 的 DNS 客户端为例介绍在 Windows 系列操作系统下配置 DNS 客户端的具体方法。

任务 6-6

在 Windows 11 客户端指定 DNS 服务器，并运用 ipconfig、ping、nslookup 等命令测试 DNS 服务器是否正常工作。

【STEP│01】进入 DNS 客户机配置 TCP/IP 参数。

（1）在 Windows 11 桌面上任务栏的右边找到网络连接图标 ，右击图标，在弹出的快捷菜单中选择"网络 & Internet 设置"命令，即可打开"网络 & Internet 设置" 对话框，在此对话框的右下角单击"高级网络设置"按钮，进入"网络 & Internet＞高级网络设置"对话框，在此对话框的右下角单击"更多网络适配器选项"按钮继续。

（2）进入"网络连接"对话框，在该对话框中右击"Ethernet0"，在弹出的快捷菜单中选择"属性"命令，进入"Ethernet0 属性"对话框，如图 6-55 所示。在"此连接使用下列项目"列表框中显示已经安装 TCP/IP 协议，选中"Internet 协议版本 4(TCP/IPv4)"选项，单击"属性"按钮。

（3）进入"Internet 协议版本 4(TCP/IPv4) 属性"对话框，如图 6-56 所示。此时按照图中的 IP 地址、子网掩码和 DNS 服务器地址手工输入。

特别提示：在"首选 DNS 服务器"文本框中应输入 DNS 服务器的 IP 地址：192.168.2.110。

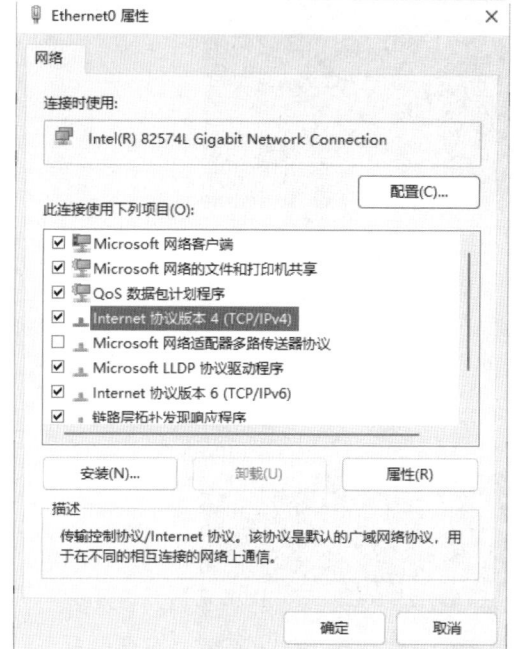

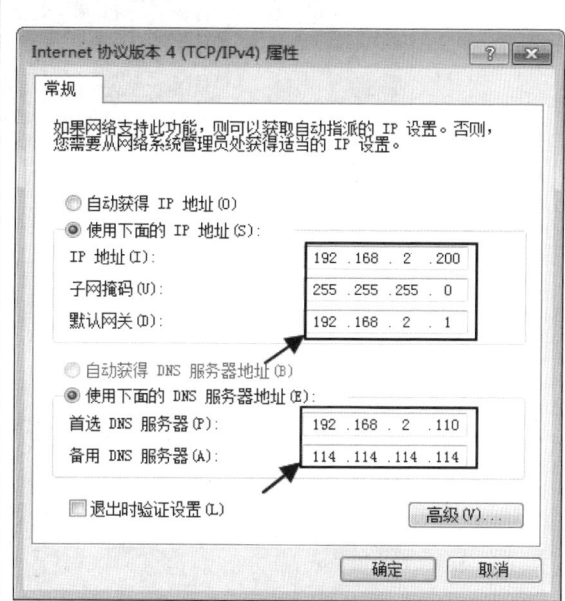

图 6-55 "Ethernet0 属性"对话框　　　图 6-56 手工输入 IP 地址等参数

（4）设置完毕，单击"确定"按钮保存所做的设置，返回"Ethernet0 属性"对话框，多次单击"关闭"按钮，完成 IP 地址配置。

【STEP|02】在客户机中测试是否获取 TCP/IP 的相关参数。

在 Windows 11 的客户端选择"开始→运行"命令，在文本框中输入"cmd"打开命令窗口，输入"ipconfig/all"，查看 DNS 服务器的配置情况，确认是否正确配置了 DNS 服务器（192.168.2.110），如图 6-57 所示。

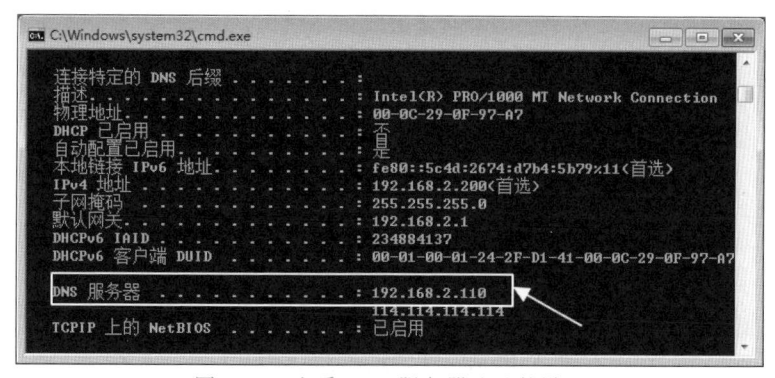

图 6-57 查看 DNS 服务器地址的设置

【STEP|03】测试 DNS 的解析情况。

接下来利用 ping 命令解析 www.xintian.edu.cn、mail.xintian.edu.cn、ftp.xintian.edu.cn 等主机域名的 IP 地址,如图 6-58 所示。

图 6-58 检查正向解析

【STEP|04】DNS 反向解析测试。

反向解析测试主要是测试 DNS 服务器是否能够提供名称解析功能。在命令状态下输入 ping -a 192.168.2.110,检测 DNS 服务器是否能够将 IP 地址解析成主机名,如图 6-59 所示。

图 6-59 检查反向解析

【STEP|05】使用 nslookup 命令测试 DNS 服务器。

nslookup 是一个有用的实用程序,它通过向 DNS 服务器查询信息,能够诊断解决像主机名称解析这样的 DNS 问题。启动 nslookup 时,显示本地主机配置的 DNS 服务器主机名和 IP 地址。Windows NT/2000/XP 系统都提供该工具;Windows 95/98 系统不提供该工具。

(1)在命令提示符下输入"nslookup",进入 nslookup 交互模式,出现">"提示符,这时输入域名或 IP 地址等资料,按 Enter 键可得到相关信息。

(2)nslookup 中的其他常用命令及说明。所有的命令需在">"提示符后面输入,常用命令有:

- help:显示有关帮助信息。
- exit:退出 nslookup 程序。
- server IP:将默认的服务器更改到指定的 DNS 域。IP 为指定 DNS 服务器的 IP 地址。

- set q=A:由域名查询 IP 地址。为默认设定值。
- set q=CNAME:查询别名的规范名称。

(3)nslookup 使用举例。假设 DNS 服务器为 192.168.2.110,域为 xintian.edu.cn,在客户端启动 nslookup,测试主机记录和别名记录等,如图 6-60 所示。

【STEP|06】查看主机的域名高速缓存区。

为了提高主机的解析效率,主机常常采用高速缓冲区来存储检索过的域名与其 IP 地址的映射关系。UNIX、Linux、Windows 等操作系统都提供命令,允许用户查看域名高速缓冲区中的内容。在 Windows 11 中,使用 ipconfig/displaydns 命令可以将高速缓冲区中的域名与其 IP 地址映射关系显示在屏幕上,包括域名、类型、TTL、IP 地址等。如图 6-61 所示。如果需要清除主机高速缓冲区中的内容,可以使用 ipconfig/flushdns 命令。

图 6-60　nslookup 使用举例　　　　图 6-61　查看主机的域名高速缓存区

6.4.3　配置与管理 WWW 服务

从任务分析中可以看出,为帮助新天教育培训集团实现信息化、数字化和现代化管理,实现无纸化、网络化办公,李恒需要在安装好 Windows Server 2019 的服务器中利用自带的 IIS 配置 WWW 服务。

1.添加 IIS 服务角色

IIS 提供了一个图形界面的管理工具,称为 Internet 服务管理器,可用于监视配置和控制 Internet 服务。在 IIS 中包括了 Web 服务器、FTP 服务器、NNTP 服务器和 SMTP 服务器等,分别用于网页浏览、文件传输、新闻服务和邮件发送等服务。

任务 6-7

新天教育培训集团需要用 WWW 服务构建公司门户网站，在 Windows Server 2019 中默认情况没有安装 IIS 组件，请你完成 Web 服务器(IIS)角色的安装。

操作步骤：

【STEP|01】配置 Web 服务器的 IP 地址。

选择"开始"→"控制面板"→"网络和共享中心"命令，打开"网络和共享中心"窗口，单击"Ethernet0"按钮，在弹出的"Ethernet0 状态"窗口单击"属性"按钮，在弹出的"Ethernet0 属性"对话框中选中"Internet 协议版本 4(TCP/IPv4)"，单击"属性"按钮，在"Internet 协议版本 4(TCP/IPv4)属性"对话框中设置 Web 服务器的 IP 地址(192.168.2.110)、子网掩码(255.255.255.0)、默认网关(192.168.2.1)和首选 DNS 服务器地址(192.168.2.110)，如图 6-62 所示，配置完成后单击"确定"按钮，再单击"关闭"按钮关闭对话框。

【STEP|02】打开"服务器管理器"窗口。

(1)执行"开始→服务器管理器"命令，打开"服务器管理器"窗口，如图 6-63 所示。

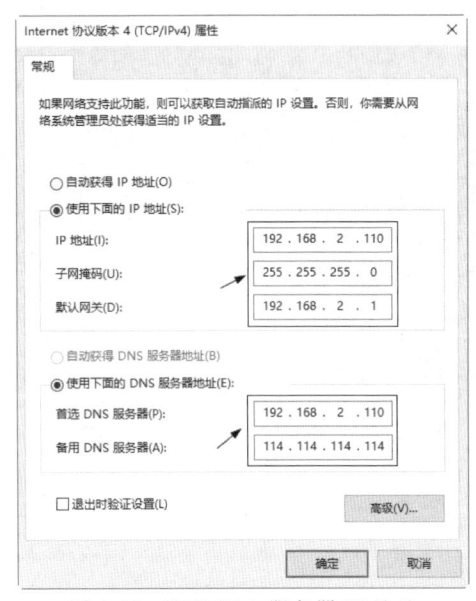

图 6-62　配置 Web 服务器 IP 地址　　　　图 6-63　"服务器管理器"窗口

(2)在右侧单击"2 添加角色和功能"链接，出现"添加角色和功能向导—开始之前"窗口，单击"下一步"按钮继续。

(3)出现"安装类型"窗口，保持默认的"基于角色或基于功能的安装"，单击"下一步"按钮继续。

(4)出现"选择目标服务器"窗口，此页显示了正在运行 Windows Server 2019 的服务器以及那些已经在服务器中使用"添加服务器"命令所添加的服务器。在此保持默认的"从服务器池中选择服务器"，然后单击"下一步"按钮继续。

项目 6　配置与管理网络服务

【STEP 03】打开"选择服务器角色"窗口,在该窗口中可以选择要安装在此服务器上的一个或多个角色,在此选中"Web 服务器(IIS)",弹出"添加 Web 服务器(IIS)所需的功能?"的提示页面,如图 6-64 所示。单击"添加功能"按钮返回"选择服务器角色"窗口,单击"下一步"按钮继续。

【STEP 04】出现"选择功能"窗口,选择要安装在所选服务器上的一个或多个功能,在该界面,将".NET Framework 3.5 功能"".NET Framework 4 功能"下的组件全部勾选上,如图 6-65 所示,单击"下一步"按钮继续。

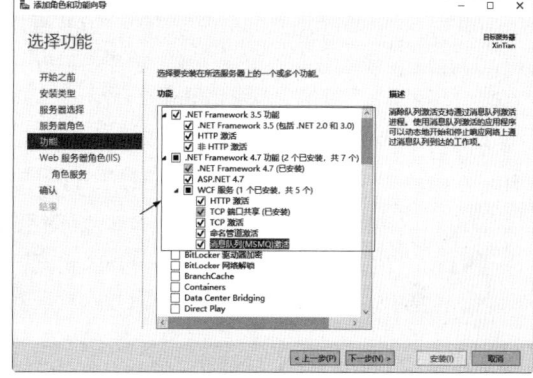

图 6-64　选择服务器角色　　　　　　　　图 6-65　"选择功能"窗口

【STEP 05】进入"Web 服务器角色(IIS)"的简介及注意事项窗口,如图 6-66 所示,直接单击"下一步"按钮继续。

【STEP 06】打开"选择角色服务"窗口,如图 6-67 所示。在此必须将"Web 服务器"下所有的组件勾选上,一定要检查每个可展开的下级选项框是否也全部勾选上,选择完成后,单击"下一步"按钮继续。

图 6-66　"Web 服务器角色(IIS)"的简介及注意事项窗口　　图 6-67　"选择角色服务"窗口

【STEP 07】进入"确认安装所选内容"窗口,如图 6-68 所示,若要在所选服务器上安装列出的角色、角色服务或功能,单击"安装"按钮,即可开始安装所选择的 DNS 服务器角色。

【STEP 08】等待一会儿安装完成,出现安装成功提示,如图 6-69 所示,单击"关闭"按钮返回"服务器管理器"窗口,关闭"服务器管理器"窗口即可。

207

图6-68 "确认安装所选内容"窗口　　　　　图6-69 安装成功提示

【STEP 09】完成上述操作之后,依次选择"开始"→"Windows 管理工具"→"Internet Information Services(IIS)管理器"命令打开"Internet Information Services(IIS)管理器"管理控制台,在起始页中显示的是 IIS 服务的连接任务,如图 6-70 所示。

【STEP 10】测试 IIS10 安装是否正常,若 IIS10 安装成功,在 Edge 浏览器中输入服务器的 IP 地址即可出现如图 6-71 所示的 Web 测试页面,建议使用以下四种测试方法来进行测试:

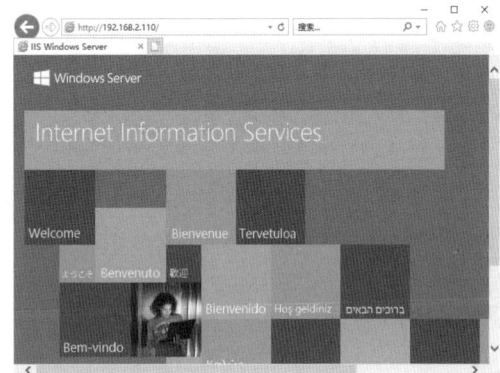

图6-70 "Internet Information Services(IIS)管理器"管理控制台　　　图6-71 Web 测试页面

● 利用本地回送地址:在本地浏览器中输入"http://127.0.0.1"或"http://localhost"来测试链接网站。

● 利用本地计算机名称:假设该服务器的计算机名称为"xintian",在本地浏览器中输入"http://xintian"来测试链接网站。

● 利用 IP 地址:作为 Web 服务器的 IP 地址最好是静态的,假设该服务器的 IP 地址为 192.168.2.110,则可以通过"http://192.168.2.110"来测试链接网站。如果该 IP 是局域网内的,则位于局域网内的所有计算机都可以通过这种方法来访问这台 Web 服务器;如果是公网上的 IP,则 Internet 上的所有用户都可以访问。

● 利用 DNS 域名:如果这台计算机上安装了 DNS 服务,网址为 www.xintian.edu.cn,并将 DNS 域名与 IP 地址注册到 DNS 服务内,可通过 DNS 网址"http://www.xintian.edu.cn"来测试链接网站。

Web 服务器测试成功后,用户只要将已做好的网页文件放在 C:\inetpub\wwwroot 文

项目 6　配置与管理网络服务

件夹中,并且将首页命名为 index.htm 或 index.html 即可,网络中的用户就可以访问该 Web 网站。

2. 使用默认 Web 站点发布网站

在安装了 IIS 的服务器上,系统会自动创建一个默认的名字为"Default Web Site"的 Web 站点,默认情况下,Web 站点会自动绑定计算机中的所有 IP 地址,端口默认为 80。如果一个计算机有多个 IP,那么客户端通过任何一个 IP 地址都可以访问该站点,但是一般情况下,一个站点只能对应一个 IP 地址,因此,需要为 Web 站点指定唯一的 IP 地址和端口。

任务 6-8

为新天教育培训集团准备 Web 页面文件,使用默认 Web 站点为新天教育培训集团指定唯一的 IP 地址和端口发布网站。

使用默认 Web 站点发布网站

操作步骤:

【STEP|01】 为新天教育培训集团准备 Web 页面文件。将新天教育培训集团的 Web 页面文件复制到"C:\inetpub\wwwroot"文件夹中,将主页文件的名称改为 Default.htm。IIS 默认要打开的主页文件是 Default.htm 或 Default.asp,而不是一般常用的 index.htm,如图 6-72 所示。

【STEP|02】 打开"Internet Information Services(IIS)管理器"管理控制台。在桌面单击"开始"→"Windows 管理工具"→"Internet Information Services(IIS)管理器",打开"Internet Information Services(IIS)管理器"管理控制台,在控制台树中依次展开服务器和"XINTIAN"节点,再展开"网站"节点。可以看到有一个默认网站 Default Web Site,如图 6-73 所示。在右侧的"操作"栏中,可以对 Web 站点进行相关的操作。

图 6-72　Web 页面文件　　　　　　　　图 6-73　默认网站

【STEP|03】 配置 IP 地址和端口。单击"操作"栏中的"绑定"超链接,打开如图 6-74 所示"网站绑定"对话框。可以看到 IP 地址下有一个"＊"号,说明现在的 Web 站点绑定了本机的所有 IP 地址。单击"添加"按钮,打开"添加网站绑定"对话框,如图 6-75 所示。单击"全部未分配"后边的下拉箭头,选择要绑定的 IP 地址(如:192.168.2.110)。这样,就可以通过这个 IP 地址访问 Web 网站了。

209

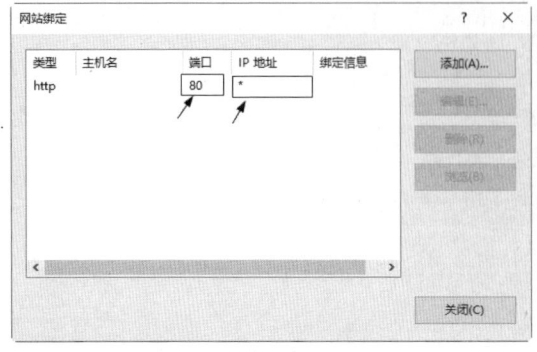

图 6-74 "网站绑定"对话框　　　　图 6-75 "添加网站绑定"对话框

【STEP|04】配置网站主目录。主目录即网站的根目录，保存 Web 网站的相关资源，默认的 Web 主目录为"％SystemDrive％\inetpub\wwwroot"，如果 Windows Server 2019 安装在 C 盘，则路径为"C:\inetpub\wwwroot"。如果不想使用默认路径，可以更改网站的主目录。单击右侧"操作"栏中的"基本设置"超级链接，打开"编辑网站"对话框，如图 6-76 所示，单击物理路径右侧 ... 按钮即可更改网站的根目录，这里先保持默认目录。

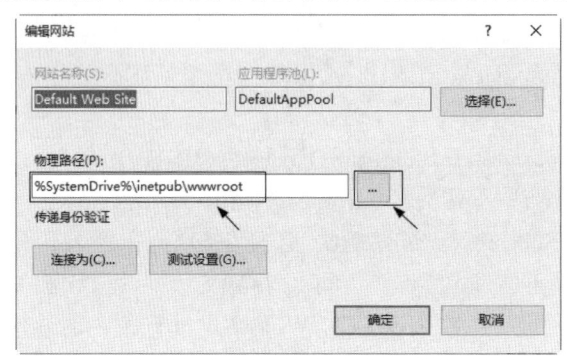

图 6-76 "编辑网站"对话框

> **提示**　一般情况下，为了减少黑客的攻击及保证系统的稳定性和可靠性，建议选择其他文件夹存放 Web 网站。

【STEP|05】配置默认主页文档。在"Internet Information Service(IIS)管理器"管理控制台中，拖动"Default Web Site 主页"窗口中的滚动条，找到"IIS"区域，双击"默认文档"图标，打开"默认文档"窗口，如图 6-77 所示。在此，选择门户网站的首页文档，将其移至第一行，如果找不到所需主页文档，单击右侧"添加"链接进行添加。每个网站都有个主页，当在 Web 浏览器中输入该 Web 网站的地址时，将首先显示主页，默认调用网页文件的顺序为"Default.htm、Default.asp、index.htm、index.html、iisstart.htm，即 Web 网站的主页。当然也可以由用户自定义默认网页文件。

【STEP|06】在客户端进行测试。在本机或局域网中的任一台客户机上打开 Edge 浏览器，在地址栏中输入 http://192.168.2.110 或 http://www.xintian.edu.cn(如果使用域名访问，事先得配置好 DNS 服务)后按 Enter 键，就可以访问默认网站了，如图 6-78 所示。

项目 6　配置与管理网络服务

图 6-77　配置默认主页文档　　　　　图 6-78　访问默认网站

3.建立一个新 Web 网站

前面介绍了直接利用 IIS10 自动建立的默认网站来作为新天的网站,这需要将网站内容放到其主目录或虚拟目录中。但为了保证网站的安全,最好重新建立一个网站。如果需要,也可以在一个服务器上建立多个 Web 站点,这样可以节约硬件资源、节省空间,降低成本。

任务 6-9

新天教育培训集团为了实现无纸化办公,需要构建一个新的办公网,办公网服务器的 IP 为 192.168.1.218,网站相关文件保存在 D:\xintain-OA,主页文件为 xintian.html。

操作步骤:

【STEP|01】在桌面单击"开始"→"Windows 管理工具"→"Internet Information Services(IIS)管理器",打开"Internet Information Services(IIS)管理器"管理控制台,在控制台树中依次展开服务器和"XINTIAN"节点,可以看到有一个默认网站(Default Web Site),右键单击,在弹出的快捷菜单中选择"管理网站"→"停止"选项,将默认网站停止运行,如图 6-79 所示。

【STEP|02】在"Internet Information Services(IIS)管理器"控制台中展开服务器节点,右键单击"网站",在弹出的快捷菜单中选择"添加网站",打开"添加网站"对话框,如图 6-80 所示。在该对话框中可以指定网站名称、应用程序池、内容目录、传递身份验证、网站类型、IP 地址、端口、主机名等参数。

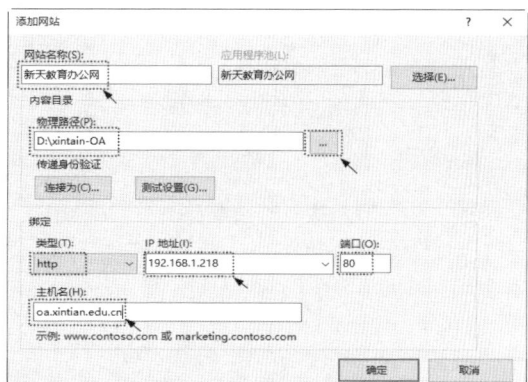

图 6-79　停止默认网站　　　　　图 6-80　"添加网站"对话框

211

(1)在"网站名称"文本框中可以输入任何具有特色的网站描述名称。如:新天教育办公网。

(2)在"物理路径"文本框中设置网站的存储文件夹,如:D:\xintain-OA。

(3)在"类型"选择框中选择"http";在"IP 地址"选择框中选择服务器的 IP 地址,如"192.168.1.218";在"端口"文本框中输入 Web 服务器的默认端口"80"。

(4)在"主机名"文本框中输入 DNS 的解析域名,如:"oa.xintian.edu.cn"。

以上所有信息输入完成后,单击"确定"按钮完成网站的创建。

【STEP|03】选择新建的"新天教育办公网",拖动"新天教育办公网 主页"右侧滚动条,在"IIS"选项中找到"默认文档"图标,如图 6-81 所示。

【STEP|04】设置默认主页文档。双击"默认文档"图标,打开"默认文档"提示框,在右侧单击"添加"按钮,打开"添加默认文档"对话框,如图 6-82 所示。在"名称"文本框中输入主页文件名(xintian.html),单击"确定"按钮完成默认主页文档的设置。

图 6-81 "新天教育办公网 主页"窗口　　　　图 6-82 "添加默认文档"对话框

【STEP|05】启用目录浏览功能。如果用户更改了网页文件的存储路径,很可能会出现"HTTP 错误 403.14-Forbidden",主要原因是 Web 服务器被配置为不列出此目录的内容,其解决办法是:在 IIS 配置时启用目录浏览功能。

打开"Internet Information Services(IIS)管理器"管理控制台,展开主机节点,在"功能视图"下,单击"目录浏览"链接,如图 6-83 所示。在右边出现操作提示,单击"打开功能",出现"目录浏览"提示框,如图 6-84 所示。在右边单击"启用"完成目录浏览功能的设置。

图 6-83 单击"目录浏览"链接　　　　图 6-84 "目录浏览"提示框

【STEP|06】测试新建网站"新天教育办公网"。将新天教育办公网所有文件保存到 D:\xintain-OA,主页文件改为 xintian.html,在局域网中的任一台计算机上打开 Edge 浏览器,

项目 6　配置与管理网络服务

在地址栏中输入 http://192.168.1.218 或 http://oa.xintian.edu.cn 后按 Enter 键,就可以访问新建的网站了,如图 6-85 所示。

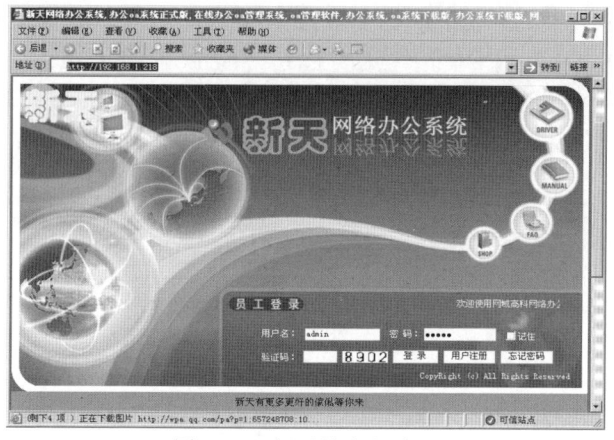

图 6-85　新天教育办公网

6.4.4　配置与管理 FTP 服务

根据新天教育培训集团的要求,为提高办公效率,并方便师生上传或下载文件,李恒需要在安装好 Windows Server 2019 的服务器中利用自带的 IIS 配置 FTP 服务。

1. 添加 FTP 角色

任务 6-10

安装 IIS 组件

安装 IIS 组件:利用 Windows 自带的 IIS 来完成 FTP 服务器的架设和配置。

操作步骤:

【STEP|01】以管理员的身份登录服务器,打开"服务器管理器"窗口,如图 6-86 所示。在右侧单击"2 添加角色和功能"选项。

【STEP|02】打开"添加角色和功能向导"窗口,单击 3 次"下一步"按钮,来到"服务器角色"窗口,在右侧的"角色"列表框中展开"Web 服务器(IIS)"节点,再展开"FTP 服务器"节点,勾选"FTP 服务"和"FTP 扩展"复选框,如图 6-87 所示。

图 6-86　"添加角色和功能"窗口　　　　图 6-87　设置服务器角色

213

【STEP|03】单击"下一步"按钮,出现"功能"窗口,保持默认,单击"下一步"按钮继续,进入"确认"窗口,如图 6-88 所示。

【STEP|04】单击"安装"按钮开始安装 FTP 服务器,安装完成后出现如图 6-89 所示的"结果"窗口,可以看到"已在 XinTian 上安装成功。"的提示,此时单击"关闭"按钮完成 FTP 服务器的安装。

图 6-88　"确认"窗口　　　　　　　　　　图 6-89　"结果"窗口

2.建立新的 FTP 站点

安装完 IIS 组件后,要想系统提供 FTP 服务,就得创建 FTP 站点,在 Windows Server 中可以创建常规的 FTP 站点和具有隔离功能的 FTP 站点。

任务 6-11

建立新的 FTP 站点

新天教育培训集团的产品样文、产品报价和客户资料要求集中存放在 192.168.1.218 的 D:\XTZL 文件夹中,现在要求创建一个不隔离的 FTP 站点供员工上传和下载资料。

操作步骤:

【STEP|01】启动 Internet Information Services(IIS)管理器,依次选择"开始"→"Windows 管理工具"→"Internet Information Services(IIS)管理器"命令,打开"Internet Information Services(IIS)管理器"控制台,展开"XINTIAN"主机节点,默认状态下只看到一个"网站"节点,如图 6-90 所示。

【STEP|02】右键单击"网站",在弹出的快捷菜单中选择"添加 FTP 站点",或单击右侧"操作"栏中的"添加 FTP 站点…"链接,打开"添加 FTP 站点"对话框,如图 6-91 所示。在"FTP 站点名称"文本框中输入一个名称(如新天 FTP),在"物理路径"文本框中设置好 FTP 站点的存储目录(如 D:\XTZL)。

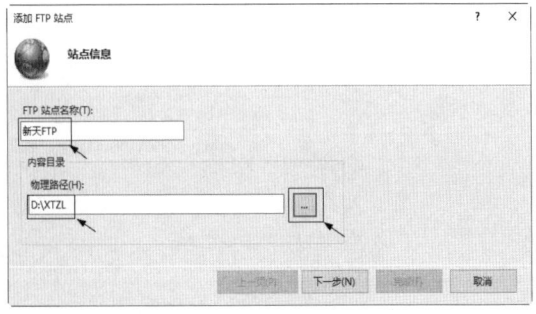

图 6-90　"Internet Information Services(IIS)管理器"控制台　　图 6-91　"添加 FTP 站点"对话框

【STEP|03】单击"下一步"按钮,打开"绑定和 SSL 设置"对话框,在"IP 地址"文本框中选择 FTP 服务器的 IP(192.168.1.218),在 SSL 选择框中选择"无 SSL",如图 6-92 所示。

【STEP|04】单击"下一步"按钮,打开"身份验证和授权信息"对话框,设置身份验证方式、授权方式和权限,如图 6-93 所示。

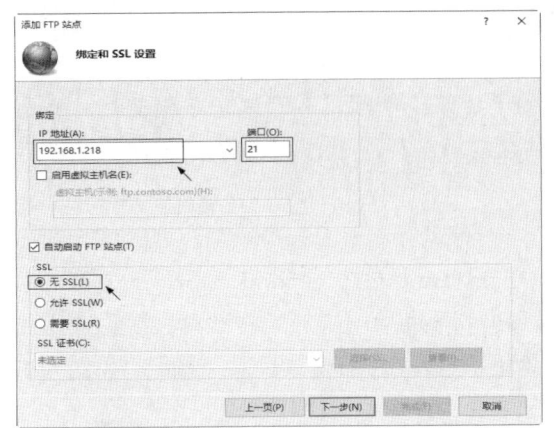

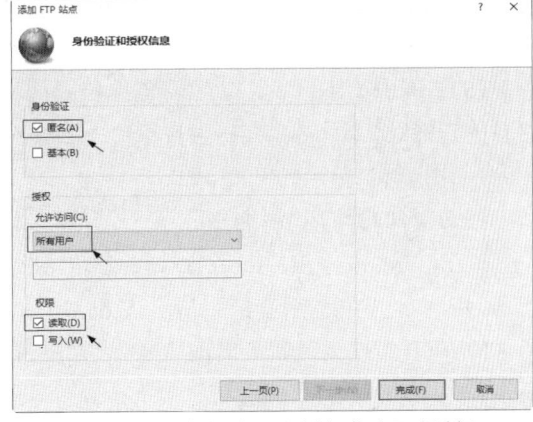

图 6-92 "绑定和 SSL 设置"对话框

图 6-93 "身份验证和授权信息"对话框

【STEP|05】单击"完成"按钮,FTP 站点添加完成,和原有的 Web 站点排列在一起,单击"新天 FTP",打开"新天 FTP 主页"窗口,如图 6-94 所示。此时,还可以对当前站点的相关属性进行设置。

【STEP|06】FTP 服务器建立好后,测试是否访问正常。在客户端打开 Edge 浏览器,在地址栏中输入 ftp://192.168.1.218 后按 Enter 键,如图 6-95 所示,说明 FTP 站点设置成功。集团的员工可以采用同样的方式访问资源。如果配置好了 DNS 服务,同样可以以域名的方式进行访问,如采用 ftp://ftp.xintian.edu 访问集团的 FTP 服务器。

图 6-94 "新天 FTP 主页"窗口

图 6-95 验证 FTP 站点

3.创建虚拟目录

FTP 虚拟目录是在 FTP 主目录下建立的一个友好的名称或别名,可以将位于 FTP 主目录以外的某个物理目录或在其他计算机上的某个目录连接到当前 FTP 主目录下。这样,FTP 客户端只需要连接一个 FTP 站点,就可以访问存储在 FTP 服务器中各个位置的资源以及存储在其他计算机上的共享资源。虚拟目录没有独立的 IP 地址和端口,只能指定别名和物理路径,客户端用户访问时要根据别名来访问。

任务 6-12

为了进一步方便 FTP 站点的使用,保证目录的安全,新天技术销售中心希望在另外一个地方的目录或计算机上建立 FTP 主目录,用来发布信息。

操作步骤:

【STEP|01】创建与虚拟目录名称相同的空的子目录。使用具有管理员权限的用户账号登录 FTP 服务器。在 FTP 主目录(XTZL)下创建与虚拟目录名称相同的空的子目录(XT_XN),如图 6-96 所示。

【STEP|02】使用"添加虚拟目录"命令。依次选择"开始"→"Windows 管理工具"→"Internet Information Services(IIS)管理器"命令,打开"Internet Information Services(IIS)管理器"控制台。在左侧窗格中展开主机节点,再展开"网站"节点,然后右键单击要创建虚拟目录的 FTP 站点(如:新天新闻),在弹出的快捷菜单中选择"添加虚拟目录..."命令,如图 6-97 所示。

图 6-96　在 FTP 主目录下创建别名子目录　　　　图 6-97　添加虚拟目录命令

> **提示**:在右侧"编辑网站"窗格中选择"查看虚拟目录"→"添加虚拟目录"命令,也会打开"添加虚拟目录"对话框。

【STEP|03】打开"添加虚拟目录"对话框,如图 6-98 所示。在"别名"文本框中输入虚拟目录的名称,此名称必须与步骤 1 中创建的别名子目录名称相同,在"物理路径"文本框中输入虚拟目录映射的实际物理位置,本案例的文件实际存储在 D:\XTABC 文件夹中。

【STEP|04】在 Edge 浏览器中进行测试。虚拟目录创建完成后,可以在 Edge 浏览器中采用 IP 地址的方式进行测试,可以看到实际目录(D:\XTABC)中的内容,如图 6-99 所示。

4.FTP 客户端的配置

FTP 服务器配置完成以后,需要对配置结果进行有效的登录测试。登录 FTP 服务器的方法有使用 Edge 浏览器访问 FTP 服务器、使用 ftp 命令登录 FTP 服务器和使用客户端软件登录 FTP 服务器等三种。

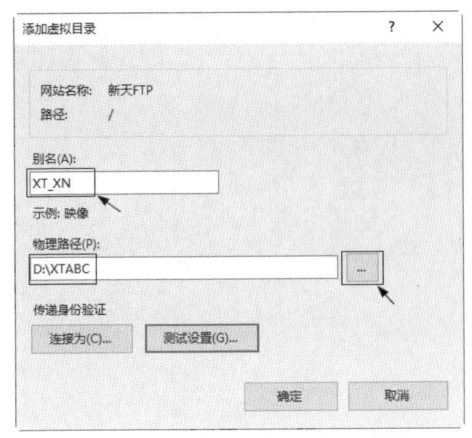

项目 6　配置与管理网络服务

图 6-98　"添加虚拟目录"对话框 　　　　　图 6-99　在 Edge 浏览器中测试

任务 6-13

FTP 服务器配置完成以后，运用 Edge 浏览器访问 FTP 服务器、使用 ftp 命令登录 FTP 服务器和使用客户端软件登录 FTP 服务器等三种方式对配置结果进行有效的登录测试。

操作步骤：

【STEP|01】使用 Edge 浏览器访问 FTP 服务器。在 Windows 系统中打开 Edge 浏览器，在地址栏中输入要访问的 FTP 服务器的地址后，按要求输入用户名和密码即可登录 FTP 服务器，在【任务 6-11】和【任务 6-12】中已使用过。

【STEP|02】使用 ftp 命令登录 FTP 服务器。在客户端的 Windows 系统中选择"开始"→"运行"命令，在"运行"对话框中输入 cmd，单击"确定"按钮，即可进入命令提示符界面，此时输入登录命令即可登录 FTP 服务器，操作过程如图 6-100 所示。

【STEP|03】使用客户端软件登录 FTP 服务器，如 CuteFtp、ChinaFtp 等，这里选用 CuteFtp。在客户端下载并安装 CuteFtp，打开 CuteFtp 后，在主界面中输入 FTP 服务器的地址、端口号、账号和密码后，单击"连接"按钮即可登录 FTP 服务器，如图 6-101 所示。

图 6-100　命令提示符下登录 FTP 服务器 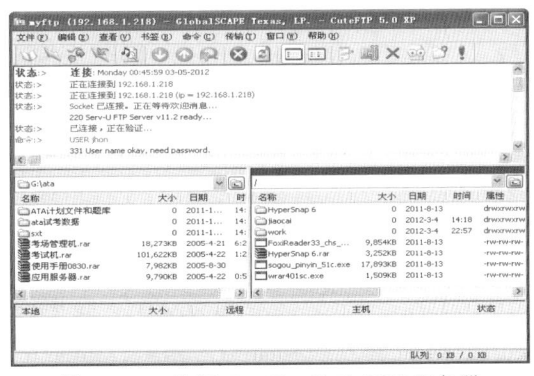　　　　图 6-101　使用 CuteFtp 登录 FTP 服务器

217

登录成功后，在本地目录窗口中选择本地硬盘中要保存下载文件的文件夹，在远程目录窗口中选择远程硬盘上的文件或文件夹，用鼠标直接拖到本地目录窗口即可，这种方式称为下载。同样也可以用鼠标直接拖动本地目录窗口的文件或文件夹到远程目录窗口，这种方式称为上传。还可以单击工具栏中的上传或下载图标，实现上传和下载。

> **提示**　不是所有的服务器或服务器所有的文件夹下都可以上传文件，需要服务器赋予上传权限才可，因为上传需要占用服务器的硬盘空间，而且可能会给服务器带来垃圾或者病毒等危及服务器安全的东西。

6.5 拓展训练

6.5.1 课堂训练

1. 安装 VMware Workstation

VMware Workstation 是 VMware 公司出品的一款多系统安装软件。利用它，可以在一台电脑上将硬盘和内存的一部分拿出来虚拟出若干台主机，可以像使用普通主机一样对它们进行分区、格式化、安装系统和应用软件等操作，还可以将这几个虚拟机系统构建成一个网络。

课堂任务 6-1

上网下载 VMware Workstation 并安装好该软件，在较为空闲的磁盘上（磁盘空间 30 GB 以上）创建 VMWin2019 文件夹，然后建立虚拟机，设置好虚拟机的内存、光驱等。

参考步骤：

【STEP|01】下载并安装 VMware Workstation。

● 登录 http://downloads.vmware.com/ 下载 VMware Workstation，也可在百度中进行搜索下载。此步骤最好在训练前完成好，因为 VMware Workstation 文件很大。

● 下载完成后，找到 VMware Workstation 的安装文件，双击它进行安装。

【STEP|02】创建虚拟机。

● 在桌面或开始菜单里面找到 VMware 的图标，双击运行即可进入虚拟机的主界面。

● 在主界面中选择"创建新的虚拟机"或选择"文件"→"新建虚拟机"，打开"新建虚拟机向导"对话框，根据向导先选择客户机操作系统，再给新建的虚拟机命名（如 VM_Win2019_X64），然后在"位置"中选择已建立的文件夹（如：E:\VMWin2019）作为虚拟机的存储目录。

● 接下来出现"处理器配置"对话框，保持默认，单击"下一步"继续；进入"此虚拟机内存"对话框，设置好虚拟机的内存，这里设置 2 GB，单击"下一步"继续。

● 打开"网络类型"对话框，勾选"使用桥接网络"，单击"下一步"继续。

● 打开"选择 I/O 控制器类型"对话框，采用默认选择，单击"下一步"继续；打开"选择磁盘类型"对话框，选择"创建新虚拟磁盘"，单击"下一步"继续；进入"指定磁盘容量"对话框，这里根据 Windows 的空间需求进行合理设置，Windows Server 2019 最少 30 GB（这里设为 200 GB），然后勾选"将虚拟磁盘存储为单个文件"，单击"下一步"继续。

● 打开"指定磁盘文件"对话框，采用默认值，单击"下一步"继续；出现"已准备好创建虚拟机"对话框，在此对话框中可以看到前面设置的一些参数，如果设置正确单击"完成"按钮完成虚拟机的创建。

【STEP|03】设置虚拟机的相关参数。

● 打开 VMware Workstation，选择"虚拟机"菜单，再选择"设置"命令，打开"虚拟机设置"对话框，此时可以设置内存、网络适配器和 CD/DVD 等。

● 如果采用 ISO 映像文件安装 Windows Server 2019，请选择"CD/DVD(SATA)"，在右侧的"连接"界面中勾选"使用 ISO 映像文件"，再单击"浏览"按钮选择准备好的 Windows Server 2019 映像盘，设置完成单击"确认"按钮。

2. 安装 Windows Server 2019

课堂任务 6-2

准备 Windows Server 2019 的安装映像文件，打开虚拟机，设置系统从光盘引导，再在虚拟机光驱中设置使用 ISO 光盘映像文件，按照"任务 6-1"实施安装。

参考步骤：

【STEP|01】设置 BIOS 从光盘引导。首先完成"课堂任务 6-1"，接下来启动 VMware，按 F2 键进入 BIOS 设置页面，设置虚拟机 BIOS 从光盘引导。

【STEP|02】安装 Windows Server 2019。打开 VMware Workstation，单击"启动"按钮，打开安装向导界面。等待一会即可出现 Windows Server 2019 的安装提示页面。

此后的操作可参考"任务 6-1"中的第 3 步到第 14 步完成 Windows Server 2019 的安装。

【STEP|03】配置 TCP/IP 协议。进入 Windows Server 2019 操作系统，完成网络组件的安装与配置，并进行测试。

3. 配置 Web 服务器

新天教育培训集团需要在 Web 服务器（IP 地址为 192.168.0.8）上搭建一个论坛（可上网下载免费的动网论坛）来实现与广大用户的在线交流，请模仿任务案例完成课堂任务。

课堂任务 6-3

上网下载免费的动网论坛源代码，要求 Web 服务器能满足 1 000 人同时访问，且服务器中有一个重要目录/security，里面的内容只有 xintian.com 这个域的成员可以访问，拒绝其他用户访问，主页文件为 index.php。

参考步骤：

【STEP|01】安装 IIS。

参考"任务 6-7"完成。

【STEP|02】配置与管理网站。

参考"任务 6-9"完成。

【STEP|03】设置网站安全。

通过百度完成本步骤。

【STEP|04】在客户端进行测试。

4.配置FTP服务器

课堂任务 6-4

在Windows Server 2019的服务器中为新天教育培训集团架设一台FTP服务器,然后通过浏览器在客户端进行测试。

【操作要求】

(1)停用"默认FTP站点",新建一个名为"研发中心FTP"的FTP站点,主目录为D:\TIANYI_FTP文件夹,复制一些文件到此文件夹,同时设置此FTP站点,使匿名用户能够使用该服务器上任何一个IP地址或域名访问此服务器。

(2)限制同时只能有50个用户连接到此FTP服务器。

(3)为FTP服务器设置欢迎登录的消息"欢迎访问新天教育培训集团的FTP服务器"。

(4)禁止IP地址为192.168.100.1的主机网络访问FTP站点。

(5)利用三种不同的方法和客户端来访问ftp.tianyi.com。

(6)配置DNS解析域名tianyi.com,然后新建主机ftp、ftp1和ftp2,用Active Directory隔离用户新建FTP站点ftp.xintian.com,用隔离用户新建FTP站点ftp1.xintian.com,用不隔离用户新建FTP站点ftp2.xintian.com,然后用三种不同的方法和客户端来访问ftp.xintian.com、ftp1.xintian.com、ftp2.xintian.com。

5.配置DNS服务器

课堂任务 6-5

新天家俬现有3台Web服务器,1台FTP服务器。Web服务器的IP地址分别为192.168.0.1、192.168.0.2、192.168.0.3,域名分别为www1.butterfly.com、www2.butterfly.com、www3.butterfly.com。FTP服务器的IP地址为192.168.0.4,域名为ftp.butterfly.com。

【操作要求】

(1)在DNS服务器中为各服务器添加主机地址资源,为了均衡3个Web服务器的负荷,使用www.butterfly.com实现对Web服务器的循环编址。

(2)将与www3.butterfly.com有关的资源记录删除。

(3)将www2.butterfly.com的IP地址修改为172.16.12.13。

6.5.2 课外拓展

1.知识拓展

【拓展6-1】填空题

1.设置Windows Server 2019管理者的口令时,至少应有_____个字符;且口令中应包含_____、_____、_____和_____等四组字符中的三组。

2.查看计算机 IP 地址以及 MAC 地址等相关信息使用的命令是_____。

3.当启用 Web 服务扩展功能时,Web 默认启动文档一般有 htm、_____和_____三种文档格式。

4.IIS 是_____的缩写,是微软公司主推的服务器。它提供了可用于_____、_____或_____上的集成 Web 服务器功能,这种服务器具有可靠、可伸缩、安全以及可管理的特点。

5.DNS 是_____的简称,在 Internet 上访问 Web 站点是通过 IP 寻址方式解决的,而 IP 地址是一串数字,难于记忆,这就产生了_____与_____的映射关系。

6.某 Internet 主页的 URL 为 http://www.test.com.cn/product/index.html,该地址的域名是_____。

【拓展 6-2】选择题

1.在局域网中设置某台机器的 IP,该局域网中所有机器都属于同一个网段,想让该机器和其他机器通信,至少应该设置哪些 TCP/IP 参数(　　)。(选择两项)
　　A.IP 地址　　　　B.子网掩码　　　　C.默认网关　　　　D.首选 DNS 服务器

2.在 Windows Server 2019 系统中,配置好 IP 地址之后想查看网卡的 MAC 地址,可以通过(　　)命令实现。
　　A.ipconfig /all　　B.ping-t　　　　C.tracert　　　　D.whoami

3.在 Windows Server 2019 系统中利用 IIS 搭建了 Web 服务器,在默认站点下创建了一个虚拟目录 Products,经测试可以成功访问其中的内容。由于业务需要,现在将虚拟目录中的内容移动到了另一个分区中,管理者(　　)能让用户继续用原来的方法访问其中的内容。
　　A.对虚拟目录进行重新命名　　　　B.修改虚拟目录的路径
　　C.更改 TCP 端口号　　　　　　　　D.无须任何操作

4.DNS 域名的顶级域有三个部分:通用域、国家域和反向域,在通用域中的 gov 一般表示(　　)。
　　A.商业机构　　　　B.教育机构　　　　C.政府机构　　　　D.网络服务商

5.以下对 DNS 区域的资源记录描述错误的是(　　)。(选择两项)
　　A.SOA:列出了哪些服务器正在提供特定的服务
　　B.MX:邮件交换器记录
　　C.CNAME:该区域的主服务器和辅助服务器
　　D.PTR:把 IP 地址映射到 FQDN

6.如果父域的名字是 a cme.com,子域的名字是 daffy,那么子域的 DNS 全名是(　　)。
　　A.a cme.com　　　　　　　　　　B.daffy
　　C.daffy.a cme.com　　　　　　　　D.daffy.com

2.技能拓展

【拓展 6-3】

上网下载 Windows Server 2019 的映像文件,在虚拟机中完成安装,并体验 Windows Server 2019。

1.上网搜索 Windows Server 2019 映像文件的下载网址。

2.打开 VMware Workstation,新建虚拟机,进入虚拟机设置界面,将光驱 CD-ROM 设置成"使用 ISO 映像",启动虚拟机。

3.启动虚拟机后,大约等待 2 分钟即可进入安装向导界面,单击"确定"按钮后等待一会进入欢迎界面,此时单击"开始安装"按钮即可进入 Windows Server 2019 的安装。

4.按提示一步一步安装完毕,重启即可进入 Windows Server 2019。

【拓展 6-4】

在 PC-A 计算机上配置 DNS 服务,建立标准的正向查找区域(lianxi.com)和反向查找区域(192.168.1.),并在正向查找区域添加 Web 服务器(www,A 记录,192.168.1.100),FTP 服务器(ftp,A 记录,192.168.1.110)和 Mail 服务器(mail,A 和 MX 记录,192.168.1.111)。

在 PC-B(安装 Windows 11)上进行客户端验证,包括使用 ping、nslookup 等工具。

6.6 总结提高

IIS 是 Windows Server 2019 操作系统自带的软件,集成了 FTP 和 Web 的功能,在 IIS 管理控制台可以方便快捷地配置 Web 服务、FTP 服务,增加 Web 站点、FTP 站点,设置 Web 站点、FTP 站点的安全性权限等。另外,FTP 文件的传输还可以使用 FTP 客户端软件和专门的 FTP 服务器来完成。

本项目还介绍了实现域名解析的 DNS 服务器的配置与测试。通过本项目的学习你的收获怎样?请认真填写表 6-1,并及时反馈给任课教师,谢谢!

表 6-1　　　　　　　　　　　学习情况小结

序号	知识与技能	重要指数	自我评价 A B C D E	小组评价 A B C D E	教师评价 A B C D E
1	会安装 Windows Server 2019	★★☆			
2	能配置与管理 Web 服务,并能进行正确测试	★★★★★			
3	能配置与管理 FTP 服务,并能进行正确测试	★★☆			
4	能配置与管理 DNS 服务,并能进行正确测试	★★★★			
5	能解决配置过程中出现的有关问题	★★★			
6	独立自主操作能力强	★★★☆			

注:评价等级分为 A、B、C、D、E 五等,其中:对知识与技能掌握很好为 A 等;掌握了绝大部分为 B 等;大部分内容掌握较好为 C 等;基本掌握为 D 等;大部分内容不够清楚为 E 等。

项目 7　认知网络管理

内容提要

网络是新经济时代的基础设施,信息传递、办公、营销、服务、交流、娱乐等各种活动都可以通过网络完成,网络的质量影响了社会生活和经济生活的质量。在计算机网络的质量体系中,网络管理是其中一个关键环节,正如一个管家对于大家庭生活的重要,网络管理的质量也会直接影响网络的运行质量。

本项目将引导大家熟悉网络管理的概念、对象和模型,网络管理协议、网络管理软件及网络故障的分类、测试与处理等,并通过大量的任务训练大家使用网络性能监视器、网络监视器监控分析网络性能和提高网络性能的方法,网络管理软件的使用和网络故障测试命令的使用等技能。

知识目标

◎ 了解网络管理的概念、对象和模型
◎ 熟悉网络管理协议、网络管理软件
◎ 熟悉网络故障的分类、测试与处理方法
◎ 掌握网络性能监视器、资源监视器的安装与使用方法

技能目标

◎ 能使用网络性能监视器和资源监视器分析网络性能
◎ 会使用远程桌面管理工具
◎ 会使用网络管理软件
◎ 会使用网络故障测试命令

素质目标

◎ 培养认真细致的工作态度和工作作风
◎ 养成刻苦、勤奋、好问、独立思考和细心检查的学习习惯
◎ 具有一定自学能力,分析问题、解决问题能力和创新的能力
◎ 具有坚持不懈、持之以恒的坚守精神

参考学时

◎ 8学时(含实践教学4学时)

7.1 情境描述

湖南易通网络技术有限公司所承接的局域网项目越来越多,公司售后服务的范围主要集中在网络管理,一些中小型企业(公司)的管理工作越来越繁重,因此,很多单位都招聘了专门的网络管理者,但这些新招聘的网络管理者对网络管理业务不够熟悉,希望易通公司开办相关培训,帮助新招聘的网络管理者尽快熟悉网络管理方面的知识和技能。为此,公司派李恒负责这个项目的实施(图7-0)。

图7-0 项目情境

7.2 任务分析

为了帮助网络管理者尽快熟悉网络管理方面的知识和技能,李恒经过认真分析,制订了一个详细的培训方案,具体任务如下:

(1)熟悉网络管理概念、对象、模型和功能;
(2)熟悉 SNMP、CMIP 和 LMMP;
(3)熟悉网络管理软件的发展和主流网络管理软件;
(4)熟悉网络故障的分类方法和测试方法;
(5)完成网络性能监视器、资源监视器的安装与使用;
(6)完成网络管理软件的安装与使用;
(7)完成网络故障测试命令的使用。

7.3 知识储备

7.3.1 网络管理概述

网络管理就是指监督、组织和控制网络通信服务以及信息处理所必需的各种活动的总称。其目标是确保计算机网络的持续正常运行,并在计算机网络运行出现异常时能及时响应并排除故障。

1.网络管理的定义

由于网络系统的复杂性、开放性,管理者要保证网络能够持续、稳定、安全、可靠、高效地运行,使网络能够充分发挥其作用,就必须实施一系列的管理措施。

按照国际标准化组织(ISO)的定义,网络管理是指规划、监督、控制网络资源的使用和网络的各种活动,以使网络的性能达到最优。为此,网络管理的任务就是收集、监控网络中各种设备和设施的工作参数、工作状态信息,及时通知管理者并接受处理,从而控制网络中的设备、设施的工作参数和工作状态,以实现对网络的管理。具体来说,网络管理包含两大任务:对网络运行状态的监测、对网络运行状态的控制。

通过对网络运行状态的监测可以了解网络当前的运行状态是否正常,是否存在瓶颈和潜在的危机;通过对网络运行状态的控制可以对网络状态进行合理的调节,提高性能,保证服务质量。可以说,监测是控制的前提,控制是监测结果的处理方法和实施手段。

2.网络管理的对象

从网络设备的角度考虑,网络管理对象一般包括硬件资源和软件资源两部分。

- 硬件管理是指对构成网络的设备的管理。

- 软件管理是指对运行于硬件设备上的操作系统、应用程序以及访问权限等的管理。

从网络构架的角度考虑，网络管理既要负责管理局域网的网络性能、网络流量、网络冲突和碰撞等，又要负责管理广域网的网络线路、网络流量等内容。

3. 网络管理的目标

网络管理的根本目标是满足运营者及用户对网络的有效性、可靠性、开放性、综合性、安全性和经济性的要求。

- 有效性：网络要能准确而及时地传递信息，并且网络的服务要有质量保证。
- 可靠性：网络必须保证能够稳定地运转，不能时断时续，要对各种故障以及自然灾害有较强的抵御能力和有一定的自愈能力。
- 开放性：网络要能够接受多厂商生产的异种设备。
- 综合性：网络业务不能单一化。
- 安全性：网络传输信息的安全性要高。
- 经济性：对网络管理者而言，网络的建设、运营、维护等费用要尽可能少。

4. 网络管理的模型

在网络管理中，一般采用"管理者—代理"的管理模型，如图7-1所示。网络管理为控制、协调、监视网络资源提供手段，即在管理者与代理之间利用网络实现管理信息的交换，完成管理功能。管理者从各代理处收集管理信息，进行处理，获取有价值的管理信息，达到管理的目的。

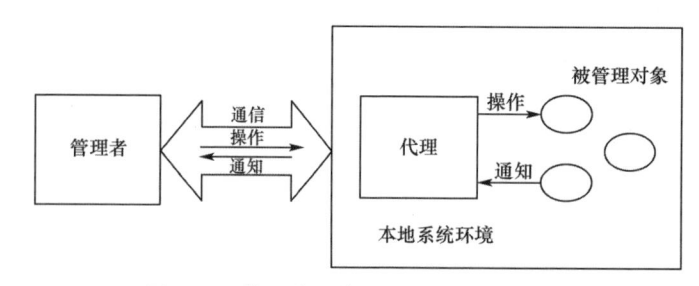

图7-1 "管理者—代理"的网络管理模型

网络管理者可以是单一的PC、单一的工作站或按层次结构在共享的接口下与并发运行的管理模块连接的几个工作站。代理位于被管理的设备内部，它把来自管理者的命令或信息请求转换为本设备特有的指令，完成管理者的指示或返回它所在设备的信息。另外，代理也可以把自身系统中发生的事件主动通知给管理者。一般的代理都是返回它本身的信息，而另一种称为委托代理的，可以提供其他系统或其他设备的信息。

管理者将管理要求通过管理操作指令传送给被管理系统中的代理，代理则直接管理设备。代理也可能因为某种原因拒绝管理者的命令。管理者和代理的信息交换可以分为两种：从管理者到代理的管理操作；从代理到管理者的事件通知。

一个管理者可以和多个代理进行信息交换，这是网络管理常见的情况。一个代理也可以接受来自多个管理者的管理操作，在这种情况下，代理需要处理来自多个管理者的多个操作之间的协调问题。

5.网络管理的功能

网络管理是控制一个复杂的计算机网络去获取最大效益和生产率的过程。为更好地定义网络管理的范围,国际标准化组织(ISO)定义了网络管理的五大功能,即配置管理(Configuration Management)、性能管理(Performance Management)、故障管理(Fault Management)、计费管理(Accounting Management)和安全管理(Security Management)。除此之外,还有容错管理、地址管理、软件管理、文档管理和网络资源管理等功能。

(1)故障管理

故障管理是对计算机网络中的问题或故障进行定位的过程。由于故障可以导致不可接受的网络性能下降甚至整个系统的瘫痪,所以故障管理是网络管理的功能域中被广泛实现的一种功能。

故障管理的目标是自动监测网络硬件和软件中的故障并通知用户,以便网络能有效地运行。当网络出现故障时,要进行故障的确认、记录、定位,并尽可能排除这些故障。

通常采用文字、图形和声音信号等形式报告故障。在图形报告中,为了指示每个设备的特征,一般采用表7-1所示的颜色方案。

表7-1 故障报告颜色方案

颜色	设备特征
绿色	设备无错误运行
黄色	设备可能存在一个错误
红色	设备处于错误状态
蓝色	设备运行,但处于错误状态
橙色	设备配置不当
灰色	设备无信息
紫色	设备正在被查询

故障管理的步骤包括:发现故障,判断故障症状,隔离故障,修复故障,记录故障的检修过程及其结果。

故障管理的功能包括:接收差错报告并做出反应,建立和维护差错日志并进行分析;对差错进行诊断测试;对故障进行过滤,同时对故障通知进行优先级判断;追踪故障,确定纠正故障的方法。

故障都有一个形成、发展和消亡的过程,可以用故障标签对故障的整个生命周期进行跟踪。故障标签就是一个监视网络问题的前端进程,它对每个可能形成故障的网络问题、甚至偶然事件都赋予唯一的编号,自始至终对其进行监视,并且在必要时调用有关的系统管理功能解决问题。以故障标签为中心,结合问题输入系统、报告和显示系统、解决问题的系统和数据库管理系统,形成从发现问题、记录故障到解决问题的完整过程链,这样组成的故障管理系统如图7-2所示。

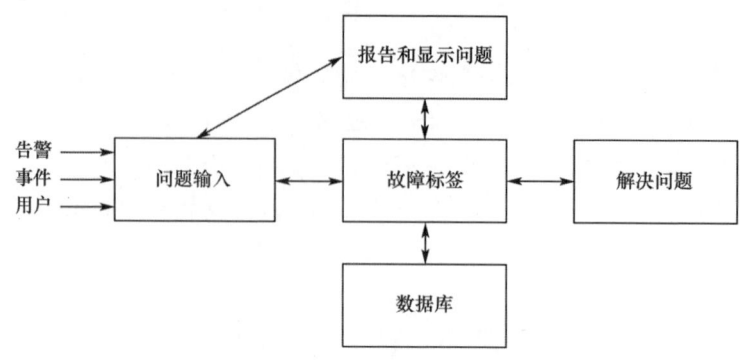

图 7-2　故障管理系统

(2) 配置管理

配置管理的目标是掌握和控制网络和系统的配置信息以及网络内各设备的状态和连接关系。现代网络设备是由硬件和设备驱动程序组成的,适当配置设备参数可以更好地发挥设备的作用,获得优良的整体性能。

从网络管理者角度看,用户应该能以任何方式配置被管理的设备,把配置信息存储在网络管理者的文件中,进行归档,下载文件到被管理设备,更改简表,以及需要时从设备上下载简表。

用户应能观察所需要的参数,如系统版本号、端口状态、电缆类型、物理接口类型(DS1/DS3/SONET)、接口状态、信令状态、正在用的 VCC、每个端口所配置的最大 VCC 数、ATM 交换机的 IP 地址、端口的 ATM 地址等。

配置管理的作用包括确定设备的地理位置、名称和有关细节,记录并维护设备参数表;用适当的软件设置参数值和配置设备功能,如初始化、启动和关闭网络或网络设备;维护、增加和更新网络设备以及调整网络设备之间的关系。

配置管理的内容主要包括:网络资源的配置及其活动状态的监视;网络资源之间关系的监视和控制;新资源的加入,旧资源的删除;定义新的管理对象;识别管理对象;管理各个对象之间的关系;改变管理对象的参数等。

(3) 计费管理

计费管理的目标是跟踪个人和团体用户对网络资源的使用情况,对其收取合理的费用。这一方面可以促使用户合理地使用网络资源,维持网络正常的运行和发展;另一方面,管理者也可以根据情况更好地为用户提供所需的资源。

计费管理的主要作用:网络管理者能测量和报告基于个人或团体用户的计费信息,分配资源并计算用户通过网络传输数据的费用,然后给用户开出账单;同时,计费管理增加了网络管理者对用户使用网络资源情况的认识,这有利于创建一个更有效的网络。

网络计费的功能:建立和维护计费数据库,能对任意一台机器进行计费;建立和管理相应的计费策略;能够对指定地址进行限量控制,当超过使用限额时,将其封锁;允许使用单位或个人按时间、地址等信息查询网络的使用情况。

(4) 性能管理

性能管理功能允许网络管理者了解网络运行的情况。性能管理的目标是衡量和呈现网络特性的各个方面,使网络的性能维持在一个可以令用户接受的水平上。性能管理使网络管理者能够监视网络运行的关键参数,如吞吐率、利用率、错误率、响应时间、网络的一般可用度等。此外,性能管理能够指出网络中哪些性能可以改善以及如何改善。

性能管理包含以下 4 个步骤:
- 收集网络管理者感兴趣的变量的性能参数。
- 分析这些数据,判断网络是否处于正常水平并产生相应的报告。
- 为每个重要的变量确定一个合适的性能域值,超过该域值就意味着出现了值得注意的网络故障。
- 根据性能统计数据,调整相应的网络部件的工作参数,改善网络性能。

性能管理包括监视和调整两大功能。监视功能是指跟踪网络活动,调整功能是指通过改变设置来改善网络的性能。性能管理的最大作用在于帮助管理者减少网络中过分拥挤和不可通行的现象,从而为用户提供稳定的服务。利用性能管理,管理者可以监控网络设备和网络连接的使用状况,并利用收集到的数据推测网络的使用趋势,分析性能问题,尽可能做到防患于未然。

(5)安全管理

安全管理的目标是按照一定的策略控制对网络资源的访问,以保证网络不被侵害,并保证重要的信息不被未授权的用户访问。

安全管理是对网络资源以及重要信息的访问进行约束和控制。它包括验证用户的访问权限和优先级、监测和记录未授权用户企图进行的非法操作。安全管理的许多操作都依赖于设备的类型和所支持的安全等级。安全管理中涉及的安全机制有身份验证、加密、密钥管理、授权等。

安全管理的功能:标识重要的网络资源(包括系统、文件和其他实体);确定重要的网络资源和用户集的映射关系;监视对重要网络资源的访问;记录对重要网络资源的非法访问;信息加密管理。

例如,安全管理只允许被选择的用户经由网络管理者访问网络。每个用户有一个登录ID、一个口令和一个特权级别。该功能指出是否允许用户改变任何配置,或使用 SNMP 或其他协议如 Telnet 访问网络。

7.3.2 网络管理协议

20 世纪 90 年代初,由于网络产品的不兼容性,常常需要针对不同的网络产品配置管理系统,例如调制解调器、网桥等,这使得管理大型网络的工作人员必须从不同系统的几个屏幕上取得有关故障的信息,很不方便。随着管理系统的发展,不仅可以用一个屏幕显示整个网络的图像,而且可以用统一的通信规范询问所有不同的管理部件,这个通信规范被称为网络管理协议。

目前使用的标准网络协议包括:简单网络管理协议(SNMP)、通用网络管理协议(CMIP)和局域网个人管理协议(LMMP)等。

1.简单网络管理协议(SNMP)

简单网络管理协议(SNMP)是目前 TCP/IP 网络中应用最为广泛的网络管理协议。1990 年 5 月,RFC 1157 定义了 SNMP(Simple Network Management Protocol)的第一个版本 SNMP v1。RFC 1157 和另一个关于管理信息的文件 RFC 1155 一起,提供了一种监控和管理计算机网络的系统方法。因此,SNMP得到了广泛应用,并成为网络管理的主要标准。

SNMP是面向Internet的管理协议,其管理对象包括网桥、路由器、交换机等内存和处理能力有限的网络互联设备。SNMP采用轮询监控的方式,管理者隔一定时间向代理告示管理信息,管理者根据返回的管理信息判断是否有异常事件发生。

SNMP位于OSI参考模型的应用层,遵循ISO的网络管理模型。SNMP模型由管理节点和代理节点构成,采用的是代理/管理站模型,如图7-3所示。

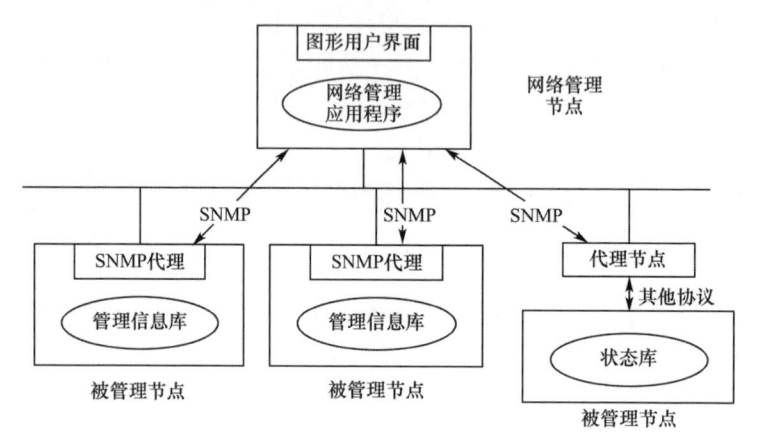

图7-3 SNMP网络管理参考模型

管理节点一般面向工程应用的工作站级计算机,拥有强大的处理能力,可以在它上面运行SNMP管理软件。在网络中可以存在多个网络管理节点,每个网络管理节点可以同时和多个SNMP代理节点通信,SNMP软件一般采用图形用户界面来显示网络的状况,并接收管理者的操作指示不断地调整网络的运行。

代理节点可以是网络上任何类型的节点,如主机、服务器、路由器、交换机等,这些设备运行SNMP代理程序,用于接收和发送SNMP数据包,代理节点只需与管理节点通信,它占用很少的处理器和内存资源。

SNMP是一个应用层协议,在TCP/IP网络中,使用传输层和网络层的服务向其对等层传输消息。物理层协议和链路层协议依赖所使用的媒介,一般以希望的传输速率为基础,根据要完成的特定网络管理功能选择传输层协议。

2.通用网络管理协议(CMIP)

通用网络管理协议(CMIP)可以提供完全的端到端管理功能,它覆盖了OSI的七层。但由于其复杂性,致使其开发速度缓慢,少有适用的网络管理产品。

CMIP采用管理者/代理模型,当对网络实体进行监控时,管理者只需向代理发出一个监控请求,代理会自动监视指定对象,并在异常事件(如线路故障)发生时向管理者发出指示。CMIP的这种管理监控方式称为委托监控,委托监控的主要优点是开销小、反应及时,缺点是对代理的资源要求高。

3.局域网个人管理协议(LMMP)

局域网个人管理协议(LMMP)试图为LAN环境提供一个网络管理方案。LAN环境中的网络设备包括网桥、集线器和中继器。由于不要求任何的网络层协议,LMMP比

CMIP易于实现。但是,没有网络层提供的路由信息,LMMP消息不能跨越路由器。跨越局域网界限传输的LMMP信息的转换代理的实现可能会解决这一问题。

7.3.3 网络管理系统

网络管理的最终目标是通过网络管理系统,即实施网络管理功能的应用系统来实现。网络管理平台通常由协议通信软件包、MIB编译器、网络管理应用编程接口和图形化的用户界面组成。它是管理站的功能基础,在网络管理平台的基础上可以进一步实现各种管理功能和开发各种管理应用。

网络管理系统(Network Management System,NMS)是用来管理网络、保障网络正常运行的软件和硬件的有机组合,是在网络管理平台的基础上实现各种网络管理功能的集合,包括故障管理、性能管理、配置管理、安全管理和计费管理等功能。借助于网络管理系统,网络管理者不仅可以经由网络管理者与被管理系统中的代理交换网络信息,而且可以开发网络管理应用程序。网络管理系统的性能完全取决于所使用的网络管理软件。

1.网络管理软件的发展

网络管理软件的发展,依据其配置设备的方式不同大致可以分为三代。

第一代网络管理软件是以前最常用的命令行方式,并结合一些简单的网络监测工具使用。它不仅要求用户精通网络的原理及概念,还要求用户了解不同厂商的不同网络设备的配置方法。这就需要用户阅读大量的书籍和许多不同设备的产品手册。当然,这种方式也可以带来很大的灵活性,因此深受一些资深网络工程师的喜爱,但对于一般用户而言,这并不是最好的方式。

第二代网络管理软件有很好的图形化界面,对于此类网络管理软件,用户无须过多了解不同设备间的不同配置方法,就能图形化地对多台设备同时进行配置和监控,大大提高了工作效率,但这种软件依然要求用户精通网络原理,而且存在人为因素造成的设备功能使用不全面或不正确的问题,容易引发误操作。

第三代网络管理软件相对来说比较智能,是真正将网络和管理进行有机结合的软件系统,具有"自动配置"和"自动调整"功能。网络管理软件管理的已不是一个具体的配置,而仅仅是一个关系。对网络管理者来说,只要把用户情况、设备情况以及用户与网络资源之间的分配关系输入网络管理系统,系统就能自动地建立图形化的人员与网络的配置关系,不论用户在何处,只要他通过Internet登录,便能立刻自动鉴别用户身份,还可以自动接入用户所需的企业重要资源(如电子邮件、Web、电视会议等)。

2.主流的网络管理软件

现在的网络管理软件非常多,所有网络公司的网络管理产品都支持SNMP标准,但真正全部具有网络管理五大功能的网络管理系统并不多,价格也非常贵。所以在许多中小企业中,这些网络管理软件还并没有得到广泛应用。为了使大家对网络管理软件有一个基本了解,在这里向大家介绍几种目前主流的网络管理软件。

(1)惠普公司的OpenView

惠普公司是较早开发网络管理产品的厂商之一。OpenView是惠普公司的旗舰软件产品,已成为网络管理平台的典范。它集成了网络管理和系统管理的优点,并把二者有机地结合在一起，形成一个单一而完整的管理系统。

惠普公司推出的 OpenView NNM(Network Node Manager)是业界领先的网络管理平台，它和 Network Node Manager Extended Topology 共同构成了业界最为全面、开放、广泛和易用的网络管理解决方案。它们可以让你知道你的网络什么时候出了问题，并帮助你在这个问题发展成为严重故障之前解决它。与此同时，它们还可以帮助你智能化地采集和报告关键性的网络信息，以及为网络的发展制订计划。

Network Node Manager 可以自动地搜索用户网络，帮助用户了解网络环境；对第三层和第二层环境进行问题根本原因分析；提供故障诊断工具，帮助用户快速解决复杂问题；收集主要网络信息，帮助用户发现问题并主动进行管理；提供即时可用的报告，帮助用户提前为网络的扩展制订计划；让网络维护人员、管理者和客户可以通过 Web 从任何地方进行远程访问。

(2) AT-SNMPc 8.0 企业版

AT-SNMPc 是一个分布式的通用网络管理系统平台；直观显示、监控和前瞻性地管理网络，能有效地监控整个网络的基础架构；具有主备冗余服务器功能；网络拓扑图功能；多厂商支持等特性；支持最新的 SNMP v3 身份验证和加密功能，可伸缩性的分布式结构，前瞻性的监控和告警技术，智能事件处理功能，控制台远程管理，网络趋势报告功能，完善的路由器、交换机、服务器的管理功能，无人值守服务器功能等。

安装并启动 AT-SNMPc 系统后，AT-SNMPc 首先会自动查找网络中所有的设备并且精确地依据设备间的路径关系绘制出拓扑结构图。如果用户不完全了解网络中的设备是否支持 SNMP、RMON、Web 管理等特性，也无须担心，AT-SNMPc 会自动查找出每台设备的这些特性并自动为所有设备配置相应的图标。

AT-SNMPc 在显示设备工作状况的同时，还会显示设备间连接链路的状态，管理者可以通过观察整体连接图，即刻掌握所有的网络链路、广域链路、备份链路的工作状态。

AT-SNMPc 8.0 企业版相关资讯可登录安奈特的官网查看。

(3) CA 公司的 Unicenter

CA 公司(Computer Associates International, Inc.)的 Unicenter 系统管理软件是 CA 公司的旗舰产品，它不仅功能完整、高度集成，而且十分开放，可支持包括 Linux 在内的所有主流平台。Unicenter 系统管理解决方案分为网络系统管理解决方案、自动化操作解决方案、IT 资源管理解决方案、数据库管理解决方案、Web 基础设施管理解决方案和应用管理解决方案六大部分，覆盖了 IT 系统管理的方方面面。

(4) Sun 网络管理系统

Sun 有 3 个网络管理系统：Solstice Site Manager、Solstice Domain Manager 和 Solstice Enterprise Manager。早期版本 SunNet Manager 是由前两者组成的。

Solstice Site Manager 是为管理低于 100 个节点而设计的低端平台；Solstice Domain Manager 可以管理大规模的网络(1 000~10 000 个节点)；Solstice Enterprise Manager 是为更大规模的企业网络管理而设计的，它具有管理计算机与通信网络的能力，适合于面向对象的服务并支持多协议。

(5)Cisco 公司的 Cisco Works

Cisco Works 是 Cisco 公司为网络系统管理提供的一个基于 SNMP 的管理软件,它可集成在多个现行的网络管理系统上,如 SunNet Manager、HP OpenView 以及 IBM NetView 等。Cisco Works 为路由器管理提供了强有力的支持工具,它主要为网络管理者提供可执行自动安装任务,简化手工配置;提供调试、配置和拓扑等信息,并生成相应的 Drofile 文件;提供动态的统计、状态和综合配置信息以及基本故障监测功能;收集网络数据并生成相应图表和流量趋势以提供性能分析;具有安全管理和设备软件管理功能。

(6)IBM Tivoli NetView 方案

IBM Tivoli NetView 为网络管理者提供一种功能强大的解决方案,应用也非常广泛。它可在短时间内对大量信息进行分类,捕获解决网络问题的数据,确保问题迅速解决,并保证关键业务系统的可用性。Tivoli NetView 软件中包含一种全新的网络客户程序,这种基于 Java 的控制台比以前的控制台具有更大的灵活性、可扩展性和直观性,可允许网络管理者从网络上的任何位置访问 Tivoli NetView 数据。

IBM Tivoli NetView 的新的位置敏感性拓扑(Location Sensitive Topology)特性可让网络管理者通过简单的配置说明来指导 Tivoli NetView 的映像布局过程。它可自动生成一些比网络管理者对网络的直观认识更加贴近的拓扑视图,将有关网络的地理、层次与优先信息直接合并到拓扑视图中。此外,Tivoli NetView 的开放性体系结构可让网络管理者对来自其他单元管理器的拓扑数据加以集成,以便从一个中央控制台对多种网络资源进行管理。

(7)游龙科技 SiteView 网络管理系统

SiteView 是中国游龙科技自主研发的、专注于网络应用的故障诊断和性能管理的运营级的监测管理系统,主要服务于各种规模的企业内网和网站,可以广泛地应用于对局域网、广域网和互联网上的服务器、网络设备及其关键应用的监测管理。

SiteView 具有以下特点:对网络、服务器、中间件、数据库、电子邮件、WWW 系统、DNS 服务器、文件服务、电子商务等应用实现全面深入监测;采用非代理、集中式监测模式,被监测机器无须安装任何代理软件;跨各种异构操作平台的监测,监测平台包括各种 UNIX、Linux 和 Windows NT/2000 系统;故障实时监测报警,报警可以通过 SMS、邮件、声音、电话语音卡等多种方式发送;网络标准故障的自动化诊断恢复;自动生成网络拓扑结构,快速获得并且随时更新网络的拓扑图;网络应用拓扑直观显示真实网络环境的运行状况;标准化、个性化的报表系统,可定时发送到网络管理者的邮箱;智能模拟用户行为监测业务流程(如网上购书、网络报税、网上年检等)。

(8)清华紫光比威 BitView 网络管理系统

这是国内清华紫光比威网络技术有限公司的一种比较著名的通用网络管理软件。BitView 网络管理系统是按照国际规范开发的一套全面面向计算机网络系统的综合网络管理软件,适用于电信和企业网的管理,系统采用 TCP/IP 和 SNMP 协议标准以及面向对象的 CORBA/RMI 技术规范,系统将 XML、Java 等先进技术融入其中,针对各种规模的计算机网络环境,提供了一整套的网络管理解决方案,实现传输网络主干到桌面的端到端的管理。

BitView 网络管理系统是完全基于 Java 技术的网络管理系统,它提供了一组基于 SNMP 协议、XML、Java、CORBA/RMI 技术的网络管理工具,并有机地将它们综合在一个集成化用户界面中。BitView可管理任何基于SNMP的网络设备,并显示设备的详细信息。特别是基于模板的设备管理方式,可以管理任何厂家的不同设备,显示其端口、电路、VLAN划分等信息。网络设计和网络监控分开,将网络管理者分为设计人员和一般的监控人员,从而使网络管理更加有效。基于地域和环境的网络设计和管理方式,可以使多个网络设计人员同时设计网络,互不干扰。

(9)其他网络管理软件

StarView网络管理软件是锐捷网络(原实达网络)推出的网络管理软件,实现了简约的集中化管理。它操作灵活,利于用户定制,网络拓扑管理、设备管理、事件管理、性能监测与预警管理等网络管理智能性大大提高;有强大的后台数据库支持,结合报表统计等功能,使网络管理的定量化分析成为可能。

华为QuidView网元管理软件是华为公司针对IP网络开发的适合各种规模网络的网络管理软件,是华为iManager系列网络管理产品之一,主要用于管理华为公司的Quidway系列路由器、以太网交换机、VoIP、视频会议系统及接入服务器。它是一种简洁的网络管理工具,充分利用设备自己的管理信息库完成设备配置、浏览设备配置信息、监视设备运行状态等网络管理功能,不但能够和华为的N2000结合完成从设备级到网络级的网络管理,并且还能集成到SNMPc、HP OpenView NNM、WhatsUp Gold、IBM Tivoli NetView等一些通用的网络管理平台上,实现从设备级到网络级全方位的网络管理。

7.3.4 网络故障概述

由于网络架设的复杂性,涉及网线、路由器、交换机、工作站、网卡等多种设备,所以局域网中出现的网络故障现象千奇百怪,故障原因多种多样,这些网络故障轻则导致工作站上网速度缓慢或无法上网,严重的话导致局域网不通、网络通道发生堵塞或者网络发生崩溃,而且排除过程也比较缓慢、复杂。

1.网络故障的分类

网络故障按照性质可分为物理故障和逻辑故障。

物理故障通常指由网络硬件或网络连接引起的网络故障。网络硬件设备或线路的损坏、接触不良、接头松动、线路受到严重电磁干扰等情况均会引起物理故障。物理故障通常表现为一段网络连接不通或时断时通,可以通过观察网络设备的指示灯或通过测量仪器的测量来检索。

逻辑故障通常指由软件引起的网络故障,最常见的是由配置不当引起的网络故障,如网卡的参数配置、路由器及交换机的配置、计算机中协议的配置不当等均可能引起网络故障。一些网络服务进程或端口关闭以及计算机病毒、网络攻击也可能会引起网络故障。

2.网络故障测试工具

网络故障诊断有很多方法,一些简单的故障可能不需要测试工具就可以查出,但随着网络复杂性的增加,故障诊断难度不断加大,网络故障测试工具就显得必不可少了,使用网络故障测试工具可从网络中收集信息,这些信息反过来可以帮助诊断网络问题,并能提供解决问题的线索,网络故障测试工具包括软件测试工具和硬件测试工具。

目前,常用的网络测试命令有ping、ipconfig、netstat、traceroute、route和ARP等;常用

项目 7　认知网络管理

的网络故障测试工具有数字万用表、时域反射仪、高级电缆测试仪、示波器和协议分析仪等。

(1) 数字万用表

数字万用表(Digital Multimeter)是一种基本的电子测量设备,如图 7-4 所示,现在的数字万用表可以测量包括电压、电流、电阻、电容、温度等在内的许多物理量。在网络故障排除的过程中,常需要用到的功能是测量电阻、电压和电流。利用数字万用表可以判断网络连线是否断开(断路)、是否短接(短路)、是否与其他导体接触。

(2) 时域反射仪

时域反射仪(Time-Domain Reflectometer)是一种能定位通信媒介故障的设备,如图 7-5 所示,如果电缆中发生故障,它可以测量故障大概发生在什么位置,比数字万用表更先进,这也是它与数字万用表的不同之处。时域反射仪也可以用于光纤的测试,这一点数字万用表是做不到的。

(3) 高级电缆测试仪

高级电缆测试仪不仅能够查出电缆的短路、断路和性能缺陷,还能显示有关电阻、阻抗和信号衰减等信息。高级电缆测试仪如图 7-6 所示。

图 7-4　数字万用表　　图 7-5　时域反射仪　　图 7-6　高级电缆测试仪

从 OSI 参考模型来看,高级电缆测试仪的功能已经超越了物理层,达到了数据链路层,有的甚至达到了网络层和传输层。

高级电缆测试仪除了能显示电缆的物理状态,还可以显示数据帧数目、错误数据帧数目、堵塞错误、信标、超量冲突、迟到冲突等。

这种测量仪能够监视整个网络的流量信号、错误状态,甚至某一台计算机的信息流动情况,而且能识别故障是由电缆引起的还是由网卡引起的,因此它是一种很受欢迎的网络故障测试工具。

(4) 示波器

示波器是一种电子测量设备,如图 7-7 所示。它用来测量并显示单位时间内的信号电压及信号波形,同时,它也可以测量出其数值的大小。

示波器往往和时域反射仪同时使用,可以判断断路、短路、信号衰减信息、电缆的弯曲是否过度等。

(5) 协议分析仪

协议分析仪是一种功能强大的故障测试工具,如图 7-8 所示。它往往用来维护大型网络,有经验的网络管理者和网络技术支持人员都特别喜欢这种设备。

235

图 7-7　示波器　　　　　　　　图 7-8　协议分析仪

协议分析仪可以对信号进行捕获、解码和发送等。所以协议分析仪常用来测试数据帧内部来确定故障,同时它可以根据网络信号生成统计结果,其内容可涉及网络布线、网络的软件、网卡、服务器和工作站等。

协议分析仪还可以深入地观察网络行为,包括有故障的设备、连接的故障、网络信号的波动、网络的瓶颈、网络设置的错误、协议的冲突、应用程序的冲突、广播风暴等。

协议分析仪的功能非常强大,因此它的应用也很广泛,但往往需要由有经验的网络管理者和网络工程技术人员操作。

3. 常见的网络故障处理方法

(1) 记录网络故障现象

在网络运行期间,应记录网络的运行状况。一旦发生网络故障,应了解并记录网络故障表现出来的现象。这些现象通常包括:哪些用户在使用网络的哪些服务时出现故障,是速度降低还是不能访问,是时断时续还是连续出现故障等,对网络故障的现象描述尽可能详细。

(2) 分析网络故障原因

在记录故障现象以后,应收集与网络故障排除相关的信息,包括网络的拓扑结构、网络是否发生了改变、是否有其他用户使用网络时也发生了故障、故障发生期间计算机在进行什么操作等,同时还可以从网络管理系统、网络分析设备中收集相关信息。

根据收集到的故障及相关信息,分析可能引起故障的原因。按照层次模型分析,在各个不同层次引起网络故障的原因通常有如下几个:

- 物理层:线路或接头连接。
- 数据链路层:交换机的配置或交换机(或 Hub)的连接结构。
- 网络层:网络协议的配置或路由器的配置。
- 传输层:网络拥塞等。
- 应用层:应用软件自身的缺陷、应用协议不完整,还需要考虑到病毒的入侵、网络攻击等影响。

在故障原因分析过程中,应充分利用每一条信息,尽可能缩小引起网络故障的目标范围。

(3) 建立排除故障计划,按照计划排除故障并予以记录

根据对网络故障的分析所确定的可能故障点,制订一套完整的故障排除方案。通常应从最容易引起故障的地方入手,或从最低层次入手,从简单到复杂,逐步排除故障。

按照制订的方案,做好每一步的测试和观察,并且做好记录,直到故障排除。如果故障没有排除,应恢复到故障的原始状态,重新分析。

【思政元素】

作为一个合格的网络管理员,需要在网络操作系统、网络数据库、网络设备、网络管理、网络安全、应用开发等六个方面具备扎实的理论知识和操作技能。这样才能确保计算机网络持续、正常地运行,并在网络出现故障时能及时报告和处理,并协调、保持网络系统的高效运行。

7.4 任务实施

7.4.1 使用性能监视器

为了方便管理者监视系统性能,Windows 系统提供了性能监视器。网络中有很多性能问题,如果问题涉及网络硬件(如线缆或网络流量)就很难发现,性能监视器提供了计数器来衡量通过服务器的网络流量,可以从多种角度监视系统资源的使用情况,并且可以监视几乎系统中的所有资源,同时可以将监视的结果用多种方式显示出来,以满足在不同情况下对系统资源监视的要求。

任务 7-1

在 Windows Server 2019 系统中,启用"性能监视器",通过添加新的监控,收集和查看有关硬件资源的使用和系统服务的各种活动数据。

操作步骤:

【STEP|01】选择"开始"→"Windows 管理工具"→"性能监视器",打开"性能监视器"窗口,如图 7-9 所示。

【STEP|02】在"性能监视器"窗口的右侧子窗口的工具栏单击 ✚ 按钮,系统打开"添加计数器"对话框,系统里提供了很多默认的计数器,此时用户可以根据实际监测需要选择合适的计数器。

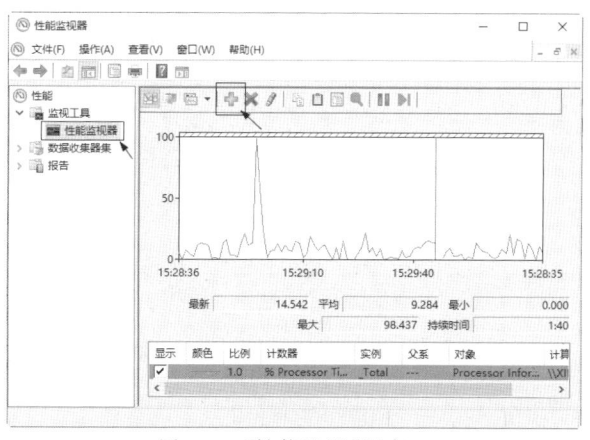

图 7-9 "性能监视器"窗口

【STEP|03】在"添加计数器"对话框中,首先选择希望监控的计算机(可选择本地计算机或网络中的计算机),然后选择要监视的性能对象,如"LogicalDisk"(逻辑磁盘),其下还有许多的计数项目,用户同样可以根据实际需要进行选择。其中"%Disk Time"是指所选磁盘驱动器忙于为读或写入请求提供服务所用的时间的百分比(可以勾选"显示描述"查看计数器说明)。因此,用户可以在这里选择"%Disk Time",添加对象选择 C 盘,单击"添加"按钮,将其添加到计数器列表,通过这个计数器即可监测本机系统盘(C:)的性能,如图 7-10 所示。

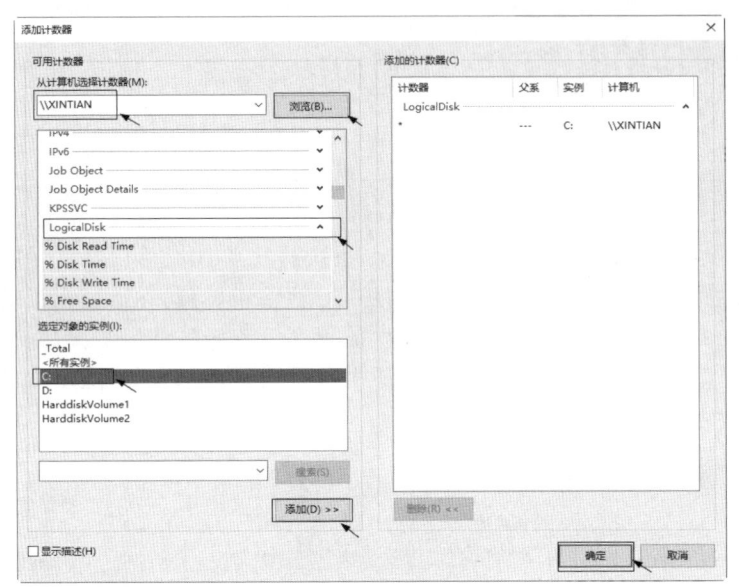

图 7-10 选择监视对象

【STEP|04】单击"确定"按钮返回到"性能监视器"窗口,这时便可看到系统开始用选定的计数器对相应的对象进行监视,绘出计数器统计数值的变化图形,如图 7-11 所示。

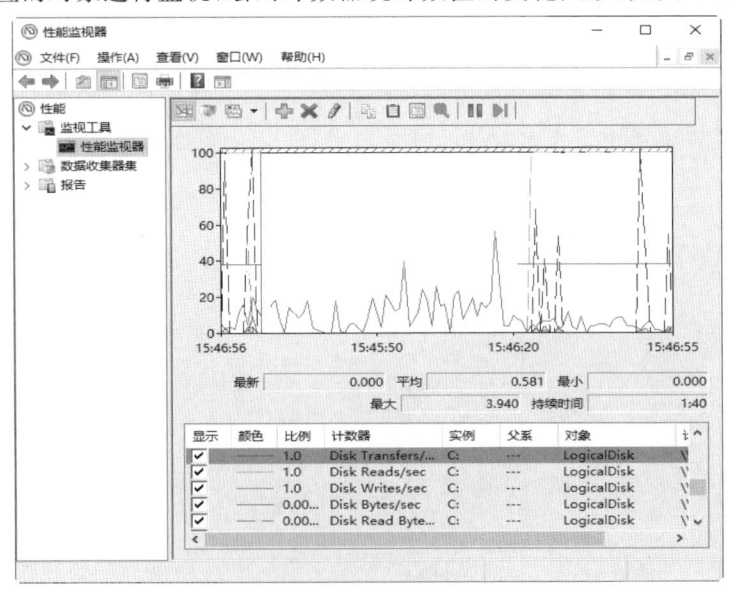

图 7-11 查看监视项目

【STEP|05】重复步骤 2 到步骤 4,可以添加多个计数器,从不同角度监视服务器系统的

项目 7　认知网络管理

各种运行状况。需要一段时间才能得到监视结果,用户可以让监视器在后台运行。监视的日志文件默认保存在"C:\PerfLogs\Admin\新的数据收集器集\计算机名_日期"目录下,经过一段时间后打开该日志文件,选中其中的"%Disk Time"计数器进行查看即可。一般来说,"%Disk Time"的正常值＜10,此值过大表示耗费太多时间来访问磁盘,可考虑增加内存、更换更快的硬盘、优化读写数据的算法。

> **提示**　Windows Server 2019 系统可使用的对象很多,使用最频繁的对象有 Processor、Cache、Physical Disk、Memory、Server、System、Thread、Objects、PagingFile、Process 等。

7.4.2　使用资源监视器

Windows 资源监视器是一个功能强大的工具,用于了解进程和服务如何使用系统资源。除了实时监视资源使用情况,资源监视器还可以帮助分析没有响应的进程,确定哪些应用程序正在使用文件以及控制进程和服务。

任务 7-2

在 Windows Server 2019 系统中,使用资源监视器对计算机的 CPU、内存、磁盘和网络等进行监视,并排除个别无响应的程序故障。

【STEP|01】打开资源监视器。

方法 1:在任务栏上单击鼠标右键,在打开的快捷菜单中选择"任务管理器",打开"任务管理器"窗口(也可以同时按下键盘"Ctrl＋Alt＋Delete"打开"任务管理器"窗口),再切换到"性能"选项卡,如图 7-12 所示。在"任务管理器"窗口的左下方单击"打开资源监视器"按钮即可打开"资源监视器"窗口。

方法 2:单击"开始"→"运行",在"运行"对话框中输入命令"resmon.exe",如图 7-13 所示。单击"确定"按钮,也可打开"资源监视器"窗口。

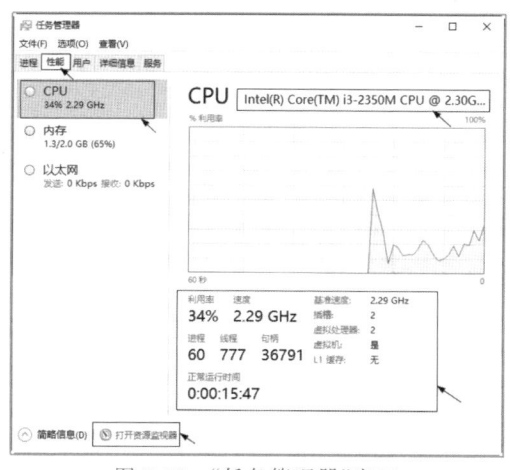

图 7-12　"任务管理器"窗口　　　　　图 7-13　"运行"对话框

239

方法3：在"开始"菜单的搜索中直接搜索"资源监视器"，然后打开它。

【STEP|02】熟悉资源监视器的工作界面。

打开"资源监视器"窗口后，可以看到五个选项卡，分别是概述、CPU、内存、磁盘和网络，如图7-14所示。其中"概述"选项卡显示基本系统资源使用信息，其他选项卡显示有关每种特定资源的信息，通过单击选项卡标题可在选项卡之间进行切换。

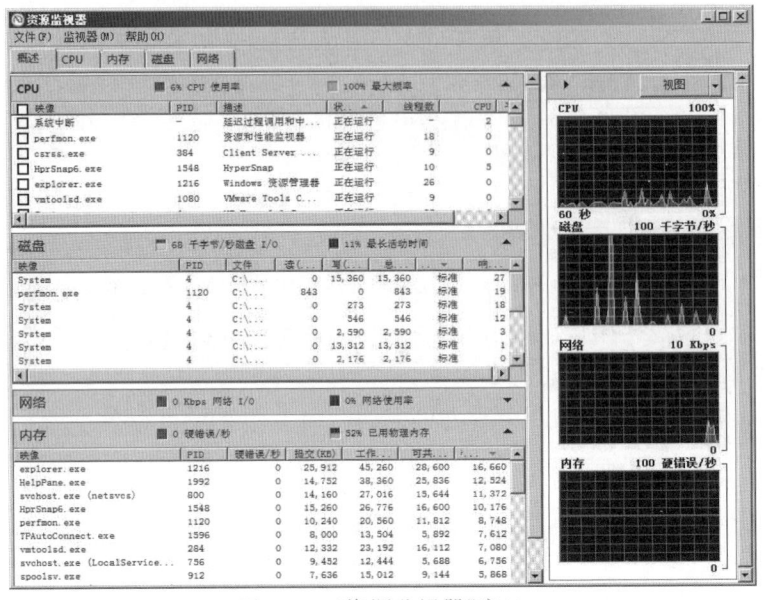

图7-14 "资源监视器"窗口

在资源监视器中对系统消耗资源的监控是以进程为单位的，它会告诉我们每个进程分别占用了多少系统以及网络资源。

【STEP|03】了解内存、CPU、网络及磁盘监视。

(1)内存监视：在监视内存方面，资源监视器允许用户很直观地看到已经被使用的物理内存以及剩余内存，同时也可以单独查看某个进程的详细内存使用情况，如图7-15所示。

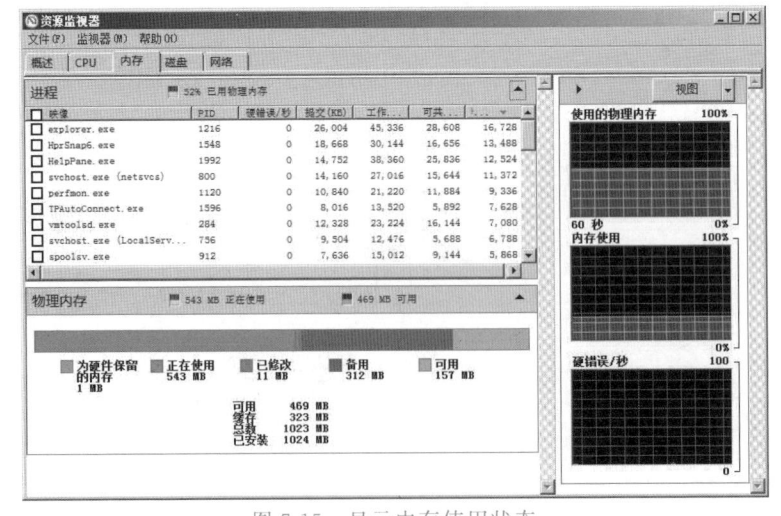

图7-15 显示内存使用状态

（2）CPU 资源监视：单击"CPU"选项卡，可以很直观地看到 CPU 的多个内核的使用率，同时还能详细看到每个程序的进程占用多少资源，另外还可以查看某个程序关联的服务、句柄和模块，如图 7-16 所示。

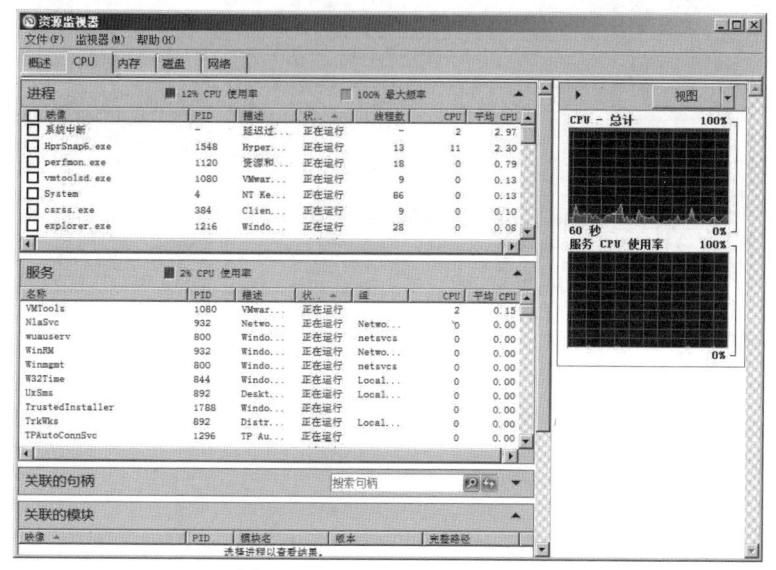

图 7-16　显示 CPU 使用状态

除了查看，还可以在这里直接对进程进行结束进程、结束进程树、挂起进程等操作。

（3）网络监视：在"网络"选项卡页面里可以看到所有程序占用网络资源情况，包括下载和上传情况，如图 7-17 所示。想知道哪个软件导致上网变慢或者是不是有黑客软件，从这里可以看出一些蛛丝马迹。

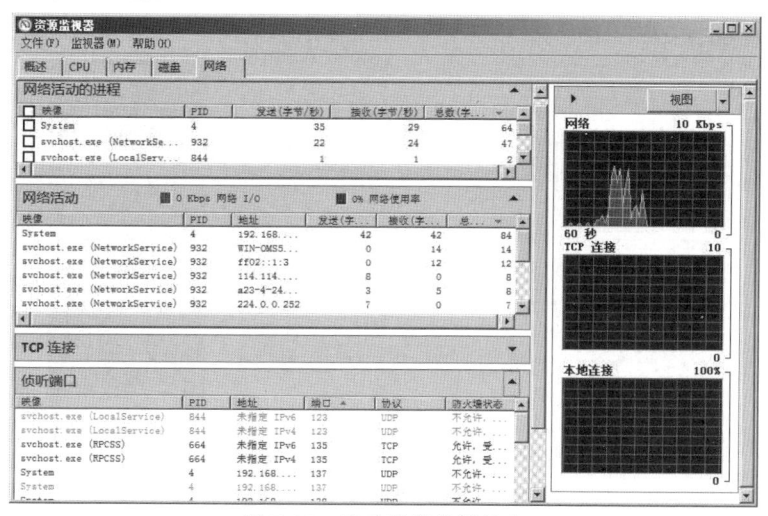

图 7-17　显示网络使用状态

（4）磁盘监视：用磁盘监视功能可以查看系统中的软件有没有不守规矩随便查看电脑里面的隐私文件。

【STEP|04】应用实例。

（1）结束无法正常关闭的程序或进程：如果某个程序或者进程无法正常关闭，我们可以打开"资源监视器"窗口，详细分析问题，如果想要结束这个程序或者进程，可以选择"CPU"

选项卡,勾选相关的程序或进程,在"关联的句柄"中搜索相关的文件,然后从右键菜单中选择"结束进程",如图 7-18 所示。

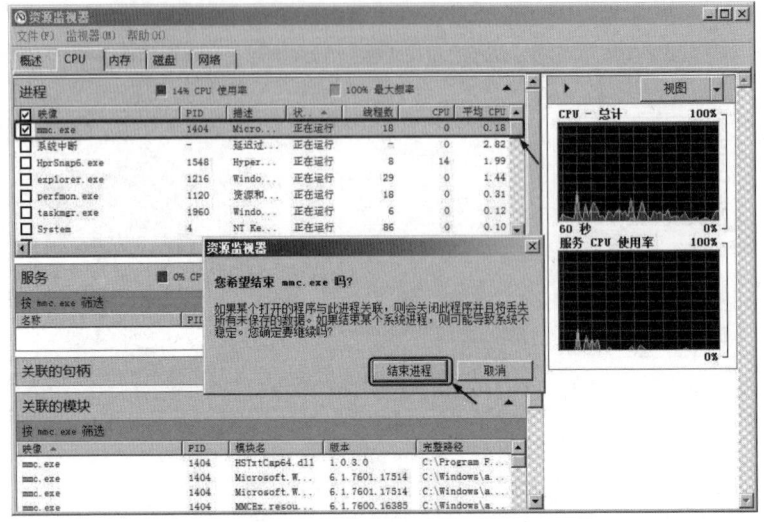

图 7-18　结束无法正常关闭的程序或进程

(2)确定进程连接到的网络地址和端口:打开"资源监视器"窗口,单击"网络"选项卡,然后单击"TCP 连接"的标题栏展开对应的表,找到要确定其网络连接的进程,如图 7-19 所示。如果表中有大量条目,可以单击"映像"以便按可执行文件的名称进行排序。查看"远程地址"和"远程端口"列,即可看到进程连接到的网络地址和端口。

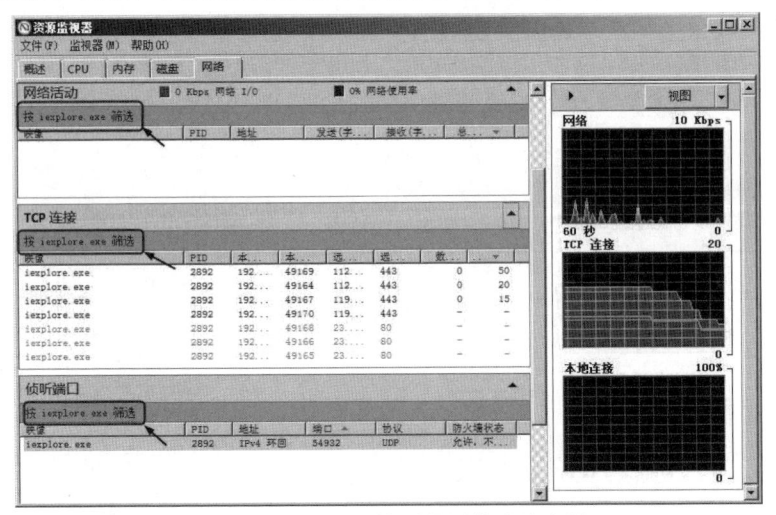

图 7-19　确定进程连接到的网络地址和端口

(3)了解系统的实时状态:如果发现电脑运行缓慢或者上网极慢,可以通过这个专业工具来分析原因,可能是某个程序正在偷偷运行,也可能是某个软件在拼命上传资料。

> **提示**　想要监视计算机中程序的一举一动,想排除无响应的程序故障,不妨试试这个专业又强大的资源监视器。

7.4.3　使用远程桌面管理工具

管理员要管理远距离局域网中的计算机,可以利用 Windows 11 提供的"远程桌面"服务来实现,通过这种方式可以非常方便地控制局域网中计算机的数据、应用程序和网络资源。

1.使用远程桌面的条件

若要在局域网中使用"远程桌面",应具备下列条件:

(1)在计划进行远程操作的计算机上安装 Windows 11,暂且将该计算机称为主机。

(2)另一台安装有 Windows 11 或更高版本 Windows 的计算机,暂时将该计算机称为客户机,它上面必须安装有"远程桌面连接"的客户端软件(Windows 11 自带)。

(3)可靠的局域网连接。这是因为远程计算和办公中使用的应用程序都在主机上远行,在客户机上的键盘(或鼠标)操作指令以及所显示的数据都要通过局域网与主机进行传递。

2.配置远程桌面主机

若要使用 Windows 11 的"远程桌面"功能,必须以管理员(或 Administrators 组成员)的身份登录计算机,这样才具有启动 Windows 11"远程桌面"的权限。

任务 7-3

配置远程桌面主机:在局域网中选择某一安装 Windows 11 的计算机作为远程桌面主机进行相关配置,然后在局域网的另一台计算机中进行远程桌面连接。

【STEP|01】在远程桌面主机(Windows 11)的桌面单击"开始"→"设置",打开"设置"界面,如图 7-20 所示。

【STEP|02】在设置界面单击"系统",在右侧拖动滚动条到最下方,找到"远程桌面",单击"远程桌面",打开"系统>远程桌面"界面,如图 7-21 所示。

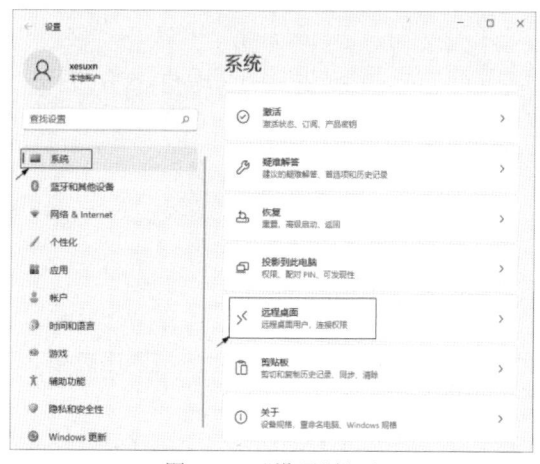

图 7-20　"设置"界面　　　　　　图 7-21　"系统>远程桌面"界面

【STEP|03】在"系统>远程桌面"界面拖动右上方的开关到开启状态,此时会出现"是否启用远程桌面?"的提示,如图 7-22 所示,单击"确认"按钮,返回"系统>远程桌面"界面,可

以看到远程桌面开关处于开启状态。

图 7-22 "是否启用远程桌面?"提示

【STEP│04】打开"远程桌面用户"对话框,如图 7-23 所示。单击"添加"按钮,出现"选择用户"对话框,如图 7-24 所示。接着依次单击"高级→立即查找"按钮,找到的用户(注意:如果是新用户需要事先添加)会出现在对话框中的用户列表中。

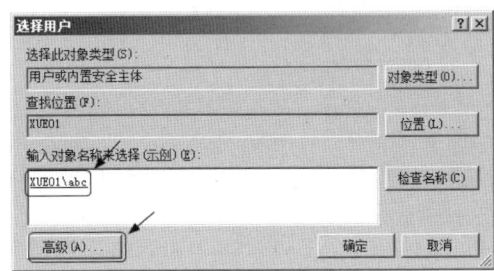

图 7-23 "远程桌面用户"对话框　　　　图 7-24 "选择用户"对话框

【STEP│05】选择用户,单击"确定"按钮返回到"远程桌面用户"对话框,再次单击"确定"按钮返回"系统→远程桌面"窗口,即可完成设置。

3. 在客户端操作远程主机

在远程主机上启用了远程桌面,添加并选择了帐户。在客户机上安装了"远程桌面连接"客户端软件后,就可以使用远程桌面了。当客户端的操作系统为 Windows 11 时,可以通过系统自带的"远程桌面连接"程序来连接远程主机。

任务 7-4

在 Windows 11 的客户机上使用"远程桌面连接"操作远程主机。

【STEP│01】在 Windows 11 的客户机上,选择"开始→运行",打开"运行"对话框,如图 7-25 所示。在对话框中输入"mstsc",单击"确定"按钮继续。

【STEP│02】进入"远程桌面连接"窗口,如图 7-26 所示。在"计算机"文本框中输入远程主机的计算机名称或 IP 地址(例如"192.168.2.200"),单击"连接"按钮继续。

图 7-25 "运行"对话框　　　　　图 7-26 "远程桌面连接"窗口

【STEP|03】进入"输入你的凭据"对话框,在此对话框输入具有登录权限的用户的用户名和密码,输入完成后,单击"确定"按钮继续,如图 7-27 所示。

【STEP|04】此时可能弹出"无法验证此远程计算机的身份。是否仍要连接?"提示框,单击"是"按钮继续。

【STEP|05】稍等一会,系统出现"登录信息",再次单击"是"按钮,计算机即开始等待远程计算机的响应,然后准备桌面,完成后即可连接到远程主机中,远程主机的桌面就在"远程桌面连接"窗口中打开了。

图 7-27 "输入你的凭据"对话框

现在,就可以像操作本地电脑一样在"远程桌面连接"窗口中操作远程主机了。

7.4.4　使用 Sniffer 软件

Sniffer 软件是 NAI 公司推出的单机协议分析软件,同时具有发报的功能。它运行在微机上,利用微机的网卡,截获或发送网络数据,并做进一步分析。可以应用于通信监视、流量分析、协议分析、故障管理、性能管理、安全管理等方面。

任务 7-5

使用 Sniffer Pro 监视本地网内的主机间通信、协议分布和主机通信流量统计等。

【STEP 01】上网下载并安装 Sniffer,安装完成后需重新启动计算机,运行 Sniffer,选择相应网卡,如图 7-28 所示。

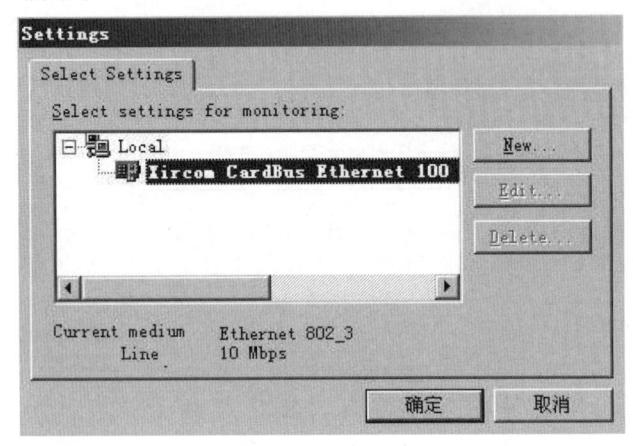

图 7-28 选择网卡

> **提示** 也可以在 Sniffer 软件界面中单击"File(文件)→Select Settings(选定设置)",在打开的网卡选择对话框中选择。

【STEP 02】选择完成后单击"确定"按钮进入 Sniffer 主界面,如图 7-29 所示,先熟悉主界面上的操作按钮。

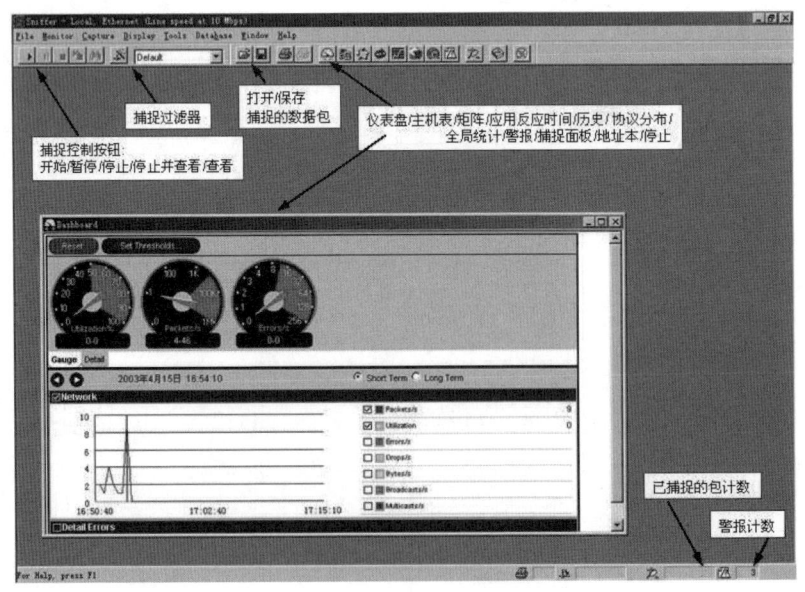

图 7-29 Sniffer 主界面

项目 7 认知网络管理

【STEP|03】在菜单栏中选择"Monitor(监视器)"→"Matrix(矩阵)",打开新窗口,单击"IP"标签,在左边工具栏中选择"Map(地图)",如图 7-30 所示,观察当前网络中主机通信矩阵。

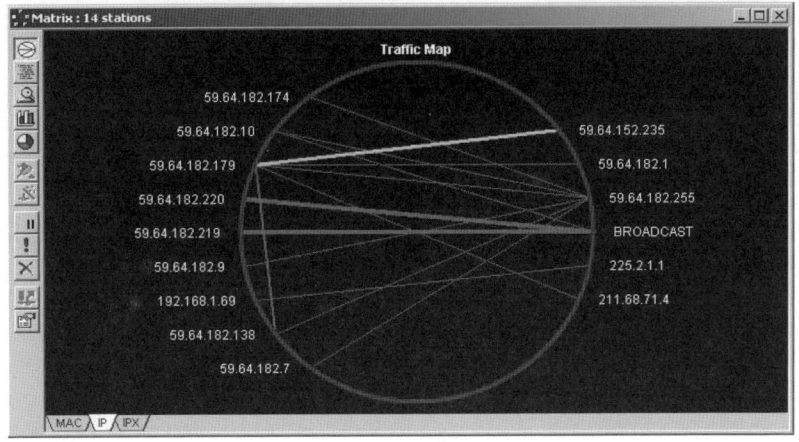

图 7-30 当前主机通信矩阵

【STEP|04】在菜单栏中选择"Monitor"→"Matrix",打开新窗口,单击"IP"标签,在左边工具栏中选择"Outline",如图 7-31 所示,观察主机通信流量。

图 7-31 当前主机通信流量

【STEP|05】在菜单栏中选择"Monitor"→"Protocol Distribution",打开新窗口,在左边工具栏中选择相应的查看方式观察协议分布,如图 7-32 和图 7-33 所示。

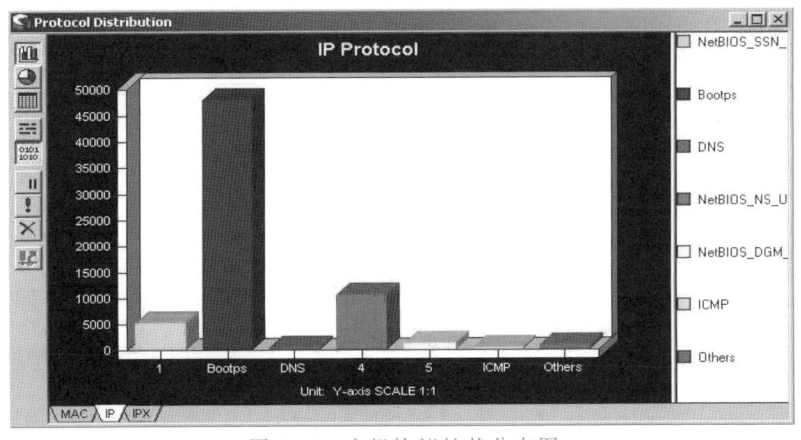

图 7-32 主机协议柱状分布图

247

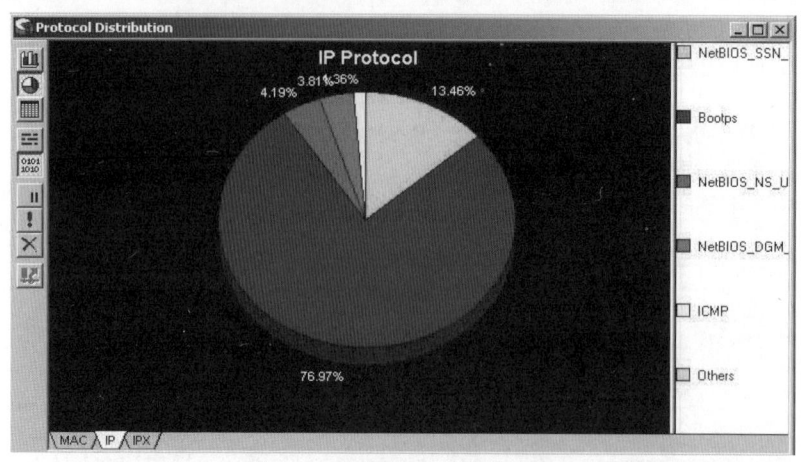

图 7-33 主机协议饼状分布图

7.4.5 网络故障测试命令的使用

1.数据包网际检测程序 ping

ping 命令用于确定本地主机是否能与另一台主机交换(发送与接收)数据包。根据返回的信息,可以推断 TCP/IP 参数是否设置得正确以及运行是否正常。如果 ping 运行正常,大体上可以排除网络层、网卡、Modem 的输入输出线路、传输介质和路由器等存在故障,从而缩小了故障的范围。

默认设置下,Windows 上运行的 ping 命令发送 4 个 ICMP(网间控制报文协议)回送请求,每个为 32 字节数据,如果一切正常,用户能得到 4 个回送应答。ping 能够以毫秒为单位显示发送回送请求到返回回送应答之间的时间量。如果应答时间短,表示数据包不必通过太多的路由器或网络连接速度比较快。ping 还能显示 TTL(Time To Live,存在时间)值,我们可以通过 TTL 值推算一下数据包已经通过了多少个路由器:源地点 TTL 起始值-返回时 TTL 值。

(1)获取并分析 ping 命令的参数信息

任务 7-6

获取并分析 ping 命令的参数信息,练习 ping 命令的使用方法。

【STEP|01】获取 ping 命令的参数信息:右击"开始"→"运行",在"运行"对话框的文本框中输入"cmd",单击"确定"打开命令窗口。在提示符下输入"ping"或者输入"ping/?",就可以得到 ping 命令的语法格式和可用选项列表,如图 7-34 所示。

【STEP|02】了解 ping 命令的语法格式。

ping 命令的完整格式如下:

ping [-t] [-a] [-n count] [-l size] [-f] [-i TTL] [-v TOS] [-r count] [-s count] [[-j -host list] | [-k host-list]] [-w timeout] target_name target_name 可以是主机名,也可以是目的主机的 IP 地址。

使用时参数项可以放在 target_name 后面,根据应用要求可用某一个参数,也可多个参数联合使用,如 ping target_name -n 100 -t。

图 7-34 获取 ping 命令的帮助信息

【STEP│03】ping 命令的常用参数分析。

● 不带任何参数

按照图 7-35 练习不带任何参数时 ping 命令的使用方法。

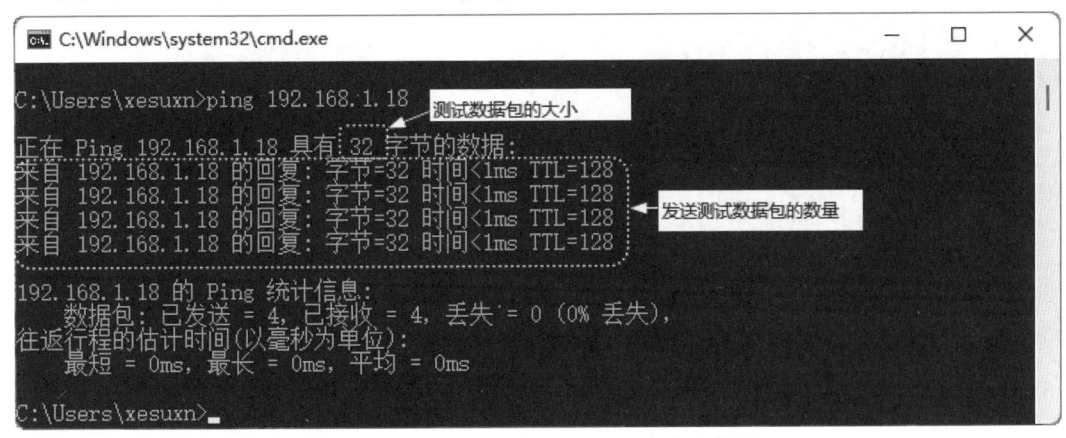

图 7-35 不带任何参数的 ping 命令的使用

● -t —连续不断地对目的主机进行测试,直到按下"Ctrl+C"停止测试;或按下"Ctrl+Break"停顿一下又接着进行测试。按图 7-36 熟悉这个命令的操作方法。

● -a —解析主机的 NETBIOS 主机名。如果想知道你所 ping 的主机计算机名,就要加上这个参数,一般是在运用 ping 命令后的第一行就显示出主机名。

● -n count —定义所发出的用来测试的测试包的个数,缺省值为 4。通过这个命令可以自己定义发送的个数,对衡量网络速度很有帮助。

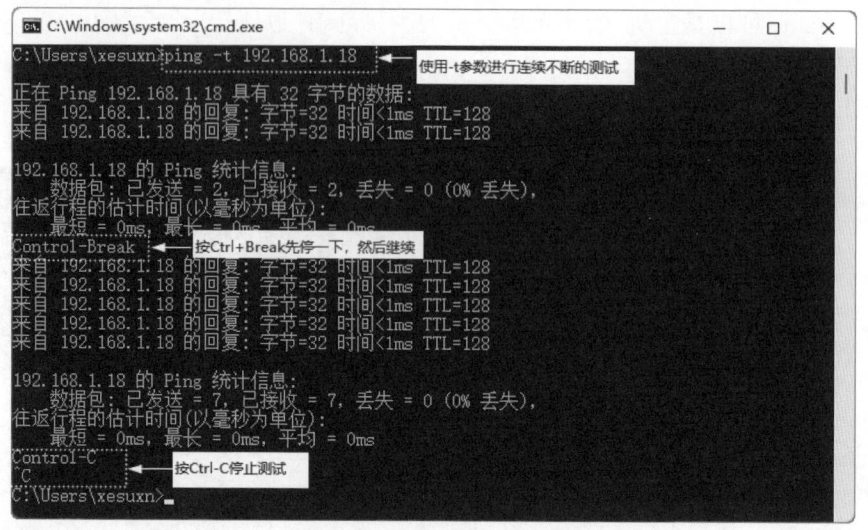

图 7-36　Ctrl+C 与 Ctrl+Break 命令的使用

- -l size —定义发送缓存区的数据包的大小,在默认情况下 Windows 的 ping 发送的数据包大小为 32 B,也可以自己定义,最大只能发送 65 500 B,超过这个数时,对方很有可能会因接收的数据包太大而死机。微软公司为了解决这一安全漏洞,限制了 ping 的数据包大小。如图 7-37 所示。

- -f —在数据包中发送"不要分段"标志,一般所发送的数据包都会通过路由分段再发送给对方,加上此参数以后路由就不会再分段处理。

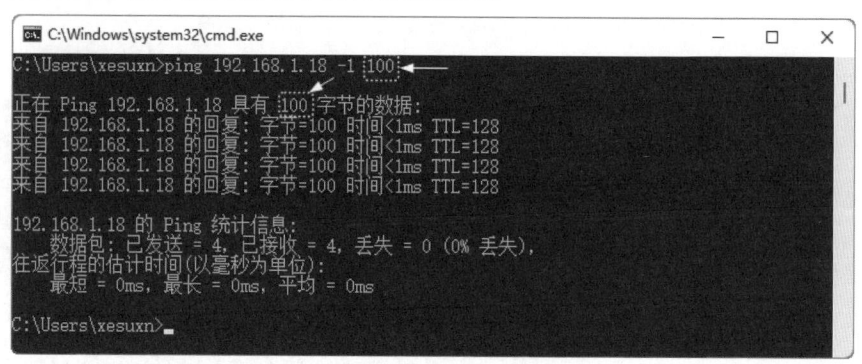

图 7-37　定义发送缓存区数据包大小为 100 个字节

- -r count —在"记录路由"字段中记录传出和返回数据包的路由。一般情况下发送的数据包是通过路由才到达对方的,但到底经过了哪些路由呢？通过此参数就可以设定想探测经过的路由的个数,限制只能跟踪到 9 个路由。

- -s count —利用"count"指定跃点数的时间戳。此参数和-r count 差不多,只是这个参数几乎不记录数据包返回所经过的路由,最多也只记录 4 个。

(2)ping 命令的典型应用

①测试网络是否通畅

用 ping 命令来测试一下网络是否通畅,在局域网的维护中经常用到,方法很简单,只需在 DOS 或 Windows 的开始菜单下的"运行"子项中用 ping 命令加上所要测试的目标计算机的 IP 地址或主机名即可,其他参数可全不加。

项目 7　认知网络管理

任务 7-7

在局域网中使用 ping 命令检查工作站（IP 地址为 10.0.0.181）与服务器（IP 地址为 10.0.0.168）之间的连通性。

【STEP|01】在工作站中，右击"开始"→"运行"，在"运行"对话框中输入"cmd"，单击"确定"打开命令窗口，在提示符下输入"ping 10.0.0.168"。

【STEP|02】判断网络是否通畅。

如果显示如图 7-38 所示信息，就可以判断目标计算机与服务器连接成功，TCP/IP 协议工作正常。

图 7-38　使用 ping 命令确定网络连接成功

如果显示如图 7-39 所示错误信息，表示网络未连接成功，此时就要仔细分析一下出现网络故障的原因和可能有问题的网上节点。

图 7-39　使用 ping 命令确定网络连接不成功

出现以上错误提示的情况时，一般首先不要急着检查物理线路，先从以下几个方面来着手检查，排除故障。

- 检查被测试计算机是否已安装了 TCP/IP 协议。
- 检查被测试计算机的网卡安装是否正确，且是否已经连接。
- 检查被测试计算机的 TCP/IP 协议是否与网卡有效绑定。
- 检查 Windows 服务器的网络服务功能是否已启动。
- 检查服务器是否装有防火墙，禁止接收 ICMP 数据包。

如果通过以上步骤的检查还没有发现问题的症结,这时就得检查物理连接了,我们可以借助查看目标计算机所接 Hub 或交换机端口的指示灯状态来判断目标计算机网络的连通情况。

②获取计算机的 IP 地址

利用 ping 这个工具我们可以获取对方计算机的 IP 地址,我们只要用 ping 命令加上目标计算机名或域名即可,如果网络连接正常,则会显示所 ping 的这台机器的 IP 地址。

任务 7-8

在局域网中使用 ping 命令获取目标计算机(如:www.baidu.com)的 IP 地址。

【STEP|01】在工作站中,右击"开始"→"运行",在"运行"对话框的文本框输入"cmd",单击"确定"打开命令窗口,在提示符下输入"ping www.baidu.com"判断网络是否通畅,并查看目标主机的 IP 地址,如图 7-40 所示。

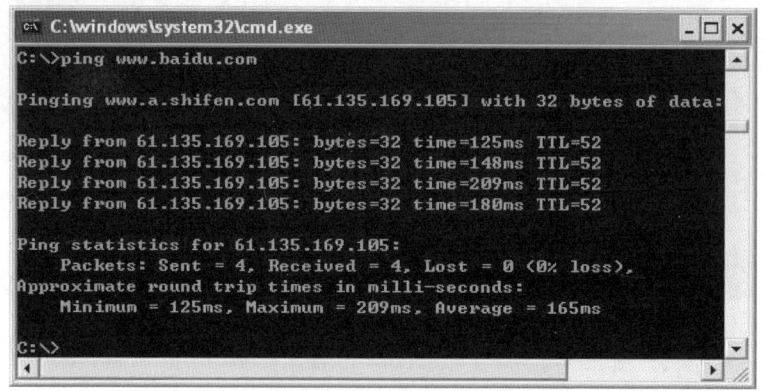

```
C:\windows\system32\cmd.exe                          _ □ ×
C:\>ping www.baidu.com

Pinging www.a.shifen.com [61.135.169.105] with 32 bytes of data:

Reply from 61.135.169.105: bytes=32 time=125ms TTL=52
Reply from 61.135.169.105: bytes=32 time=148ms TTL=52
Reply from 61.135.169.105: bytes=32 time=209ms TTL=52
Reply from 61.135.169.105: bytes=32 time=180ms TTL=52

Ping statistics for 61.135.169.105:
    Packets: Sent = 4, Received = 4, Lost = 0 (0% loss),
Approximate round trip times in milli-seconds:
    Minimum = 125ms, Maximum = 209ms, Average = 165ms

C:\>
```

图 7-40　使用 ping 命令获取百度的 IP 地址

③用 ping 命令判断网络故障

正常情况下,当我们使用 ping 命令来查找问题所在或检验网络运行情况时,需要使用许多 ping 命令,如果所有都运行正确,就可以相信基本的连通性和配置参数没有问题;如果某些 ping 命令出现运行故障,它也可以指明到何处去查找问题。

任务 7-9

练习在局域网中使用 ping 命令判断网络故障的典型检测方法,根据结果判断可能的故障。

【STEP|01】ping 127.0.0.1:这个 ping 命令被送到本地计算机的 IP 软件,通常情况下能 ping 通。如果 ping 不通,就表示 TCP/IP 的安装或运行存在最基本的问题。

【STEP|02】ping 本机 IP:这个命令被送到用户计算机所配置的 IP 地址,用户的计算机始终都应该对该 ping 命令做出应答,如果没有,则表示本地配置或安装存在问题。出现此问题时,请局域网用户断开网络传输介质,然后重新发送该命令。如果网线断开后本命令正确,则表示另一台计算机可能配置了相同的 IP 地址。

【STEP|03】ping 局域网内其他主机 IP:这个命令离开用户的计算机,经过网卡及网络传输介质到达其他计算机,再返回。收到回送应答表明本地网络中的网卡和载体运行正确。

但如果收到 0 个回送应答,表示子网掩码(进行子网分割时,将 IP 地址的网络部分与主机部分分开的代码)不正确或网卡配置错误或传输介质系统有问题。

【STEP|04】ping 网关 IP:这个命令如果应答正确,表示局域网中的网关路由器正在运行并能够做出应答。

【STEP|05】ping 远程 IP:如果收到应答,表示成功地使用了默认网关。对于拨号上网用户则表示能够成功地访问 Internet(但不排除 ISP 的 DNS 会有问题)。

【STEP|06】ping localhost:localhost 是操作系统的网络保留名,它是 127.0.0.1 的别名,每台计算机都应该能够将该名字转换成相应地址。如果没有做到这一点,则表示主机文件(/Windows/host)中存在问题。

【STEP|07】ping 域名:对域名执行 ping 命令,用户的计算机必须先将域名转换成 IP 地址,通常是通过 DNS 服务器转换。如果这里出现故障,则表示 DNS 服务器的 IP 地址配置不正确或 DNS 服务器有故障(对于拨号上网用户,某些 ISP 已经不需要设置 DNS 服务器了)。

如果以上 ping 测试都没有问题,那么我们认为网络是正常的,如果出现某一应用无法正常连网,如网页打不开,则应检查相应的 DNS 服务器,如 QQ、某一游戏等应用程序无法上网,则应检查相应的程序,或检查其服务器是否出现故障。

④ping 命令常见的出错信息

如果 ping 命令失败了,这时可注意 ping 命令显示的出错信息,根据出错信息排除网络故障,出错信息通常分为以下五种情况:

● unknown host(不知名主机),这种出错信息的意思是该台主机的名字不能被 DNS 服务器转换成 IP 地址。网络故障原因可能为 DNS 服务器有故障,或者其名字不正确,或者服务器与客户机之间的通信线路出现了故障。

● network unreachable(网络不能到达),这是用户计算机没有到达服务器的路由,可用 netstat -rn 检查路由表来确定路由配置情况。

● no answer(无响应),服务器没有响应。这种故障说明用户计算机有一条到达服务器的路由,但却接收不到服务器发来的任何信息。这种故障的原因可能是服务器没有工作,或者用户计算机或服务器网络配置不正确。

● request timed out(响应超时),意为数据包全部丢失。故障原因可能是到路由器的连接问题或路由器不能通过,也可能是中心主机已经关机或死机。

● destination host unreachable(目标主机不可达),表示数据包无法到达目标主机。故障原因可能是对方主机不存在或者没有跟对方建立连接。如网线没接好,或者网卡有问题。

2.IP 配置查询命令 ipconfig

与 ping 命令有所区别,利用 ipconfig 可以查看和修改网络中的 TCP/IP 协议的有关配置,如网络适配器的物理地址、主机的 IP 地址、子网掩码以及默认网关等,还可以查看主机的相关信息,如主机名、DNS 服务器、节点类型等。

(1)获取并分析 ipconfig 命令的参数信息

如果 ipconfig 命令后面不跟任何参数直接运行,程序将会在窗口中显示网络适配器的物理地址,在测试网络错误时非常有用。在命令提示符下输入"ipconfig /?"可获得 ipconfig 的使用帮助,输入"ipconfig all"可获得 IP 配置的所有属性。

任务 7-10

获取并分析 ipconfig 命令的参数信息，包括查找目标主机的 IP 地址及其他有关 TCP/IP 协议的信息，以及获取客户机 IP 地址和相关 TCP/IP 的配置信息。

【STEP|01】获取 ipconfig 命令的参数信息：右击"开始"→"运行"，在"运行"对话框的文本框中输入"cmd"，单击"确定"打开命令窗口，在提示符下输入"ipconfig/?"，就可以获得有关 ipconfig 的使用帮助信息，如图 7-41 所示。

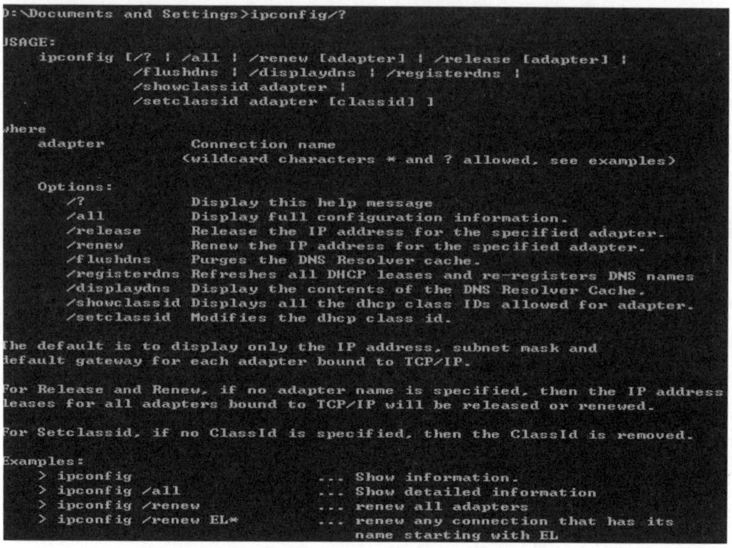

图 7-41　获得 ipconfig 的使用帮助信息

【STEP|02】ipconfig 命令的语法格式。

ipconfig[/？|/all|/renew[adapter]|/release[adapter]]

如果 ipconfig 命令后面不跟任何参数直接运行，那么程序在窗口中只显示 IP 地址、子网掩码和默认网关。

【STEP|03】ipconfig 命令的常用参数选项。

● /all —显示与 TCP/IP 协议相关的所有细节信息，包括测试的主机名、IP 地址、子网掩码、节点类型、是否启用 IP 路由、网卡的物理地址、默认网关等。

● /renew [adapter] —为指定的适配器（或全部适配器）更新 IP 地址（只适用于 DHCP），更新 DHCP 配置参数。该选项只在运行 DHCP 客户端服务的系统上可用。要指定适配器名称，请输入使用不带参数的 ipconfig 命令显示的适配器名称。

● /renew all —更新全部适配器的通信配置情况，所有测试重新开始。

● /renew n —更新第 n 号适配器的通信配置情况，所有测试重新开始。

● /release [adapter] —为指定的适配器（或全部适配器）释放 IP 地址（只适用于 DHCP），发布当前的 DHCP 配置。该选项禁用本地系统上的 TCP/IP，只在 DHCP 客户端上可用。要指定适配器名称，请输入使用不带参数的 ipconfig 命令显示的适配器名称。

● /release all —释放全部适配器的通信配置情况，

● /release n —释放第 n 号适配器的通信配置情况。

项目 7　认知网络管理

(2)ipconfig 的应用

①查找目标主机的 IP 地址及其他有关 TCP/IP 协议的信息。在命令提示符下输入"ipconfig",就会出现一个 IP 组态窗口,这里会显示有关于你目前网络 IP 的一些详细设置数据。也可以在 MS-DOS 模式下,输入"ipconfig",也是一样可以显示详细的 IP 信息,只不过此画面是在 DOS 下而已。操作结果如图 7-42 所示。

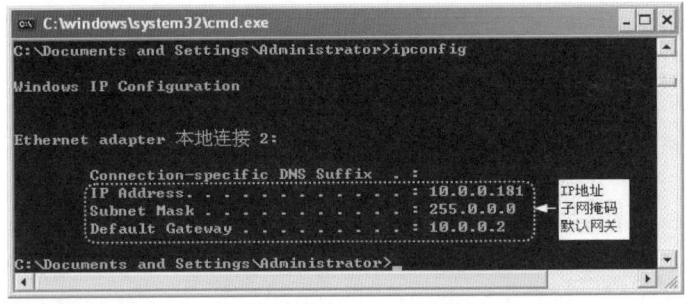

图 7-42　查找主机的 IP 地址及其他有关信息

②ipconfig 应该说是一款网络侦察的利器,尤其当用户的网络中设置的是 DHCP(动态 IP 地址配置协议)时,利用 ipconfig/all 可以让用户很方便地获取客户机 IP 地址及相关 TCP/IP 的配置信息。如图 7-43 所示。

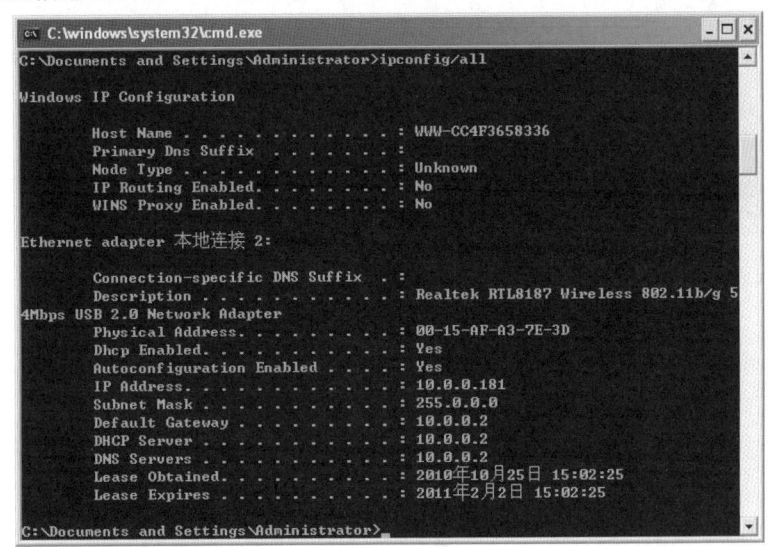

图 7-43　利用 ipconfig/all 获取客户机配置信息

3.网络状态查询命令 netstat

利用 netstat 工具可以显示有关统计信息和当前 TCP/IP 网络连接的情况,使用户或网络管理人员得到非常详尽的统计结果。当网络中没有安装特殊的网络管理软件,但又要对整个网络的使用状况进行详细了解时,netstat 就显得非常有用了。

netstat 可以用来获得系统网络连接的信息(如使用的端口和在使用的协议等),收到和发出的数据、被连接的远程系统的端口等。

(1)查看 netstat 命令的使用格式以及详细的参数说明

通过 netstat /? 命令可以查看该命令的使用格式以及详细的参数说明。该命令的使用格式是在 DOS 命令提示符下或者直接在"运行"对话框中输入命令"netstat[参数]"。

255

任务 7-11

获取并分析 netstat 命令的参数信息。包括：显示本地或与之相连的远程机器的连接状态；检查网络接口是否已正确安装；检查一些常见的木马等。

【STEP|01】获取 netstat 命令的参数信息：右击"开始"→"运行"，在"运行"对话框的文本框中输入"cmd"，单击"确定"打开命令窗口，在提示符下输入"netstat /?"，就可以获得有关 netstat 的使用帮助信息，如图 7-44 所示。

【STEP|02】netstat 命令的语法格式。

netstat [-a] [-e] [-n] [-s] [-p protocol] [-r] [interval]

图 7-44　获得 ipconfig 的使用帮助

【STEP|03】常用参数选项。

● -a ——用来显示在本地机上的外部连接，也显示远程所连接的系统，本地和远程系统连接时使用和开放的端口，以及本地和远程系统连接的状态。这个参数通常用于获得本地系统开放的端口，可以自己检查系统上有没有被安装木马。如发现 Port 12345（TCP）Netbus、Port 31337（UDP）Back Orifice 之类的信息，则表示计算机很有可能感染了木马，如图 7-45 所示。

图 7-45　netstat-a 参数使用情况

● -n ——这个参数是-a 参数的数字形式，是用数字的形式显示以上信息。

- -e ——显示以太网统计信息,该参数可以与-s 选项结合使用,如图 7-46 所示。

图 7-46　netstat-e 参数使用情况

- -p protocol ——用来显示特定的协议配置信息,格式为 netstat -p xxx,其中 xxx 可以是 UDP、IP、ICMP 或 TCP。
- -s ——显示机器缺省情况下每个协议的配置统计,包括 TCP、IP、UDP、ICMP 等协议,如图 7-47 所示。

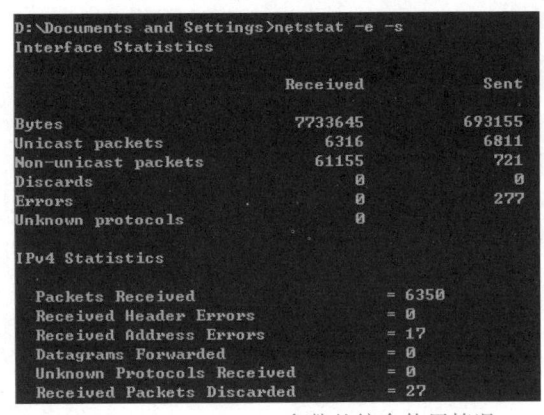

图 7-47　netstat -e -s 参数的综合使用情况

- -r ——用来显示路由分配表。
- interval ——每隔 interval 秒重复显示所选协议的配置情况,直到按"Ctrl+C"中断。

(2)netstat 的应用

从以上各参数的功能我们可以看出,netstat 工具至少有以下几方面的应用:

- 显示本地或与之相连的远程机器的连接状态,包括 TCP、IP、UDP、ICMP 的使用情况,了解本地机开放的端口情况。
- 检查网络接口是否已正确安装,如果在用 netstat 命令后仍不能显示某些网络接口的信息,则说明这个网络接口没有正确连接,需要重新查找原因。
- 通过加入-r 参数查询与本机相连的路由器地址分配情况。
- 还可以检查一些常见的木马等黑客程序,因为任何黑客程序都需要通过打开一个端口来达到与服务器进行通信的目的,这首先要使这台机器接入互联网才行,不然这些端口是不可能打开的,这些黑客程序也就不会达到入侵的目的。

(3)netstat 应用实例

使用 ICQ 受到骚扰,想投诉却不知道对方的 IP 时,就可以通过 netstat 来获取。当他通过 ICQ 或其他的工具与你相连时(例如你给他发一条 ICQ 信息或他给你发一条信息),立刻在 DOS 提示符下输入 netstat -n 或 netstat -a 就可以看到对方上网时所用的 IP 或 ISP 域名以及所用的端口。

4.连接统计命令 nbtstat

nbtstat(TCP/IP 上的 NetBIOS 统计数据)实用程序用于提供关于 NetBIOS 的统计数据。运用 NetBIOS,可以查看本地计算机或远程计算机上的 NetBIOS 名字表格。

nbtstat 命令主要用于查看当前基于 NetBIOS 的 TCP/IP 连接状态,通过它可以获得远程或本地机器的组名和机器名。

任务 7-12

获取并分析 nbtstat 命令的参数信息,练习 nbtstat 命令的使用。

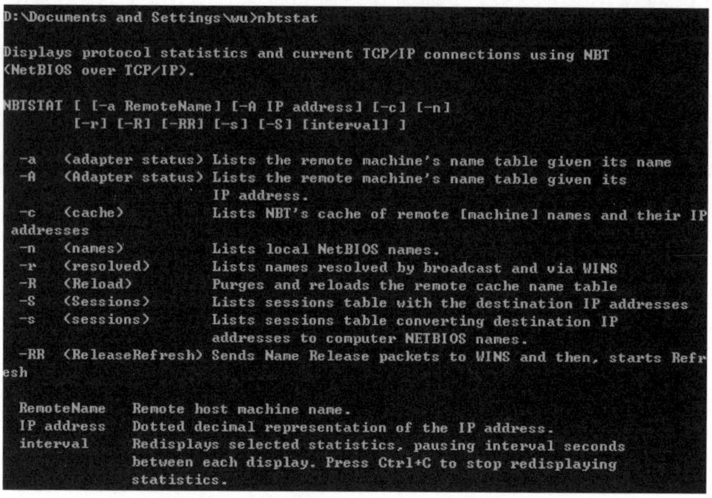

图 7-48 获取 nbtstat 命令的使用帮助

【STEP|01】获取 nbtstat 命令的使用帮助。

在命令提示符下键入"nbtstat/?"可获得 nbtstat 的使用帮助,如图 7-48 所示。

【STEP|02】nbtstat 命令的语法格式。

nbstat [[-a RemoteName] [-A IP address] [-c] [-n] [-r] [-R] [-RR] [-s] [-S] [interval]]

【STEP|03】常用参数选项。

● -a RemoteName —使用远程计算机的名称列出其名称表,此参数可以通过远程计算机的 NetBIOS 名来查看其当前状态。

● -A IP address —使用远程计算机的 IP 地址并列出其名称表,此参数和-a 不同的是它只能使用 IP,其实-a 包括了-A 的功能。

● -c —列出远程计算机的 NetBIOS 名称的缓存和每个名称的 IP 地址,这个参数就是用来列出在 NetBIOS 里缓存的连接过的计算机的 IP。

● -r —列出 Windows 网络名称解析的名称解析统计。

● -R —清除 NetBIOS 名称缓存中的所有名称后,重新装入 Lmhosts 文件,这个参数就是清除 nbtstat -c 所能看见的缓存里的 IP。

● -S —在客户端和服务器会话表中只显示远程计算机的 IP 地址。

- interval —每隔 interval 秒重新显示所选的统计,直到按"Ctrl+C"键停止重新显示统计。如果省略该参数,nbtstat 将打印一次当前的配置信息。

> **提示** nbtstat 中的一些参数是区分大小写的,使用时要特别留心!

5.路由分析诊断命令 tracert

tracert 命令用来显示数据包到达目标主机所经过的路径,并显示到达每个节点的时间。命令功能与 ping 类似,但它所获得的信息要比 ping 命令详细得多,它把数据包所走的全部路径、节点的 IP 以及花费的时间都显示出来。该命令适用于大型网络,通过显示结果可以分析出网络的基本拓扑结构。

当数据包从计算机出发经过多个网关传送到目的地时,tracert 命令可以用来跟踪数据包使用的路由(路径)。该实用程序跟踪的路径是源计算机到目的地的一条路径,不能保证或认为数据包总遵循这个路径。如果配置使用 DNS,那么常常会从所产生的应答中得到城市、地址和常见通信公司的名字。tracert 是一个运行得比较慢的命令(如果指定的目标地址比较远),每个路由器大约需要 15 秒钟。

> **任务 7-13**
> 获取并分析 tracert 命令的参数信息,练习 tracert 命令的使用。

【STEP|01】获取帮助信息。

在提示符下输入"tracert/?",如图 7-49 所示,就可获得使用该命令的帮助信息。

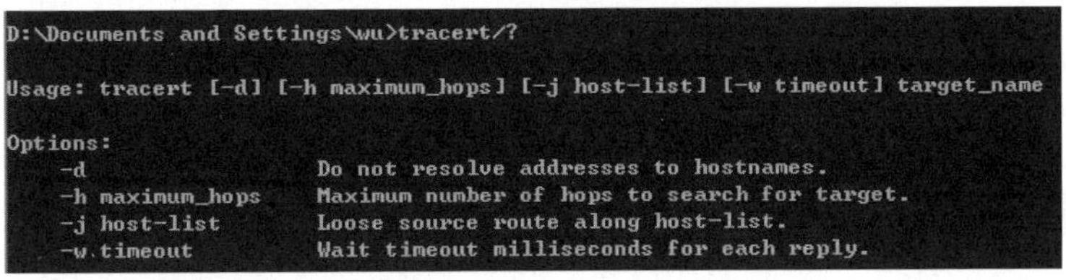

```
D:\Documents and Settings\wu>tracert/?

Usage: tracert [-d] [-h maximum_hops] [-j host-list] [-w timeout] target_name

Options:
    -d                 Do not resolve addresses to hostnames.
    -h maximum_hops    Maximum number of hops to search for target.
    -j host-list       Loose source route along host-list.
    -w timeout         Wait timeout milliseconds for each reply.
```

图 7-49 获取 tracert 命令的帮助信息

【STEP|02】语法格式。

tracert [-d] [-h maximum_hops] [-j host-list] [-w timeout] target_name

其中 target_name 可以是域名或 IP 地址。

该实用程序通过向目的地发送具有不同生存时间(TTL)的 Internet 控制信息协议(CMP)回应报文,以确定至目的地的路由。路径上的每个路由器都要在转发该 ICMP 回应报文之前将其 TTL 值减 1,因此 TTL 是有效的跳转计数。当报文的 TTL 值减少到 0 时,路由器向源系统发回 ICMP 超时信息。通过发送 TTL 为 1 的第一个回应报文并且在随后的发送中每次将 TTL 值加 1,直到目标响应或达到最大 TTL 值,tracert 可以确定路由情况。通过检查中间路由器发回的 ICMP 超时(Time Exceeded)信息,可以确定路由器情况。

> **提示** 有些路由器会"安静"地丢弃生存时间(TTL)过期的报文,并且对 tracert 无效。

【STEP|03】常用参数选项。

tracert 的常用参数选项有：
- -d —指定不对计算机名解析地址。
- -h maximum_hops —指定查找目标跳转的最大数目。
- -j host-list —指定在 host-list 中松散源路由。
- -w timeout —等待由 timeout 对每个应答指定的毫秒数。

【STEP|04】应用实例。
- 在提示符下输入"tracert www.163.com"，如图 7-50 所示。

图 7-50　显示数据包到达目标主机所经过的路径

- tracert 是跟踪数据包到达目的主机的路径命令，如果在使用 ping 命令时发现网络不通，就可以用 tracert 跟踪一下数据包到达哪一级出现了故障，如图 7-51 所示。

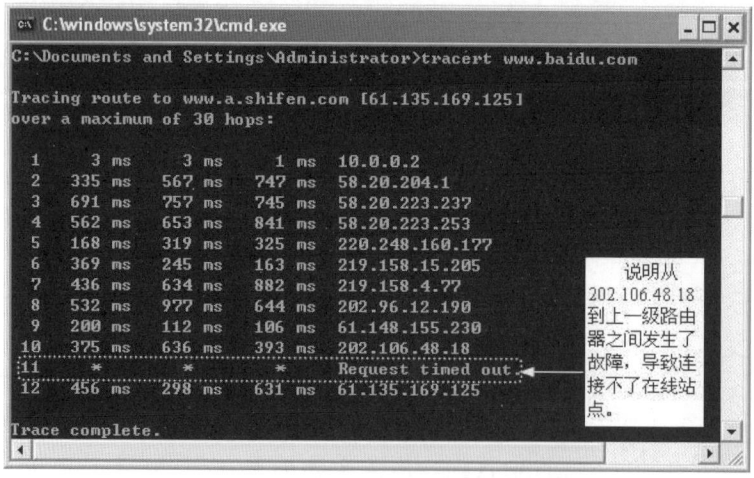

图 7-51　用 tracert 跟踪数据包查找故障

6.路由表管理命令 route

大多数主机一般都是安装在路由器的网段上。如果只有一台路由器，就不存在使用哪一台路由器将数据包发送到远程计算机上去的问题，该路由器的 IP 地址可作为该网段上所有计算机的默认网关。

但是,当网络上拥有两个或多个路由器时,用户就不一定只依赖默认网关了。用户可以让某些远程 IP 地址通过某个特定的路由器来传递,而其他的远程 IP 地址则通过另一个路由器来传递。

在这种情况下,用户需要相应的路由信息,这些信息储存在路由表中,每个主机和每个路由器都配有自己独一无二的路由表。大多数路由器使用专门的路由协议来交换和动态更新路由器之间的路由表。但有些情况下,必须人工将项目添加到路由器和主机上的路由表中。route 就是用来显示、人工添加和修改路由表项目的。

任务 7-14

获取 route 命令的使用帮助信息,并熟悉常用参数,再练习 route 命令的使用。

【STEP|01】获取帮助信息。

在提示符下输入"route/?",如图 7-52 所示,就可获得使用该命令的帮助信息。

【STEP|02】语法格式。

route [-f] [-p] [command [destination] [MASK netmask] [gateway] [METRIC metric] [If interface]]

【STEP|03】常用参数选项。

● -f ——清除所有不是主路由(子网掩码为 255.255.255.255 的路由)、环回网络路由(目标为 127.0.0.0,子网掩码为 255.255.255.0 的路由)或多播路由(目标为 224.0.0.0,子网掩码为 240.0.0.0 的路由)的条目的路由表。如果它与其他命令(例如 add、change 或 delete)结合使用,路由表会在运行命令之前清除。

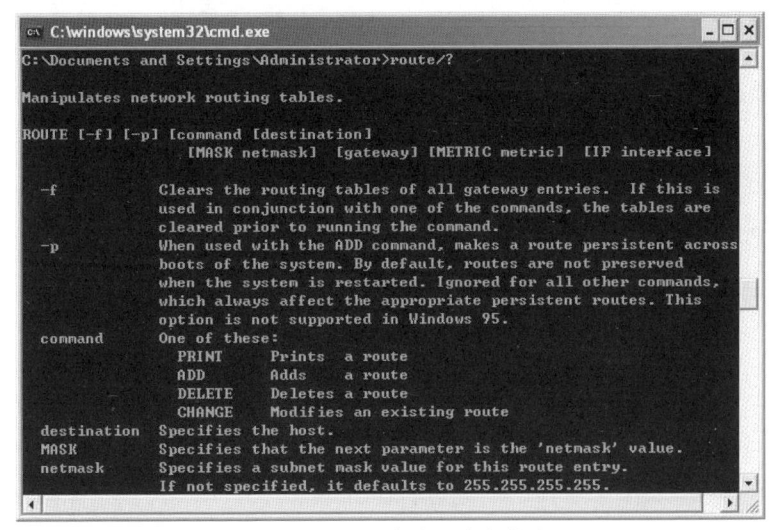

图 7-52 route 命令的参数信息

● -p ——与 add 命令共同使用时,指定路由被添加到注册表并在启动 TCP/IP 协议的时候初始化 IP 路由表。默认情况下,启动 TCP/IP 协议时不会保存添加的路由。与 print 命令一起使用时,则显示永久路由列表。所有其他的命令都忽略此参数。

【STEP|04】应用实例。

route print:该命令用于显示路由表中的当前项目,输出结果如图 7-53 所示,由于用 IP

地址配置了网卡,因此所有的这些项目都是自动添加的。

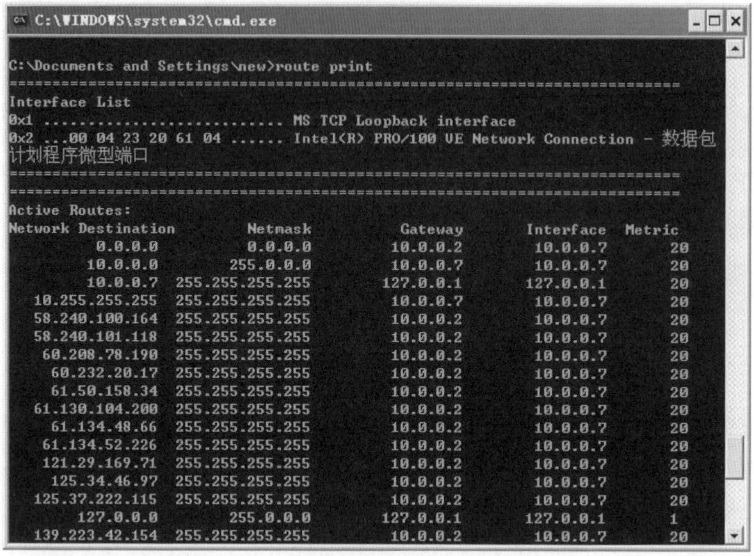

图 7-53　显示路由表中的当前项目

route add:可以将路由项目添加给路由表。例如,如果要设定一个到目的网络 209.98.32.33 的路由,其间要经过 5 个路由器网段,首先要经过本地网络上的一个路由器,它的 IP 为 202.96.123.5,子网掩码为 255.255.255.224,那么用户应该输入以下命令:

 route add 209.98.32.33 mask 255.255.255.224 202.96.123.5 metric 5

route change:修改数据的传输路由,不过,用户不能使用本命令来改变数据的目的地。

下面这个例子可以将数据的路由改到另一个路由器,它采用一条包含 3 个网段的更直接路径:

 route change 209.98.32.33 mask 255.255.255.224 202.96.123.250 metric 3

route delete:从路由表中删除路由。

 route delete 210.43.96.12

7.地址解析协议 arp

arp 是 address resolution protocol(地址解析协议)的缩写。在局域网中,网络中实际传输的是"帧",帧里面是有目标主机的 MAC 地址的。在以太网中,一个主机要和另一个主机进行直接通信,必须要知道目标主机的 MAC 地址。但这个目标 MAC 地址是如何获得的呢?它就是通过地址解析协议获得的。所谓"地址解析"就是主机在发送帧前将目标 IP 地址转换成目标 MAC 地址的过程。arp 协议的基本功能就是通过目标设备的 IP 地址查询目标设备的 MAC 地址,以保证通信的顺利进行。

任务 7-15

获取并分析 arp 命令的参数信息。

【STEP|01】获取帮助信息。

在 DOS 提示符下输入"arp/?",如图 7-54 所示,就可获得使用该命令的帮助信息。

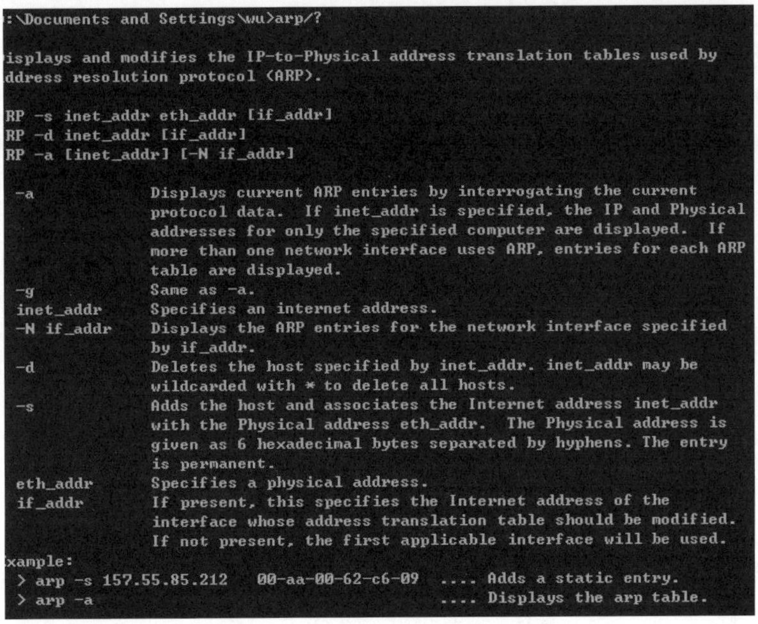

```
:\Documents and Settings\wu>arp/?

isplays and modifies the IP-to-Physical address translation tables used by
ddress resolution protocol (ARP).

RP -s inet_addr eth_addr [if_addr]
RP -d inet_addr [if_addr]
RP -a [inet_addr] [-N if_addr]

 -a            Displays current ARP entries by interrogating the current
               protocol data.  If inet_addr is specified, the IP and Physical
               addresses for only the specified computer are displayed.  If
               more than one network interface uses ARP, entries for each ARP
               table are displayed.
 -g            Same as -a.
 inet_addr     Specifies an internet address.
 -N if_addr    Displays the ARP entries for the network interface specified
               by if_addr.
 -d            Deletes the host specified by inet_addr. inet_addr may be
               wildcarded with * to delete all hosts.
 -s            Adds the host and associates the Internet address inet_addr
               with the Physical address eth_addr.  The Physical address is
               given as 6 hexadecimal bytes separated by hyphens. The entry
               is permanent.
 eth_addr      Specifies a physical address.
 if_addr       If present, this specifies the Internet address of the
               interface whose address translation table should be modified.
               If not present, the first applicable interface will be used.
xample:
 > arp -s 157.55.85.212   00-aa-00-62-c6-09  .... Adds a static entry.
 > arp -a                                    .... Displays the arp table.
```

图 7-54　获取 arp 命令的帮助信息

【STEP|02】常用参数选项。

arp 命令常用参数有：

-a 或-g —用于查看高速缓存中的所有项目。-a 和-g 参数的结果是一样的，多年来-g 一直是 UNIX 平台上用来显示 arp 高速缓存中所有项目的选项，而 Windows 用的是-a。

-a IP 地址 —如果存在多个网卡，那么使用 arp -a 加上接口的 IP 地址，就可以只显示与该接口相关的 arp 缓存项目，如图 7-55 所示。

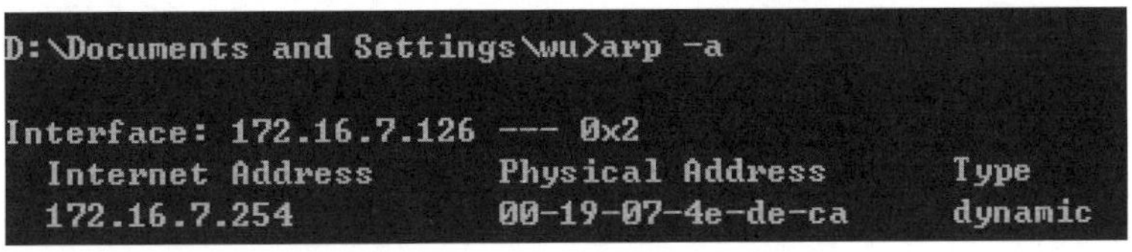

```
D:\Documents and Settings\wu>arp -a

Interface: 172.16.7.126 --- 0x2
  Internet Address      Physical Address      Type
  172.16.7.254          00-19-07-4e-de-ca     dynamic
```

图 7-55　arp -a 参数的应用情况

-s IP 地址 —人工向 arp 高速缓存中输入一个静态项目。该项目在计算机引导过程中将保持有效状态；或者在出现错误时，人工配置的 IP 地址将自动更新该项目。

-d IP 地址 —人工删除一个静态项目。

7.5　拓展训练

7.5.1　课堂实践

1.上网下载并安装聚生网络管理(Netsense)软件，进行相关参数的设置，在局域网中使用聚生网络管理软件实现局域网流量控制、有效禁止局域网 P2P 下载、限制在局域网中玩游戏、限制电脑上网带宽、限制访问不良网站、屏蔽视频网站等。

2.使用 Sniffer 网络分析器的强大功能和特征,设置合适的过滤条件,捕获有效的 IP 数据包,选取其中一条记录进行解码分析;查看 Matrix、Host Table、Portocol Dist、Statistics 的页面框,并分析每个页面框的主要作用。

3.在局域网中选择某一计算机作为远程桌面主机进行相关配置,然后在局域网的另一台计算机中实施远程桌面连接。

4.在 Windows 命令方式下,使用 ping、ipconfig、netstat、nbtstat、tracert、route 和 arp 等网络故障测试命令测试网络状况。

7.5.2 课外拓展

1.知识拓展

【拓展 7-1】选择题

1.ISO 定义的系统管理功能域中,＿＿＿＿包括的功能有数据收集、工作负载监视、摘要。

  A. 配置管理   B. 故障管理
  C.性能管理   D. 安全管理

2.MIB-2 功能组中,＿＿＿＿提供了与 IP 协议有关的信息。

  A. 系统组   B. 接口组
  C. 地址转换组   D. IP 组

3.SNMP v2 的系统组是 MIB-2 系统组的扩展,它仍属于 MIB-2 的＿＿＿＿。

  A. 树型结构   B. 层次结构
  C. 网状结构   D. 星型结构

4.下列哪个协议可提供"ping"和"tracert"这样的故障诊断功能＿＿＿＿。

  A. ICMP   B. IGMP
  C. ARP   D. RARP

5.Windows 操作系统中的 ping 命令可用于＿＿＿＿。

  A. 测试指定的主机是否可达   B. 计算发出请求到收到应答的时间
  C. 估计网络的当前负载   D. 以上皆是

【拓展 7-2】填空题

1.国际标准化组织 ISO 定义了网络管理的五个功能域:分别是故障管理、＿＿＿＿管理、＿＿＿＿管理、性能管理和＿＿＿＿管理。

2.OSI 标准的模型中,一个管理对象可以是另外一个管理对象的一部分,这就形成了管理对象之间的＿＿＿＿。

3.有关一个团体的 MIB 视阈(View)和访问模式的组合称为该团体的＿＿＿＿。

4.SNMP v1 中,用于设置或更新变量值的操作是＿＿＿＿。

5.arp 命令中,参数＿＿＿＿用来显示 arp 高速缓存中的所有内容,参数＿＿＿＿用来删除 arp 高速缓存中的某一项内容,参数＿＿＿＿用来增加高速缓存中的内容。

6.SNMP 是面向 Internet 的管理协议,其管理对象包括网桥、＿＿＿＿、＿＿＿＿等内存和处理能力有限的网络互联设备。

7.目前最为常用的网络测试命令有_____、_____、netstat、tracert、route 和_____等;常见的网络故障测试硬件有数字万用表、时域反射仪、_____、示波器和_____等。

二、技能拓展

【拓展 7-3】

Windows Server 2019 内置的工具有:事件查看器、任务管理器、网络监视器、性能监视器,利用它们完成如下任务。

- 利用事件查看器来监视"系统"、"安全"及"应用程序"事件日志。
- 利用任务管理器观察 CPU 和存储器的使用状况。
- 利用网络监视器分析网络流量的复杂模式,监视网络的整体情况,追踪各个数据包的详细信息。
- 利用性能监视器,查看现有性能的数据,利用图表、报表、日志及警报等窗口监视形式进行观察,并将有关内容记录下来,保存在文件中。

【拓展 7-4】

Quick IP 是基于 TCP/IP 协议的计算机远程控制软件,使用 Quick IP 可以通过局域网、因特网全权控制远程的计算机。请上网下载该软件,并进行安装和设置,实施全权控制远程的计算机。

【拓展 7-5】

使用最为常用的网络测试命令 ping、ipconfig、netstat、nbtstat、tracert、route 和 arp 等检查网络运行情况。

7.6 总结提高

网络管理软件是网络管理中最常见、最重要的工具软件。掌握常见的网络管理软件对网络的维护和安全管理起到十分重要的作用。本项目介绍了网络管理的内涵、网络管理协议、网络管理软件及网络故障的分类、网络故障的测试与处理方法等。

通过大量的任务训练大家使用网络性能监视器、网络监视器监控、分析网络性能和提高网络性能的方法,网络管理软件的使用和网络故障测试命令的使用等方面的技能。通过本项目的学习,你的收获怎样?请认真填写表 7-2,并及时反馈给任课教师,谢谢!

表 7-2　　　　　　　　　　　　　学习情况小结

序号	知识与技能	重要指数	自我评价 A B C D E	小组评价 A B C D E	教师评价 A B C D E
1	熟悉网络管理的概念、模型等	★★★☆			
2	熟悉网络管理协议、软件	★★★★			
3	熟悉网络故障的分类、处理方法	★★★★☆			

（续表）

序号	知识与技能	重要指数	自我评价 A B C D E	小组评价 A B C D E	教师评价 A B C D E
4	能使用网络性能监视器和网络监视器分析网络性能	★★★★☆			
5	会使用远程桌面管理工具	★★★			
6	会使用网络管理软件	★★★★☆			
7	会使用网络故障测试命令	★★★★			
8	具有较强的独立操作能力,同时具备较好的合作意识	★★★☆			

注：评价等级分为 A、B、C、D、E 五等,其中：对知识与技能掌握很好为 A 等；掌握了绝大部分为 B 等；大部分内容掌握较好为 C 等；基本掌握为 D 等；大部分内容不够清楚为 E 等。

项目 8　维护计算机网络安全

内容提要

计算机网络安全是指利用网络管理技术保证在一个网络环境里数据的保密性、完整性及可使用性受到保护。在计算机网络迅速发展和普及的今天，对计算机网络安全的要求更高、面更广。不但要求防治病毒，还要提高系统抵抗外来黑客入侵的能力，以及提高对远程数据传输的保密性，避免在传输途中遭受非法窃取。

本项目将引导大家熟悉计算机网络安全的概念、主要威胁、网络安全机制、网络安全标准、加密技术、认证技术和防火墙技术等，并通过真实的任务训练大家设置帐户安全、设置系统安全、优化系统环境、对系统进行备份与还原、安装与配置杀毒软件、安装与配置个人防火墙、对电子邮件进行加密和解密等技能。

知识目标

◎ 了解计算机网络安全的概念、主要威胁、网络安全机制和网络安全标准
◎ 了解加密算法和加密技术
◎ 了解认证技术
◎ 熟悉防火墙的类型和工作原理等

技能目标

◎ 能完成系统安全环境的基本配置
◎ 掌握系统备份的方法和技巧
◎ 会安装、配置与管理杀毒软件
◎ 能配置与管理 Windows Defender 防火墙
◎ 能使用 PGP 对电子邮件进行加密和解密

素质目标

◎ 培养认真细致的工作态度和工作作风
◎ 养成刻苦、勤奋、好问、独立思考和细心检查的学习习惯
◎ 能与组员精诚合作,能正确面对他人的成功或失败
◎ 具有一定自学能力,分析问题、解决问题能力和创新的能力
◎ 培养法律意识、安全意识,具备维护网络安全的使命担当

参考学时

◎ 10学时(含实践教学4学时)

8.1 情境描述

湖南易通网络技术有限公司网络工程部李恒通过近一年的努力,逐步熟悉了计算机网络方面的一些概念,也参与了网络推广、网络工程和计算机组装与维护等方面的项目。在完成任务的过程中,他了解到绝大多数政府机构、企事业单位不仅建立了自己的局域网系统,而且通过各种方式与互联网相连,这样既可以通过网站为企业树立形象,又能够利用网络为公司拓展业务。

但由于计算机网络具有连接形式多样、终端分布不均匀、开放性、互连性等特征,致使政府机构、企事业单位的局域网容易受病毒、黑客、红客、恶意软件和其他不轨行为的攻击。为保障公司的业务单位的网络安全,公司领导希望李恒分析局域网中的安全隐患,制订维护计算机网络安全的实施方案,并根据具体情况寻找合适的解决办法(图8-0)。

图8-0 项目情境

李恒利用所学的知识、工作中积累的经验以及上网搜索的资料，总结出造成这些安全问题的五个主要原因。

（1）目前广泛使用的 IPv4 协议存在安全隐患；
（2）操作系统本身存在网络安全漏洞；
（3）互联网给病毒和木马等非法软件的入侵提供了便利；
（4）信息安全技术的发展滞后于网络技术；
（5）使用者缺乏安全意识，许多应用服务系统在访问控制及安全通信方面考虑较少。

8.2 任务分析

为保障公司的业务单位的网络安全，李恒根据具体情况制订了以下解决办法：
（1）熟悉网络安全的主要威胁、网络安全标准、加密技术和防火墙技术；
（2）设置系统安全环境；
（3）对系统进行备份和还原；
（4）安装并配置杀毒软件；
（5）能配置与管理 Windows Defender 防火墙；
（6）使用 PGP 对文件和电子邮件进行加密和解密。

8.3 知识储备

8.3.1 计算机网络安全概述

通过网络获取和交换信息已成为当前信息沟通的主要方式之一，与此同时，网络提供的方便快捷服务也被不法分子利用，在网络上进行犯罪活动，使信息的安全受到严重的威胁。例如，邮件炸弹、网络病毒、特洛伊木马、窃取存储空间、盗用计算资源、窃取和篡改机密数据、冒领存款、捣毁服务器等，人们越来越担忧计算机网络的安全。随着全球范围内"黑客"行为的泛滥，网络安全成为人们关注的重点，网络安全技术成为当前网络技术研究和发展的重要方向。

1.计算机网络安全的定义

计算机网络安全是指利用网络管理控制和技术措施，保证在一个网络环境里，数据的机密性、完整性及可用性受到保护。要做到这一点，必须保证网络系统软件、应用软件、数据库系统具有一定的安全保护功能，并保证网络部件，如终端、调制解调器和数据链路的功能仅仅能被那些被授权的人访问。网络的安全问题实际上包括两方面的内容：一是网络的系统安全，二是网络的信息安全，而保护网络的信息安全是最终目的。

从广义来说，凡是涉及网络上信息的保密性、完整性、可用性、不可否认性和可控性的相关技术和理论都是计算机网络安全的研究领域。

网络安全的具体含义因观察者角度的不同而不同。从用户（个人、企业等）的角度来说，希望涉及个人隐私或商业利益的信息在网络上传输时受到机密性、完整性和不可否认性的保护,避免其他人利用窃听、冒充、篡改、抵赖等手段侵犯,即用户的利益和隐私不被非法窃取和破坏。

从网络运行和管理者的角度来说,希望网络的访问、读写等操作受到保护和控制,避免出现"后门"、病毒、非法存取、拒绝服务以及网络资源非法占用和非法控制等威胁,制止和防御黑客的攻击。对安全保密部门来说,希望对非法的、有害的或涉及国家机密的信息进行过滤和防堵,避免机要信息泄露,避免对社会产生危害,避免给国家造成损失。从社会教育和意识形态角度来说,网络上不健康的内容会对社会的稳定和人类的发展造成威胁,必须对其进行控制。

2. 网络安全的主要威胁

网络系统的安全威胁主要表现在主机可能会受到非法入侵者的攻击,网络中的敏感数据有可能泄露或被修改,从内部网向公共网传送的信息可能被他人窃听或篡改等。表 8-1 列出了典型的网络安全威胁。

表 8-1 典型的网络安全威胁

威 胁	描 述
窃 听	网络中传输的敏感信息被窃听
重 传	攻击者事先获得部分或全部信息以后将此信息发送给接收者
伪 造	攻击者将伪造的信息发送给接收者
篡 改	攻击者对合法用户之间的通信信息进行修改、删除、插入,再发送给接收者
非授权访问	通过假冒、身份攻击、系统漏洞等手段获取系统访问权,从而使非法用户进入网络系统读取、删除、修改、插入信息等
拒绝服务攻击	攻击者通过某种方法使系统响应减慢甚至瘫痪,阻止合法用户获得服务
行为否认	通信实体否认已经发生的行为
旁路控制	攻击者发掘系统的缺陷或安全脆弱性
电磁/射频截获	攻击者从电子或机电设备所发出的无线射频或其他电磁辐射中提取信息
人员疏忽	已授权人为了利益或由于粗心将信息泄漏给未授权人

影响计算机网络安全的因素很多,如有意的或无意的、人为的或非人为的,外来黑客对网络系统资源的非法使用更是影响计算机网络安全的重要因素。归结起来,网络安全的威胁主要有以下几个方面。

(1)人为的疏忽

人为的疏忽包括:失误、失职、误操作等。例如:操作员安全配置不当所造成的安全漏洞,用户安全意识不强,用户密码选择不慎,用户将自己的帐户随意转借给他人或与他人共享等都会对网络安全构成威胁。

(2)人为的恶意攻击

这是计算机网络所面临的最大威胁,敌人的攻击和计算机犯罪就属于这一类。此类攻击又可以分为以下两种:一种是主动攻击,它以各种方式有选择地破坏信息的有效性和完整性;另一种是被动攻击,它是在不影响网络正常工作的情况下,进行截获、窃取、破译以获得重要机密信息。这两种攻击均对计算机网络造成极大的危害,并导致机密数据的泄漏。

(3)网络软件的漏洞

网络软件不可能没有缺陷或漏洞,这些漏洞或缺陷恰恰是黑客进行攻击的首选目标。曾经出现过的黑客攻入网络内部的事件大多是由安全措施不完善导致的。另外,软件的隐秘通道都是软件公司的设计编程人员为了自己方便而设置的,一般不为外人所知,但一旦隐秘通道被探知,后果将不堪设想,这样的软件不能保证网络安全。

(4)非授权访问

没有预先经过同意,就使用网络或计算机资源的访问被视为非授权访问,如对网络设备及资源进行非正常使用,擅自扩大权限或越权访问信息等。非授权访问主要包括:假冒、身份攻击、非法用户进入网络系统进行违法操作,合法用户以未授权方式进行操作等。

(5)信息泄漏或丢失

信息泄漏或丢失指敏感数据被有意或无意地泄漏出去或者丢失,通常包括:在传输中丢失或泄漏(例如黑客利用电磁泄漏或搭线窃听等方式截获机密信息);通过对信息流向、流量、通信频度和长度等参数的分析,进而获取有用信息。

(6)破坏数据完整性

破坏数据完整性是指以非法手段窃得对数据的使用权,删除、修改、插入或重发某些重要信息,恶意添加、修改数据以干扰用户的正常使用。

【思政元素】

国家互联网应急中心发布的《2020年中国互联网网络安全报告》显示,2020年捕获恶意程序样本数量超4200万个,日均传播次数为482万余次,恶意程序样本的境外来源主要是美国、印度等。按照攻击目标IP地址统计,我国境内受恶意程序攻击的IP地址约5541万个。

习近平强调:"没有网络安全就没有国家安全""网络安全为人民,网络安全靠人民"。作为新时代的大学生,应具备良好的网络安全素养,自觉遵守网络规则并维护网络安全。

3.网络信息安全机制

网络信息安全机制定义了实现网络信息安全服务的技术措施,包括所使用的可能方法,主要就是利用密码算法对重要而敏感的数据进行处理。安全机制是安全服务乃至整个网络信息安全系统的核心和关键。ISO对信息系统安全体系结构制定了开放系统互联(OSI)基本参考模型(ISO 7498-2)。该模型提出设计安全的信息系统的基础架构中应该包含五种安全服务(安全功能)以及能够对这五种安全服务提供支持的八类安全机制和普遍安全机制。

(1)五种安全服务

①鉴别服务(Authentication):包括对等实体鉴别和数据源鉴别,提供了通信对等实体和数据源的验证。

②访问控制(Access Control):为防止非授权使用系统资源提供的保护策略。

③数据保密性(Data Confidentiality):主要是为了保护系统之间数据交换的安全性。

271

④数据完整性(Data Integrity)：防止非法用户对正常交换数据的破坏或防止交换过程中数据丢失。

⑤抗抵赖性(Non-Repudiation)：一是带有源证据的抗抵赖服务，二是带有交付证据的抗抵赖服务。

(2)八类安全机制

①加密机制(Encryption Mechanisms)

加密机制是提供数据保密的基本方法，用加密方法和认证机制相结合，可保证数据的保密性和完整性。加密形式可适用于不同层(除会话层以外)，加密机制还包括密钥管理机制。

②数字签名机制(Digital Signature Mechanisms)

数字签名机制是解决信息安全特殊问题的一种方法，适用于通信双方发生了下列情况的安全验证。

- 伪造：接收者伪造证件，谎称来自发送者。
- 假造：冒充用户真实身份，接收原始信息，发送虚假消息。
- 篡改：接收者对收到的信息进行有意篡改。
- 否认：发送者或接收者拒不承认操作过的事件或文件。

在网络通信中，数字签名的安全性必须具有可证实性、不可否认性、不可伪造性和不可重用性。

③访问控制机制(Access Control Mechanisms)

访问控制机制是处理主体对客体访问的权限设置的合法性问题，一个主体只能访问经过授权使用的给定客体。否则，访问控制机制的审计跟踪系统会自动拒绝访问，并给出事件报告的跟踪审计信息。

④数据完整性机制(Data Integrity Mechanisms)

数据完整性机制主要解决数据单元完整性和数据单元序列完整性的问题。

数据单元完整性：发送实体对数据单元加识别标记，作为数据本身的信息签名函数(常用 Hash 函数等)。接收实体将对预先给定的验证标记进行比较，用以辨别接收结果的数据是否真实。

数据单元序列完整性：要求所有发送的数据单元序列编号的连续性和时间标记的正确性，以防止假冒、丢失、换包、重发、插入或修改数据序列。

⑤鉴别交换机制(Authentication Mechanisms)

鉴别交换机制是在通信进程中，以双方互换约定信息的方式确认实体身份的机制。常用方式有：口令鉴别确认、数据加密确认、通信中的"握手"协议、数字签名和公证机构辨别，以及利用实体的特征或所有权形式辨别(如语言、指纹、身份卡识别等)。

⑥通信业务填充机制(Traffic Padding Mechanisms)

该机制的目的是对抗非法攻击者在传输信道上监听信息以及非法进行流量和流向分析。对抗手段可以是在无信息传输时通过保密装置，连续发出伪随机序列，混淆非法攻击者想要得到的有用信息。

⑦路由控制机制(Routing Control Mechanisms)

在复杂的网络环境中，路由控制机制在于引导信息发送者选择代价小且安全的特殊路径，保证数据能由源节点出发，经路由选择，安全到达目标节点。

⑧公证机制(Notarization Mechanisms)

公证机制是解决通信的矛盾双方因事故和信用危机导致责任问题的公证仲裁,公证机制要设立公证机构,它是各方都信任的实体。专门提供第三方的证明手段,可用于对信息源的发送时间、目的地和信息内容、身份依据等进行公证,提供基于可信第三方的不可抵赖服务。

4.网络安全标准

(1)美国的《可信计算机系统评估准则》(TCSEC)

计算机系统安全等级评估的问题已为许多国家所注意。德国信息安全机构于1989年出版了安全准则的第一版。英国的贸易和工业部门颁发了一个称为绿皮书的手册,用于开发商业信息技术安全产品。法国也出版了安全准则,称为蓝—白—红皮书。

美国在20世纪60年代中期就开始提出计算机安全防护的问题。1983年美国国防部计算机安全保密中心发表了《可信计算机系统评估准则》(Trusted Computer System Evaluation Criteria,TCSEC),简称橘皮书。1985年12月美国国防部正式采用该准则,进行修改后作为美国国防部的标准。它的目的在于提供计算机系统硬件、固件、软件安全技术标准和有关的技术评估方法。

橘皮书为计算机系统的安全级别进行了分类,分为D、C、B、A级,由低到高;D级暂时不分子级;C级分为C1和C2两个子级,C2比C1提供更多的保护;B级分为B1、B2和B3三个子级,由低到高;A级暂时不分子级。《可信计算机系统评估准则》具体内容见表8-2。

表8-2　　　　　　　　　　　《可信计算机系统评估准则》内容

类别	名称	主要特征
A	可验证的安全设计	形式化的最高级描述和验证,形式化的隐秘通道分析,非形式化的代码一致性证明
B3	安全域机制	安全内核,高抗渗透能力
B2	结构化安全保护	设计系统时必须有一个合理的总体设计方案,面向安全的体系结构,遵循最小授权原则,较好的抗渗透能力,访问控制应对所有的主体和客体提供保护,对系统进行隐秘通道分析
B1	标号安全保护	除了C2级别的安全需求外,增加安全策略模型、数据标号(安全和属性)、托管访问控制
C2	受控的访问环境	存取控制以用户为单位广泛审计
C1	选择的安全保护	有选择地存取控制,用户与数据分离,数据的保护以用户组为单位
D	最小保护	保护措施很少,没有安全功能

(2)中国国家标准《计算机信息系统安全保护等级划分准则》

从2001年1月1日起,中国实施强制性国家标准《计算机信息系统安全保护等级划分准则》。该准则是建立安全等级保护制度,实施安全等级管理的重要基础性标准。它将计算机信息系统安全保护等级划分为用户自主保护级、系统审计保护级、安全标记保护级、结构化保护级和安全域级保护级五个级别。

● 用户自主保护级:本级的安全保护机制使用户具备自主安全保护能力,保护用户和用户组信息,防止其他用户对数据非法读写和破坏。

* 系统审计保护级:本级的安全保护机制具备第一级的所有安全保护功能,并创建、维护访问审计跟踪记录,以记录与系统安全相关事件发生的日期、时间、用户和事件类型等信息,使所有用户对自己行为的合法性负责。
* 安全标记保护级:本级的安全保护机制有系统审计保护级的所有功能,并为访问者和访问对象指定安全标记,以访问对象标记的安全级别限制访问者的访问权限,实现对访问对象的强制保护。
* 结构化保护级:本级具备安全标记保护级的所有安全功能,并将安全保护机制划分成关键部分和非关键部分相结合的结构,其中关键部分直接控制访问者对访问对象的存取。本级具有相当强的抗渗透能力。
* 安全域级保护级:本级的安全保护机制具备结构化保护级的所有功能,并特别增设访问验证功能,负责仲裁访问者对访问对象的所有访问活动。本级具有极强的抗渗透能力。

8.3.2 加密技术

加密技术是一门古老而深奥的学科,古时候便应用在军事、外交、情报等领域。计算机加密技术是研究计算机信息加密、解密及其变换的科学,是数学和计算机的交叉学科,也是一门新兴的学科。

在密码学中,原始消息称为明文 M,加密结果称为密文 C。数据加密和解密是一对逆过程,加密是用加密算法 E 和加密密钥 ke,将明文变换成密文;解密是用解密算法 D 和解密密钥 kd 将密文还原成明文,其实现过程如图 8-1 所示。加密技术包括两个要素:算法和密钥。其中,算法是经过精心设计的加密或解密的一套处理过程,它是一些公式、法则或者程序。对明文进行加密时采用加密算法,对密文进行解密时采用解密算法。在加密或解密过程中算法的操作需要一串数字的控制,这样的参数叫作密钥 K,密钥又分为加密密钥和解密密钥。

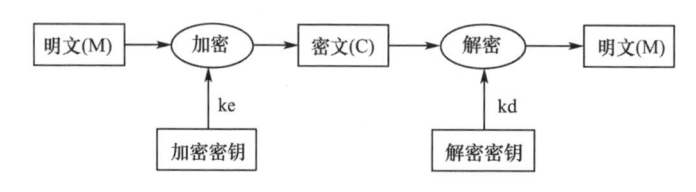

图 8-1 加密系统

加密技术的要点是加密算法,加密算法可以分为对称加密、非对称加密和不可逆加密三类。

1.加密算法分类

(1)对称加密算法

对称加密(Symmetric-Key Encryption)也称为常规加密,是指在一个密码体制中 ke=kd,即加密密钥能够从解密密钥中推算出来,反过来也成立。对称加密/解密的过程如图 8-2 所示。在对称加密算法中,使用的密钥只有一个,发、收信双方都使用这个密钥对数据进行加密或解密,这就要求解密方事先必须知道加密密钥。对称加密的安全性依赖于密钥,泄漏密钥就意味着任何人都能对消息进行加密/解密。只要通信需要保密,密钥就必须保密。著名的对称加密算法有:DES、3DES、RCS、IDEA 和 AES。AES(Advanced Encryption Standard)即高级加密标准,是下一代的加密算法标准,速度快、安全级别高。

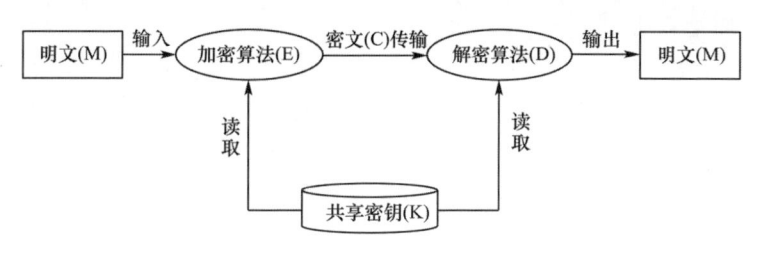

图 8-2 对称加密/解密过程

目前最具代表性的对称加密算法是美国数据加密标准 DES(Data Encryption Standard)。DES 算法是 IBM 公司研制的,被美国国家标准局和国家安全局选为数据加密标准,并于 1977 年颁布使用,后被国际标准化组织 ISO 认定为数据加密的国际标准。DES 算法使用的密钥长度为 64 位,加密时把一个 64 位二进制数转变成以 56 位变量为基础的、唯一的 64 位二进制数值。解密的过程和加密相似,但密钥的顺序正好相反。

DES 的保密性仅取决于对密钥的保密,而算法是公开的。破译密钥唯一可行的方法就是用所有可能的密钥进行尝试,穷举搜索。一般来说,密钥位数越多,被破译的可能性就越小。

(2)非对称加密算法

非对称加密技术也被称为公开密钥加密技术,是由安全问题专家 Witefield Diffre 和 Martin Hellman 于 1976 年首次提出的。与对称加密算法不同,它使用了公开密钥(Public-Key)和私有密钥(Private-Key),如果用公开密钥对数据进行加密,只有用对应的私有密钥才能对其进行解密。如果用私有密钥对数据进行加密,则只有用对应的公开密钥才能对其解密。想从公开密钥推知私有密钥,在计算上是不可能的。图 8-3 简单地展示了公开密钥加密/解密的过程。

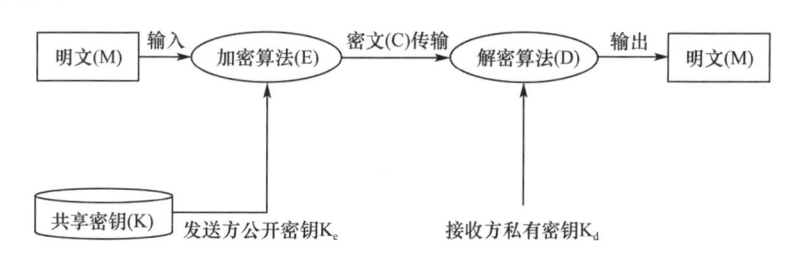

图 8-3 公开密钥加密/解密的过程

通信各方都产生一对用于发送和接收信息的加密/解密的密钥对。并且每一方都将自己的加密密钥(公开密钥)存放在公共资源中供他方使用,另一把密钥称为私有密钥则由自己进行保护,防止泄露。

常见的非对称加密算法有:RSA、背包密码、McEliece 密码、Diffe Hellman、Rabin、Ong Fiat Shamir、零知识证明算法、椭圆曲线、ElGamal 算法等。

目前最著名的非对称加密算法是 RSA 算法,它是由美国的三位科学家 Rivest、Shemir

和 Adelman 提出的,它能抵抗目前为止已知的所有密码攻击。RAS 算法已被 ISO/TC97 的数据加密技术委员会 SC20 推荐为公开密钥数据加密标准。RSA 算法加密强度很高,它的安全性是基于分解大整数的难度。

(3)不可逆加密算法

不可逆加密算法的特征是在加密过程中不需要使用密钥,输入明文后,由系统直接经过加密算法处理成密文,这种加密后的数据是无法被解密的,只有重新输入明文,并再次经过同样不可逆的加密算法处理,得到相同的加密密文并被系统重新识别后,才能真正解密。

显然,在这类加密过程中,加密是自己,解密还得是自己,而所谓解密,实际上就是重新加一次密,所应用的"密码"也就是输入的明文。

不可逆加密算法不存在密钥保管和分发问题,非常适合在分布式网络系统上使用,但因加密计算复杂,工作量相当繁重,通常只在数据量有限的情形下使用,如广泛应用在计算机系统中的口令加密,利用的就是不可逆加密算法。近年来,随着计算机系统性能的不断提高,不可逆加密的应用领域正在逐渐增大。在计算机网络中应用较多不可逆加密算法的有 RSA 公司发明的消息摘要算法 5(Message Digest 5,MD5)和由美国国家标准局建议的不可逆加密标准安全哈希信息标准(Secure Hash Standard,SHS)等。

2.加密技术分类

加密算法是加密技术的基础,任何一种成熟的加密技术都是建立在多种加密算法组合,或者加密算法和其他应用软件有机结合的基础之上的。下面我们介绍几种在计算机网络应用领域广泛应用的加密技术。

(1)非否认(Non-Repudiation)技术

该技术的核心是非对称加密算法的公钥技术,通过产生一个与用户认证数据有关的数字签名来完成。当用户执行某一交易时,这种签名能够保证用户今后无法否认该交易发生的事实。由于非否认技术的操作过程简单,而且直接包含在用户的某类正常的电子交易中,因而成为当前用户进行电子商务、取得商务信任的重要保证。

(2)PGP(Pretty Good Privacy)技术

PGP 技术是一种基于非对称加密算法 RSA 公钥体系的邮件加密技术,也是一种操作简单、使用方便、普及程度较高的加密软件。PGP 技术不但可以对电子邮件加密,防止非授权者阅读信件,还能对电子邮件附加数字签名,使收信人能明确了解发信人的真实身份,也可以在不需要通过任何保密渠道传递密钥的情况下,使人们安全地进行保密通信。

PGP 技术创造性地把 RSA 非对称加密算法的方便性和传统加密体系结合起来,在数字签名和密钥认证管理机制方面采用了无缝结合的巧妙设计,使其成为目前较为流行的公钥加密软件包之一。

(3)数字签名(Digital Signature)技术

数字签名技术是非对称加密算法的典型应用。数字签名的应用过程是:数据源发送方使用自己的私钥,对数据校验或其他与数据内容有关的变量进行加密处理,完成对数据的合法"签名"。数据接收方则利用对方的公钥来解读收到的"数字签名",并将解读结果用于对数据完整性的检验,以确认签名的合法性。

8.3.3 身份认证技术

随着网络时代的到来,人们可以通过网络得到需要的信息。但不幸的是,由于网络的开放性,它正面临着许多安全威胁,如计算机病毒、人为的恶意攻击、网络软件的漏洞和"后门"、非授权访问等。因此,网络安全越来越受到重视。

作为网络安全的第一道防线、在某种程度上也是最重要的防线,身份认证技术普遍受到关注。身份认证可分为用户与系统的认证和系统与系统的认证。身份认证必须做到准确无误地将对方辨认出来,同时还应该提供双向的认证,即相互证明自己的身份。

人们最常采用的身份认证方式是基于静态口令的认证方式,它是最简单、目前应用最普遍的身份认证方式,但它存在很多安全问题。它是一种单因素认证,安全性仅依赖于口令,口令一旦泄露,用户即可被冒充,易被攻击,采用窥探、字典攻击、穷举尝试、网络数据流窃听、重放攻击等方式很容易攻破该认证系统。安全性较高的方法是双因素认证,即标记(Token)和口令相结合的方式,标记是一种个人持有物,标记上记录着用于系统识别的个人信息。

在维护网络安全的实际操作中,常常是将身份认证的几个基本方式加以组合,并进行数据加密,以此来构造实际的认证系统,提高认证的安全性和可靠性。

下面介绍几种常见的认证协议,它们都是比较完善、较具优势的认证协议。

1. 一次性口令认证

在网络环境下,窃取系统口令文件和窃听网络连接获取用户 ID 和口令是很常见的攻击方法。如果网上传递的口令只使用一次,攻击者就无法用窃取的口令来访问系统,一次性口令系统(One Time Password,OTP)就是为了抵制这种重放攻击而设计的。一次性口令认证也被称为动态口令认证。

一次性口令认证的主要思路:在登录过程(身份认证过程)中加入不确定因子,使每次登录过程中传送的信息都不相同,以提高登录过程的安全性。例如:登录密码=Hash(用户名＋口令＋不确定因子),系统接收到登录口令后做一个验算即可验证用户的合法性。Hash 指单向杂凑函数,即使攻击者窃听到网络上传输的数据,采用重放攻击方式试图进入系统,不确定因子的变化也将使其不能登录。

2. Kerberos 认证

Kerberos 是 MIT 为分布式网络设计的可信第三方认证协议。网络上的 Kerberos 服务起着可信仲裁者的作用,它可提供安全的网络认证,允许个人访问网络中不同的机器。Kerberos 基于对称密码技术(采用 DES 进行数据加密,但也可用其他算法替代),它与网络上的每个实体分别共享一个不同的密钥,是否知道该密钥便是身份认证的条件。Kerberos 常见的版本有两个:版本 4 和版本 5,其中版本 5 弥补了版本 4 中的一些安全缺陷,并已经确立为 Internet 建议标准(RFC1510)。

Kerberos 是一种受托的第三方认证服务,它建立在 Needham 和 Schroeder 认证协议基础上,它要求信任第三方,即 Kerberos 认证服务器(Authentication Server,AS)。AS 为用户和服务器提供证明自己身份的票据(Ticket)以及双方安全通信的会话密钥(Session Key)。Kerberos 还引入了一个新服务器,叫作票据授予服务器(TGS),TGS 向 AS 的可靠用户发出票据。除用户第一次获得的初始票据（Initial Ticket）是由 Kerberos 认证服务器签发外，其他票据都是由 TGS 签发的，一个票据可以使用多次直到过期为止。用户请求服务方提供一个服务时，不仅要向服务方发送从票据授予服务器领来的票据，同时还要自己生成一个证一同发送，该证是一次性的。

3. 公钥认证

公钥认证协议中每个用户被分配一对密钥（也可由自己产生），被称为公钥和私钥，其中私钥由用户妥善保管，而公钥则向所有人公开。这一对密钥必须配对使用，因此，用户如果能够向验证方证实自己持有私钥，就证明了自己的身份。当它作为身份认证时，验证方需要用户对某种信息进行数字签名，即用户以用户私钥作为加密密钥，对某种信息进行加密，传给验证方，而验证方根据用户预先提供的公钥作为解密密钥，就可以将用户的数字签名进行解密，以确认该信息是否为该用户所发，进而认证该用户的身份。

公钥认证体制中要验证用户的身份，必须拥有用户公钥，而用户公钥是否正确，是否是所声称拥有用户的真实公钥，在认证体系中是一个关键问题。常用的解决办法是找一个值得信赖而且独立的第三方认证机构充当认证中心（Certificate Authority，CA），来确认声称拥有公开密钥的用户的真正身份。任何想发放自己公钥的用户，可以去认证中心申请自己的证书。CA 中心在认证该用户的真实身份后，颁发包含用户公钥的"数字证书"，数字证书又叫"数字身份证""数字 ID"，它是包含用户身份的部分信息及用户所持有的公钥相关信息的一种电子文件，可以用来证明数字证书持有用户的真实身份。CA 利用自身的私钥为用户的"数字证书"加上"数字签名"，可以保证证书内容的有效性和完整性。其他用户只要能验证证书是真实且完整的（用 CA 的公钥验证 CA 的数字签名），并且信任颁发证书的 CA，就可以确认用户的公钥。

8.3.4 防火墙概述

防火墙是指设置在不同网络（如可信任的企业内部网和不可信的公共网）或网络安全域之间的一系列部件的组合，是不同网络或网络安全域之间信息的唯一出入口，能根据企业的安全政策控制（允许、拒绝、监测）出入网络的信息流，且本身具有较强的抗攻击能力。防火墙是提供信息安全服务，实现网络和信息安全的基础设施。

防火墙是一个由软件和硬件设备组合而成，在内部网和外部网之间、专用网与公共网之间构造的保护屏障，是一种获取网络安全的形象说法，它在 Internet 与 Intranet 之间建立起一个安全网关（Security Gateway），从而保护内部网免受非法用户的侵入，防火墙主要由服务访问规则、验证工具、包过滤和应用网关四个部分组成。

在逻辑上，防火墙是一个分离器、限制器，也是一个分析器，它有效地监控了内部网和 Internet 之间的任何活动，保证了内部网的安全。

1. 防火墙类型和工作原理

防火墙通常使用的安全控制手段主要有包过滤、状态检测、应用代理。

（1）包过滤防火墙

包过滤（Packet Filtering）技术是在网络层对数据包进行选择，选择的依据是系统内设置的过滤逻辑，被称为访问控制表（Access Control Table）。通过检查数据流中每个数据包

项目 8 维护计算机网络安全

的源地址、目的地址、所用的端口号、协议状态等因素,或通过它们的组合来确定是否允许该数据包通过。包过滤防火墙的工作原理是:系统在网络层检查数据包,与应用层无关,如图 8-4 所示。

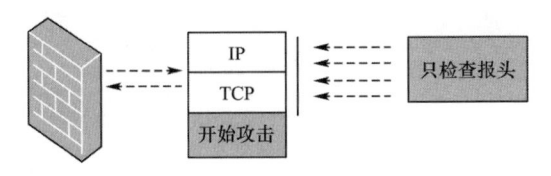

图 8-4 包过滤防火墙工作原理

包过滤防火墙逻辑简单,价格便宜,易于安装和使用,网络性能和透明性好,通常安装在路由器上。但是,包过滤防火墙的安全性有缺陷:一是非法访问一旦突破防火墙,即可对主机上的软件和配置漏洞进行攻击;二是数据包的源地址、目的地址以及 IP 端口号都在数据包的头部,很有可能被窃听或假冒。

(2) 应用代理防火墙

应用代理(Application Proxy),也叫应用网关(Application Gateway),它是在网络应用层上建立协议过滤和转发功能,并针对特定的网络应用服务协议使用指定的数据过滤逻辑,并在过滤的同时,对数据包进行必要的分析、登记和统计,形成报告。

应用代理防火墙是通过打破客户机/服务器模式实现的。每个客户机/服务器通信需要两个连接:一个是从客户端到防火墙,另一个是从防火墙到服务器。另外,每个代理需要一个不同的应用进程,或一个后台运行的服务程序,对每个新的应用添加针对此应用的服务程序,否则不能使用该服务,如图 8-5 所示。所以,应用代理防火墙的缺点是可伸缩性差。

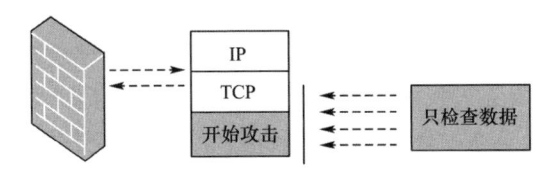

图 8-5 应用代理防火墙工作原理

(3) 状态检测防火墙

状态检测防火墙基本保持了包过滤防火墙的优点,性能比较好,同时对应用层是透明的,在此基础上,安全性有了大幅提升。这种防火墙摒弃了包过滤防火墙仅仅检测进出网络的数据包,不关心数据包状态的缺点,在防火墙的核心部分建立连接状态表,维护了连接,将进出网络的数据当成一个个的事件来处理,如图 8-6 所示。可以这样说,状态检测防火墙规范了网络层和传输层行为,而应用代理防火墙则是规范了特定的应用协议上的行为。

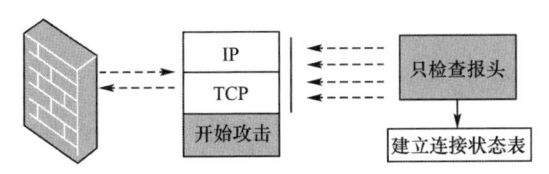

图 8-6 状态检测防火墙工作原理

(4) 复合型防火墙

复合型防火墙是指综合了状态检测与透明代理的新一代的防火墙,进一步基于 ASIC 架构,把防病毒、内容过滤整合到防火墙里,其中还包括 VPN、IDS 功能,将多单元融为一体,是一种新突破。常规的防火墙并不能防止隐蔽在网络流量里的攻击,在网络界面对应用层扫描,把防病毒、内容过滤与防火墙结合起来,这体现了网络与信息安全的新思路。它在网络边界实施 OSI 第七层的内容扫描,实现了实时在网络边缘部署病毒防护、内容过滤等应用层服务措施,如图 8-7 所示。

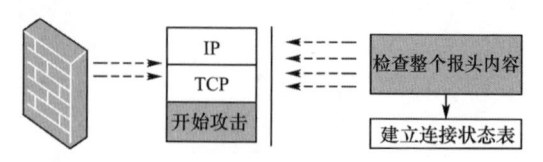

图 8-7 复合型防火墙工作原理

2.防火墙的构造体系

仅仅使用某种单项技术来建立正确完整的防火墙是不太可能达到企业所需的安全目标的,出于对更高安全性的要求,网络管理者在实施方案时,经常需要运用若干技术混合的复合型防火墙来解决面对的各种问题。

在现有防火墙产品和技术中,将包过滤技术和多种应用技术融合到一起,构成复合型防火墙体系结构是目前国内防火墙产品的一个特点,也是防火墙今后发展的主要方向。

复合型防火墙解决方案通常有如下两种:
- 屏蔽主机防火墙体系结构
- 屏蔽子网防火墙体系结构

(1)屏蔽主机防火墙体系结构

屏蔽主机防火墙体系结构由外部包过滤路由器和堡垒主机构成。其实现了网络层安全(包过滤)和应用层安全(代理应用)。

对于这种防火墙系统,堡垒主机配置在内部网络上,而包过滤路由器则放置在内部网络和 Internet 之间,在路由器上进行规则配置,使得进出的所有信息必须通过堡垒主机。

由于内部主机与堡垒主机处于同一个网络,内部系统是直接访问 Internet,还是使用堡垒主机上的代理服务来访问 Internet 由机构的安全策略来决定。

对于这种体系结构常见的拓扑如图 8-8 所示。在实际的应用中,为了增强安全性,一般堡垒主机应至少有两块网卡,这样可以在物理上隔离子网。

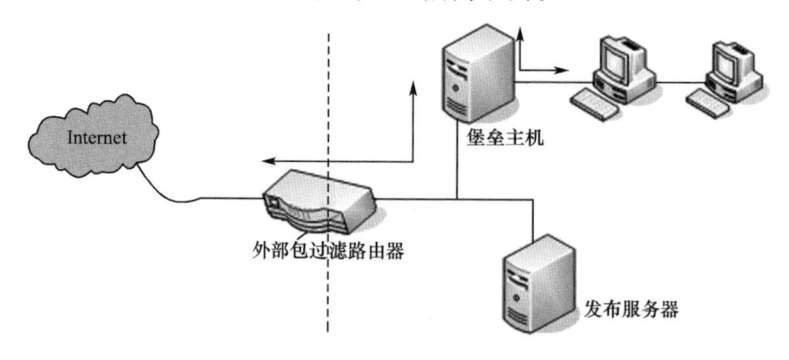

图 8-8 屏蔽主机防火墙体系结构

(2)屏蔽子网防火墙体系结构

屏蔽子网防火墙体系结构中的堡垒主机放在一个子网内,形成"非军事化区(DMZ)",

项目 8　维护计算机网络安全

两个分组过滤路由器放在这一子网的两端,使这一子网与 Internet 及内部网络分离。在屏蔽子网防火墙体系结构中,堡垒主机和分组过滤路由器共同构成了整个防火墙的安全基础,如图 8-9 所示。

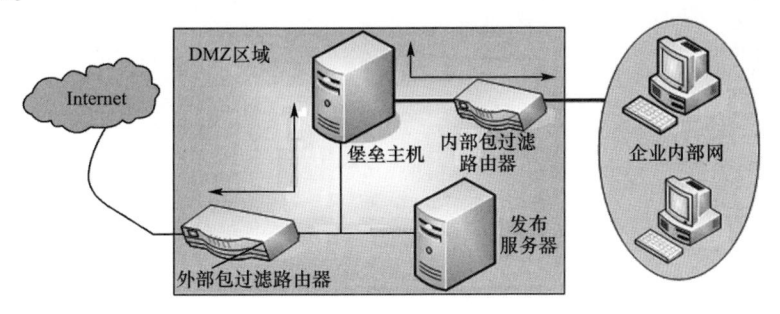

图 8-9　屏蔽子网防火墙体系结构

这个防火墙系统建立的是最安全的防火墙系统,因为在定义了"非军事区"(DMZ)网络后,它支持网络层和应用层安全功能。网络管理人员将堡垒主机、信息服务器、Modem 组以及其他公用服务器放在 DMZ 网络中。

在一般情况下,将 DMZ 配置成使用 Internet 和内部网络系统能够访问 DMZ 网络上数目有限的系统,而通过 DMZ 网络直接进行信息传输是严格禁止的。

8.4　任务实施

8.4.1　设置系统安全环境

在信息系统的安全管理中,帐户与密码的安全管理也是其中很关键的一环,例如要防止个别用户由于安全意识不足,随便设置一些非常简单、容易被猜中的密码,这样会给系统的安全带来很大的隐患;另外也要防止其他用户用无限尝试的方式去破解密码。

1. 帐户安全设置

所有的用户登录计算机都需要一个许可的用户帐户,这个帐户的安全直接关系到 Windows 系统的安全。

任务 8-1

在 Windows 11 系统中,通过设置用户权限策略、更改 Administrator 帐户名称、停用 Guest 用户、不让系统显示上次登录的用户名等方式,保证用户登录的安全。

【STEP|01】设置用户权限策略。

(1)单击"开始"→"运行",打开"运行"对话框,在文本框中输入"secpol.msc",单击"确定"按钮打开"本地安全策略"窗口,如图 8-10 所示。

281

图 8-10 "本地安全策略"窗口

(2)展开"本地策略"→"用户权限分配",在右边窗格中就会出现一系列的策略设置项,如图 8-11 所示。

图 8-11 用户权限分配

(3)在图 8-11 中分别进行如下操作。

● 双击"从网络访问此计算机",打开"从网络访问计算机"窗口,一般默认有 4 个用户,除 Administrators 外删除其余 3 个,当然,等一下还得建一个属于自己的 ID。删除完成单击"确定"继续。

● 双击"从远程系统强制关机",在窗口中删除所有帐户,Administrators 帐户也删除,该策略可以阻止黑客从远端计算机向本地计算机发送的远程关机指令。删除完成单击"确定"继续。

● 双击"管理审核和安全日志",在弹出的窗口中把默认的"Administrators"删除,然后单击"添加用户或组",在弹出的"选择用户或组"对话框中的"输入对象名称来选择(示例)(E:)"下输入"administrator"后,单击"确定"即可。

● 双击"取得文件或其他对象的所有权",在弹出的对话框中把默认的"Administrators"删除,然后单击"添加用户或组",添加 Administrator 用户,操作同上。

【STEP|02】更改 Administrator 帐户名称。

黑客入侵的常用手段之一就是获得 Administrator 帐户的密码。如果此时系统管理员帐户(Administrator)密码安全性不高,则后果不堪设想。

(1)以 Administrator 帐户登录本地计算机,在桌面上依次右击"开始"→"计算机管理",打开"计算机管理"窗口。展开"本地用户和组",再展开"用户"。右击 Administrator 帐户,在弹出的菜单中选择"重命名",稍后输入修改后 Administrator 帐户的名称(如 abcd123)。

> **注意** 设置新的帐户名称时,尽量不要使用 Admin、master、guanliyuan 之类的名称,否则帐户安全性同样没有任何保障。

(2)接下来新建一个安全用户帐户(如 test),再右击这个安全用户帐户并选择"重命名"选项,输入新的帐户名称 administrator,如图 8-12 所示。这样即使黑客入侵找到 Administrator 帐户的密码,也是一个普通帐户。

图 8-12 更改 Administrator 帐户名称

【STEP│03】停用 Guest 帐户。

在图 8-12 中右击 Guest 帐户,在弹出的菜单中选择"属性",打开"Guest 属性"对话框,如图 8-13 所示,勾选"帐户已禁用"把 Guest 帐户禁用。

【STEP│04】把共享文件夹的权限从 Everyone 组改授给相关用户。

在 Windows 11 中,找到系统中的共享文件夹(如:D:/计算机网络技术),右击共享文件夹,在弹出的快捷菜单中选择"属性",打开"计算机网络技术 属性"对话框,单击"安全",再单击"编辑",打开"计算机网络技术 的权限"对话框,删除不需授权的用户,添加"授权用户"(如:xesuxn),并设置相应的权限,如图 8-14 所示。

【STEP│05】不让系统显示上次登录的用户名。

默认情况下,登录对话框中会显示上次登录的用户名。这使得别人可以很容易得到系统的一些用户名,进而做密码猜测。修改注册表可以不让对话框里显示上次登录的用户名。方法为:右击"开始"→"运行",在"运行"对话框中输入"gpedit.msc",单击"确定"按钮打开"本地组策略编辑器"窗口,依次选择"计算机配置"→"Windows 设置"→"安全设置"→"本地策略"→"安全选项",找到右侧界面中的"交互式登录:不显示上次登录",如图 8-15 所示。

图 8-13　修改 Guest 帐号的属性　　　　　图 8-14　修改共享权限

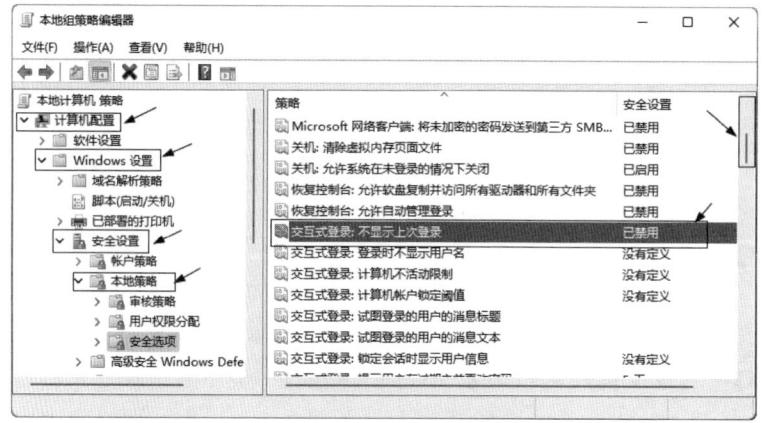

图 8-15　"本地组策略编辑器"窗口

双击"交互式登录:不显示上次登录",打开"交互式登录:不显示上次登录 属性"对话框,如图 8-16 所示,勾选"已启用",单击"确定"按钮完成设置。

【STEP|06】限制用户数量。

去掉系统中所有的测试帐户,将共享帐号作为普通部门帐号,并在用户组策略设置相应权限,还要定期检查系统的帐户,删除已经不使用的帐户。

很多帐户是黑客们入侵系统的突破口,系统的帐户越多,黑客们得到用户权限的可能性也就越大。对于 Windows 系统的主机,如果系统帐户超过 10 个,一般能找出一两个弱口令帐户,所以帐户数量尽量少于 10 个。

项目 8　维护计算机网络安全

【STEP|07】开启帐户的密码锁定策略。

开启帐户策略可以有效地防止字典式攻击。如图 8-17 所示,在"本地组策略编辑器"窗口中展开"计算机配置"→"Windows 设置"→"安全设置"→"帐户策略"→"帐户锁定策略",双击"帐户锁定阈值",将其设置为 5 次,将"重置帐户锁定计数器"设为 30 分钟,将帐户锁定时间设为 30 分钟,设置结果如图 8-17 所示。

图 8-16　"不显示最后的用户名 属性"对话框　　图 8-17　设置帐户策略

当某一用户连续 5 次登录都失败后将自动锁定该帐户,30 分钟之后自动复位被锁定的帐户,以防止非授权用户的无限次尝试登录。

2. 系统安全设置

任务 8-2

在 Windows 11 系统中,通过设置可靠的密码策略、屏幕保护密码、加密文件或文件夹等方式,保证系统的安全。

【STEP|01】设置可靠的密码策略。

(1)在"开始"→"运行"窗口中输入"secpol.msc"并按 Enter 键就可以打开"本地安全策略"窗口,或者通过"控制面板"→"管理工具"→"本地安全策略"来打开这个窗口,如图 8-18 所示。

(2)在"本地安全策略"窗口的左侧展开"帐户策略"→"密码策略",在右边窗格中就会出现一系列的密码设置项,如图 8-19 所示。

(3)在设置项中,首先双击"密码必须符合复杂性要求"项,弹出如图 8-20 所示对话框,选择"已启用",再单击"确定"按钮。按同样的方法设置好"密码长度最小值""密码最短使用期限",最后开启"强制密码历史"。

285

图 8-18 "本地安全策略"窗口

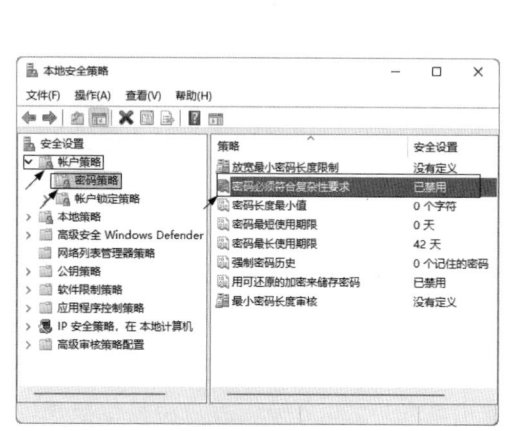

图 8-19 密码策略

图 8-20 "密码必须符合复杂性要求 属性"对话框

（4）设置好后，在桌面上右击"开始"→"计算机管理"，打开"计算机管理"窗口，展开"本地用户和组"，再展开"用户"，如图 8-21 所示。

（5）重新设置管理员和普通用户的密码，右击帐户（如：abcd123），在弹出的快捷菜单中选择"设置密码"，在提示窗口单击"继续"按钮后，进入"为 abcd123 设置密码"对话框，如图 8-22 所示，此时按要求设置用户密码。这时的密码不仅是安全的，而且以后修改密码时也不易出现与以前重复的情况。

图 8-21 "计算机管理"窗口

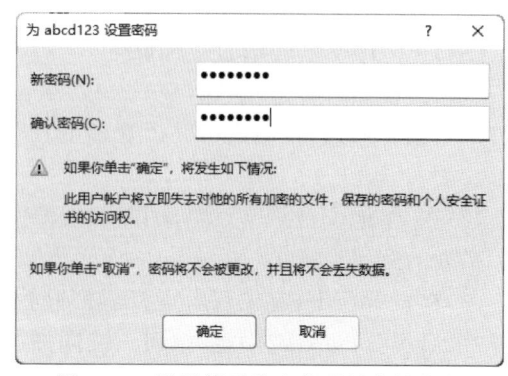

图 8-22 设置管理员和普通用户的密码

项目 8 维护计算机网络安全

【STEP|02】设置屏幕保护密码。

在桌面右击,在弹出的快捷菜单中选择"个性化",在"个性化"对话框中单击"锁定界面",打开"个性化>锁定界面"对话框,单击"屏幕保护程序"图标,打开"屏幕保护程序设置"对话框,如图 8-23 所示,勾选"在恢复时显示登录屏幕",设置好等待时间和屏幕保护程序,单击"确定"按钮完成设置。

【STEP|03】加密文件或文件夹。

用 Windows 的加密工具来保护文件和文件夹,以防别人偷看。右击需要加密的文件或文件夹,在弹出的快捷菜单中选择"属性",打开文件或文件夹的属性对话框,单击"高级"按钮,打开"高级属性"对话框,如图 8-24 所示。勾选"加密内容以便保护数据",然后单击"确定"按钮即可。

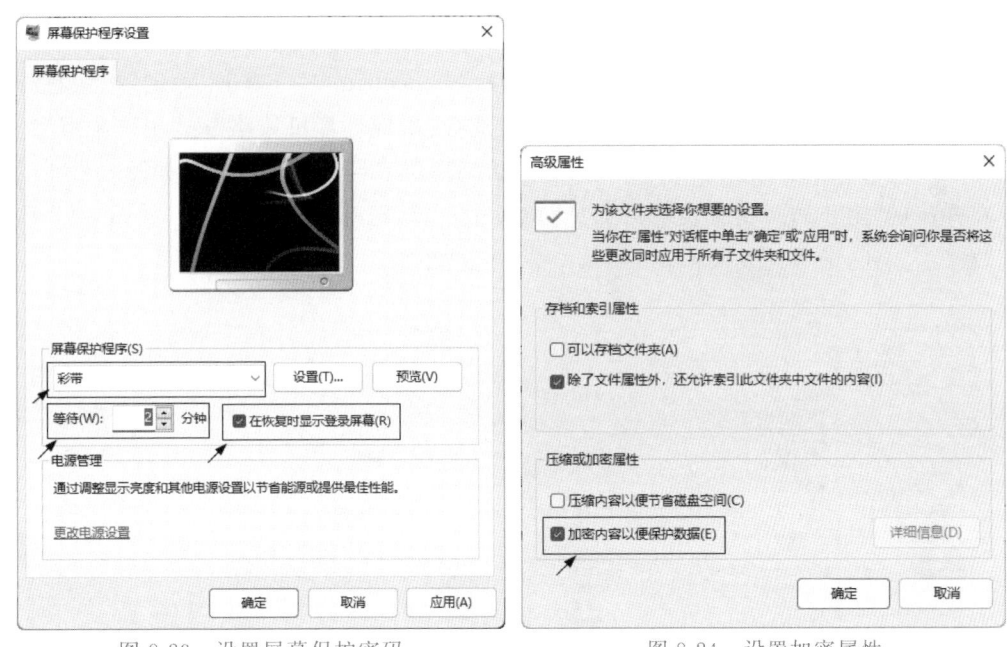

图 8-23 设置屏幕保护密码

图 8-24 设置加密属性

【STEP|04】设置 CMOS 口令。

在 CMOS 设置菜单中有两个密码设置栏目:Supervisor Password(超级用户密码)和 User Password(一般用户密码),这是计算机资料保密和计算机安全的第一道防线。

(1)在计算机启动自检之后按"Del"键或按"Ctrl+Alt+Esc"键,直到出现 CMOS Setup 设置界面。

(2)用键盘上的方向键选择"Set Supervisor Password"项,然后按 Enter 键,出现 Enter Supervisor Password 提示后,输入事先想好的密码再按 Enter 键,这时屏幕又会出现 Confirm Password 提示,要求再次输入密码进行确认。

在 Set Supervisor Password 下设置的密码称为超级用户密码。拥有超级用户密码的用户,下次开机时不但可以浏览 CMOS 参数,而且可以修改 CMOS 参数。

(3)用键盘上的方向键选择"Set User Password"项后按 Enter 键,出现"Enter User Password"提示后再输入密码,同上面一样,密码需输入两次才能生效。

在 Set User Password 下设置的密码为用户密码。拥有用户密码的用户，下次开机时只能浏览 CMOS 参数，不能修改 CMOS 参数。

（4）用方向键选择"Advance BIOS Features"项后按 Enter 键，再用方向键选择"Security Option"项或"Password Check"项后，用键盘上的"Page Up/Page Down"键把选项改为"System"或"Always"、"Setup"选项，然后按"Esc"键退出。

使用 Setup 选项时，计算机启动后只有当用户想要进入 CMOS 参数设置时才要求检测密码或口令。使用 System 选项或 Always 选项时，会使计算机每次开机和要进入 BIOS 参数设置时都要进行密码检测。

（5）选择"Save&Exit Setup"项并按 Enter 键，屏幕出现提示后再按"Y"键，以上设置的密码即可生效。

【STEP|05】禁止编辑注册表。

单击"开始"→"运行"，在"运行"对话框中输入"gpedit.msc"，单击"确定"按钮打开"本地组策略编辑器"窗口，在窗口的左窗格中依次选择"本地计算机策略"→"用户配置"→"管理模板"→"系统"选项，在右窗格中双击"阻止访问注册表编辑工具"选项，如图 8-25 所示。

在弹出的"阻止访问注册表编辑工具"窗口中选择"已启用"单选按钮，如图 8-26 所示。单击"确定"按钮，即可完成操作。

图 8-25　"系统"选项窗口　　　　　图 8-26　"阻止访问注册表编辑工具"窗口

3.优化系统环境

任务 8-3

在 Windows 11 系统中，通过设置虚拟内存大小、关闭简单文件共享、关闭 139 端口、屏蔽不需要的服务组件等方式，优化系统环境。

【STEP|01】设置虚拟内存大小。

对于虚拟内存主要设置两点，即内存大小和分页位置，内存大小就是设置虚拟内存的最小值和最大值；而分页位置则是设置虚拟内存应使用哪个分区中的硬盘空间。虚拟内存的

项目 8　维护计算机网络安全

具体数值是由物理内存的大小来决定的,一般为物理内存的 1.5 到 2 倍。

(1)用鼠标右键单击"此电脑",选择"属性",单击"高级系统设置"选项,弹出"系统属性"对话框,如图 8-27 所示。

(2)选择"高级"选项,在"性能"区域中单击"设置"按钮进入"性能选项"对话框,选择"高级"选项,如图 8-28 所示。

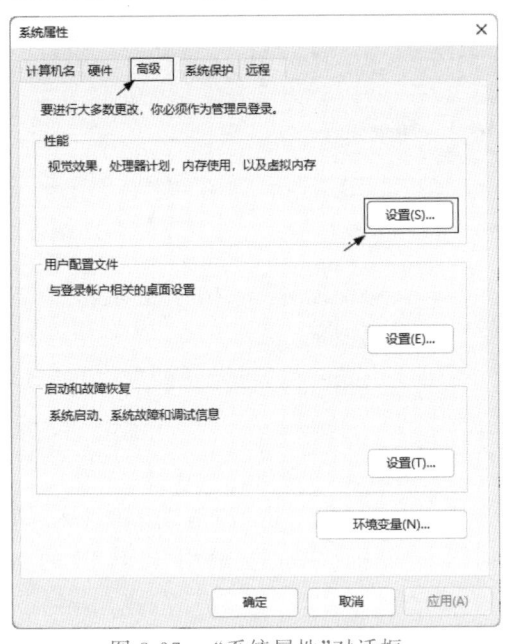

图 8-27　"系统属性"对话框　　　　　图 8-28　"性能选项"对话框

(3)在"虚拟内存"区域中单击"更改"按钮,进入"虚拟内存"设置对话框,如图 8-29 所示。取消勾选"自动管理所有驱动器的分页文件大小",单击"自定义大小"单选按钮,然后在"初始大小"和"最大值"文本框中输入合适的范围值。设置完成后单击"确定"按钮即可。

【STEP|02】关闭网络发现功能。

在 Windows 11 中开启了网络发现后,在便于发现网络中的其他共享资源的同时,也将自己暴露在公用网络中,因此在长时间无须资源共享时,最好暂时关闭网络发现功能。

在 Windows 11 中,按快捷键"Windows ＋ S",搜索并打开"控制面板",在"控制面板"窗口中,选择"网络 & Internet"→"网络和共享中心"→"更改高级共享设置",打开"高级共享设置"窗口,如图 8-30 所示。在此窗口可设置"专用""来宾或公用""所有网络"等三个部分的共享参数,选择"来宾或公用"下面的"网络发现"下的"关闭网络发现",最后单击"保存更改"按钮即可。

【STEP|03】关闭 139 端口,防止 IPC 和 RPC 漏洞。

(1)在 Windows 11 的桌面上单击"开始"→"设置"→"网络 & Internet"→"高级网络设置"→"更多网络适配器选项"→"Ethernet0",打开"Ethernet0 状态"对话框,单击"属性"按钮,进入"Ethernet0 属性"对话框,如图 8-31 所示。勾选"Internet 协议版本 4(TCP/IPv4)",单击"属性"按钮继续。

289

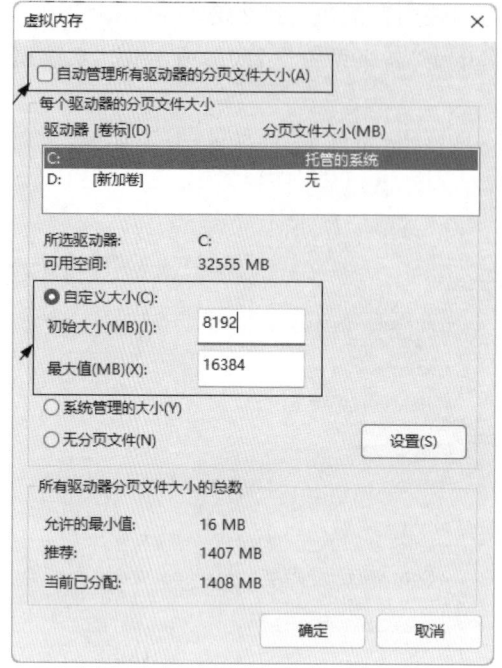

图 8-29 设置虚拟内存大小

图 8-30 关闭网络发现

(2)打开"Internet 协议版本 4(TCP/IPv4)属性"对话框,单击"高级"按钮进入"高级 TCP/IP 设置"对话框,切换到"WINS"标签页,如图 8-32 所示,勾选"禁用 TCP/IP 的 NetBIOS",最后单击"确定"按钮就关闭了 139 端口。

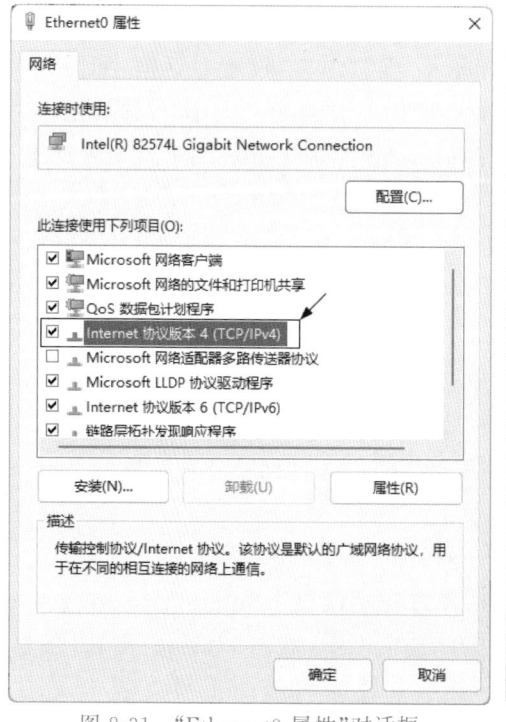

图 8-31 "Ethernet0 属性"对话框

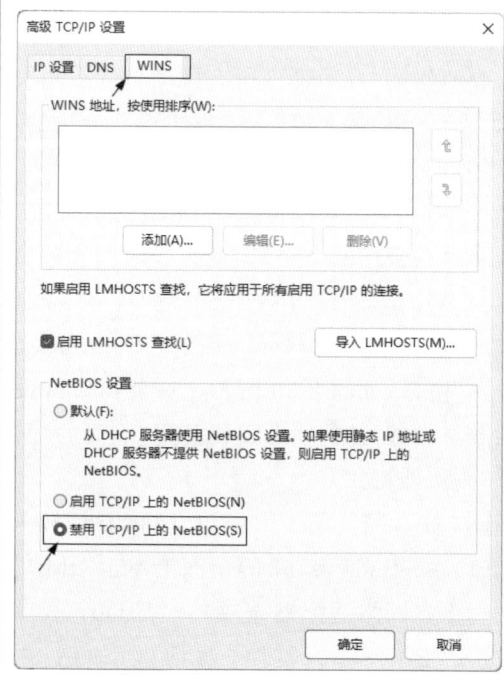

图 8-32 "高级 TCP/IP 设置"对话框

项目 8　维护计算机网络安全

【STEP|04】屏蔽不需要的服务组件。

(1)选择"开始"→"运行",在"运行"对话框的文本框中输入"services.msc",单击"确定"按钮,打开"服务"窗口,如图 8-33 所示。

(2)在该窗口中选中需要屏蔽的程序(如 COM+Event System),并单击鼠标右键,从弹出的快捷菜单中选择"属性"即可进入某项服务的属性对话框,如图 8-34 所示。然后将"启动类型"设置为"手动"或"已禁用",单击"停止"按钮,这样就可以对指定的服务组件进行屏蔽了。

图 8-33　"服务"窗口　　　　图 8-34　某项服务的属性对话框

8.4.2　备份与恢复系统

每一位计算机用户都会有这样的经历:在操作中按错了一个键,几个小时,甚至是几天的工作成果便有可能付之东流。据统计,80%以上的数据丢失都是由于人们的错误操作引起的。在网络环境下,还有各种各样的黑客攻击、病毒感染、系统故障、线路故障等,使得数据信息的安全无法得到保障。在这种情况下,数据备份就成为日益重要的措施。

1.使用 Windows 11 的备份工具进行备份

Windows 11 安装部署完成后,有必要做一份 Windows 备份,这对于系统恢复和迁移是非常必要的。在备份和还原中心,单击设置备份链接可启动 Windows 系统备份向导。我们可以将备份保存到本地任何一个有足够空间的非系统分区中,当然也可以保存到某一个网络位置,比如一台文件服务器中,当原文件被损坏的时候可轻松还原文件。

任务 8-4

在 Windows 11 系统中,使用系统自带的备份和还原功能对系统进行备份。

291

(1) 创建分区备份

【STEP|01】在 Windows 11 中,按快捷键"Windows+S",搜索并打开"控制面板",如图 8-35 所示。在"查看方式"中选择"类别",然后单击"系统和安全"下面的"备份和还原(Windows 11)"链接继续。

【STEP|02】进入"备份和还原(Windows 11)"窗口,如图 8-36 所示。在该窗口单击"设置备份"按钮继续。

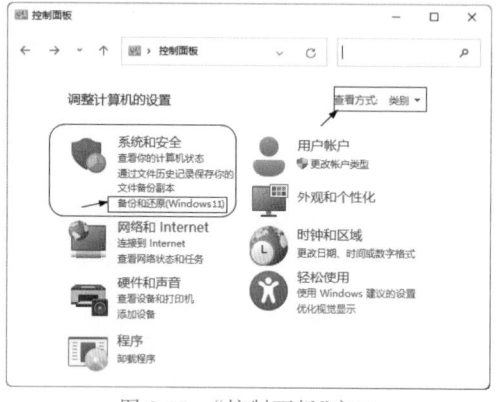

图 8-35　"控制面板"窗口　　　　图 8-36　"备份和还原(Windows 11)"窗口

【STEP|03】单击"设置备份"按钮后,会弹出一个"正在启动 Windows 备份"提示框。

【STEP|04】等待一会进入"设置备份"对话框,如图 8-37 所示。这时会显示计算机中所有的磁盘分区,并推荐备份到最大容量的磁盘分区。用户根据实际情况选择备份的磁盘分区即可,这里推荐选择默认的分区"新加卷(F:)[推荐]",单击"下一步"按钮继续。

> **注意**　为了更加确保 Windows 11 系统数据的安全性,建议把备份的数据保存在移动硬盘等其他非本地硬盘上。

【STEP|05】接着出现备份内容提示框,如图 8-38 所示。包括"让 Windows 选择(推荐)"和"让我选择"两个选项,"让 Windows 选择(推荐)"适用于新手使用,如果用户对 Windows 11 系统比较了解,可以选择"让我选择"选项。这里我们选择"让 Windows 选择(推荐)",单击"下一步"按钮继续。

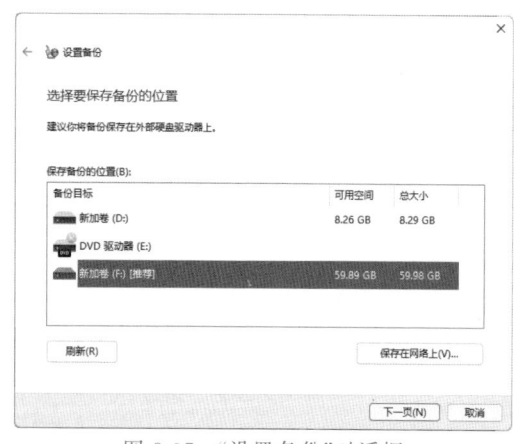

图 8-37　"设置备份"对话框　　　　图 8-38　备份内容提示框

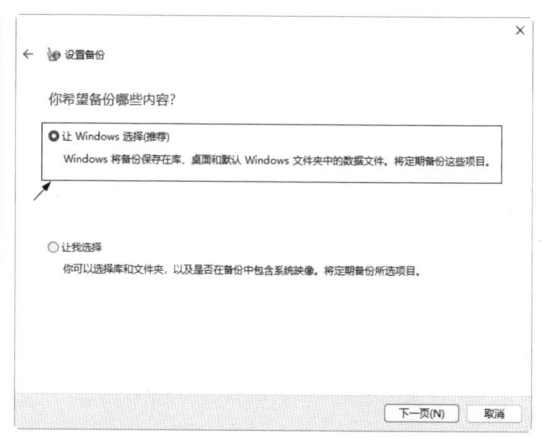

【STEP|06】接下来出现备份内容摘要,如图 8-39 所示。此时只需单击"保存设置并运行备份"按钮即可。

【STEP|07】接下来 Windows 会自动进行备份工作,备份时间的长短由系统内资料多少来决定,请耐心等待。

【STEP|08】备份完成,显示备份大小,如图 8-40 所示。此时可以管理备份空间,更改计划设置等。至此,Windows 11 备份完成。

图 8-39　备份内容摘要 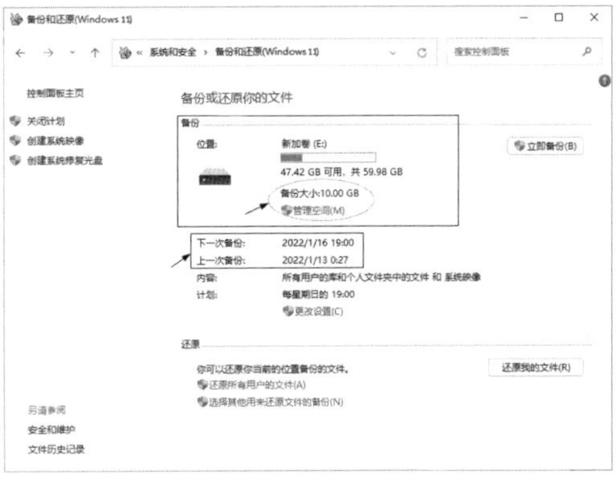　　　　　图 8-40　备份完成窗口

(2)创建系统映像

【STEP|01】在 Windows 11 中,按快捷键"Windows+S",搜索并打开"控制面板",在查询方式中,选择"类别",然后在"系统和安全"中单击"备份和还原(Windows 11)"链接,打开"备份和还原(Windows 11)"窗口,在左侧单击"创建系统映像"链接。

【STEP|02】进入"创建系统映象"对话框,如图 8-41 所示。在"你想在何处保存备份?"的工作框中选择"在硬盘上",再选择有足够空间的硬盘分区,此处选择"新加卷(F:)",单击"下一步"按钮继续。

【STEP|03】进入"你要在备份中包括哪些驱动器?"窗口,选择需要备份的驱动器,单击"下一步"按钮进入"确认你的备份设置"对话框,如图 8-42 所示,单击"开始备份"按钮继续。

图 8-41　"创建系统映象"对话框 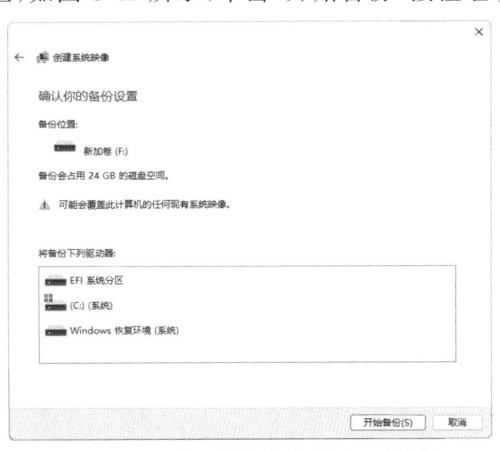　　　　　图 8-42　"确认你的备份设置"对话框

【STEP|04】进入"Windows 正在保存备份"窗口,备份完成后,弹出"备份已成功完成",单击"关闭"按钮即可。

2. 使用 Windows 11 的备份工具进行还原

一般在系统错误、不稳定或者重新安装系统迁移用户配置时,我们可通过还原功能快速恢复或者迁移系统配置。

在 Windows 11 的备份和还原中心,用户可根据需要从备份中实施还原操作。比如,可还原我的文件,也可还原所有用户的文件。此外,还可以从其他备份中进行还原。当然,如果此前做了关于系统映像的备份,还可执行对整个系统的还原。

任务 8-5

在 Windows 11 系统中,如果遇到故障问题,不用担心重要数据会丢失,可以使用 Windows 11 的还原功能恢复数据。

(1)还原我的文件

【STEP|01】在 Windows 11 中,按快捷键"Windows + S",搜索并打开"控制面板",在查询方式中,选择"类别",然后单击"系统和安全",在右侧找到"备份和还原"区域,在其中单击"从备份还原文件"链接,进入"备份和还原"对话框。

【STEP|02】在该对话框单击"还原我的文件"按钮,弹出"还原文件"对话框,如图 8-43 所示,单击"浏览文件夹"按钮继续。

【STEP|03】弹出"浏览文件夹或驱动器的备份"对话框,如图 8-44 所示。在左侧窗格中选择备份源,在右侧窗格中选择要还原的文件或文件夹,然后单击"添加文件夹"按钮。

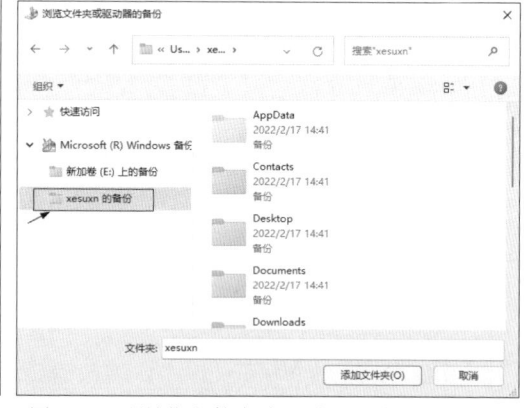

图 8-43 "还原文件"对话框   图 8-44 "浏览文件夹或驱动器的备份"对话框

【STEP|04】返回"还原文件"对话框,单击"下一步"按钮继续。进入"你想在何处还原文件?"对话框,选择"在原始位置",如图 8-45 所示,单击"还原"按钮继续。

【STEP|05】弹出"正在还原文件…"对话框,开始对备份文件进行还原。当弹出"已还原文件"对话框时,如图 8-46 所示,单击"完成"按钮即可完成文件的还原。

项目 8　维护计算机网络安全

图 8-45　"您想在何处还原文件?"对话框　　　　图 8-46　"已还原文件"对话框

(2)利用还原点进行还原

【STEP|01】先确认 Windows 11 是否开启了系统还原功能。在任务栏单击"资源管理器",右击"此电脑",在弹出的快捷菜单中选择"属性",打开"系统＞关于"窗口,如图 8-47 所示,拖动该窗口右侧的滚动条直到看到"系统保护"链接,单击"系统保护"链接继续。

【STEP|02】打开"系统属性"对话框,在"保护设置"选项中,确保所要保护的驱动器处于开启状态,如:本地磁盘(C:)(系统),如图 8-48 所示。

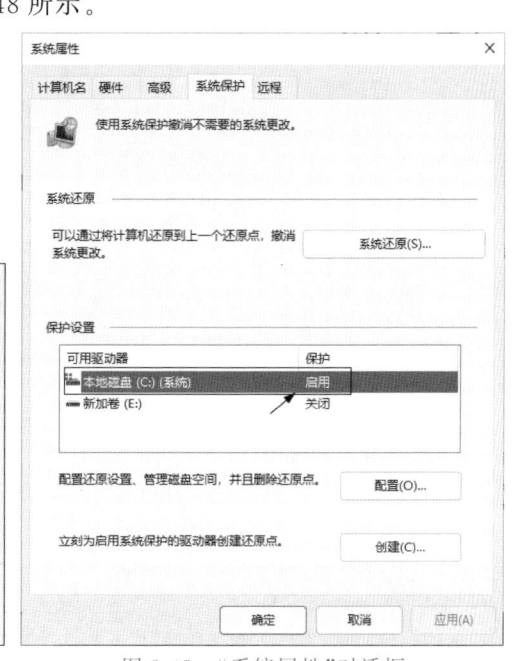

图 8-47　"系统＞关于"窗口　　　　图 8-48　"系统属性"对话框

【STEP|03】当对某个分区设置的保护功能打开后,Windows 11 就会在必要的时候自动创建还原点。当然,此时我们也可以手动创建一个还原点,方法是在上图 8-48 的界面中单击下方的"创建"按钮,打开"创建还原点"对话框,如图 8-49 所示,填入还原点名称(如:2022年 2 月系统还原点),单击"创建"按钮继续。

【STEP|04】系统弹出"正在创建还原点。"提示框,等待一会,弹出"已成功创建还原点。"

295

提示框,如图 8-50 所示,单击"关闭"按钮完成还原点的创建。

图 8-49 "系统保护——创建还原点"对话框　　图 8-50 "已成功创建还原点"提示框

【STEP|05】当系统出现问题的时候,单击"开始"→"设置"打开系统设置页面,在设置界面选择"系统"→"关于"→"系统保护"→"系统还原",打开"系统还原"向导对话框,如图 8-51 所示,单击"下一步"继续。

【STEP|06】进入"将计算机还原到所选事件之前的状态"对话框,此时 Windows 11 会将可用的还原点显示在列表中,如图 8-52 所示,选中某一还原点,单击"下一页"按钮,弹出"启动后,系统还原不能中断。您希望继续吗?"提示框,单击"是"对系统进行还原,此时请耐心等待。

图 8-51 "系统还原"向导对话框 　　图 8-52 "将计算机还原到所选事件之前的状态"对话框

【STEP|07】在系统进行还原时,会出现"请稍候,正在还原 Windows 文件和设置,系统还原正在初始化…"的提示框,如图 8-53 所示,还原完成后系统会自动关机并重新启动计算机,Windows 11 出现系统还原成功的提示,如图 8-54 所示。

图 8-53 系统还原的提示框 　　图 8-54 还原成功的提示

项目 8　维护计算机网络安全

(3) 使用系统映象进行还原

【STEP|01】单击桌面"开始"→"设置"→"系统",进入"设置—系统"窗口,单击窗口右侧的"恢复",在恢复对应的右侧窗口中单击"立即重新启动",如图 8-55 所示。

【STEP|02】出现"将重新启动设备,所以请保存工作"提示框。单击"立即重启"按钮继续。系统重启,进入"选择一个选项"界面,如图 8-56 所示。在这个窗口中单击"疑难解答",进入疑难解答窗口,单击"高级选项",进入高级选项窗口,单击"系统映像恢复"继续。

图 8-55　"设置—系统"窗口　　　　　图 8-56　"选择一个选项"界面

【STEP|03】打开"对计算机进行重镜像—选择系统镜像备份"对话框,如图 8-57 所示。选择"使用最新的可用系统映像(推荐)"选项,单击"下一页"按钮继续。

【STEP|04】进入"你的计算机将从以下系统镜像中还原"对话框,单击"完成"按钮,弹出"对计算机进行重镜像"提示框,单击"是",系统开始进行还原操作,如图 8-58 所示,等待一段时间,系统还原完成后,Windows 将重新启动,输入登录密码进入系统,至此还原完成。

图 8-57　"选择备份"对话框　　　　　图 8-58　系统还原操作

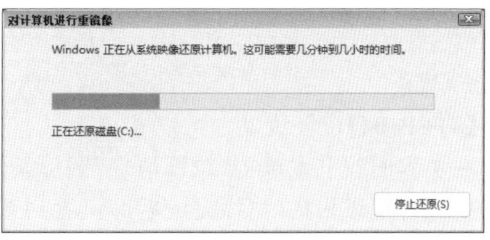

8.4.3　安装和配置杀毒软件

目前瑞星杀毒软件的新版本是 V17,它采用瑞星先进的四核杀毒引擎,性能强劲,能针对网络中流行的病毒、木马进行全面查杀。同时加入内核加固、应用入口防护、下载保护、聊天防护、视频防护、注册表监控等功能。软件新增加了手机防护、欺诈钓鱼保护、恶意访问保护、注册表监控、内核加固等功能。它能够帮助用户实现多层次全方位的信息安全立体保护。

297

任务 8-7

为保证系统的安全,在计算机中有必要安装杀毒软件。请为局域网中的计算机安装瑞星杀毒软件,并做好相关配置,完成计算机病毒的查杀。

【STEP|01】下载并安装瑞星杀毒软件。

登录瑞星杀毒软件的官网(http://www.rising.com.cn/),下载瑞星杀毒软件 V17,双击运行下载的瑞星杀毒软件安装程序(RavV17std.exe),进入欢迎安装界面,选择"快速安装"按钮,安装界面中有安装进度提示,请稍等片刻即可安装完成。

【STEP|02】启动瑞星杀毒软件。

安装完成后瑞星杀毒软件自动启动,其主界面如图 8-59 所示。也可单击"开始"→"瑞星杀毒软件"打开其主界面。如果系统存在危险,在主界面会有相应的提示,用户可根据提示进行相应的处理。

【STEP|03】病毒查杀。

在主界面的下方单击"病毒查杀"图标,即可进入病毒查杀页面,此时可以看到瑞星杀毒软件提供的"快速查杀"、"全盘查杀"和"自定义查杀"等三种病毒查杀方式,选择其中任何一种方式对计算机进行病毒查杀,这里我们选择"快速查杀"对系统进行病毒查杀,如图 8-60 所示。在病毒的查杀过程中,可以看到系统中存在的问题,查杀完成后,会有查杀结果提示。

图 8-59 "瑞星杀毒软件"主界面

图 8-60 快速查杀病毒页面

【STEP|04】垃圾清理。

在主界面的下方单击"垃圾清理"图标,即可进入"垃圾扫描"页面,单击"垃圾扫描"按钮对系统进行垃圾扫描,扫描完成后即可看到系统中存在的"注册表垃圾"、"常用软件垃圾"、"聊天软件垃圾"、"Windows 系统垃圾"和"上网垃圾"等垃圾,如图 8-61 所示。如果需要清理,请选择"立即清理"按钮对其立即进行处理。

【STEP|05】电脑提速。

在主界面的下方单击"电脑提速"图标,再单击"立即扫描"即可进入提速扫描页面,扫描完成后即可看到系统中可以提速的地方,如图 8-62 所示。单击"立即提速"按钮即可对电脑开机、系统运行和上网等进行提速。

图 8-61　垃圾清理页面　　　　　　　　　图 8-62　电脑提速页面

【STEP|06】安全工具的使用。

在主界面的下方单击"安全工具"图标,再单击相应的安全产品图标,即可进入安全产品的下载页面,如图 8-63 所示。如果需要相关产品,下载安装即可。

【STEP|07】进行系统设置。

在主界面的右上方单击图标▇,在打开的菜单中选择"系统设置",打开"设置中心"对话框,如图 8-64 所示。在此,可进行"扫描设置""常规设置""白名单""软件保护""内核加固"等一系列的设置,用户可依次对各选项进行设置。

图 8-63　安全产品的下载页面　　　　　　图 8-64　"设置中心"对话框

8.4.4　配置与管理 Microsoft Defender 防火墙

Microsoft Defender 是一款内置于系统的杀毒及防火墙程序,只要在系统后台打开了它,就会守护系统的安全,防范病毒的入侵。Microsoft Defender 防火墙提供基于主机的双向流量筛选,它可阻止进出本地设备的未经授权的流量。

任务 8-8

为保证系统的安全,除了安装杀毒软件外,还需要对 Microsoft Defender 防火墙进行配置与管理,这样才能更好地保证系统的安全。

操作步骤:

【STEP|01】进入"Windows 安全中心"窗口。

在 Windows 11 的任务栏中,选择"开始"→"设置"→"隐私和安全性"→"Windows 安

299

全中心",打开"Windows 安全中心"窗口,如图 8-65 所示。

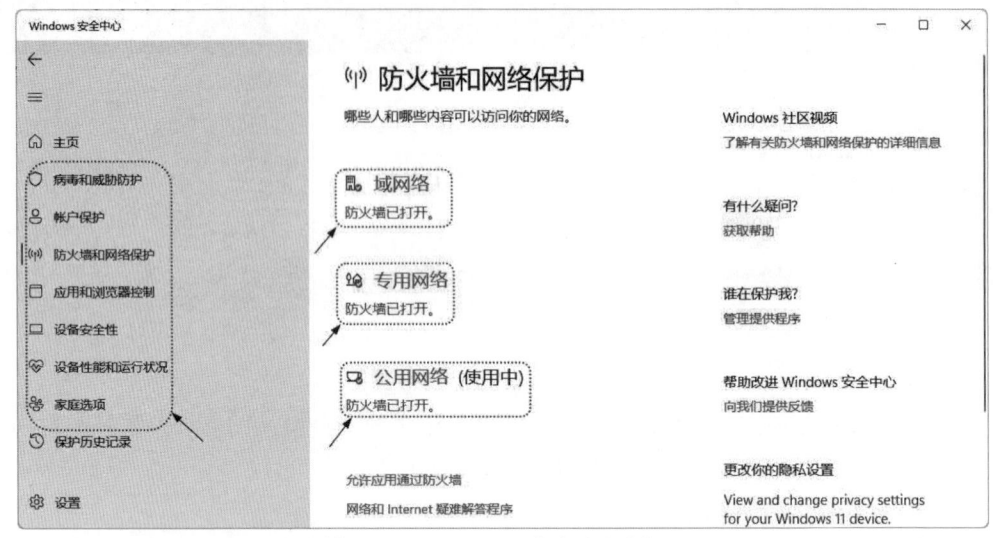

图 8-65 "Windows 安全中心"窗口

窗口左侧有七个选项,这些选项可以保护设备,并允许指定保护设备的方式。

➢ 病毒和威胁防护:监控设备威胁、运行扫描并获取更新来帮助检测最新的威胁。

➢ 帐户保护:访问登录选项和帐户设置,包括 Windows Hello 和动态锁屏。

➢ 防火墙和网络保护:管理防火墙设置,并监控网络和 Internet 连接的状况。

➢ 应用和浏览器控制:更新 Microsoft Defender SmartScreen 设置来帮助设备抵御具有潜在危害的应用、文件、站点和下载内容。还提供 Exploit Protection,因此可以为设备提供自定义保护设置。

➢ 设备安全性:查看有助于保护设备免受恶意软件攻击的内置安全选项。

➢ 设备性能和运行状况:查看有关设备性能运行状况的状态信息,维持设备干净并更新至最新版本的 Windows 11,或执行全新启动,初始化电脑。

➢ 家庭选项:在家里跟踪家庭用户的在线活动和设备。

【STEP│02】在"防火墙和网络保护"区域对 Microsoft Defender 防火墙进行关闭或开启。

单击图 8-65 中的"防火墙和网络保护"区域,在右侧有"域网络""专用网络""公用网络"等三个网络开关。默认情况下,这三个开关下方均显示为打开状态,接下来依次对域网络、专用网络和公用网络进行关闭设置。

(1)首先单击"域网络"链接,进入"域网络"设置窗口,如图 8-66 所示,拖动中间的开关按钮(由"开"拖到"关"),出现"你要允许应用对你的设备进行更改吗?"的提示,单击"是"即可关闭"域网络"中的防火墙,同时可以看到"关" 按钮,单击左上方的"返回"按钮返回"防火墙和网络保护"区域。

(2)接下来单击"专用网络"链接,进入"专用网络"设置窗口,拖动中间的开关按钮(由"开"拖到"关"),出现"你要允许应用对你的设备进行更改吗?"的提示,单击"是"即可关闭"专用网络"中的防火墙,单击左上方的"返回"按钮返回"防火墙和网络保护"区域。

项目 8　维护计算机网络安全

图 8-66　"域网络"设置窗口

（3）最后单击"公用网络"链接，进入"公用网络"设置窗口，拖动中间的开关按钮（由"开"拖到"关"），出现"你要允许应用对你的设备进行更改吗？"的提示，单击"是"即可关闭"公用网络"中的防火墙，单击左上方的"返回"按钮返回"防火墙和网络保护"区域。

> **提示**　关闭 Microsoft Defender 防火墙可能会使设备（以及网络）更容易受到未经授权的访问。如果有某个需要使用的应用被阻止了，我们可设置允许这个应用通过防火墙，而不是直接关闭防火墙。

【STEP|03】高级安全 Microsoft Defender 防火墙的配置。

高级安全 Microsoft Defender 防火墙提供基于主机的双向流量筛选，它可阻止进出本地设备的未经授权的流量。

（1）首先右击"开始"→"运行"，打开"运行"对话框，在"打开"文本框中输入"WF.msc"，单击"确定"按钮，打开"高级安全 Microsoft Defender 防火墙"窗口，如图 8-67 所示。

图 8-67　"高级安全 Microsoft Defender 防火墙"窗口

可以看到本地计算机的多项安全设置，"概述"面板显示设备可连接的每种类型的网络安全设置，包括：

301

➢ 域配置文件：在针对域控制器（DC）（例如 Azure Active Directory DC）进行帐户身份验证的网络系统中使用。

➢ 专用配置文件：最好在专用网络中使用，例如家庭网络。

➢ 公用配置文件是活动的：安全性更高，在咖啡店、机场、酒店或商店等提供公共网络的场所使用。

右键单击左侧窗格中顶部的"本地计算机上的高级安全 Windows Defender 防火墙"，然后选择"属性"即可查看每个配置文件的详细设置。

(2) 添加新的"入站规则"

"入站规则"是指外部的计算机访问本地计算机的规则。在网络服务器上应用"入站规则"较多。如：在 Web 服务器中只允许外部计算机访问服务器的 80 端口和 443 端口（只开通 http 和 https），具体操作步骤如下：

① 单击"入站规则"，在最右侧上方单击"新建规则"链接，打开"新建入站规则向导"对话框，如图 8-68 所示。选择"规则类型"，在右侧选中"端口"，单击"下一页"按钮。

② 进入"协议和端口"对话框，如图 8-69 所示，再选中"特定本地端口"，在文本框中输入"80,443"，单击"下一页"按钮。

③ 进入"操作"对话框，保持默认"允许连接"，单击"下一页"按钮。

④ 进入"配置文件"对话框，保持默认（全选），单击"下一页"按钮。

⑤ 进入"名称"对话框，在"名称"文本框中输入入站规则的名称（名称可以自由填写，如：允许访问服务器上的 http 和 https），单击"完成"按钮即可。

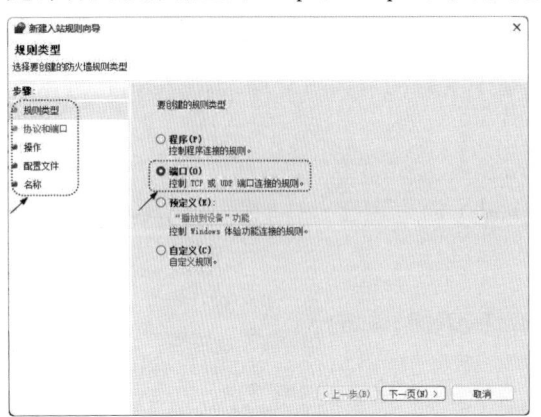

图 8-68　"新建入站规则向导"对话框　　　　图 8-69　"协议和端口"对话框

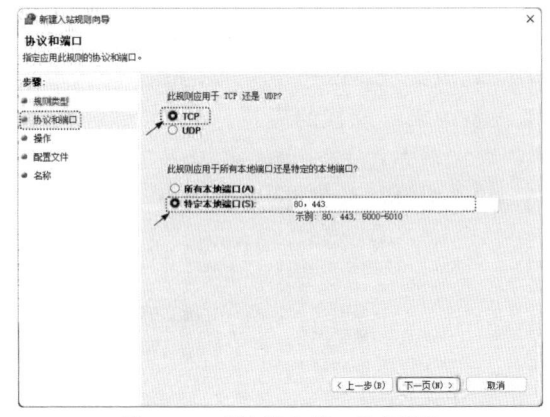

(3) 添加新的"出站规则"

"出站规则"是指本地计算机访问外部计算机的规则。例如，计算机上安装了 PotPlayer 播放器，而这个播放器经常需要进行联网。此时，就可以应用"出站规则"禁止软件联网。不仅适用于 PotPlayer，也适用于其他软件，如 QQ、WinRAR 等。操作方法如下。

① 单击"出站规则"，在最右侧上方单击"新建规则"链接，打开"新建出站规则向导"对话框，如图 8-70 所示。选择"规则类型"，在右侧选中"程序"，单击"下一页"按钮。

② 进入"程序"对话框，再选中"此程序路径"，在"此程序路径"文本框中输入禁止联网的应用所在的位置，可以单击右侧的"浏览"按钮找到软件安装的位置，如图 8-71 所示，单击"下一页"按钮。

③进入"操作"对话框,选中"阻止连接",单击"下一页"按钮。

④进入"配置文件"对话框,保持默认(全选),单击"下一页"按钮。

⑤进入"名称"对话框,在"名称"文本框中输入出站规则的名称(如禁止 PotPlayer 联网),单击"完成"按钮即可。重新打开 PotPlayer 播放器播放视频,就再也不会出现更新软件的弹窗提示了。

图 8-70 "新建出站规则向导"对话框

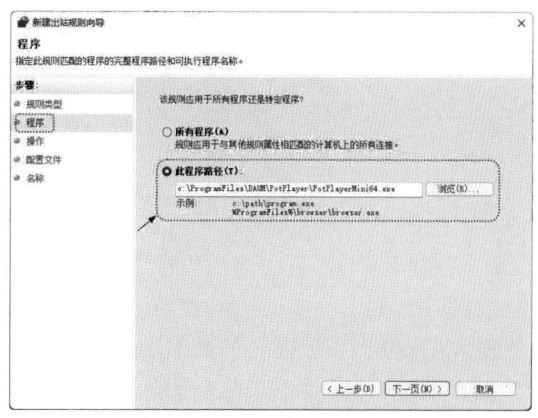

如图 8-71 "出现"对话框

8.4.5 加密、解密电子邮件

针对电子邮件的犯罪案件越来越多,用户在享受电子邮件快捷便利的服务的同时也要承受电子邮件泄密带来的后果,有些电子邮件泄密后果并不严重,有些却是灾难性的。为了提高电子邮件信息的安全性,目前有效的方法是进行电子邮件加密,通过加密使电子邮件只能被指定的人浏览,确保电子邮件的安全。

1. 安装 PGP 加密软件

任务 8-9

安装 PGP 加密软件:PGP 加密软件是完全免费的,到网上搜索下载然后安装。

【STEP|01】搜索、下载 PGP 软件。

【STEP|02】安装 PGP 软件。

安装过程很简单,下载 PGP 软件后,按如下方法进行安装。

(1)执行 PGPfreeware.exe 文件进行安装,进入安装界面。

(2)首先会看到欢迎信息界面,单击"NEXT"按钮。

(3)进入"许可协议"确认界面,这里是必须无条件接受的,有兴趣的用户可以仔细阅读一遍,单击"YES"按钮,进入提示安装 PGP 所需要的系统以及软件配置情况的界面,建议阅读一遍,特别是那条警告信息"Warning:Export of this software may be restricted by the U.S. Government(该软件的出口受美国政府的限制)"。

(4)继续单击"下一步"按钮,出现"Licensing Assistant:Enable Licensed Functionality"的界面,如图 8-72 所示。

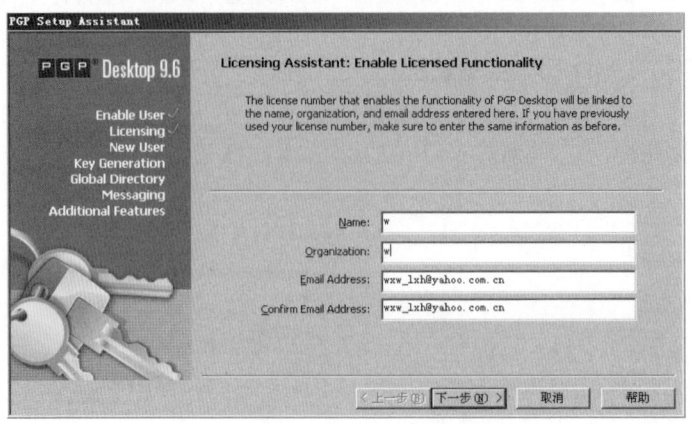

图 8-72　证书启用

（5）然后单击"下一步"按钮，进入"Name and Email Assignment"（用户名和电子邮件分配）对话框，如图 8-73 所示，在"Full Name"处输入想要创建的用户名，在"Primary Email"处输入用户所对应的电子邮件地址，在"Other Addresses"处可添加多个电子邮箱，单击"Less"按钮，可减少电子邮箱，单击"Advanced"按钮，打开如图 8-74 所示对话框，设置各项内容，设置完后单击"OK"按钮，返回"Name and Email Assignment"对话框。

（6）然后一直单击"下一步"按钮，如果只用到电子邮件和文档的加密，可以取消勾选"PGPnet Personal Firewall/IDS/VPN"的选项。然后继续单击"下一步"按钮，一直到程序提示重新启动计算机。

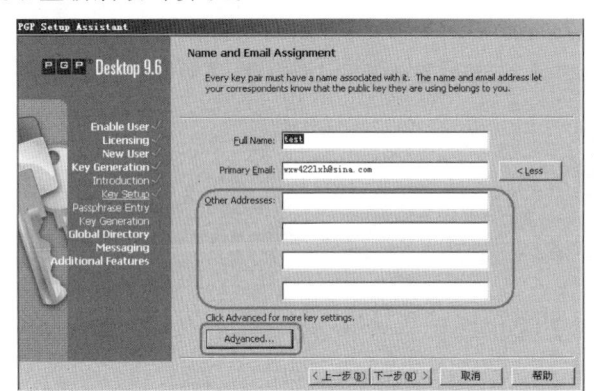

图 8-73　"Name and Email Assignment"对话框　　图 8-74　"Advanced Key Settings"对话框

（7）重新启动计算机，PGP 软件安装成功。

2．创建和保存密钥对

任务 8-10

创建和保存密钥对：在使用 PGP 之前，首先需要生成一对密钥，分别是公钥和私钥。

【STEP|01】生成密钥。

在使用 PGP 之前，首先需要生成一对密钥，这一对密钥是同时生成的，将其中的一个密钥分发给你的朋友，让他们用这个密钥来加密文件，即"公钥"。另一个密钥由使用者自己保存，使用者是用这个密钥来解开用公钥加密的文件，即"私钥"。

项目 8　维护计算机网络安全

(1)安装过程中,进入"Passphrase Assignment"对话框,在"Passphrase"文本框中设置一个不少于 8 位的密码,在"Confirmation"文本框中再输入一遍刚才设置的密码。如果勾选"Show Keystrokes"复选框,刚才输入的密码就会在相应的对话框中显现出来,最好取消该选项,以免被别人看到你的密码,如图 8-75 所示。

(2)进入"Key Generation Progress"对话框,等待主密钥(Key)和次密钥(Subkey)生成完毕。单击"下一步"按钮完成密钥生成向导,如图 8-76 所示。

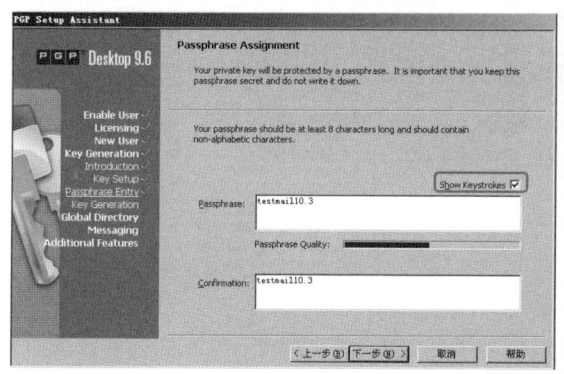

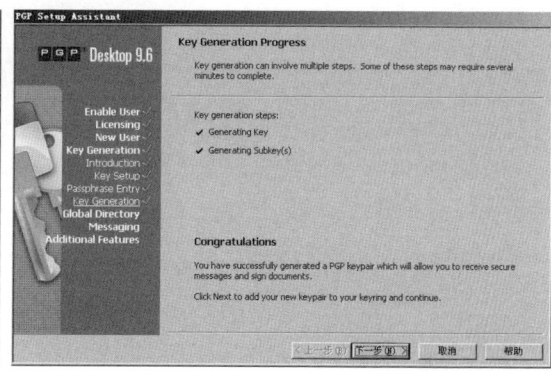

图 8-75　"Passphrase Assignment"对话框　　图 8-76　"Key Generation Progress"对话框

(3)单击"下一步"按钮,直到"Congratulation"对话框出现,单击"完成"按钮,整个设置过程完成。

选择"开始"→"所有程序"→"PGP"→"PGP Desktop",如图 8-77 所示,并在右下角出现 图标,说明 PGP 安装成功。

图 8-77　查看安装结果图

【STEP|02】密钥导入。

(1)将来自好友的公钥下载到自己的计算机上,双击对方发过来的扩展名为.asc 的公钥,进入"选择密钥"对话框,如图 8-78 所示,可看到该公钥的基本属性。

如:有效性(PGP 系统检查是否符合要求,如符合就显示为绿色)、信任度、大小、描述、密钥 ID、创建时间、到期时间等。选好后,单击"导入"按钮,即可导入好友的公钥。

(2)选中导入的公钥(也就是 PGP 中显示的对方的 E-mail 地址)。

(3)右键单击选择"Sign",如图 8-79 所示。出现"PGP Enter Passphrase for Selected Key"对话框,如图 8-80 所示。

图 8-78　"选择密钥"对话框　　　　图 8-79　选择"Sign"命令

305

(4)单击"OK"按钮,打开要求为该公钥输入 Passphrase 的对话框,输入设置用户时的那个密码短语,然后继续单击"OK"按钮,即完成签名操作,查看密码列表里该公钥的属性,"有效性"栏显示为绿色,表示该密钥有效。

(5)选中导入的公钥,右键单击选择"Key Properties",出现如图 8-81 所示的窗口。Trust(信任度)处不再是灰色,说明这个公钥被 PGP 加密系统正式接受,可以投入使用了。

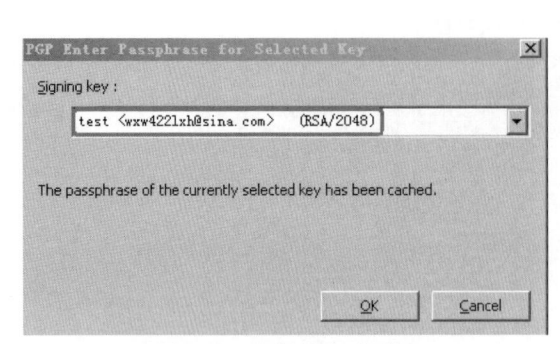

图 8-80　密钥签名对话框

图 8-81　公钥属性设置

【STEP|03】密钥导出。

(1)选中刚才创建的用户,右键单击选择"Export",如图 8-82 所示,将扩展名为 asc 的"test.asc"文件导出。

在出现如图 8-83 所示的保存对话框中,确认勾选了"Include Private Key(s)"(包含私钥)。

图 8-82　导出密钥

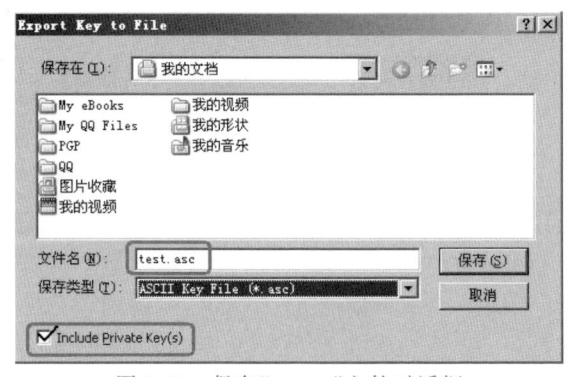

图 8-83　保存"*.asc"文件对话框

然后选择一个目录,再单击"保存"按钮,即可导出公钥,扩展名为.asc。导出后,就可以将此公钥放在自己的网站上,或者发给朋友。这样做一方面能防止电子邮件被人窃取后阅读而看到一些个人隐私或者商业机密,另一方面也能防止病毒电子邮件,一旦看到没有用 PGP 加密过的电子邮件,或者是无法用私钥解密的电子邮件,就能更有针对性地进行操作了,比如删除该电子邮件或者进行杀毒。

(2)将扩展名为 asc 的"test.asc"文件发送给朋友们。

3.使用 PGP 加密和解密电子邮件

任务 8-11

使用 PGP 加密和解密电子邮件:PGP 软件安装完成后,即可以考虑软件的应用需求。

（1）加密电子邮件

【STEP|01】书写电子邮件：使用 Microsoft Outlook 写一封电子邮件。

【STEP|02】在电子邮件发送之前，选中电子邮件所有内容，单击工具栏中的"Encrypt"和"Sign"按钮，单击"发送"按钮。

【STEP|03】弹出填写密码的对话框，在对话框中输入密钥设置的正确密码，单击"OK"按钮就发送完一封加密的电子邮件。

（2）解密电子邮件

接收到经过 PGP 加密的电子邮件时，我们看到的是一堆乱码。

【STEP|01】收到电子邮件后，双击加密的电子信件。

【STEP|02】在工具栏中单击"Decrypt"按钮，在"Passphrase of Signing Key"对话框中输入设置的密码。

【STEP|03】单击"OK"按钮即可对加密的电子邮件进行解密，正常看到电子邮件的原文。

8.5 拓展训练

8.5.1 课堂训练

1.火绒安全是一款轻巧、高效、免费的电脑防御及杀毒类安全软件，它可以显著增强电脑系统应对安全问题时的防御能力，能全面拦截、查杀各种类型病毒，不会为了清除病毒而直接删除病毒感染的文件，全面保护用户文件不受损害。请上网搜索并下载火绒安全软件，然后进行安装试用，掌握设置方法和使用技巧。

2.迈克菲个人防火墙经过定制后可监控 Internet 流量中是否有可疑活动，并提供有效的保护，同时不会干扰用户正常的活动。请上网搜索并下载迈克菲个人防火墙，然后进行安装试用，掌握设置方法和使用技巧。

3.使用 PGP 软件发送一封加密的电子邮件给好友。

4.通过使用组策略实现禁止从"计算机"访问驱动器、禁用注册表编辑器和禁止访问"控制面板"等。

8.5.2 课外拓展

一、知识拓展

【拓展 8-1】选择题

1.下列口令维护措施中，不合理的是_____。

A. 第一次进入系统就修改系统指定的口令

B. 怕忘记口令，将其记录在本子上

C. 去掉 Guest(客人)账号

D. 限制登录次数

2.防火墙采用的最简单的技术是_____。
A. 安装维护卡　　　B. 隔离　　　　　　C. 包过滤　　　　　　D. 设置进入密码

3.关于防火墙的功能,以下_____描述是错误的。
A. 防火墙可以检查进出内部网的通信量
B. 防火墙可以使用应用网关技术在应用层上建立协议过滤和转发功能
C. 防火墙可以使用过滤技术在网络层对数据包进行选择
D. 防火墙可以阻止来自内部的威胁和攻击

4.下列不属于计算机安全目标的是_____。
A. 保密性　　　　　B. 完整性　　　　　C. 有效性　　　　　　D. 不可否认性

5.以下关于防火墙属性中不正确的说法是_____。
A. 进出网络的所有通信流都应该通过防火墙
B. 所有穿过防火墙的通信流都必须有安全策略和计划的确认和授权
C. 防火墙本身不需要具有预防入侵的功能
D. 有良好的人机界面,用户配置、使用、管理方便

6.在企业内部网与外部网之间,用来检查网络请求分组是否合法,保护网络资源不被非法使用的技术是_____。
A. 防病毒技术　　　B. 防火墙技术　　　C. 差错控制技术　　　D. 流量控制技术

7._____采用56位密钥,是一种单钥密码算法,该算法是对称的,既可用于加密又可用于解密。
A. IDEA　　　　　B. MD5　　　　　　C. DES　　　　　　　D. PGP

8.下列口令_____是比较安全的口令。
A. computer　　　B.123456　　　　　C. kj42_LY3　　　　　D. system

9._____是一种面向数据分组块的数据加密标准,采用128位密钥。
A. IDEA　　　　　B. MD5　　　　　　C. DES　　　　　　　D. PGP

10.攻击者通过伪装自己的IP地址来进行网络攻击,这是针对_____防火墙的缺陷进行的攻击。
A.包过滤防火墙　　B.代理防火墙　　　C.状态检测防火墙　　D.网络防火墙

【拓展8-2】填空题

1._____加密在每条链路上使用一个专用密钥,_____在两节点间的链路上传送的数据是加密的,而节点上的信息是明文的。

2.加密技术中,数据在发送节点和接收节点是以明文形式出现,且要求报头和路由信息以明文方式传输,该方式是_____。

3.DES是Data Encryption Standard的英文缩写,其中文全称为_____,DES是一种_____密码算法。

4.PGP是_____的缩写形式。

5.非对称加密算法是加密和解密时使用_____和_____两个不同的密钥。如果用公开密钥对数据进行加密,只有用对应的_____才能解密;如果用私有密钥对数据进行加密,那只有用对应的公开密钥才能解密。

6.防火墙的不足之处有不能防范内部人员的攻击、_____、_____和不能防范恶意程序。

7.防火墙通常设置在内部网和 Internet 的_____处。

8.网络安全是指保护网络系统_____,使之不受偶然或者恶意的破坏、篡改、泄露,保证网络系统连续可靠正常地运行,网络服务不中断。

9.网络安全技术的特征是_____、_____、_____。

10.如果有一条规则阻止包传输或接收,该包被_____。如果有一条规则允许包传输或接收,该包被_____。如果一个包不满足任何一条规则,该包被_____。

二、技能拓展

【拓展 8-3】

计算机网络的安全管理,不仅要看所采用的安全技术和防范措施,而且要看它所采取的管理措施和执行计算机安全保护法律、法规的力度。请你拟定一份计算机网络的安全管理方案。

【拓展 8-4】

搜索系统备份工具 GHOST 的使用方法,对所使用的系统进行备份。

【拓展 8-5】

上网搜索并下载天网个人防火墙,然后进行安装与配置,以此保证系统的安全。

【拓展 8-6】

在 Edge 浏览器中,先了解"隐私搜索和服务"设置页面中"基本""平衡""严格"三项安全设置的作用,并进行相应的设置;接下来将"tls 安全设置"设置为默认设置;最后,熟悉掌握在每次关闭浏览器时,实施手动或自动清除历史浏览记录的具体方法。

【拓展 8-7】

使用 Outlook Express 发送加密电子邮件,在 Outlook Express 中学习使用密码技术发送电子邮件和配置相关安全选项。

8.6 总结提高

通过本项目的学习,使大家了解了计算机网络安全的定义、计算机网络所面临的主要威胁、网络信息的安全机制和网络的安全标准,同时熟悉了加密算法和加密技术,也了解了一次性口令认证、Kerberos 认证和公钥认证体系,还学习了防火墙的类型、工作原理、访问规则等方面的知识。

通过一些具体的任务训练使大家掌握了设置帐户安全、设置系统安全、优化系统环境、对系统进行备份与还原、安装与配置杀毒软件、安装与配置个人防火墙、对电子邮件进行加密解密等方面的技能。通过本项目的学习,你的收获怎样?请认真填写表 8-3,并及时反馈给任课教师,谢谢!

表 8-3　　　　　　　　　　　　学习情况小结

序号	知识与技能	重要指数	自我评价 A B C D E	小组评价 A B C D E	教师评价 A B C D E
1	熟悉网络安全的主要威胁	★★★☆			
2	熟悉网络安全标准	★★★★			
3	熟悉加密技术和防火墙技术	★★★★☆			
4	能设置系统安全环境	★★★★			
5	能完成系统的备份与还原工作	★★★★☆			
6	能安装并配置瑞星杀毒软件、配置与管理 Microsoft Defender 防火墙	★★★★★			
7	能使用 PGP 对电子邮件进行加密和解密	★★★★			
8	具有较强的独立操作能力,同时具备较好的合作意识	★★★☆			

注:评价等级分为 A、B、C、D、E 五等,其中:对知识与技能掌握很好为 A 等;掌握了绝大部分为 B 等;大部分内容掌握较好为 C 等;基本掌握为 D 等;大部分内容不够清楚为 E 等。